生物产业高等教育系列教材（丛书主编：韦革宏）

生物发酵工厂设计

（第二版）

段开红　郜晋楠　主编

科　学　出　版　社

北　京

内 容 简 介

本书为"生物产业高等教育系列教材"之一，内容层次清晰、编排合理，针对性和应用性强。全书共 15 章，包括第一章绪论、第二章生物发酵工厂设计概述、第三章发酵工厂厂址选择和总平面设计、第四章生物发酵工艺流程设计、第五章工艺计算、第六章设备设计的基础知识、第七章工艺设备的设计和选型、第八章车间布置与管道设计、第九章公用工程、第十章环境保护与综合利用、第十一章项目概算与技术经济、第十二章企业组织与全厂定员、第十三章消防与安全、第十四章工艺设计应提交的设计条件、第十五章计算机辅助设计。

本书可作为农林、师范院校生物工程相关专业的本科生及研究生教材，也可供从事生物工程、生物制药及相关领域的科研和技术人员参考。

图书在版编目（CIP）数据

生物发酵工厂设计 / 段开红，郜晋楠主编. -- 2 版. --北京：科学出版社，
2025. 2. -- ISBN 978-7-03-080372-6

Ⅰ. TQ920.6

中国国家版本馆 CIP 数据核字第 2024405SB8 号

责任编辑：王玉时　马程迪 / 责任校对：严　娜
责任印制：肖　兴 / 封面设计：马晓敏

科学出版社 出版

北京东黄城根北街 16 号
邮政编码：100717
http://www.sciencep.com

北京华宇信诺印刷有限公司印刷
科学出版社发行　各地新华书店经销

*

2017 年 1 月第 一 版　开本：787×1092　1/16
2025 年 2 月第 二 版　印张：17
2025 年 2 月第九次印刷　字数：457 000

定价：69.80 元

（如有印装质量问题，我社负责调换）

《生物发酵工厂设计》（第二版）
编写委员会

主　编　段开红（内蒙古农业大学）

　　　　郜晋楠（内蒙古农业大学）

副主编　田洪涛（河北农业大学）

　　　　刘占英（内蒙古工业大学）

　　　　万永青（内蒙古农业大学）

参　编　（以姓氏笔画为序）

　　　　万东莉（中国农业科学院草原研究所）

　　　　王　锐（黑龙江八一农垦大学）

　　　　王晓萌（翱华工程技术股份有限公司）

　　　　邓　琳（洛阳理工学院）

　　　　李　帅（中国化学工程第十一建设有限公司）

　　　　李志刚（山西农业大学）

　　　　杨　旭（郑州轻工业大学）

　　　　狄建兵（山西农业大学）

　　　　特日根（内蒙古农业大学）

　　　　高继光（新乡学院）

　　　　黄利利（北京理工大学）

　　　　满都拉（内蒙古农业大学）

丛 书 序

人类社会的发展历程始终伴随着对各类自然资源的开发和利用。生物资源因其具有的易用性、可再生性和功能多样性等特征，在社会生产中扮演着重要角色。随着科技进步，人们基于生物学原理，通过生物技术和生物工程手段，开发出一系列服务于食品、医药、能源、环境等领域的产品与技术，推动了现代生物产业的蓬勃发展。生物产业涵盖农业、畜牧业、渔业、林业、食品、生物医药、生物能源和环境保护等多个领域，已成为 21 世纪最具创新活力、影响最为深远的新兴产业之一。以生命科学前沿领域的不断创新为主要动力，通过保护性开发与利用生物资源，大力发展生物产业，有助于解决目前人口增长、粮食安全、气候变化和环境污染等全球性挑战，既是我国经济高质量发展的强大助力，也是新质生产力发展的重要增长点。

生物产业的发展关键在于科技创新，这既包括生命科学领域基础理论的突破，也涉及生物技术和生物工程的工艺与设备的革新和升级，是一个横跨多学科的系统性工程。在这一发展过程中，迫切需要大量具备坚实理论基础、创新理念素养和综合实践能力的优秀人才，在生物产业发展的各环节发挥关键性支撑作用。国家和社会发展的这种强烈需求对我国高校的生物相关专业教育教学提出了更高的要求，不仅要夯实基础教学，还要加强知识更新、学科交叉、实践能力培养，以及学科体系的综合性和系统性建设。为此，西北农林科技大学牵头组织福建农林大学、内蒙古农业大学、东北农业大学、湖北大学等多所国内院校的百余位教师，联合科学出版社，合作编写了本套"生物产业高等教育系列教材"，期望以新形态教材建设带动课程建设，通过构建系统化、现代化的教材体系，完善生物产业课程教学体系，满足新兴生物产业发展对创新人才培养的需求。

"生物产业高等教育系列教材"的编写人员均为长期从事生命科学领域教学的一线教师，并且具有丰富的生物产业技术研发与生产实践经验。他们基于自己对生物产业发展历程和趋势的深刻理解，按照本领域课程教学的要求与学生学习的习惯和规律，围绕着生物产业发展这一主线，编写了 13 本教材，涵盖了从基础研究到技术工艺和工程实践的完整产业体系。其中，《生物化学》《微生物学》《免疫学基础》是对生命学科基础知识的介绍；《细胞工程》《基因工程》《酶工程》《发酵工程》《蛋白质工程》《生物分离工程》是对生物产业发展几个核心工程技术的分别论述；《生物工艺学》和《生物技术制药》介绍了当前生物产业中的核心行业及其关键技术；而《生物工程设备》和《生物发酵工厂设计》则聚焦生物资源产业化过程中至关重要的设备与工厂建设。

"生物产业高等教育系列教材"具备两个突出特点，一是农业特色鲜明，二是形式和内容新颖。农业作为生物产业的重要组成部分，凭借新兴工程技术推动农业现代化，是我国生物产业发展的重要任务之一。本系列教材的编写人员，多数来自农林院校，或者有从事农林相关领域教学和研究的经历。因此，本系列教材在涵盖生命科学基础理论知识和通用工程技术的同时，特别注重现代生物技术在农林牧渔业中的应用，为推动现代农业发展和培养相关领域的人才提供了有力支持。此外，为了丰富教学形式，提升知识更新速度，以及加强实践教学效果，本系列中的多本教材采用了数字教材或纸数融合教材的形式。这种创新形式不仅拓展了教材的内容，也有助于将生命科学领域的最新研究成果与生物产业发展的最新动态实时融入教学过程，从而有效地实现培养创新型生物产业人才的目标。

2024 年 1 月 1 日

第二版前言

生物工程及生物技术领域正以前所未有的速度发展，其中发酵工程作为其核心组成部分，对于国民经济的重要性日益凸显。发酵工业不仅在生产实践中扮演着关键角色，而且在推动科技进步和产业升级方面发挥着重要作用。在这一背景下，发酵工厂的设计工作显得尤为关键，无论是新建、改建还是扩建工厂，都离不开精心的设计规划。

生物发酵工厂设计不仅是一门综合性和实践性极强的应用工程课程，更是高等教育中对大学生进行专业技能提升的重要环节。本课程旨在培养学生的工程设计能力，提高他们在生物工程领域的工程素质，以适应不断变化的工业需求。

在第一版的基础上，本书进行了全面的更新和扩充。我们按照国家最新的基本建设程序，系统地阐述了发酵工厂工程建设项目的设计工作程序、内容、步骤、方法和原理。本书结构清晰，内容安排合理，具有很强的针对性和应用性。为了适应生物技术和计算机科学的快速发展，我们在本次修订中特别增加了第十五章计算机辅助设计，以反映工程设计领域的最新趋势。

本书由段开红、郜晋楠主编，田洪涛、刘占英和万永青为副主编，共同负责全书的统稿工作。其中第一章由内蒙古农业大学生命科学学院段开红、万永青编写，第二、九章由山西农业大学食品科学与工程学院李志刚编写，第三章由郑州轻工业大学食品与生物工程学院杨旭编写，第四、六章由内蒙古农业大学生命科学学院郜晋楠编写，第五章由黑龙江八一农垦大学生命科学技术学院王锐编写，第七章由山西农业大学食品科学与工程学院狄建兵编写，第八、十四章由中国化学工程第十一建设有限公司李帅、翱华工程技术股份有限公司王晓萌、内蒙古农业大学食品科学与工程学院满都拉编写，第十章由洛阳理工学院环境工程与化学学院邓琳编写，第十一章由新乡学院化学与材料工程学院高继光编写，第十二、十三章由北京理工大学医学技术学院黄利利编写，第十五章第一节由内蒙古工业大学化工学院刘占英、河北农业大学食品科技学院田洪涛编写，第十五章第二节由内蒙古农业大学乡村振兴研究院特日根编写，附录由中国农业科学院草原研究所万东莉编写。

本书各章节由来自不同高等院校、科研机构和企业设计院的专家精心编写，他们不仅具有深厚的理论基础，而且在生物工程教学和科研方面拥有丰富的实践经验。在编写过程中，我们广泛参考了国内外的先进教材、专著和文献，确保内容的前沿性和实用性。

在此，我们要特别感谢科学出版社的领导和编辑团队，他们的专业指导和支持对本书的完成至关重要。同时，我们也感谢所有参与编写的专家和学者，他们的辛勤工作和宝贵意见为本书的质量和深度提供了坚实的保障。本书的编写和顺利出版，得到内蒙古自治区旱寒区植物逆境适应与遗传修饰改良重点实验室建设项目（2023KYPT0016）、内蒙古农业大学"生物技术"国家一流本科专业建设项目及内蒙古玺腾科技发展有限公司的支持。

我们诚挚地希望广大读者能够对本书提出宝贵的意见和建议，以便我们在未来能够不断改进和完善。由于编者水平有限，书中不足之处在所难免，我们期待读者的批评和指正。

编　者

2024 年 9 月 15 日

《生物发酵工厂设计》（第二版）教学课件索取单

凡使用本书作为授课教材的高校主讲教师，可获赠教学课件一份。欢迎通过以下两种方式之一与我们联系。

1. 关注微信公众号"科学EDU"索取教学课件

扫码关注→"样书课件"→"申请流程说明"

2. 填写以下表格，扫描或拍照后发送至联系人邮箱

姓名：	职称：	职务：
手机：	邮箱：	学校及院系：
本门课程名称：		本门课程每年选课人数：
您对本书的评价及下一版的修改建议：		
推荐国外优秀教材名称/作者/出版社：		院系教学使用证明（公章）：

联系人：王玉时 编辑　　　电话：010-64034871　　　邮箱：wangyushi@mail.sciencep.com

目　录

丛书序
第二版前言
第一章　绪论 ··· 1
　　第一节　生物发酵工业在国民经济中的地位 ······················ 1
　　第二节　生物发酵工厂设计课程的内容和特点 ···················· 2
　　第三节　学习生物发酵工厂设计课程的意义和方法 ················ 2
　　第四节　工程伦理对生物发酵工厂设计的要求 ···················· 3
第二章　生物发酵工厂设计概述 ······································· 5
　　第一节　基本建设程序及内容 ································· 5
　　第二节　基本建设程序的主要步骤 ····························· 8
　　第三节　设计工作 ·· 13
第三章　发酵工厂厂址选择和总平面设计 ······························· 17
　　第一节　厂址选择和技术勘查 ································· 18
　　第二节　总平面设计 ·· 23
第四章　生物发酵工艺流程设计 ······································· 35
　　第一节　生物发酵工艺流程设计的重要性 ························ 36
　　第二节　工艺流程设计的内容、步骤及原则 ······················ 37
　　第三节　产品设计方案及产量的确定 ···························· 39
　　第四节　工艺流程图的设计 ··································· 41
　　第五节　生产工艺流程图的绘制 ······························· 43
第五章　工艺计算 ·· 58
　　第一节　物料衡算 ·· 59
　　第二节　热量衡算 ·· 67
　　第三节　水平衡计算 ·· 74
　　第四节　耗冷量计算 ·· 76
　　第五节　抽真空量计算 ······································· 82
　　第六节　耗电量计算 ·· 84
第六章　设备设计的基础知识 ··· 87
　　第一节　发酵工厂中常用的工程材料 ···························· 88
　　第二节　工程材料的腐蚀和防腐蚀 ····························· 96
　　第三节　化工仪表 ·· 98
　　第四节　常用阀门 ··· 106
第七章　工艺设备的设计和选型 ······································ 109
　　第一节　设备的设计与选型原则 ······························ 109
　　第二节　专用设备的设计与选型 ······························ 110

第三节　通用设备的设计与选型 ……………………………………………… 125
第四节　非标准设备的设计 ………………………………………………… 137
第五节　设备一览表 ………………………………………………………… 140

第八章　车间布置与管道设计 ……………………………………………… 141
第一节　车间布置设计 ……………………………………………………… 142
第二节　设备布置设计 ……………………………………………………… 151
第三节　管道设计与布置 …………………………………………………… 160

第九章　公用工程 …………………………………………………………… 170
第一节　公用工程的主要内容 ……………………………………………… 172
第二节　给排水系统 ………………………………………………………… 173
第三节　供电及自控 ………………………………………………………… 177
第四节　供汽系统 …………………………………………………………… 184
第五节　采暖与通风 ………………………………………………………… 187
第六节　制冷系统 …………………………………………………………… 192

第十章　环境保护与综合利用 ……………………………………………… 197
第一节　废气处理利用及大气质量控制 …………………………………… 197
第二节　废水处理及综合利用 ……………………………………………… 201
第三节　废渣的处理和资源化利用 ………………………………………… 205
第四节　噪声预防 …………………………………………………………… 206
第五节　美化与绿化 ………………………………………………………… 208

第十一章　项目概算与技术经济 …………………………………………… 213
第一节　项目总投资与产品成本概算 ……………………………………… 213
第二节　技术经济基础与技术经济评价 …………………………………… 218

第十二章　企业组织与全厂定员 …………………………………………… 227
第一节　企业组织 …………………………………………………………… 227
第二节　全厂定员 …………………………………………………………… 229

第十三章　消防与安全 ……………………………………………………… 232
第一节　安全生产的基本要求 ……………………………………………… 232
第二节　安全管理及防范措施 ……………………………………………… 235

第十四章　工艺设计应提交的设计条件 …………………………………… 237
第一节　设备及机泵条件 …………………………………………………… 238
第二节　土建条件 …………………………………………………………… 240
第三节　自控条件 …………………………………………………………… 242
第四节　其他条件 …………………………………………………………… 243

第十五章　计算机辅助设计 ………………………………………………… 245
第一节　计算机辅助流程模拟 ……………………………………………… 245
第二节　计算机辅助制图 …………………………………………………… 250

主要参考文献 ………………………………………………………………… 254
附录 …………………………………………………………………………… 256

第一章
绪　　论

```
                  ┌─ 生物发酵工业在国民经济中的地位
                  │
                  │                                  ┌─ 生物发酵工厂设计课程的内容
                  ├─ 生物发酵工厂设计课程的内容和特点 ─┤
                  │                                  └─ 生物发酵工厂设计课程的特点
      绪论 ───────┤
                  │                                    ┌─ 学习生物发酵工厂设计课程的意义
                  ├─ 学习生物发酵工厂设计课程的意义和方法 ─┤
                  │                                    └─ 学习生物发酵工厂设计课程的方法
                  │
                  └─ 工程伦理对生物发酵工厂设计的要求
```

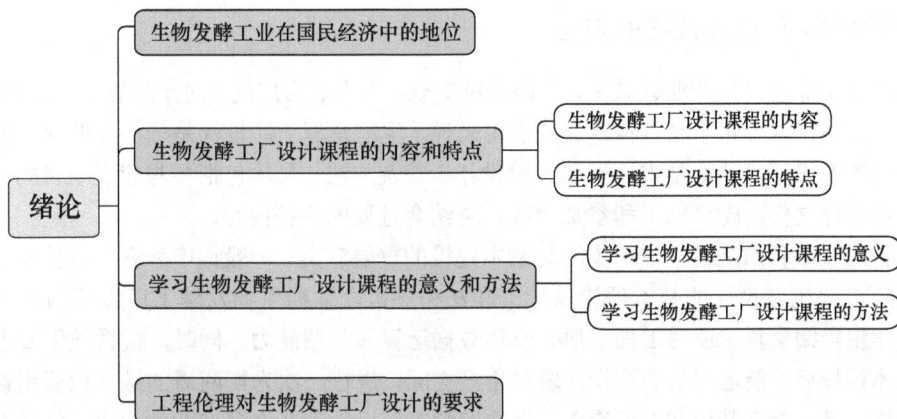

　　生物发酵工业系统是国民经济中执行生物技术产业化和生物产品制造的组织系统。该系统由生物发酵工厂和相关设施、生物工程技术人员及生物技术产品组成。生物发酵工业系统在生物工程技术人员和生物技术产品的协作及制约作用下，共同完成生物产品的生产和创新功能。

　　生物发酵工厂按其功能不同可分为原料处理区、发酵区、后处理区和产品储存区，这些区域通过工艺流程和物流系统相互联系。原料处理区负责将原料转化为适合发酵的状态，发酵区是生物反应发生的核心区域，后处理区负责将发酵产物转化为最终产品，产品储存区则确保产品的安全储存和运输。

　　生物发酵工厂设计课程是生物工程领域中的关键组成部分，它涵盖了从项目决策、设计文件编制、施工配合到验收总结的全过程。本课程不仅要求学生掌握生物发酵工厂设计的基本原理和方法，还强调了工艺设计在工程设计中的核心地位，以及与其他专业设计的紧密联系。通过本课程的学习，学生将能够理解生物发酵工厂设计的复杂性，掌握设计过程中的关键技术和策略，为未来的职业生涯打下坚实的基础。

第一节　生物发酵工业在国民经济中的地位

　　当前，世界生物技术发展已进入大规模产业化的起始阶段，蓬勃兴起和迅猛发展的生物医药、生物农业、生物能源、生物制造、生物环保等领域，正在促使生物产业成为世界经济中继信息产业之后又一个新的主导产业。大力发展生物技术产业，是培育新的经济增长点、提升中国产业国际分工地位和保障国家长远发展的客观需要。

　　所谓生物发酵工业就是利用规模化培养生物（含动物、植物及微生物）细胞来制造产品的工业。进入 21 世纪以来，建立在传统发酵工业基础上的现代生物发酵工业，产品涉及食品、饲料、化工、制药、肥料等十几个工业领域，产品的产量规模不断扩大，产品的品种不断更新，产品的质量标准也在逐年提升，"十四五"时期是我国开启全面建设社会主义现代化国家新征程、向第二个百年奋斗目标进军的第一个五年，也是生物技术加速演进、生命健康需求快速增长、生物产业迅猛发展的重要机遇期。随着现代生物技术的迅速发展，生物发酵工业在我国国民经济中的地位不断上升，发酵工业已经成为国民经济不可或缺的重要组成部分。

第二节　生物发酵工厂设计课程的内容和特点

一、生物发酵工厂设计课程的内容

生物发酵工业涉及的产业领域多，产品品种繁杂，内容非常广泛，对于生物工程、食品发酵、生物制药、生物技术等四年制本科专业的学生来说，生物发酵工厂设计是一门专业课，内容着重介绍生物发酵类工厂设计的基本原理和一般设计步骤及方法。具体包括参与建设项目的决策，编制各个阶段设计文件，配合施工和参加验收，总结全过程的相关内容。

本课程的教学目的是使学生初步了解基本建设的重要意义、一般程序和有关设计文件，学习轻化工工厂有关工艺设计的基本理论及标准和法律规范，掌握生物发酵工厂设计的基本内容方法，培养学生查阅资料、使用工程手册、整理数据运算和制图能力。同时，根据教学要求，学生在学习完本课程后，能运用所学知识，联系生产实际，进行一次为期两周的综合性课程设计，并为以后的毕业设计打下基础和做好准备。生物发酵工厂设计涉及许多专业的内容，包括生物发酵工艺学、生物工程设备、化工原理、工程制图学、工程力学、电气工程学及土建工程学、气象学、地质学、环境学等。在整个工程设计中，工艺设计是主线，直接为工艺服务的有机械、设备、自控、电气、建筑、结构、给排水、供气、冷冻、采暖、通风、经济概算、安全防火与环境保护等部门，这就需要一个协调一致、紧密合作的设计集体去完成。

二、生物发酵工厂设计课程的特点

生物发酵工厂设计除具有一般工厂设计的共性之外，还具备如下特点：首先，由于生物发酵工厂涉及产业领域广，原料、工艺流程、技术装备有较强的可选择性，增加了设计的难度和自由度；其次，生物发酵工厂的主要加工工序是一个极其复杂而又条件温和的生物化学反应过程，而且过程控制及优化是一个动态过程；再次，进入 21 世纪以来，生命科学领域的科研成果日新月异，新产品、新工艺、新技术、新材料层出不穷，将其科学地应用于工业化生产中，增加了设计的挑战性。这就需要设计者在设计过程中，努力做到技术先进、经济合理。因此，要求设计工作者具有扎实的理论基础、丰富的实践经验和熟练的专业技能，并能够运用先进的设计手段。

一个生物发酵工厂设计的优劣主要是看工艺生产技术是否可靠、安全适用，在经济上是否合理，成品生产技术、经济指标的先进性，对环境产生污染的程度等。只有全面综合考虑生物发酵工厂设计的特殊性，才能有高质量的设计。

第三节　学习生物发酵工厂设计课程的意义和方法

生物发酵工厂设计就是生物技术领域的新工艺、新技术及新设备等科研成果在工业化过程中的具体应用，是科研成果转化为生产力的桥梁。生物发酵工厂设计能使生物技术科技成果产业化，甚至培育新的生物产业。

一、学习生物发酵工厂设计课程的意义

　　所谓生物发酵工厂设计就是将生物技术成果及相应的技术装备与经济相结合的综合性工作，即为新建、改建、扩建生物发酵工厂而进行的规划论证和编制成套的设计文件。广义的工厂设计还包括对建设项目的投资决策。在生物发酵工业的发展进程中，每一项新工艺、新技术、新设备的应用及每个生物发酵工厂，甚至一个车间的新建、改建及扩建都需要进行设计，而每项设计又都必须符合国民经济发展的需要，符合科学技术发展的新方向，发酵工程才能为社会生产更多、更优质的产品。因此，生物发酵工厂设计是生物发酵工业发展过程中的一个重要环节，在基本建设程序中，工厂设计是在建设施工前完成的。

　　一个优秀的生物发酵工厂设计应该做到：经济上合理、技术上先进、设计规范，施工投产后，产品的质量和产量均达到设计的要求，多项技术经济指标应达到或超过同类工厂的先进水平或国际先进水平。同时在环境保护及"三废"（废气、废水、废渣）治理方面都能符合国家的有关法律、法规和标准。因此，生物发酵工厂设计是生物发酵工业发展过程中的首要环节。面对生物技术成果产业化，甚至培育新的生物产业，新产品层出不穷、质量不断提高、技术装备更新迅速的新形势，作为生物工程类专业的四年制本科生，学习生物发酵工厂设计这门课程就更具有重要的现实意义。

二、学习生物发酵工厂设计课程的方法

　　生物发酵工厂设计是一门综合性的技术，是经济与工程相结合而且实践性很强的一门课程，设置这门课程的目的是培养学生具备生物发酵工厂工艺设计的能力，结合毕业实习或毕业设计，把所学的基础知识、专业知识进行综合运用，以使学生能适应应用型人才市场的需求，并具有较强的竞争力。本课程将对设计过程进行理论联系实际的分析和讨论，通过学习，了解生物发酵工厂设计的基本知识，掌握生物发酵工厂设计的内容、方法和步骤，熟悉工艺设计与其他专业设计之间的关系，逐步达到能独立完成生物发酵工厂、车间设计任务的目的。因生物发酵工厂设计涉及的范围较广，本课程无法面面俱到，希望学生在学习过程中多看有关工程制图、化工工艺设计、制药工程设计、化工单元操作及设备、发酵工程和设备等方面的参考书，特别是化工工艺设计相关书籍，必要时，可以到化工设计单位和生物发酵工厂实习，以便把本课程学好。

第四节　工程伦理对生物发酵工厂设计的要求

　　21世纪以来，我国国民经济持续高速发展，国内生产总值（GDP）已居世界第二位，与此同时习近平总书记提出"绿水青山就是金山银山"。生态环境是人类生存发展的根基，保护好生态环境，走绿色发展之路，人类社会发展才能高效、永续。新时代中国发展追求的是人与自然和谐共生，这就要求现代工程师具有维护生物反应过程安全性的责任。

　　尤其是现代生物技术即生物工程的快速发展，不仅促进了生物产业的高速发展，也在工程伦理方面出现了更多的挑战。在生物发酵工厂设计过程中，应该从以下几个方面来综合考虑。

　　（1）在规划已有产品和新产品与生产过程时，优先考虑健康、安全和环境影响。

　　（2）研制并生产能够安全制造、运输、使用和处理的生物制品。

　　（3）进行或支持与产品、生产过程和废物料的健康、安全、环境影响有关的研究。

（4）向客户咨询化工产品安全使用、运输和处理的信息。

（5）及时向官方、雇员、客户和公众报告与化学品相关的健康或环境危害，并建议保护措施。

（6）完善并与他人分享法规管理细则，而且向其他生产、加工、使用、运输或处理化学品的企业提供支持。

小　结

简要概述了生物发酵工厂设计的重要性和学习方法。随着国民经济的快速发展和"绿水青山就是金山银山"理念的提出，生物发酵工厂设计在追求经济效益的同时，更需注重环境保护和伦理责任。生物发酵工厂设计作为生物工程类专业的重要课程，旨在培养学生具备独立完成生物发酵工厂设计任务的能力。本课程不仅涵盖生物发酵工厂设计的基本知识、方法和步骤，还强调了工艺设计在整个工程设计中的核心地位，以及与其他专业设计的紧密联系。学习本课程要求学生具备扎实的理论基础、丰富的实践经验和熟练的专业技能，以适应新时代生物发酵工业发展的需求。

复习思考题

1．简述生物工厂设计对生物产业的重要意义。

2．简述学习生物发酵工厂设计这门课程的方法。

3．简述工程伦理对生物发酵工厂设计的要求。

第二章
生物发酵工厂设计概述

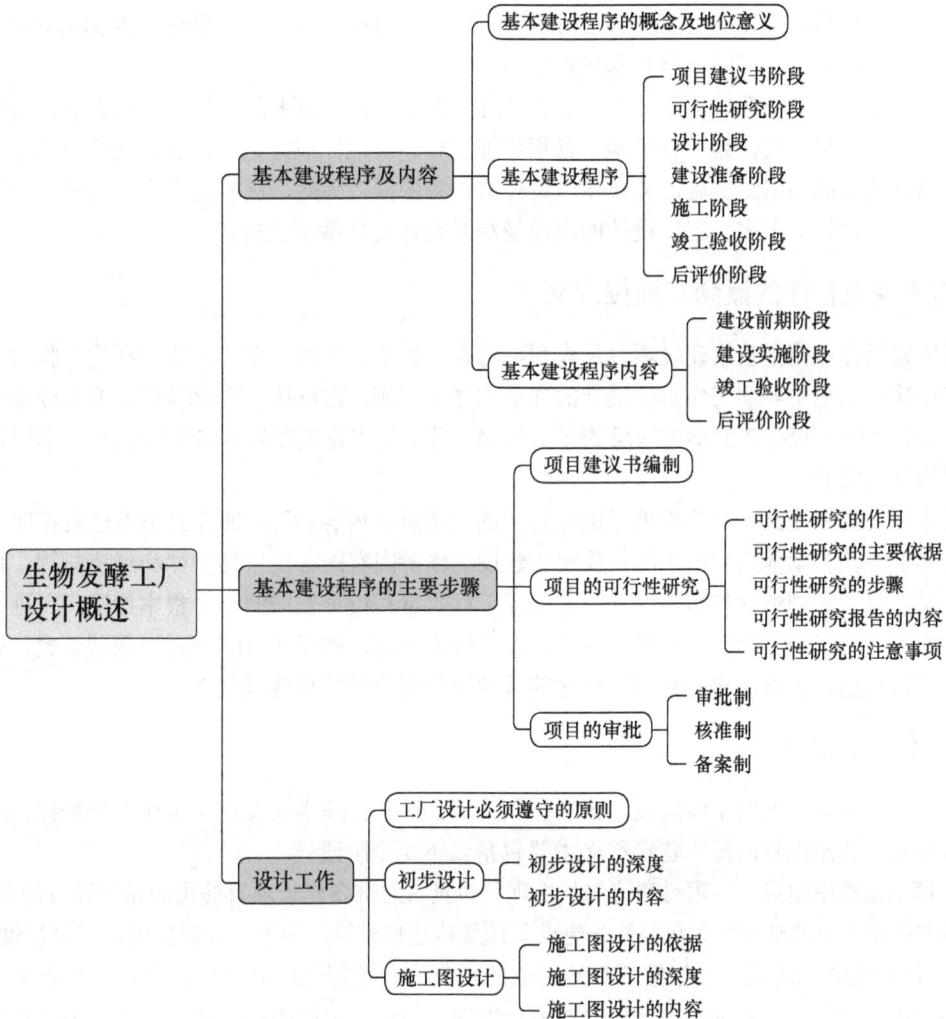

```
                                                            基本建设程序的概念及地位意义

                                                                           项目建议书阶段
                                                                           可行性研究阶段
                                                                           设计阶段
                                            基本建设程序及内容   基本建设程序    建设准备阶段
                                                                           施工阶段
                                                                           竣工验收阶段
                                                                           后评价阶段

                                                                           建设前期阶段
                                                            基本建设程序内容    建设实施阶段
                                                                           竣工验收阶段
                                                                           后评价阶段

                                                            项目建议书编制

                                                                           可行性研究的作用
                                                                           可行性研究的主要依据
    生物发酵工厂                                                             可行性研究的步骤
    设计概述          基本建设程序的主要步骤   项目的可行性研究    可行性研究报告的内容
                                                                           可行性研究的注意事项

                                                                           审批制
                                                            项目的审批       核准制
                                                                           备案制

                                            工厂设计必须遵守的原则

                                                            初步设计的深度
                            设计工作         初步设计
                                                            初步设计的内容

                                                            施工图设计的依据
                                            施工图设计       施工图设计的深度
                                                            施工图设计的内容
```

　　基本建设程序是指基本建设项目从设想、选择、评估、决策、设计、施工到竣工验收、投入使用整个建设过程中各项工作必须遵守的先后次序的法则。本章重点介绍我国现行基本建设程序包括的主要阶段、内容和步骤，以及如何开展工厂设计工作。

第一节　基本建设程序及内容

　　基本建设就是以资金、材料、设备为条件，通过勘查、设计、建筑、安装等一系列脑力和体力劳动，建设各种工厂、矿山、医院、学校、商店、住宅、市政工程、水利设施等，形成扩大再生产的能力或新增工程效益。

基本建设是形成固定资产的综合经济活动，它包括国民经济各部门、各单位的生产性和非生产性固定资产的更新、改建、扩建、新建、恢复建设。简单地说，基本建设就是固定资产的建筑、添置和安装，它为国民经济各部门的发展和人民物质文化生活水平的提高建立物质基础。其内容主要包括各种房屋和构筑物的建筑工程，设备的基础、支柱的建筑工程等；生产、动力等各种机械设备的安装工程；设备、工具、器具的购置；其他与固定资产扩大再生产相联系的勘查、设计等工作。

基本建设项目是指按照一个总体设计进行施工的基本建设工程，一般由一个或几个互有内在联系的单项工程组成，建成后在经济上可以独立经营，行政上可以统一管理，也称为建设单位。例如，一个生物发酵工厂即一个基本建设项目。

基本建设工作涉及面广，受地质、水文等自然条件及物质技术条件的制约因素多，内外协作配合的环节多，只有按计划、有步骤、有程序地进行，才能完成好建设项目，达到预期的效果。而建设项目的完成和组织实施，又必须以设计文件为依据。因此，从事工厂设计工作，必须首先了解工厂基本建设的程序、工厂设计的组成及相关设计文件编制的规则。

一、基本建设程序的概念及地位意义

基本建设程序是指基本建设项目从设想、选择、评估、决策、设计、施工到竣工验收、投入使用整个建设过程中各项工作必须遵守的先后次序的法则。它是基本建设项目实施全过程中各环节、各步骤之间客观存在的不可违反的先后顺序，是由基本建设项目本身的特点和基本建设进程的客观规律决定的。

基本建设程序是国家对建设项目进行管理的一项重要内容。我国现行的基本建设程序是根据多年的实践经验科学地总结出来的，反映了建设工作所固有的客观自然规律和经济规律，是建设项目科学决策和顺利进行的重要保证，是保证工程质量和投资效益的一个根本原则。在进行项目建设工作时，人们必须遵循基本建设程序，按照科学的逻辑顺序和时间序列先规划研究，后设计施工，不得违反，不得简化，只有这样才能又快又好又省地完成建设任务。

二、基本建设程序

随着各项建设事业的不断发展，管理体制的逐步革新，基本建设程序也在不断变化，逐步完善和科学化。我国现行的基本建设程序主要包括以下 7 个阶段。

1. 项目建议书阶段　　项目建议书是由项目投资者对准备建设项目提出的轮廓性设想和建议，主要确定拟建项目的必要性和是否具备建设条件及拟建规模等，为进一步研究论证工作提供依据。

2. 可行性研究阶段　　根据项目建议书的批复进行可行性研究工作。对项目在技术上、经济上和财务上进行全面论证、优化和推荐最佳方案，与这一阶段相联系的工作还有由工程咨询公司对可行性研究报告进行评估。另外，现行的基本建设程序取消了原有的编制项目设计任务书阶段，取消了设计任务书的名称，二者合一，统称为可行性研究报告。

3. 设计阶段　　根据项目可行性研究报告的批复，项目进入设计阶段。由于勘查工作是为设计提供基础数据和资料的工作，这一阶段也可称为勘查设计阶段。这是项目决策后进入建设实施的重要阶段。设计阶段的主要工作通常包括扩大初步设计（简称初步设计）和施工图设计两个阶段，对于技术复杂的项目还要增加技术设计。以上设计文件和资料是国家安排建设计划和项目组织施工的主要依据。

4. 建设准备阶段　　建设准备阶段的工作较多，主要工作包括征地拆迁，搞好"三通一平"

（通水、通电、通路、平整土地），落实施工力量，组织物资订货和供应，以及其他各项施工准备工作。这一阶段的工作质量，对保证项目顺利建设具有决定性作用。

5. 施工阶段　准备工作就绪后，提出开工报告，经过批准，即可开工兴建；遵循施工程序，按照计划要求和施工技术验收规范，进行施工安装。

6. 竣工验收阶段　这一阶段是项目建设实施全过程的最后一个阶段，是考核项目建设成果，检验设计和施工质量的重要环节，也是决定建设项目能否由建设阶段顺利转入生产或使用阶段的一个重要阶段。工程完工后要按照规定的标准和程序，对竣工工程进行验收，编制竣工验收报告和竣工决算，并办理固定资产交付生产使用手续。对于生产性建设项目，在竣工验收前要及时组织专门力量，有计划、有步骤地开展生产准备工作。

7. 后评价阶段　在改革开放前，我国的基本建设程序中没有明确规定这一阶段，改革开放后随着对建设项目投资效益越来越重视，国家开始对一些重大建设项目在竣工验收若干年后，规定要进行后评价工作，并正式列为基本建设的程序之一。这主要是为了总结项目建设成功和失败的经验教训，供以后项目决策借鉴。

三、基本建设程序内容

一个新建项目从计划建设到建成投产，按照建设项目发展的内在联系和发展过程，基本建设程序主要包括以下几个方面的内容（图 2-1）。

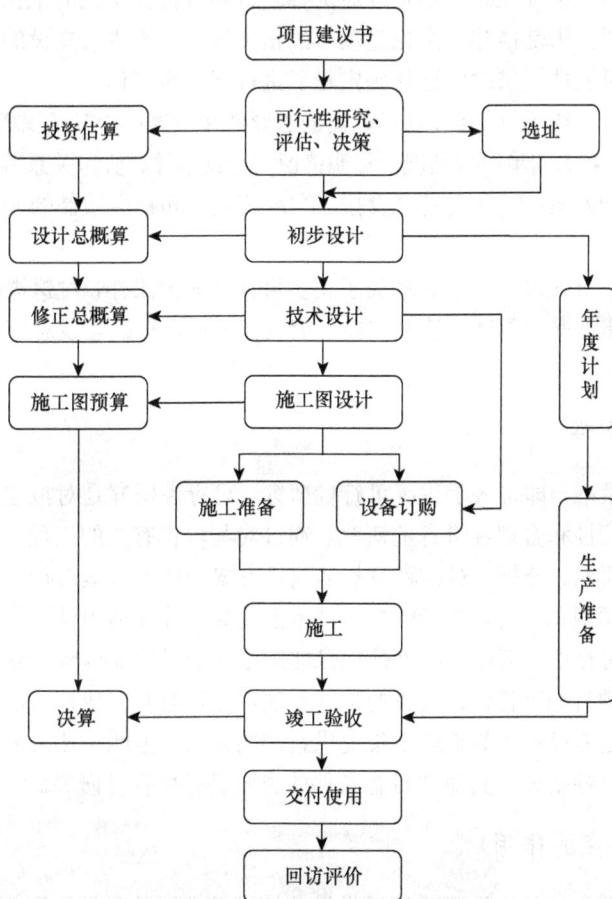

图 2-1　基本建设程序各阶段之间的联系

1. 建设前期阶段 建设前期阶段即工厂设计的主要阶段，它包括项目建议书编制、可行性研究（可行性研究工作、可行性研究报告编制、可行性研究报告审批）、设计工作（初步设计、技术设计、施工图设计）。

2. 建设实施阶段 建设实施阶段包括施工准备（建设开工前的准备、项目开工审批）、建设实施（项目新开工建设时间、年度基本建设投资额、项目或使用准备）。

3. 竣工验收阶段 竣工验收阶段包括生产准备、竣工验收的范围、竣工验收的依据、竣工验收的准备、竣工验收的程序和组织。

4. 后评价阶段 后评价阶段包括项目概述、项目实施过程评价、项目效果评价、项目可持续性评价、经验教训与建议。

第二节 基本建设程序的主要步骤

一、项目建议书编制

项目建议书是项目建设筹建单位根据国民经济和社会发展的长远规划、行业规划、产业政策、生产力布局、市场、所在地的内外部条件等要求，经过收集资料、勘探建设地点等广泛调查研究和初步的技术经济论证分析后，提出的某一具体项目的建议文件，是基本建设程序中最初阶段的工作，是对拟建项目的框架性设想，也是政府选择项目和可行性研究的依据。

项目建议书的主要作用是推荐一个拟建项目的初步说明，论述它建设的必要性、重要性、条件的可行性和获得的可能性，供政府选择确定是否进行下一步工作。

项目建议书的主要内容有：①建设项目提出的必要性和依据；②拟建规模、建设方案；③建设的主要内容；④建设地点的初步设想情况、资源情况、建设条件、协作关系等的初步分析；⑤投资估算和资金筹措及还贷方案；⑥项目进度安排；⑦经济效益和社会效益的初步估算；⑧环境影响的初步评价。

有些部门在提出项目建议书之前还增加了初步可行性研究工作，对拟进行建设的项目初步论证后，再行编制项目建议书。项目建议书按要求编制完成后，按照建设总规模和限额的划分审批权限报批。

二、项目的可行性研究

项目建议书一经批准，即可着手进行可行性研究。可行性研究是对拟建项目在工程技术、经济及社会等方面的可行性和合理性进行的研究。通过对与项目有关的工程、技术、经济等方面的条件和情况的调查、研究、分析，对各种可能的建设方案和技术方案进行比较论证，并对项目建成后的经济效益进行预测和评价，来考察项目技术上的先进性和适用性，经济上的营利性和合理性，建设的可能性和可行性。可行性研究是项目前期工作的最重要内容，它从项目建设和生产经营的全过程考察分析项目的可行性，其目的是回答项目是否有必要建设，是否可能建设和如何进行建设的问题，其结论为投资者的最终决策提供直接的依据。因此，凡大中型项目及国家有要求的项目，都要进行可行性研究，其他项目有条件的也要进行可行性研究。

（一）可行性研究的作用

可行性研究的主要目的是为投资决策提供经济技术等方面的科学依据，借以提高项目投资决策水平。其作用主要有以下几个方面。

1. 可行性研究是建设项目进行投资决策的依据　可行性研究对建设项目的目的、建设规模、产品方案、生产方法、原料来源、建设地点、工期和经济效益等重大问题都进行了具体研究，有了明确的评价意见。因此，可以根据可行性研究的分析论证结果提出的可靠的、合理的建议，为项目投资决策提供科学的依据。

2. 可行性研究是项目单位向银行等金融组织申请贷款、筹集资金的依据　目前世界银行等金融组织都将可行性研究结果作为建设项目向其申请贷款的先决条件。金融组织是否给一个建设项目提供贷款，取决于他们对建设项目可行性研究报告的审批结果，当他们认为这个建设项目经济效益好，具有足额偿还贷款的能力，金融组织不会担很大的风险时才能同意贷款。

3. 可行性研究是项目单位与有关部门洽谈合同和协议的依据　一个建设项目的原料、辅助材料、燃料、动力、供水、运输、通信等很多方面都需要与有关部门协作，合作的协议或合同是根据可行性研究签订的，对于技术引进和设备进口项目，必须在可行性研究报告经有关部门审批和批准后才能同国外厂商正式签约。

4. 可行性研究是建设项目进行项目设计和项目实施的基础　在可行性研究中对产品方案、建设规模、厂址、工艺流程、主要设备选型、总平面布置等都进行了较为详细的方案比较和论证，依据技术先进、工艺科学及经济合理的原则，对项目建设方案进行了筛选。可行性研究报告经审批后，建设项目的设计工作及实施须以此为依据。

5. 可行性研究是投资项目制订技术方案、设备方案的依据　通过可行性研究，可以保障建设项目采用的技术、工艺及设备的先进性、可靠性、适应性及经济合理性，在市场经济的条件下投资项目的技术选择、设计方案选择主要取决于其经济合理性。

6. 可行性研究是安排基本建设计划，进行项目组织管理、机构设置及劳动定员等的依据　项目组织管理、机构设置及劳动定员等的状况直接关系到项目的运作绩效，可行性研究为建立科学有序的项目管理机构和管理制度提供了客观依据，可以保障建设项目的顺利实施。

7. 可行性研究是环境保护部门审批建设项目对环境影响程度的依据　根据《中华人民共和国环境保护法》《环境保护部基本建设项目管理办法》等的规定，在编制项目的可行性研究报告时，要对建设项目的选址、设计、建设及生产等对环境的影响做出评价，在审批可行性研究报告时，要同时审查环境保护方案，防污、治污设施与项目主体工程必须同时设计、同时施工、同时投产，各项有害物质的排放必须符合国家规范标准。

8. 可行性研究是建设项目工程招投标的依据　对于依法必须进行招标的各类工程建设项目，在报送的项目可行性研究报告中必须有关于招标的内容。工程招投标过程应依据经审批的可行性报告进行。

（二）可行性研究的主要依据

（1）根据国民经济和社会发展的长远规划及行业和区域发展规划进行可行性研究。

（2）根据市场的供求状况及发展变化趋势进行可行性研究。

（3）要有可靠的自然、地理、气象、地质、经济、社会等基本资料作为依据。

（4）根据与项目有关的工程技术方面的标准、规范等进行可行性研究。

（5）根据国家公布的关于项目评价的有关参数、指标，如基准收益率、折现率、折旧率、社会折现率、外汇汇率等进行可行性研究。

（三）可行性研究的步骤

可行性研究既有工程技术问题，又有经济财务问题，其内容涉及面广，在进行可行性研究时，应有工程技术、市场经济分析、企业管理、工艺、设备、土建和财务等方面的人员参加，在工作过程中还可根据需要请一些地质、土壤等其他专业人员短期协助工作。可行性研究主要包括以下几个步骤。

1. 筹划组织　在此阶段，承担可行性研究的单位要了解项目提出的背景，了解进行可行性研究的主要依据，明确委托者的目的和意图，研究讨论项目的范围、界限，确定参加可行性研究工作的人选，明确可行性研究的内容，制订可行性研究计划。

2. 调查研究　此阶段主要进行实地调查和技术经济研究，包括市场调查与资源调查。市场调查是为进行项目产品的市场预测提供依据，通过市场调查可以掌握与项目有关的市场商品供求情况，为确定项目产品方案及生产规模提供依据。资源调查包括项目建设所需的人、财、物、技术、信息、管理等自然资源、经济资源及社会资源的调查。为项目进行可行性研究提供确切的技术经济资料，通过论证分析，用翔实的资料表明项目建设的必要性。

3. 方案设计及选择　这是可行性研究的一个重要步骤，在这一阶段要把前两个阶段的工作结果进行组合，设计出几种可供选择的方案，结合客观实际进行多方案对比分析，确定项目方案选择的原则和标准，并选择出项目设计的最佳方案。对选中方案进行完善，为下一步的分析评价奠定基础。

4. 详细可行性研究　这一阶段的工作是对上一阶段研究工作的验证和继续。对已选出的最佳方案进行更详细的分析研究，复核各项分析材料，明确建设项目的范围、投资的额度、经营的范围及收入等数据，对建设项目的财务状况和经济状况做出相应评价。并要说明所选中的项目设计方案在设计和施工方面的可取之处，以表明所选项目设计方案在一定条件下是最令人满意的一个方案。为检验建设项目对风险的承受能力，还需进行敏感性分析，可通过成本、价格、销售量、建设工期等不确定因素变化，对项目单位收益率等指标所产生的影响进行分析。

5. 编写可行性研究报告　通过前几个阶段的工作，对建设项目在技术的先进性、工艺的科学性及经济的合理性方面进行认真分析评价之后，即可编写详细的建设项目可行性研究报告，推荐一个以上的项目建设可行性方案，并提供可行性研究结论，为项目决策提供科学依据。

6. 资金筹措　拟建项目在进行可行性研究之前就应对筹措资金的可能性有一个初步的估计，这也是财务分析和经济分析的基本条件。如果资金来源没有落实，建设项目进行可行性研究也就没有任何实际意义。在项目可行性研究的这一步骤中，应对建设项目资金来源的不同方案进行分析比较，确定科学的、可行性的拟建项目融资方案。

（四）可行性研究报告的内容

由于建设项目的性质、任务、规模及工程复杂程度的差异，项目可行性研究的内容有所区别，各有其侧重点，但基本内容是相同的。新建项目的可行性研究报告一般要求具备以下主要内容：①总论；②市场需求预测和建设规模；③资源、原料、动力、运输、供水等配套条件及公用设施落实情况；④建厂条件、厂址选择方案及总图布置方案；⑤项目设计方案；⑥环境保护、安全生产、劳动卫生、消防、GMP（药品生产管理规范）等要求和采取的相应措施方案；⑦企业组织、劳动定员和人员配备与培训；⑧项目建设实施进度安排；⑨投资估算和资金筹措；⑩经济效益与社会效益评价；⑪风险分析；⑫招标专章和核准招标投标事项；⑬结论与建议；⑭附图、附表、附件。

（五）可行性研究的注意事项

1. 可行性研究应客观公正　在编制可行性研究报告时，必须坚持实事求是的原则，在调查研究的基础上据实论证比选。本着对国家、对企业负责的精神，客观、公正地进行建设项目方案的分析比较，尽量避免把可行性研究当成一种目的，为了"可行"而"研究"，把可行性研究报告作为争投资、争项目、列计划的"通行证"。只有保持可行性研究报告的客观性和公正性，才能保证可行性研究的科学性和严肃性，才能为投资决策提供科学的依据。

2. 可行性研究的深度要符合要求　虽然不同行业和不同项目可行性研究的内容和深度各有侧重，但基本内容必须完整，文件必须齐全，其研究深度要达到国家相关标准的要求。内容和深度是否达标，将直接关系到可行性研究的质量。建设项目可行性研究的内容和质量达不到规定要求，评估机构、投资机构等部门和单位将不予受理。项目的可行性研究报告内容应按标准要求编制，只有这样才可以保证建设项目可行性研究的质量，充分发挥其应有的作用。

3. 承担可行性研究工作的单位应具备相应资质　可行性研究工作，目前可以委托经国家有关部门正式批准颁发证书的设计单位或工程咨询公司承担。委托单位向承担单位提交项目建议书，说明对拟建项目的基本设想，资金来源的初步打算，并提供基础资料。为保证可行性研究成果的质量，应保证必要的工作周期。可采取有关部门或建设单位向承担单位进行委托的方式，双方签订合同，明确研究工作的范围、前提条件、进度安排、费用支付办法及协作方式等内容，如果出现问题，可按合同追究责任。

三、项目的审批

随着市场经济的纵深发展、投资主体的多元化、投资体制的不断改革，基本建设项目的审批制度也在发生着很大的变化，已由过去单一的项目建议书、可行性研究报告、初步设计等审批方式变为按项目投资主体、资金来源、项目性质分别实行审批制、核准制和备案制。

投资体制改革以前，无论项目的性质和资金构成主体如何，项目建设都实行审批制，主要包括三个方面，即项目建议书编制、可行性研究报告编制、初步设计，这三项工作完成后，项目的审批工作才算完成。2004年7月，投资体制改革以后，实行谁投资，谁受益，谁承担风险，国家的投资由国家审批，地方政府的投资由地方政府审批，而企业的投资应由企业自己决策。因此，项目审批也由过去单一的审批制改变为根据不同情况实行审批制、核准制和备案制。

1. 审批制　投资体制改革后实行的审批制和以前的审批制不完全一样。审批的范围发生了变化，原来是所有的建设项目都实行审批制，现在只是使用政府投资的项目才实行审批，不使用政府投资就不审批，而是根据不同的情况实行核准和备案。

投资体制改革决定，今后政府投资的范围主要是用于关系国家安全和市场不能有效配置资源的经济和社会领域，有四个方面，一是加强公益性和公共基础设施建设；二是保护和改善生态环境；三是促进欠发达地区的经济和社会发展；四是推进科技进步和高新技术产业化。因此，在这四个方面的项目管理上，还是实行审批制，而在其他方面主要是实行核准制和备案制。

政府资金的使用，根据资金来源、项目性质和调控需要，采取直接投资、资本金注入、投资补助、转贷和贷款贴息5种方式来进行安排。因此，不仅政府全部投资的项目是政府投资，资本金注入、投资补助、转贷和贷款贴息等只要使用政府资金或政府资金担保，都要按政府投资项目来进行管理。

在审批程序上,政府投资项目还是沿用过去的审批办法进行审批。项目单位应首先向发展和改革委员会等项目审批部门报送项目建议书,依据项目建议书批复文件分别向规划和自然资源部门、生态环境部门申请办理规划选址、用地预审和环境影响评价审批手续。完成相关手续后,项目单位根据项目论证情况向发展和改革委员会等项目审批部门报送可行性研究报告,并附规划选址、用地预审和环境影响评价审批文件。项目单位依据可行性研究报告批复文件向规划和自然资源部门申请办理建设用地规划许可手续,向国土资源部门申请办理正式用地手续。政府投资基本建设项目具体审批流程如图 2-2 所示。

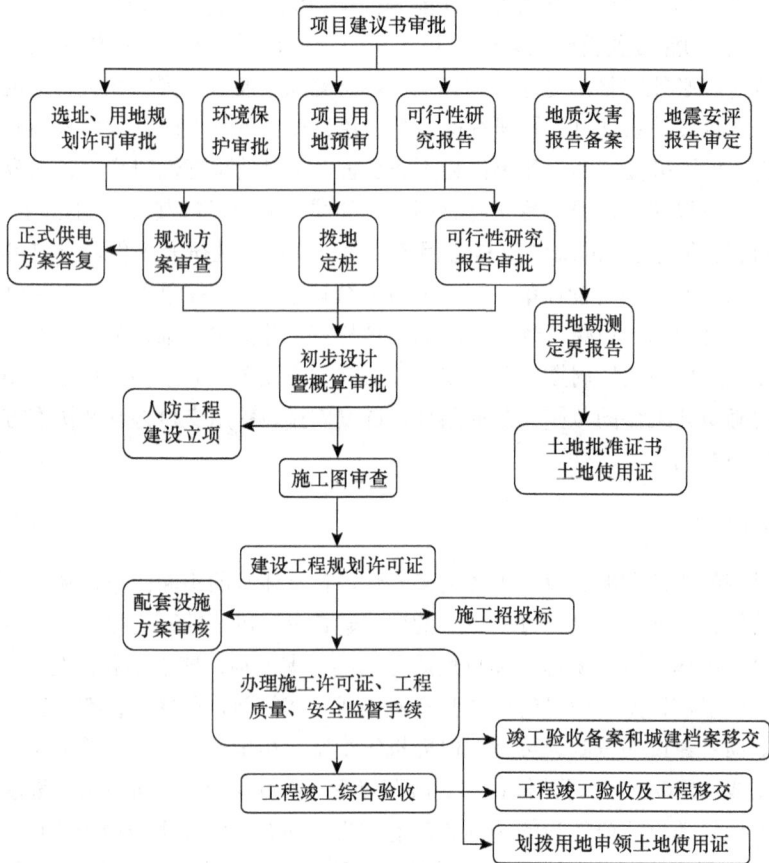

图 2-2 政府投资基本建设项目具体审批流程图

2. 核准制 按照投资体制改革决定,只要不使用政府投资,又在《政府核准的投资项目目录》内的项目,都实行核准制。也就是说只要列入国家和省《政府核准的投资项目目录》中,又不需要政府投资的项目都实行核准制。列入《政府核准的投资项目目录》中的项目都属于重大项目和限制类项目,国家和地方只对这类项目进行核准。核准权限视项目情况而定,《政府核准的投资项目目录》规定由国务院投资主管部门核准的项目,由国务院投资主管部门会同行业主管部门核准,其中重要项目报国务院核准。《政府核准的投资项目目录》规定由地方政府投资主管部门核准的项目,由地方政府投资主管部门会同同级行业主管部门核准。省级政府可根据当地情况和项目性质,具体划分各级地方政府投资主管部门的核准权限,但《政府核准的投资项目目录》明确规定"由省级政府投资主管部门核准"的,其核准权限不得下放。

核准制同原来实行的审批制的主要区别如下。

一是《政府核准的投资项目目录》的核准数量十分有限，国家核准有 13 个方面 59 项，省级核准有 9 个方面 30 项，市（州、地）级核准的有 5 个方面 7 项；共计 27 个方面 96 项。

二是从过去的审批项目建议书、可行性研究报告、初步设计三道程序，简化为一道核准。

三是政府对项目外部投资事项进行核准，也就是前置审批。

核准制项目可参考《政府核准的投资项目目录》，企业仅需向政府提交项目申请报告，政府主要从全面合理开发资源、保护生态环境、合理布局、保护公共利益、防止垄断等公共社会经济利益进行核准。对外商投资项目，政府还需从市场准入、资本项目等方面进行核准。

3. 备案制　只要是不使用政府资金，又在《政府核准的投资项目目录》之外的项目全部实行备案制。投资体制改革后，实行备案制主要是基于下面几个方面的考虑。

（1）有利于及时掌握和了解全社会的投资动向，更加准确、全面地对投资运行进行监控。

（2）有利于贯彻实施国家的法律、法规、产业政策和行业准入制度，防止低水平盲目重复建设。

（3）有利于及时发布投资信息，引导全社会投资活动。

要注意的是国家把备案制的权限全部下放给了地方，也就是说所有项目的备案都在地方，不需要在国家备案。各地可以根据当地的实际情况制定相应的基本建设投资项目备案标准和办法。

第三节　设 计 工 作

设计是对拟建工程的实施在技术上和经济上所进行的全面而详尽的安排，是基本建设计划的具体化，是把先进技术和科研成果引入建设的渠道，是整个工程的决定性环节，是组织施工的依据。它直接关系着工程质量和将来的使用效果。可行性研究报告经批准的建设项目应委托或通过招标投标选定设计单位，按照批准的可行性研究报告的内容和要求进行设计，编制设计文件。

根据建设项目规模的大小、工程的重要性、技术的复杂性、设计条件的成熟程度及设计水平的高低，设计过程可分为三阶段设计、两阶段设计和一阶段设计。对于新而复杂、规模特大或缺乏该种设计经验的大、中型工程，经主管部门指定的才按三阶段进行设计，即扩大初步设计、技术设计、施工图设计。对于一般性的新建、改建和扩建工程，都采用两阶段设计，即初步设计、施工图设计。对于一些简单的、小规模的项目可以直接进行施工图设计，也就是一阶段设计。

一、工厂设计必须遵守的原则

1. 工厂设计必须严格遵循基本建设程序　进行初步设计的主要依据是经批准的可行性研究报告和必要而准确的设计基础资料，如果缺少了这些依据，就不能也不应该进行设计，否则就违反了基本建设程序。

2. 工厂设计要符合政府的有关方针政策　例如，节约用地、少占或不占耕地；积极开展综合利用和"三废"治理。"三废"治理的设施必须与主体同时设计、同时施工、同时投产。

3. 工厂设计必须贯彻执行国家基本建设的方针政策　工厂设计要做到切合实际、技术先进、经济合理、安全适用、追求经济效益和社会效益。要因地制宜，在设计中积极采用和大力发展先进技术，吸取科研和技术改造的新成果；与此同时，也要考虑到我国劳动力丰富的特点。对改建、扩建项目，要注意挖掘、革新、改造，要发挥原有企业的潜力。

二、初步设计

初步设计是基本建设前期工作的组成部分，是实施工程建设的基本依据，所有新建、改建、扩建和技术改造的建设工程都必须有初步设计。初步设计是根据批准的可行性研究报告和必要而准确的设计基础资料，对设计对象进行通盘研究，阐明在指定的地点、时间和投资控制数内，拟建工程在技术上的可能性和经济上的合理性。通过对设计对象做出的基本技术规定，编制项目的总概算。初步设计的成果主要体现在设计说明书上，图纸和表格是设计说明书的补充。在初步设计中绘制的图纸不足以用于施工。

（一）初步设计的深度

初步设计的深度应满足下列要求：设计方案的比较选择和确定；主要设备和材料的订货；土地征用；建设投资的控制；主管部门和有关单位进行设计审查；确定生产人员的岗位、技术等级、人数并安排人员技术培训；作为施工图设计的主要依据；施工、安装准备和生产准备。

（二）初步设计的内容

随着国家建设体制改革的不断深入，初步设计的内容可以视项目的具体情况、合同的要求和初步设计文件的用途的不同而有所差异，因此在具体项目中可以做相应的增减。初步设计基本内容包含：总论，总图运输，工艺，技术经济，自动控制、测量仪表的选择及说明，建筑结构，公用工程，环境保护及综合利用，辅助生产设施，总概算。

三、施工图设计

施工图设计是针对已批准的初步设计将工程技术人员的设计构思、设计意图在深度上进一步深化，变成工程可执行的语言。设计的最终结果体现在图纸上，然后经过制造、施工、安装，使整个设计从设想变为现实。施工、安装均按图纸进行，施工图质量好，施工就顺利，生产也顺利，相反地，就会影响整个工程的进展。因此，施工图设计是很具体、很实际、很细致的设计工作，要求设计人员具有较高的科学技术水平和丰富的实际经验。

（一）施工图设计的依据

（1）经过批准的初步设计或技术设计及审批意见。
（2）建设单位提供的订购的主要设备技术资料和产品样本。
（3）收集的技术资料、产品样本、国家标准图册，各地区、各部门企业标准图册，施工、安装单位的施工法规、安装方法。
（4）建设单位与各协作单位、各部门签订的协议书。

（二）施工图设计的深度

施工图设计的深度除了和初步设计互相连贯衔接之外，还必须满足以下几个方面。
（1）全部设备、材料的订货和交货安排。
（2）非标准设备的订货、制造和交货安排。

（3）能作为施工安装预算和施工组织设计的依据。

（4）控制施工安装质量，并根据施工说明要求进行验收。

（三）施工图设计的内容

施工图设计的内容主要是图纸及施工、安装说明，技术经济指标和预算一般以表格为主。

不同类型工厂、车间及不同设计工种的施工图内容、繁简程度是不同的。互相关联不大的独立的机械设备施工图比较简单，互相关联密切的、有特殊要求的组合设计比较复杂，管道种类较多的车间的施工图比较复杂。

施工图设计内容、繁简程度也和施工、安装单位的技术水平有关，对于技术力量强、经验丰富、技术资料积累较多的施工、安装单位，很多通用性的图纸都可以简化或省略。

各专业工种图纸的内容如下。

1）工艺部分　　包括生产工艺流程图，车间设备平面布置图，车间设备立面布置图，管道平面布置图，管道立面布置图、剖面图，设备安装图，操作台，设备及管道支架，工器具及设备表，材料汇总表等。

2）给排水　　包括供水、排水、水处理、污水处理设备布置，管道布置，生活室、卫生设备、浴室给排水管道布置，厂区排水沙井、消防系统、凉水塔及循环用水、废水回收，以及设备表等。

3）动力部分　　包括锅炉房、空压机站、冷冻机和冷库设备布置图、安装图，管道流程图，机房及厂区管道布置图、管道保温结构图，主要的支架、吊架图及设备表、材料表等。

4）采暖通风部分　　包括通风、除尘、采暖、空调设备及管道布置图、系统图，管道安装施工详图、通用图及设备表、材料表等。

5）供电部分　　包括变电站（所），高、低压配电室设备布置图，动力配线图，照明配线图，厂区接线系统、防雷、通信、非标准配电柜接线图，安装详图及设备表、材料表等。

6）仪表及自动控制部分　　包括生产过程各种介质的流量、质量、液位、温度、压力、分析仪表的指示、记录、信号、调节系统原理图、线路图，仪表盘、仪表柜布置图、接线图及材料表等。

7）土建部分　　包括总平面布置图，厂区土方平衡图，各部分厂房、建筑物的建筑平面图、立面图、剖面图和结构图；各构筑物、围墙、道路、沟道结构图；设备基础图，预留孔、预埋件图；各种节点详图，选用的标准图、通用图，门窗图、表等。

8）施工说明　　包括各专业工种的施工说明，工艺的施工说明，设备的安装要求和注意事项；管道设计的管材选用，连接方式，保温结构，试压要求，防腐油漆及标志油漆的颜色；安装验收规范和标准等。

小　　结

基本建设程序是指基本建设项目从设想、选择、评估、决策、设计、施工到竣工验收、投入使用整个建设过程中各项工作必须遵守的先后次序的法则。我国现行基本建设程序包括项目建议书阶段、可行性研究阶段、设计阶段、建设准备阶段、施工阶段、竣工验收阶段、后评价阶段。每个阶段都有其具体的内容方法和作用，这是工程技术人员必须了解和掌握的知识，在进行项目建设工作时，必须遵循基本建设程序，按照科学的逻辑顺序和时间序列先规划研究，后设计施工，不得违反，不得简化，只有这样才能又快又好又省地完成建设任务。

复习思考题

1. 基本建设程序的概念是什么？我国现行的基本建设程序主要包括哪几个阶段？

2. 什么是项目建议书？项目建议书的主要内容有哪些？

3. 可行性研究的作用有哪些？

4. 如何进行可行性研究？

5. 可行性研究报告包括哪些主要内容？

6. 工厂设计必须遵守的原则有哪些？

第三章
发酵工厂厂址选择和总平面设计

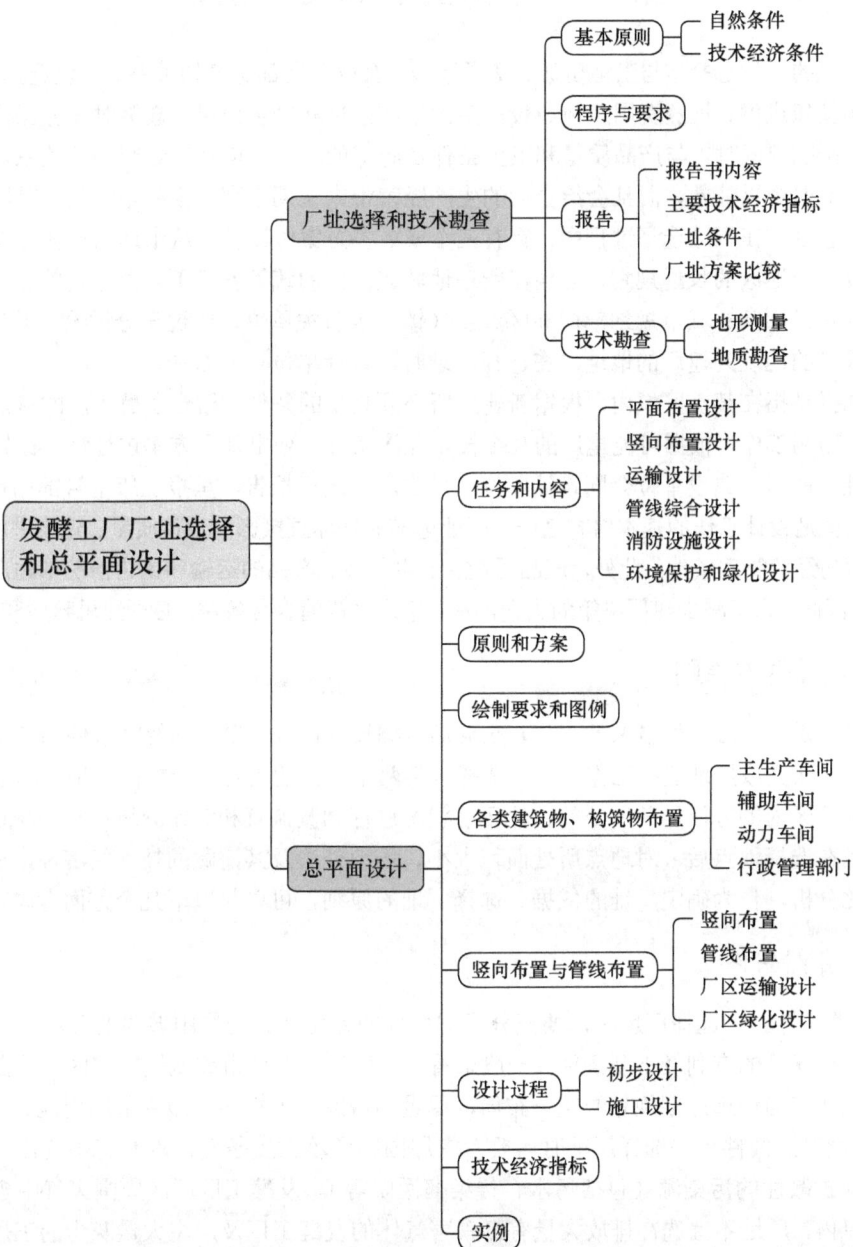

发酵工厂厂址选择和总平面设计
- 厂址选择和技术勘查
  - 基本原则
    - 自然条件
    - 技术经济条件
  - 程序与要求
  - 报告
    - 报告书内容
    - 主要技术经济指标
    - 厂址条件
    - 厂址方案比较
  - 技术勘查
    - 地形测量
    - 地质勘查
- 总平面设计
  - 任务和内容
    - 平面布置设计
    - 竖向布置设计
    - 运输设计
    - 管线综合设计
    - 消防设施设计
    - 环境保护和绿化设计
  - 原则和方案
  - 绘制要求和图例
  - 各类建筑物、构筑物布置
    - 主生产车间
    - 辅助车间
    - 动力车间
    - 行政管理部门
  - 竖向布置与管线布置
    - 竖向布置
    - 管线布置
    - 厂区运输设计
    - 厂区绿化设计
  - 设计过程
    - 初步设计
    - 施工设计
  - 技术经济指标
  - 实例

对于新建生物发酵工厂,厂址选择和总平面设计是一个十分重要的工作环节。厂址选择得当、总图布置合理,对减少投资、缩短建设用期、尽快投产、提高工厂效益、环境保护等意义重大。因此,厂址选择工作需高度重视、全面考虑、慎重决策。为了避免和减少决策失误,厂址选择在建厂前期编制任务书和可行性研究中已成为一个重要组成部分。这是一项涉及面广、综合性强的工作,要由各专业业务能力强、经验丰富的人员组成,协同配合进行。对于新建发酵工厂,还要充分考虑发酵生产的特点,将其作为厂址选择的基本因素。

第一节　厂址选择和技术勘查

发酵工厂的厂址选择,与当地资源、交通运输、农业发展都有密切关系。厂址选择是否得当,将直接影响基建进度、投资费用及建成投产后的生产条件和经济效果,甚至对环境保护等行业都会带来重大影响。同时,与产品质量和卫生条件及职工的劳动环境都有着密切的关系。如果厂址选择不当,不但难以补救,而且会给企业的生产经营带来长期不利的损害。因此,对厂址选择应采取慎重的态度。在厂址选择过程中,宜有三个或更多方案做比较,从中选出最佳方案。厂址选择工作涉及一个地区的长远规划,应当在所在地城建部门的统筹安排下,由筹建单位负责,会同主管部门、建设部门、城市规划部门和区、乡(镇)等有关单位,经过充分讨论,并进行比较,选择优点最多的地址为建厂的地址。在选择厂址时,设计单位也应参加。

厂址选择是指在某一区域内,根据新建厂所必须具备的条件,结合发酵工厂的特点,进行详尽的调查、勘测工作,根据可能建厂的几个技术经济条件,列出几个方案进行综合比较,从中择优确定厂址,最后由建设单位会同设计单位,做出厂址选择报告,呈报上级主管部门审批。

厂址选择是设计工作的基本内容之一。厂址选择的好坏直接影响设计质量、建设进度、投资大小和投产后的经营管理条件。此外,产品质量、卫生条件、产品的运输和销售情况都与厂址选择有密切关系。因此,为了减少建厂决策的失误,提高建设投资的综合效益,必须深思熟虑和严谨从事。

一、厂址选择基本原则

厂址选择是一个细致而复杂的工作,应灵活掌握设计原则,以技术经济条件为着重点,进行分析研究,从而完成厂址选择工作。厂址选择包括两个方面的内容:一方面是地点的选择,即对所建厂在某地区内的方位及其所处的自然环境状况进行勘测调查和对比分析;另一方面是场地选择,也就是在选择地点后,对地点所处面积大小、场地外形及其潜藏的技术经济性,进行调查、预测、对比分析,作为确定厂址的依据。选择厂址的原则,可以从以下几个方面考虑。

(一)自然条件

1. 地理条件　选择厂址时,要充分了解厂址的方位及其与周围城镇的关系、地段的地理情况和在该处建厂的有利及不利条件。一般来看,厂址应选在城市或城镇的郊区,设在当地的规划区内,以适应当地远近期规划的统一布局,尽量不占或少占良田,做到节约用地。

2. 环境卫生条件　选择厂址时,要考虑周围的环境卫生条件,没有有害气体、放射源、粉尘和其他扩散性的污染源(包括污水、传染病医院等)。发酵工厂厂区周围大气中含尘量应在一定范围以内,厂址不宜选在排放大量有毒有害气体的发酵工厂及产生大量灰尘的工厂周围,不宜选在易燃易爆的油库附近。此外,厂区应考虑建在居民区下风侧。

3. 地形、地势与地质　发酵工厂的生产过程大多数是流水作业线,如原料—粉碎—糖化

—发酵—提取—精制—包装。这样的生产过程，车间面积比较大，所以要求厂址地形及外形整齐为好。这样的厂址地形有利于工厂的总平面布置。具体要求，大型厂厂区坡度应不大于 4%，中型厂不大于 6%，小型厂不大于 10%。厂区内主要地段的坡度以不大于2%为宜，便于排出厂内场地积水，坡度也不宜小于 0.5%。所选厂址要有可靠的地质条件，应符合建筑工程要求，应当避免建在溶洞、沼泽、断裂带和流沙层上，厂址应有一定的地耐力。建筑冷库的地方，地下水位不能过高。此外，为防止厂区受淹，厂区应在历年最高洪水线之上。如果在山区建厂，还要注意周围塌方、滑坡和泥石流等问题。如果地下有流沙，流沙层应距地面下大于100m 深为好。地耐力对于一般厂房要求在$10t/m^2$以上，工业建筑要求在$15t/m^2$以上。若是建设高层建筑或是大型空压机站等则应按有关规定严格执行。如果在寒冷地区建厂还要注意冻土层情况。

4. 气象条件　　气象条件包括风向、风量、降雨量和气温等内容，其是工厂总平面布置的重要依据，也是厂房设计和排水系统设计的主要依据。收集气象资料时，要求有 10 年以上的历史资料。具体有如下几项内容：①温湿度。全年平均气温、湿度，最热月及最冷月的平均气温、湿度，最高气温、最低气温与湿度。②降雨量。全年平均降雨量、最大降雨量及持续时间。③冬季积雪情况。④冰冻期及地层冰冻深度、土壤温度。⑤风玫瑰图及风级表。⑥最高、最低气压及全年平均气压等。⑦全年日照数，各月日照分布情况等。⑧地震。我国规定对地震烈度在 6 度或6 度以下的地区，在建设时不设防。7 度的地区需要采取适当加固结构措施，将增加造价 15%。对 8 度地区，要求采取更严格的措施，包括采用框架结构将梁加粗等，需增加造价 30%，唐山即属此类地区。在 9 度地区不应建厂。所以，应尽可能不在 7 度或 7 度以上地区建厂。

（二）技术经济条件

1. 原料、辅料等供应条件　　发酵工业产品品种繁多，原料范围广。为减少不合理的运输，厂址应尽量接近原料产地，以降低原料成本。这不仅可获得足够数量和质量新鲜的原料，有利于加强工厂和农村生产的联系，还便于辅助材料和包装材料的获得；厂址应尽量接近销售地，利于产品的销售，同时还可以减少运输费用。发酵工厂要建立分装车间等辅助车间，因而涉及一些辅助原料的供应。所以要考虑原料、燃料和包装材料的配套供应。总之，选择厂址时要对原料的产地、供应、运输、贮藏及其规格、质量、化学成分等技术经济性进行调查分析。

2. 能源供应　　选择厂址的重要原则之一是电、热及燃料供应方便。发酵工厂是耗能大户，并要求是二类负荷用电户，所以在选择厂址时，要对所选地点的地区供电情况进行调查，以便确定输电方式和厂内变压配电所的位置，并设计供热的方式。

3. 给排水　　发酵工厂中需要大量饮用水或净化水，是用水大户，同时有些发酵工厂，水的质量直接影响产品质量，水源水质是发酵工厂选择厂址的重要条件，特别是发酵酿造工厂对水质要求更高。所以所选厂址附近不但要有充足的水源，而且水质必须符合饮用水质标准。厂址建在城市或城镇郊区一般采用自来水，即能符合饮用水标准。若采用江、河、湖水，则需加以处理，厂址应尽量选在河流的上游。若要采用地下水，则需向当地了解是否允许开凿深井，同时，还得注意其水质是否符合饮用水要求。发酵工厂废水、污水的排放量很大，且对环境的污染比较大，需设计污水处理站，必须符合国家要求的废水排放标准。工厂内排出废渣和废水宜就近处理。废水经处理后排放，尽量对废渣、废水进行综合利用。

4. 交通运输条件　　要以交通运输方便为原则，并根据当地情况，考虑运输方式、可靠性及交通便捷程度，其中以铁路、公路、水路为主。

5. 其他协作条件　　在选厂址时，还要注意周围的协作条件，这对中、小型工厂尤为重要。

例如，厂内大型设备零部件的加工和检修，需与有关机械厂协作。在新产品开发时需和科研单位、高等院校等协作。开发新药还涉及药理和临床试验，需要与医院协作。有的发酵工厂还建有制剂、分装包装车间，这就涉及玻璃瓶、塑料桶、橡胶塞、纸盒、纸箱等辅助材料的供应。

二、厂址选择程序与要求

（一）厂址选择程序

1. 准备工作阶段　　主要内容是组织准备和技术准备工作。

1）组织准备　　由主管建厂的国家部门组织勘测、设计、建设等单位有关人员组成选厂工作组。

2）技术准备　　选厂工作人员在深入了解设计内容和上级有关批示精神的基础上，拟定选厂工作计划，编制选厂各项指标，收集厂址资料提纲，主要内容是：①工厂的产品方案、产品品种和规模；②基本的工艺流程；③工厂组成；④原料、燃料和产品的品种、数量，它们的供应来源或销售去向及其运输方式；⑤职工人数；⑥水、电、气等公用系统的耗量和参数；⑦"三废"排放数量、性质，以及造成的污染程度；⑧工厂周围情况及协作条件；⑨工厂可能发展的趋向。

2. 现场工作阶段　　主要内容是现场勘查工作和设计基础资料的收集工作。对每一个现场来说，现场勘查的重点是在收集的基础上进行实地调查和核实，以获得真实、直观的形象。

1）工作计划　　选厂工作组向厂址区有关领导机关说明选厂工作计划，请求给予支持与协助，听取地区领导介绍厂址区的政治、经济概况及可能作为几个厂点的具体情况。

2）探测和勘探　　摸清厂址厂区的地形、地势、地质、水文、场地外形与面积等自然条件，绘制草图等，同时摸清厂址环境情况，以及动力资源、交通运输、给排水、供电的协议等。为了搞好设计工作，必须收集建厂地区的自然条件和技术经济条件资料，为确定准确的建厂地址和初步设计积累材料，不掌握第一手资料是无法开展设计工作的。收集资料一般采取查阅、调查和实地踏勘等方法。建厂应收集的资料包括下列几方面：地理位置、区域地形，气候，水源，地质，交通条件，环境保护，邻近地区情况，所在城市或工业区规划情况，施工条件，建筑材料来源、价格、产地供应等，给排水，动力供应，区域地形图，厂区交通图，风玫瑰图，全年及生产季节，土壤分析及地质断面剖面图，原料区域图等。

3）编制协议文件　　例如，用地协议、原料供应协议、协作单位协议、废料清除协议、给排水协议、供电协议等。

3. 编制报告阶段　　编制报告阶段是厂址选择工作的结束阶段。在此阶段，选厂工作组全体成员按工艺、总图、给排水、供电、供热、土建、结构、地质、水文等13个专业类型，对前两个阶段收集、勘测所得的资料和技术数据进行系统整理，编写出厂址选择报告，供上级主管部门组织审批，发酵工厂选址一般有如下几点要求：①编制各方案的企业区域规划和工厂总平面图；②编制各方案表；③编制各方案基建费及经营费对比表。

（二）厂址选择要求

发酵工厂具有用水量大、水质要求高、用电连续生产的特点。根据工艺要求和特点结合各项方针政策，发酵工厂选址一般有如下几点要求：①厂址要符合主管部门在建厂设计任务书中所做出的规定和要求。②厂址应注意节约用地，不占或少占耕地。厂区的面积、形状和其他条件，要满足发酵工厂生产工艺的要求，并留有适当的发展余地。③厂址应靠近水量充足和水质良好的水源。④厂址应有便利的交通条件。⑤厂址应注意当地自然环境条件，并对工厂投产后对于环境可能造成的影响做出预评价。工厂生产区和居民区内的建设地点应同时选定。⑥厂址应符合国家有关卫生、防火、人防等要求，如厂区应在居民点下风侧、河流的上游，厂区无传染病或其他污染来源，避开军事设施地区等。⑦厂址应避开受洪水淹没影响的地段，或在采取措施后仍有可能受水淹的地段。厂区的标高应高于当地历史最高洪水位，特别是主生产车间厂房及仓库的标高更应高出当地历史最高洪水位。⑧厂址应以企业发展远景规划和尽量使其接近原料基地或产品消费地区为依据。厂址宜布置在原料基地的发酵工厂有酒精（乙醇）厂、果酒厂、味精厂等，厂址宜布置在产品消费地区的发酵工厂有啤酒厂、白酒厂、酶制剂厂、抗生素厂等。⑨厂址在供电时间上应能得到供电部门的保证，输电线路尽可能缩短。⑩要考虑发酵工厂的"三废"处理和综合利用。

厂址应避免布置在以下地区：断层地区和基本烈度以上地区；易遭受洪水、泥石流、滑坡等危害的地区；有开采价值的矿藏地区；对机场、电台等使用有影响的地区；国家规定的历史文物、生物保护和风景游览地区；高压线、国防专用线穿越地区。

三、厂址选择报告

在选择厂址时，应多选几个点，根据上述要求进行分析比较，从中选出最适者作为定点，而后向上级部门呈报厂址选择报告。

1. 厂址选择报告书内容　厂址选择报告书是选厂工作的成果，其具体内容是：①论述厂址选择目的和依据、有关文件及本项目产品品种和生产规模、采用的工艺路线、建厂条件指标、选择厂址的主要经过等；②说明选厂工作组成员及其工作过程；③论述厂址选择方案，并论述推荐方案的优缺点及报请上级机关考虑的建议。

2. 主要技术经济指标　根据发酵工厂的类型、生产工艺的技术特点及要求，列出选择厂址的具体技术经济指标：①全厂占地面积；②全厂建筑面积；③全厂职工人数；④用水量、水质要求；⑤用电量，全厂生产设备及动力设备定额总需要量；⑥原料、燃料用量；⑦运输量，包括运入和运出量；⑧"三废"处理措施及其技术经济指标等。

3. 厂址条件　生物工厂应建在自然条件较好的地方，主要考虑以下内容：①地理位置及厂址环境；②厂址场地外形、厂址地质和气象；③交通运输条件；④土地征用及迁民情况；⑤原料、燃料情况；⑥给排水方案；⑦供热、供电条件；⑧建筑材料供应条件；⑨环保工程及公共设施。

4. 厂址方案比较　厂址方案比较选择的方法主要有两种：统计法和方案比较法。

1）统计法　把厂址的诸项条件（无论是自然条件还是技术经济条件）当作影响因素，把要比较的厂址编号，然后对每一厂号厂址的每一个影响因素，逐一比较其优缺点，并打上等级分值，最后把诸因素比较的等级分值进行统计，得出最佳厂号的选择结论。这种比较方法，把诸影响因素看成独立变量，逐一比较，工作十分细致，但很烦琐。只有借助计算机技术处理数据，方可推广使用。

2）方案比较法　以厂址自然条件为基础，经济技术条件为主体，列出其中的若干主要因素，形成厂址方案。然后对每一个方案优缺点进行比较，最后结合以往的选择厂址经验，得出最佳厂号的选择结果。方案比较法根据主要影响因素起主导作用及设计方法同实践经验相结合的原则，因而得出的结论较为可靠。

依据选择厂址的各项资料，对几个拟定的厂址按表进行比较，而后结合自然条件与实践经验，开展讨论，提出选定厂址的推荐意见及其中有关问题的建议。具体方法如下：选择1#、2#、3#三个进行比较，采用方案比较法，抓住技术性和经济性两大系列进行单项比较，得出单系列比较的初步结果，然后合二为一进行两系列综合比较，最后联系实践经验，得出厂址选择的结论。详见表 3-1 和表 3-2，表中用"√"表示给予分值的标记，画"√"越多，表示该等级的分值越高。表 3-1 的比较结论是：1#厂址技术性方案等级最佳，2#厂址技术性方案次之，3#厂址技术性方案最差。表 3-2 的比较结论是：1#厂址经济性方案等级最佳，3#厂址经济性方案次之，2#厂址经济性方案最差。综合上述两大系列比较，结论是 1#厂址为最佳厂址。

表 3-1 厂址技术性方案比较表

序号	项目名称	1#			2#			3#		
		A	B	C	A	B	C	A	B	C
1	地理位置（靠近原料）	√			√				√	
2	厂址环境（有无污染、粉尘）			√		√				√
3	厂址场地外形		√		√				√	
4	厂址地质（地耐力）	√			√			√		
5	厂址气象（风向、雨水）		√			√				√
6	土方量（挖填平衡、坡度）		√			√			√	
7	建筑施工条件（方便）	√			√				√	
8	建筑材料供应条件（就地取）		√			√				√
9	交通运输条件	√			√				√	
10	土地征用情况	√				√			√	
11	燃料情况（就近）	√					√			√
12	原料（方）		√				√			√
13	给水条件	√				√				√
14	排水条件（排水系统污水站）		√				√			√
15	供热、供电条件	√				√				√
16	环保工程条件（"三废"处理）		√				√		√	
17	公共设施（是否齐全）	√				√		√		
小计	以上单项累计数	7	6	4	6	6	5	6	5	6
总计	技术方案比较等级	A>B>C			A=B>C			A=C>B		
结论	1#厂址技术性方案比较等级最佳，2#厂址技术性方案次之，3#厂址技术性方案最差									

注：A. 良好等级；B. 中等级别；C. 次差级别

表 3-2 厂址经济性方案比较表

序号	项目名称	1#			2#			3#		
		A	B	C	A	B	C	A	B	C
1	铁路专用线费用			√	√				√	
2	码头建筑费用			√		√				√
3	公路建筑费用	√				√			√	
4	土地征用费用		√			√		√		
5	土方工程费用		√			√			√	
6	建筑材料费用		√			√		√		
7	建筑厂房费用	√				√				√

续表

序号	项目名称	1#			2#			3#		
		A	B	C	A	B	C	A	B	C
8	建筑设备基础费用		√			√		√		
9	住宅及文化设施费用	√				√			√	
10	给水设施费用		√			√		√		
11	排水设施费用	√					√			√
12	供热设施费用		√				√	√		
13	供电设施费用	√				√				√
14	临建及构筑物设施费用		√							
15	运输原料、成品费用	√				√				√
16	给排水费用		√				√			
17	汽耗费用	√				√			√	√
18	电耗费用	√					√		√	
小计	以上单项累计数	7	6	5	6	6	6	6	7	6
总计	技术方案比较等级	A>B>C			A=B=C			B>A=C		
结论		1#厂址经济性方案等级最佳，3#厂址经济性方案次之，2#厂址经济性方案最差								

注：A. 低费用级别；B. 中等费用级别；C. 最高费用级别

四、技术勘查

在初选厂址的基础上，下一步是技术勘查，获得土壤、地质、地形的技术资料，为总平面设计提供依据。技术勘查工作由建设单位委托设计勘测单位进行。

1. 地形测量 测量地形并绘制出地形平面图，图上包括厂址附近的铁路、公路、河流及厂址界线等。查明厂区的自来水管网、下水道管网、输电线路等情况并绘制地下设施图。根据地势测量绘制地势等高线图。

2. 地质勘查 对拟建铁路专用线、主要建筑物及对基础有一定要求的建筑物的地质情况进行勘探，查明厂址土壤的耐压力、土壤成分和地层构造、地下水位的高度等情况。通过地质勘查可以具体确定下列问题：①根据地形和地质条件，确定主要建筑物的位置；②预计土方工程量，包括铲土和填土；③确定建筑物基础的深度和处理方法；④确定地坑、地槽和地下通道等的深度；⑤确定排水系统的优势方向；⑥确定厂区内铁路专用线的位置和同厂外铁路干线的连接点，确定专用码头的位置；⑦确定高压输电线路、水塔和给水系统线路。

总之，工厂选点必须慎重对待，要按经济规律办事，可从以上几个方面考虑，从所考虑的几个方案中，经过论证比较，选出最佳方案。

第二节 总平面设计

总平面设计是发酵工厂设计的重要组成部分，它是将全厂不同使用功能的建筑物、构筑物按整个生产工艺流程，结合用地条件进行合理的布局，使建筑群组成一个有机整体。这样既便于组织生产，又便于企业管理。否则，就可能使一个建设项目的总体布局变得很分散、紊乱，造成盲目建设，这样既影响生产和生活的合理组织，又影响建设的经济效果和建设速度，也失去了工厂建筑群的统一性与完整性。

在进行发酵工厂总平面设计时，根据全厂各建筑物、构筑物的组成内容和使用功能的要求，结合用地条件和相关技术要求，进行综合分析，正确处理建筑物、构筑物布置、交通运输、管线排布和绿化等方面的关系。要充分利用地形，节约用地，使该建筑群的组成内容和各项设施成为统一的有机体，并与周围环境相协调。

一、总平面设计任务和内容

工厂总平面设计是工厂总体布置的平面设计，其任务是将全厂不同使用功能的建筑物、构筑物，以生产规模、生产特点、设计资料和总平面布置的原则为依据，按生产工艺流程，结合场地，使所建工厂形成布局合理、协调一致、生产有序，并与四周建筑群相互协调的有机整体。工厂总平面设计是在选定厂址后进行的。总平面设计是否合理，对工厂的基建投资、建设速度和生产经营具有重大影响。不合理的总平面设计不仅会增加基建投资，延长建设时间，还会给工厂的生产过程和生产管理造成很多不方便。因此，设计人员必须较好地完成这一任务。总平面设计的内容因产品、规模和需要不同有很大的差异，但不管什么情况，一般包括以下几个方面。

1. 平面布置设计　　平面布置是总平面布置中的必要内容之一，布置时应根据厂址面积、地形、生产要求等方面，先进行厂区划分，然后合理确定全厂建筑物、构筑物、道路、管路管线及绿化美化设施等在厂区平面上的相对位置，使其适应生产工艺流程的要求，以满足生产管理和操作的需求。

2. 竖向布置设计　　结合用地地形合理地进行竖向布置。厂区的竖向布置可以确定厂内各种建筑物、构筑物、道路、堆场、各种管线的标高关系。根据地形、工艺要求确定厂区建筑物、构筑物、道路、沟渠、管网的设计标高，使之相互协调，并充分利用厂区自然地势地形，减少土方挖填量，使运输方便，排水顺利。一般常用设计等高线法来表示竖向布置。竖向布置是为了充分利用自然地形，使工厂建设时土方量减少，并使厂区内雨水能顺利排出。在进行竖向布置设计时，要注意厂区内外标高的衔接。

厂区竖向布置的方式分为平坡式和台阶式两种。在平原地区，一般自然地形坡度小于3%，采用平坡式布置较为合理。而在山区坡地，一般采用台阶式布置，可以减少土方量。在台阶式布置时，如设计得当，可充分利用地形，使液体能利用高低液位差进行自然输送，以节约能量。例如，利用地形将酸、碱贮罐布置在高坡上，能使这类腐蚀性液体利用位差沿管道自然输送到车间的设备中，而不需要用泵来输送。这样不仅能节约电能，而且能避免泵的轴封磨损使腐蚀性流体泄漏。

3. 运输设计　　根据生产要求和运输特点合理确定厂内外的各种运输方式、运输线路和设施的布置。国内除了少数大型生物工厂采用铁路专线作为主要运输手段外，多数工厂采用汽车作为主要运输工具。在用汽车运输时，应考虑发挥地方专业运输部门的作用，对于大量原料及燃料应委托他们承办运输，以避免在厂内添置大量载重卡车和设置很大的车库。厂内的运输可用电瓶车或铲车来进行。设在郊区的工厂，如工人上下班路途较远，且乘坐市内公共交通不便，工厂应考虑用大客车定班接送三班制的工人上下班。

4. 管线综合设计　　根据工艺、水、汽、电等工程管线的专业特点，综合规定其地上、地下各种管线的位置、占地宽度、标高及间距，使之布置经济、合理、整齐。工艺、水、电、汽等各种工程管线的设计通常是由各部门专业设计人员负责设计的。设计时要尽量减少在平面布置或竖向布置上产生拥挤和交叉的现象。综合考虑工厂地上和地下各种管路布置，使设计经济合理、整齐美观。在竖向布置设计时，要同时考虑室外管线的布置。生物工厂的动力管线一般都用集中的管架敷设，以减少占地和便于施工检修。对于有些埋地管线，在一般情况下，由厂房建筑外缘开始向道路中心由浅入深，依次布置。它们的顺序一般是：①电信电缆；②电力电缆；③供水管道；④污水管道；⑤雨水管道。在管线布置交叉时，一般的原则是小管让大管，软管让硬管，临时管线让永久管线。

5. 消防设施设计 对于使用易燃易爆品的工厂，当发生火灾时，由于距离较远，当地消防站的消防人员不能在接到警报后的 7min 内赶到工厂，此类厂应按规定配备消防车辆。在设计厂内道路时，也应考虑消防要求，必须使消防车能到达厂内所有建筑物。工厂道路设计一般采用环形布置。生物工厂在总平面设计时，应充分考虑道路设计，使厂内道路短捷通畅。厂内道路应采用起尘少而坚固的材料制作，常用水泥混凝土路面或沥青混凝土路面。厂区内主干线一般宽 7～9m，干道宽 6～7m，单驶道路宽 4m 左右。道路横向坡度为 1%～2%，厂内道路的曲率半径应大于 12m。

6. 环境保护和绿化设计 结合环境保护，布置设计厂区内的绿化问题及"三废"的综合治理。为使厂区保持环境整洁，厂区大门宜设置两个或两个以上。煤渣、菌丝渣等物料应由边门出入，而正门一般通行生活用车或外来联系车辆等。

在总平面设计的初步设计阶段只需绘制出平面布置图和立面布置图。现在大多数是将两者合一，绘制成厂区布置鸟瞰图，它是完全的立体图，也包含了绿化、景观等内容。在施工图设计阶段才绘制管线综合布置图、运输线路布置图、消防设施布置图、环境保护和绿化布置图。

二、总平面设计的原则和方案

1. 设计原则 发酵工厂总平面设计主要是依据审批的设计任务书、厂址选择报告和厂址总平面布置方案草图及生产工艺流程简图，并参照国家有关的设计标准和规范，逐步编制出来的。总平面设计的基本原则有以下几个方面：①总平面按设计任务书的要求进行，平面布置必须合理紧凑，做到节约用地。分期建设的工程，应一次布置，分期建设，还必须为远期发展留有余地。②总平面设计必须符合生产工艺的要求，并能保证合理的生产作业线，避免原料、半成品的交叉运输和往返运输。③总平面设计应将面积大、主要的生产厂房布置在厂区的中心地带，以便其他部门为其提供配套服务；辅助车间和动力车间应尽量配置在靠近其所服务的负荷中心；工厂大门及生活区应与生产主厂房相适应，便于工人上下班。④平面设计应充分考虑地区主风向的影响，可以从当地气象部门编制的各地风玫瑰图资料查得地区主风向。散发煤烟灰尘的车间和易燃仓库及堆场应尽可能集中布置在场地的边沿地带和主导的下风向。发酵工厂菌种各异，应防止环境染菌。⑤全厂货流、人流、原料、管道等的运输应有各自路线，避免交叉。工厂大门至少应设置两个。合理设计厂区对外运输系统，运输量大的仓库尽量靠近对外运输主干线，保证良好的运输条件和效益。⑥总平面设计应遵从城市规划要求。面向城市交通干道方向做出工厂的正布置。厂房布置要与所在城市建筑群保持协调，以利市容。⑦总平面设计应符合国家有关规定和规范，如建筑设计防火规范、厂矿道路设计规范、工业企业采暖通风和空气调节规范、工业锅炉房设计规范、工业企业卫生标准、工业"三废"排放试行标准规定、工业与民用通风设备及电子装备设计规范等。

2. 设计方案

1）**工厂组成** 一般来说，发酵工厂厂区包括下列几个部分。

（1）生产车间。生产成品和半成品的厂内所有工艺生产主工序部门，称为生产车间。包括从种子制备和发酵配料开始到成品分装，包装出厂全过程的生产车间。它是工厂的主体。

（2）辅助车间。协助生产车间正常生产的各部门，称为辅助车间。包括原料仓库、成品仓库、机修车间、污水站等部门。

（3）动力车间。保证生产车间及全厂各部门正常工作的部门，称为动力车间。一般指锅炉房、变电站、配电室、空压站、水泵房、冷冻站，并含有地上、地下各类有关构成物。

（4）行政管理部门。包括行政办公楼和生活服务的设施，如食堂、住宅、托儿所、医务所、浴室、俱乐部及职工停车存车处等。

（5）运输设施和各类地上、地下工程管网。厂区道路应按运输量及运输工具的情况决定其宽度，一般厂区道路应采用水泥或沥青路以保持清洁。运输货物道路应与车间间隔，特别是运煤和煤渣，容易产生污染。一段道路应为环形道路，以免在倒车时造成堵塞现象。厂区道路之外，应从实际出发考虑是否需有铁路专用线和码头等设施。

（6）绿化设施和美化环境布置。总平面中要有一定的绿化面积，但不宜过大。生产车间与城市公路须有一定的隔离区。一般宽为30～50m，中间最好有绿化地带阻挡尘埃污染发酵产品。

（7）"三废"治理设施和场地。如果条件允许，应与主厂区保持一定的间距。

2）厂区划分　一个工厂由上述几个部门所组成。在这些部门，从工艺生产需要出发，根据各部门不同的要求结合厂地的地势、地质水文、气象等自然条件，进行精心布局，以期达到较高的技术经济性。在进行总平面布置时，首先对厂区进行建筑划分。根据生产、管理的需要，结合安全、卫生、运输和绿化的特点，把全厂建筑群划分为若干紧密而性质相近的单元。这样则满足了生产工艺流水线的要求，以利于邻近各厂房建筑物、构筑物之间保持协调、互助的关系。

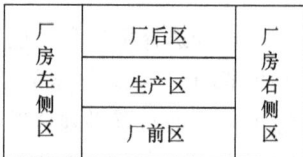

图3-1　厂区划分图

通常将厂区划分为厂前区、厂后区、生产区及左右两侧区，如图3-1所示。这样划分厂区，体现了各区功能分明，运输联系方便，建筑自然有序，便于集中管理。应当指出，在总平面布置时，以厂区划分图为原则，同时还要与厂址实际地势相联系，进行合理的布置。在考虑各建筑物、构筑物布置的同时，厂区运输道路要布置合理，主干道与厂大门连通，绿化设施、美化环境等问题都要进行考虑。

三、总平面设计绘制要求和图例

1. 绘制要求　总平面设计的内容包括总平面布置图和设计说明。有时仅有总平面布置图，图内既包括建筑物、构筑物和道路等布置，又包括简短的设计说明书。必要的时候还要附有区域位置。总平面布置图上反映的面积很大，所以绘制时通常使用较小的比例，如1:500、1:1000、1:2000等。总平面布置图上标注尺寸，一律以米为单位，图中的图例和符号，必须按照国家标准绘制。工程的性质、用地范围、地形地貌和周围环境情况可以用文字在总平面布置图的右边或右下方说明。原有建筑物、新建的和将来拟建建筑物的布置位置、层数和朝向，地坪标高，绿化布置，厂区道路等，按建筑标准绘制在总平面布置图上。

2. 图例　图3-2为国家标准中规定的总设计图常用图例。

1）风玫瑰图　一个地方的主导风向，就是风吹来最多的方向。为了考虑主导风向对建筑总平面布置的影响，常将当地气象台（站）观测的风气象资料，绘制成风玫瑰图供设计使用。风玫瑰图有风向玫瑰图和风速玫瑰图两种，多用风向玫瑰图（图3-3）。

风向玫瑰图表示风向和风向频率。风向频率是在一定时间内各种风向出现的次数占所观测总次数的百分比。它是根据各方向风的出现频率，以相应的比例长度，以直角坐标上绘制的坐标原

图例	名称	图例	名称
	新建建筑物		原有铁路
	新建构筑物		新建围墙，大门
	原有的建筑物		原有围墙
	规划建筑物		新建挡土墙
	利用建筑物		新建围墙，挡土墙
	露天堆场		拆除围墙
	敞棚或敞廊		拆除建（构）筑物
	新建的道路		填挖边坡或护坡
	规划道路		排水明沟
	原有道路		有盖的排水沟
	铺砌路面	0.3(坡度%) 50(距离 m)	道路坡度标
	人行道		室内、外地坪标高
	斜坡栈桥，卷扬机道		花坛，绿化地
	新建铁路	⊙⊙⊙⊙	行道树

图 3-2 国家标准中规定的总设计图常用图例

点表示厂址地点，坐标分成 8 个方位，即东、西、南、北、东南、东北、西南和西北的风吹向厂点。然后将各相邻方向的端点用直线连接起来，绘成一个形似玫瑰花的闭合折线，这就是风向玫瑰图。图中最长者即当地的主导风向。在看风向玫瑰图时，它的风向是由外缘吹向中心，不是中心吹向外围。总平面设计手册中列有我国主要城市的风向玫瑰图。在每一城市的风玫瑰图中，以粗实线表示全年风向频率，虚线表示夏季风向频率，它们都是根据当地多年的全年或夏季的风向频率的平均统计资料制成，需要时可查阅参考。在总平面布置时，应将发酵工厂的原辅材料仓库、生产车间等卫生要求高的建筑物布置在主导风向的上风向。把锅炉房、煤堆等污染发酵的建筑物布置在下风向，以免影响发酵产品的卫生。

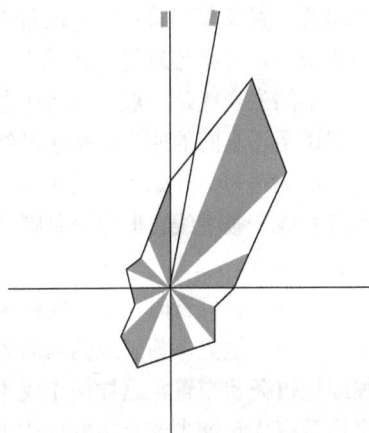

图 3-3 风向玫瑰图

工厂或车间所散发的有害气体和微粒对厂区和邻近地区空气的污染，不但与风向频率有关，同时也受到风速的影响。如果一个地方在各个方位的风向频率差别不大，而风向平均速度差别很大，就要综合考虑某一方向的风向、风速对其下风向地区污染的影响，其污染程度可用污染系数来表示：

污染系数＝风向频率／平均风速

上式表明：污染程度与风向频率成正比，与平均风速成反比。也就是说，某一方向的风向频率越大，其下风向受到污染机会越多，而该方向的平均风速越大，其来自上风向的有害物质很快被风带走或扩散，下风向受到污染的程度就越小。因此，从污染系数来考虑发酵工厂总平面布置，就应该将污染性大的车间或部门布置在污染系数最小的方位上。

应该指出，风玫瑰图体现的是一个地区，特别是平原地区风的一般情况，而不包括局部地方小气候，而地形也会对风气候有着直接的影响。由地形引起局部地区性的气候和由错综复杂地形、地面状况对风的阻滞或加速而形成的地区性的风（又称局部地方风，如水防风、山谷风、顺坡风、越山风、街巷风等）往往对一个局部地区的风向、风速起着主要作用。所以在进行发酵工厂总平面设计时，应充分注意地方小气候的变化，并在设计中善于利用地形、地势及其产生的局部地方风向。

2）绿化图例　　绿化既可以是花卉，也可以是草坪、灌木等。

3）等高线　　区域位置图一般是画在地形图上，而地形起伏较大的地区，则需绘出等高线。图上每条等高线经过的地方，它们的高度都等于等高线上所标注的标高。地形图通常说明厂址的地理位置，比例一般为1：5000、1：10 000，地形图也可附在总平面设计图的一角上，以反映总平面周围环境的情况。

4）指北针　　在没有风玫瑰图时，必须在总设计图上画出指北针。指北针箭头所指的方向为正北，由此来确定房屋的建筑方位。按照国家标准规定，指北针的圆圈直径约25mm（视图纸、图形大小比例而定），指北针箭头下端的宽度约等于圆圈直径的1/8。

四、各类建筑物、构筑物布置

1. 主生产车间建筑物布置　　生产车间位置是决定全厂区布置的关键，生产车间的位置应按工艺生产过程的顺序进行配置，生产线路尽可能做到径直和短捷，但并不是要求所有生产车间都安排在一条直线上，如果这样安排，当生产车间较多时，势必形成长条，从而会给仓库、辅助车间的配置及车间管理等方面带来困难和不便。为使生产车间的配置达到线性的目的，同时又不形成长条，可将建筑物设计成"T""L""Π"等字形。

车间生产线路一般分为水平和垂直两种，此外，也有多线生产的。加工物料在同一平面由甲车间送至乙车间的叫作水平生产线路；而由上层甲车间送至下层乙车间的叫作垂直生产线路。多线生产线路是一开始为一条主线，而后分成两条以上的支线，或是一开始即两条或多条支线，而后汇合成一条主线。但无论是哪种布置，希望车间之间的距离应该是最小的，并符合防火、卫生等有关规范。

在确定其位置时，要考虑到生产的工艺、建筑物的高低、对采光的要求等因素。一般选定在比较平坦的地势，朝阳或偏南向布置，保证阳光充足、通风良好。厂房要求平直整齐，沿生产流程线呈链条状布置，这样便于集中管理。同时主车间应与对卫生有影响的综合车间、废品仓库、煤堆及有大量烟尘或有害气体排出的车间间隔一定距离。主车间应设在锅炉房的上风向。

2. 辅助车间构筑物布置　　辅助车间构筑物的位置应安排在服务对象的最近距离。例如，乙醇的二氧化碳回收厂房应靠近发酵车间；原料仓库贮量较大，应布置在粉碎车间附近，这样可以减小管道的输送距离；酶制剂厂的除菌系统最好布置在与不同发酵罐相等距离位置上，布置在厂后区，以减少无菌空气输送管线。发酵工厂生产中冷却水用量较大，为节省开支，冷却水应尽可能循环使用。循环水冷却构筑物主要有冷却喷水池、自然通风冷却塔及机械通风冷却塔几种。在布置时，这些设施应布置在通风良好的开阔地带，并尽量靠近使用车间；同时，其长轴应垂直于夏季主导风向。为避免冬季结冰，这些设施应位于主建筑物、构筑物的冬季主导风向下侧。水池类构筑物应注意有漏水的可能，应与其他建筑物保持一定的防护距离。

3. 动力车间构筑物布置　　动力车间包括锅炉房、冷冻站、空压站、变电站、水泵房等。这些工段的位置布置应靠近其服务的具体部门，可以大部分集中在厂区两侧，以最大限度地减少输汽、水、电、冷的管线为原则。

1）锅炉房 尽可能配置在使用蒸汽较多的地方，如灭菌工段是用汽量大的工段，锅炉房应就近布置。这样可使管线缩短，减少压力和热能损耗。锅炉房附近不准配置有火灾或爆炸危险的车间或易燃品的仓库；应布置在散发可燃气体地点的上风向或侧风向；在其附近应有燃料堆场。煤、灰场应布置在锅炉房的下风向。煤场的周围应有消防通道及消防设施。

2）变电站 变电站应靠近高压线网输入本厂的一边，它的位置应考虑高压进线和低压出线的方便，并设置防护围栏，构成一个独立区域。另外，变电站应靠近电力负荷中心，这样可以缩短线路，节约投资，所以制冷机房应接近变电所。同时，它应布置在散发烟尘、可燃气体、腐蚀性气体、水雾等建（构）筑物的上风向，并保持一定的安全防护距离。

3）污水处理站 污水处理站应布置在厂区和生活区的下风向，并保持一定的卫生防护距离；同时应利用标高较低的地段，使污水尽量自流到污水处理站。污水排放口应在水源的下游。污水处理站的污泥干化场地应设在下风向，并要考虑汽车运输条件。

4）空压站 在轻化工生产中，压缩空气主要用于仪表动力、鼓风、搅拌、清扫等。空压站应尽量布置在空气较清洁的地段，并尽量靠近用气部门。空压站冷却水量和用电量都较大，故应尽可能靠近循环冷水设施和变电所。由于空压机工作时振动大，故应考虑振动、噪声对邻近建筑物的影响。

5）维修设施 维修设施包括机修、电修、仪修等车间。在总体布局中应尽量将这些车间布置在一起，但由于彼此功能不同，为避免相互干扰，还应分小区布置。维修区一般布置在厂区的边缘和侧风向，并应与其他生产区保持一定的距离。

4. 行政管理部门布置 行政管理部门包括工厂各部门的管理机构、公共会议室、食堂、保健站、托儿所、单身宿舍、中心试验室、车库、传达室等，一般布置在生产区的边缘或厂外，最好位于工厂的上风向位置，通称厂前区。

5. 确定厂区建筑物、构筑物之间的距离 厂区建筑物、构筑物的位置在总平面上的确定，还必须考虑到相邻建筑物、构筑物之间的距离。当厂区的朝向确定以后，应该根据各个建筑物、构筑物的作用，确定其方位，然后分析比较确定距离，计算出全厂利用面积与建筑面积。工厂建筑物、构筑物之间的距离是总平面布置设计非常重要的技术参数，它影响到全厂总平面布置面积和生产的运行。

6. 总平面布置设计方法 根据厂址自然的技术要求，进行规划布置。布置形式有整片式、区带式、周边式及组合式等几种方法。

1）整片式布置形式 整片式布置形式是按照工艺流程顺序把生产车间首尾相接的一种布置方式。

2）区带式布置形式 将车间分在几个区域内，留有足够的间距，这种方法保证了区域功能分明的特点。以主要生产车间的定位布置，带起辅助车间和动力车间的逐一布置。其特点是突出了主要生产车间的中心地带位置，全厂各区布置得比较协调合理，道路网布置井然有序，绿化区面积得以保证，是发酵工厂目前最常用的布置形式。

3）周边式布置形式 从厂大门处开始布置，逐一带起辅助车间与动力车间，相随着布置，这称为周边式布置。其优点是生产集中，有利于车间管理联系；厂大门临大街处，厂房顺街道直线布置，比较整齐美观。缺点是厂房方位很难与主风向呈60°～90°的合适角度，因而通风不利，环境卫生须注意改善。

4）组合式布置形式 根据发酵生产工艺过程的要求和特点，结合厂址自然条件及施工技术水平将水平向与竖向平面布置的优点协调结合，使得总平面布置既有明显厂区划分，又使建筑物、构筑物疏密合理，既有建筑物的悬殊标高，又有防火卫生和通风采光的妥善处理。这种布置形式在我国近期的发酵工厂设计中已成为主要的发展趋势。

7. 总平面设计需要收集的资料　总平面设计资料包括原始资料、生产工艺资料及各专业设计部门的有关资料。

五、竖向布置与管线布置

1. 竖向布置　竖向布置和平面布置是工厂布置的不可分割的两个部分。平面布置的任务是确定全厂建（构）筑物、露天仓库、铁路、道路、码头和工程管线的坐标。竖向布置的任务则是反映它们的标高，目的是确定建设场地上的高程（标高）关系，利用和改造自然地形使土方工程量为最小，并合理地组织场地排水。竖向布置方式一般采用分离式、连续式和重点式三种。

1）分离式布置　主要生产车间与辅助车间的厂房或一个生产车间的各个工序的厂房，分散布置在划分好的片区内，并且厂房建筑多是单层或二层式的布置形式。

2）连续式布置　由连续的不同坡度的坡面组成，其特点是将整个厂区进行全部平整。因此，在平原地区（一般自然地形坡度<3%）采用连续式布置是合理的。对建筑密度较大、地下管线复杂、道路较密的工厂，一般采用连续式布置方案。

3）重点式布置　重点式布置的场地是由不连续的不同地面标高的场地组成，其特点是仅对布置建（构）筑物的场地、道路、铁路占地进行局部平整。因此，在丘陵地区，在满足厂内交通和管线布置的条件下，为了减少土方工程量，可采用这种布置。对建筑密度不大，建筑系数小于15%，运输线及地下管线简单的工厂，一般采用重点式布置。

在发酵工厂设计中，采用哪种竖向布置方式，必须视厂区的自然地形条件，根据工厂的规模、组成等具体情况确定。

2. 管线布置　发酵工厂的工程管线较多，除各种公用工程管线外，还有许多物料输送管线。了解各种管线的特点和要求，选择适当的敷设方式，与总平面设计密切相关。处理好各种管线的布置，不但可节约用地、减少费用，而且可为施工、检修及安全生产带来很大的便利。因此，在总平面设计中，对全厂管线的布置必须予以足够重视。管线布置时一般应注意下列原则和要求：①满足生产使用，力求短捷，方便操作和施工维修。②宜直线敷设，并与道路、建筑物的轴线及相邻管线平行。干管应布置在靠近主要用户及支管较多的一侧。③尽量减少管线交叉。管线交叉时，其避让原则是小管让大管，压力管让重力管，软管让硬管，临时管让永久管。④应避开露天堆场及建筑物、构筑物的护建用地。⑤除雨水、下水管外，其他管线一般不宜布置在道路下面。⑥不得让易燃、可燃液体或气体管线穿过可燃材料的结构物或可燃、易燃材料的堆场。⑦地下管线尽可能集中共架布置。跨越道路、铁路的管线，其净空高度应满足公路、铁路运输和消防的要求。⑧地下管线敷设时，应满足一定的埋深要求，一般不宜重叠敷设，并应注意电力电缆不应与直埋的热力管线平行靠近敷设，相互交叉时，电线宜在下方穿过或采取保护措施；煤气管等可能散发可燃气体的管线应避免靠近通行管沟或地下室布置；大管径压力较高的给水管宜避免靠近建筑物、构筑物布置。⑨管架或地下管线应适当留有余地，以备工厂发展需要。管线在敷设方式上常采用地下直埋、地下管沟、沿地（管墩或低支架）、架空等敷设方式，应根据不同要求进行选择。

3. 厂区运输设计　根据总平面设计的要求，厂区道路必须进行统一的规划。从道路的功能来分，一般可分为人行道和车行道两类。人行道、车行道的宽度，车行道的转弯半径，以及回车场、停车场的大小都应按有关规定执行。在厂内道路布置设计中，在各主要建筑物、构筑物与主干道、次干道之间应有连接通道，这种通道的路面宽度应能使消防车顺利通过。在厂区道路布置时，还应考虑道路与建（构）筑物之间的距离。

国内大多数发酵工厂的规模不大，工厂的运输手段都采用汽车为主要运输工具，在全使用汽车运输时，道路设计要考虑到厂内仓库与车间、堆场与车间、车间与车间之间的货物分流，以确保原料、燃料等陆续供应，生产的产品源源不断地运出。在总平面设计时，厂内的道路设计应考虑短捷，厂区主干线一般为宽 7～9m，次干道 6～7m，单驶宽度 4m 左右。

在设计厂内道路时，必须符合消防要求，使消防车能到达厂内所有建筑物。

根据发酵工厂的特点，目前厂内道路布置的形式有两种。

1）循环式布置　道路为环绕厂房建筑物、构筑物的闭合系统的道路网，并保证物流、人流的运输方便、安全和高效及消防的要求。目前大多数工厂采用此方法，以免在倒车时造成堵塞现象。

2）终端式布置　这种方法道路不兜环，各有分散终点。其特点是在终端设置回车场，以便车辆调头。

为使厂区保持环境整洁，厂区大门宜设两个以上，煤、渣、菌丝渣等物料应由边门出入，而正门一般通过生活用车辆或外来联系车辆。

4. 厂区绿化设计　厂区绿化布置是总平面设计的一个重要组成部分，应在总平面设计中统一考虑。厂区绿化应注意下列原则和要求：①绿化的主要功能是改善生产环境，改善劳动条件，提高生产效率等。因此，工厂绿化一定要因地制宜，节约投资，防止脱离实际、单纯追求美观的倾向，力求做到整齐、经济、美观。②绿化应与生产要求相适应，并努力满足生产和生活的要求。因此，绿化种植不应影响人流来往、货物运输、管道布置、设备装修、污水排除、天然采光等方面的要求。③绿化布置应突出重点，并兼顾一般。厂区绿化一般分生产区、厂前区及生产区与生活区之间的绿化隔离带。

厂前区及主要出入口周围的绿化，是工厂绿化的重点，应从美化设施及建筑群体进行整体设计，对绿化隔离带应结合当地气象条件和防护要求选择布置方式；厂区道路绿化是工厂绿化的又一重点，应结合道路的具体条件进行统一考虑；对主要车间周围及零星场地都应充分利用，进行绿化布置。

总平面设计一定要有绿化意识、科学态度和审美观点。缺乏绿化意识，就不会重视绿化。缺少科学态度和审美观点，就不可能把绿化工作搞好。种什么树、栽什么花，什么时间种，怎样栽，都必须有科学态度和审美观点。总之，工厂绿化在工厂设计中是一个很重要的问题。诚然，绿化专业设计人员理应负责，但工艺设计人员也要参与其中。在整个工厂设计中，不仅要求设计经济合理，技术先进可靠，还应在科学管理和文明生产的基础上，为全厂职工创造和提供一个安全、整洁的工作场所和舒畅、雅静的娱乐和休息环境。

六、总平面设计过程

工厂总平面设计是一项复杂的工作，一般分为初步设计和施工设计两个阶段。每个阶段又分为资料图和成品图。

1. 初步设计　对于管线不复杂的发酵工厂总平面设计，其初步设计内容常包括一张布置资料图（方案图）、一张总平面布置图和一份设计说明书，有时仅有一张总平面布置图，图内既包括建筑物、构筑物、道路和管线等，又包括说明书，必要时还附有区域位置图。

1）布置资料图　　布置资料图是依据工艺专业提供的生产车间总平面轮廓示意资料及非工艺专业商定的各车间厂房建筑物设想外廓尺寸，并将交通运输、给排水、管路管线有机联合在一起，同时以既要考虑眼前利益又要有远景规划为原则来进行描绘的方案图（比例1：10 000）。

2）总平面布置图　　此图在方案图的基础上，经过各专业设计的讨论补充，并经过审批绘制而成。图内应有地形等高线、原有建筑物、构筑物和将来拟建的建筑物、构筑物的布置位置和层次，地坪标高、绿化位置、道路梯级、管线、排水沟及排水方向等。在图的一角或适当位置绘制风向玫瑰图和区域位置图。

3）区域位置图　　常用的比例为1：5000或1：10 000，该图常附在总平面图的一角上，以反映总平面周围环境的情况。

4）设计说明书　　设计说明书中主要包括下列内容：设计依据、布置特点、主要技术经济指标和概算等方面。文字应简明扼要。主要技术经济指标包括：厂区总占地面积；生产区建筑物、构筑物面积（包括楼隔层、楼梯、电梯间的电梯井，并按楼层计；建筑物的外走廊、管廊，有围护结构或有支撑的楼梯及雨篷，走廊或楼梯最高一层无顶者，不计面积）；露天堆场面积；道路长度（指车行道）；道路面积；广场面积；围墙长度；建筑系数和土地利用系数等。

2. 施工设计　　初步设计经上级批准后就可进行施工设计，目的在于深化初步设计、落实设计意图和技术细节，设计和绘制便于施工的全部施工图纸。

1）总平面施工资料图　　根据对初步设计的有关审批意见，调整、明确各建筑物、构筑物管线相对关系及标高，绘成的图纸为总平面施工资料。

2）总平面布置施工图　　此图为现场施工服务，必须有明确的尺寸标准。此图能正确、简明、清晰、周全地标注尺寸，并给出现场施工的要求。图按《建筑制图标准》（GB/T 50104—2010）绘制，而且要明确标出各建筑物、构筑物的定位尺寸，并留有扩建余地以满足生产发展的需要。

总平面布置施工图要表达的意思很多，主要内容包括以下几个方面：①标明厂址原有地形的等高线；②标明测量坐标网及建筑施工标网；③标明全年（或夏季）风向频率；④道路、铁路、河流及码头等的平面位置；⑤除标明全厂建筑物、构筑物、露天作业等平面布置施工图以外，还有技术经济指标。

其中，竖向布置是否单独出图，视工程项目的多少和地形的复杂情况确定。一般来说，对于工程项目不多、地形变化不大的场地，竖向布置可放在总平面布置施工图内，注明建筑物、构筑物的面积、层数、室内地坪标高、道路转折点标高、坡向、距离和纵坡等。

3）管线布置图　　一般简单的工厂总平面设计，管线种类较少，布置简单，常常只有给水、排水和照明管线，有时就附在总平面布置施工图内，但管线较复杂时，常由各设计专业工种出各类管线布置图。总平面设计人员往往出一张管线综合平面布置图，图内应标明管线间距、纵坡、转折点标高、各种阀门、检查井位置，以及各类管线、检查井等的图例符号说明。图纸的比例尺寸与总平面布置施工图相一致。

4）总平面布置施工图说明书　　一般不单独出说明书，通常用文字说明的内容附在总平面布置施工图的一角上。主要说明设计意图、施工时应注意的问题、各种技术经济指标（同初步设计）和工程量等。有时，还将总平面布置施工图内建筑物、构筑物的编号也列表说明，放在图内适宜的地方。

为确保设计质量，施工图纸必须经过设计、校对、审核、审定和会审后，才能发至施工单位，作为施工依据。

七、总平面设计技术经济指标

总平面设计技术经济指标主要反映建厂区的厂区面积、建筑面积及场地利用的合理性和经济性。技术经济指标一般包括以下内容：①厂区占地面积（hm²）；②建筑物、构筑物占地面积（hm²）；③露天仓库、露天堆场占地面积（hm²）；④铁路占地面积（hm²）；⑤道路占地面积（hm²）；⑥地上地下工程管线的占地面积（hm²）；⑦建筑系数（%）；⑧场地利用系数（%）；⑨土方工程量（填、挖方量）（m³）。

上述指标中，建筑物、构筑物占地面积按其外轮廓线计算；露天仓库是指无盖的仓库，固定的堆存原料、燃料及成品等的堆置场；露天堆场是指零星物料或废料堆放场地，无固定存放方式但又为生产中所必需的；铁路占地面积是指铁路总长乘以铁路路基宽度，以路堤底部的宽度计算；道路占地面积，包括车行道、路基及排水沟的占地面积；土方工程量是指厂区内粗土方量的挖方和填方数量，包括建筑物、构筑物的余土。

技术经济指标中最主要的是建筑系数 K_1 和场地利用系数 K_2，它们是反映厂区总平面设计的技术经济效果的主要指标。K_1 表示厂区内的建筑密度，如果系数过小，会增加生产车间之间的管路和运输线路，以及美化、绿化等设施的建筑费用和管理费用；如果系数过大，则影响安全、防火、卫生、操作管理和运输条件。K_2 是反映厂区面积有效利用率的指标。K_1 和 K_2 按式（3-1）和式（3-2）进行计算：

$$建筑系数 K_1 = \frac{建筑物、构筑物占地面积＋露天仓库、露天堆场占地面积}{厂区占地面积} \times 100\% \qquad (3-1)$$

$$场地利用系数 K_2 = \frac{建筑物、构筑物占地面积＋露天仓库、露天堆场占地面积＋辅助工程占地面积}{厂区占地面积} \times 100\% \qquad (3-2)$$

其中，辅助工程占地面积包括铁路、道路（包括引道、人行道）管线、散水坡、绿化占地面积。建筑系数 K_1 尚不能完全反映厂区土地利用情况，而场地利用系数 K_2 则能全面反映厂区的场地利用是否经济合理。K_1 与 K_2 的计算值与总平面布置形式有关，其经验值如表 3-3 所示。

表 3-3　建筑系数 K_1 与场地利用系数 K_2 经验值

项目形式	建筑系数 K_1/%	场地利用系数 K_2/%
区带式	40～45	50～65
周边式	45～55	60～75
分离式	25～35	40～50
连续式	45～55	60～75
组合式	40～50	60～75

八、总平面设计实例

现以啤酒工厂的总平面设计为例，来说明总平面布置的有关内容。

1. 啤酒工厂的特点　用水量大，瓶、箱数量多，堆贮场地面宽广，车间建筑形式多，高低悬殊等。

2. 厂区建筑物、构筑物的一般组成

1）主要生产建筑 糖化、发酵、包装、配电、酒库、化验、啤酒车间。

2）主要构筑物 副产品间、冷冻站、锅炉、配电、瓶盖制造、机器维修、材料仓库、易燃品仓库、供水泵库、水池、水塔、瓶箱露天堆场等。

3）其他构筑物 办公楼、食堂、汽车库大门、传达室、公共浴室、厕所等。

3. 设计内容 总平面布置设计根据厂址选择有关资料、总平面布置原则和要求、啤酒生产的特点来考虑。如前所述，总平面布置设计的方法有区带式、周边式、组合式等。目前，啤酒厂多采用组合式。具体要求：①制麦、糖化、发酵和包装主要车间一般布置在全厂的中心地带，这样对管线铺设、交通运输、通风采光等可较经济合理；②冷冻站可建于主车间内，应尽量靠近发酵车间；③锅炉房等应安排在厂区的下风侧，对环境无影响，但要尽量靠近糖化、包装等用汽工段；④供水、供电布置在冷冻工序附近比较合理；⑤瓶盖生产、机械维修、材料仓库等辅助建筑可以集中于厂区一边，便于管理；⑥办公楼、接待室、行政楼要远离车间，消除噪声，环境卫生较好；⑦空压站布置在糖化楼内，离酵母培养间、发酵罐、包装车间要近，方便服务，减少管线。

小 结

厂址选择和总平面设计是新建生物发酵工厂十分重要的工作环节。厂址选择得当、总图布置合理，对减少投资、缩短建设用期、尽快投产、工厂效益、环境保护等关系重大。厂址选择包括地点和场地两个方面的内容。选择厂址需要考虑自然条件和技术经济条件，选择程序主要包括准备工作阶段、现场工作阶段和编制报告阶段。厂址选择报告主要包含报告书内容、主要技术经济指标、厂址条件和厂址方案比较。在初选厂址的基础上，需要进行技术勘查，主要是地形测量和地质勘查。工厂总平面设计是工厂总体布置的平面设计，主要包括平面布置、竖向布置、运输、管线综合、消防设施、环境保护和绿化设计等。总平面设计方案包括工厂组成和厂区划分。总平面设计的内容包括总平面图和设计说明书，需要严格按照绘制要求进行图纸设计，对各类建筑物、构筑物进行合理布置，完成初步设计、施工图设计过程。

复习思考题

1. 简述生物工厂厂址选择的原则和需要考虑的因素。

2. 厂址选择程序一般包括哪些阶段？

3. 简述生物工厂厂址选择的工作程序和比较方法。

4. 生物工厂总平面设计的基本原则是什么？

5. 评价生物工厂平面布置的主要经济技术指标。

6. 生物工厂总平面设计的内容包括哪几项？

第四章
生物发酵工艺流程设计

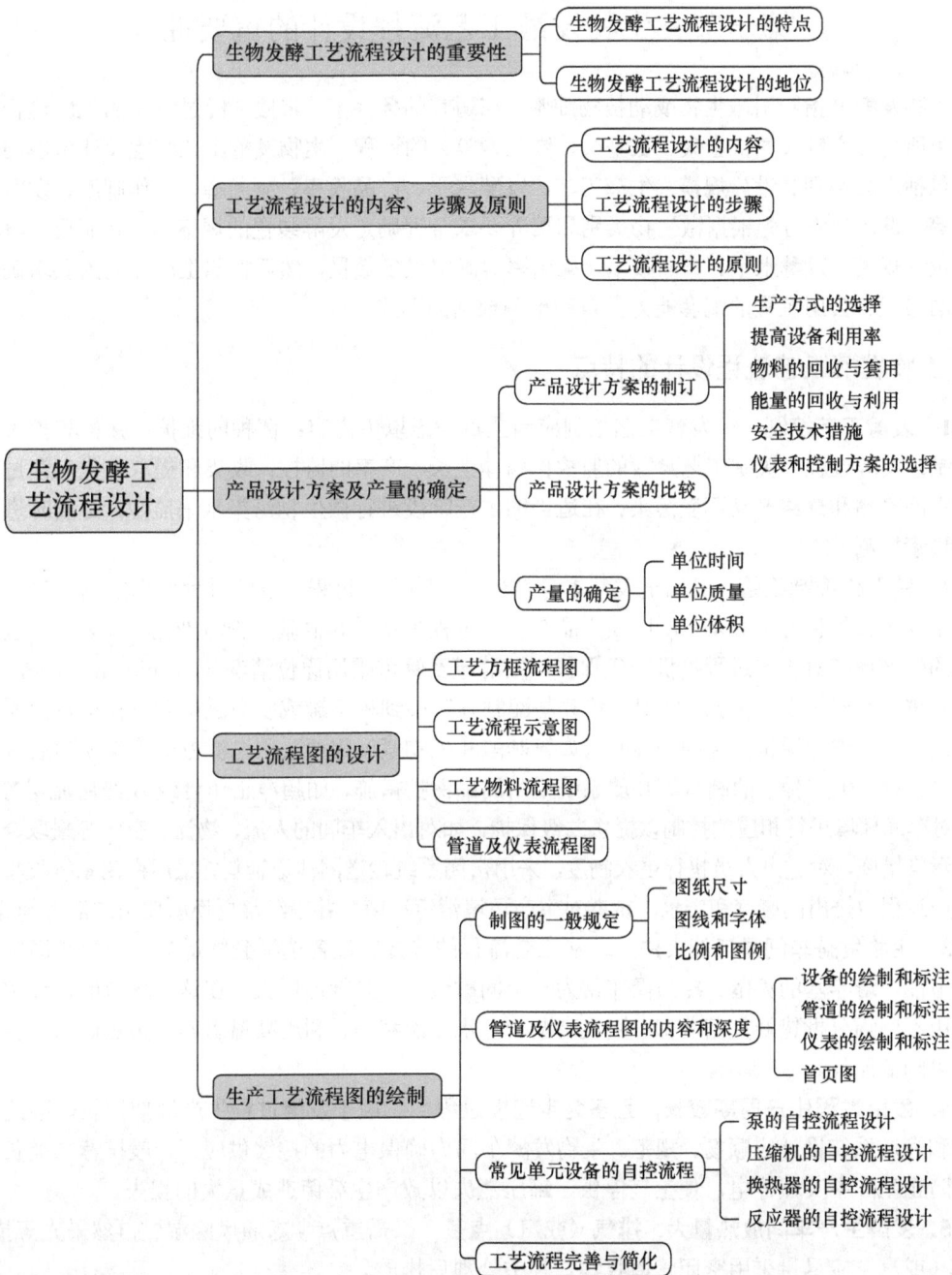

- 生物发酵工艺流程设计的重要性
  - 生物发酵工艺流程设计的特点
  - 生物发酵工艺流程设计的地位

- 工艺流程设计的内容、步骤及原则
  - 工艺流程设计的内容
  - 工艺流程设计的步骤
  - 工艺流程设计的原则

- 生物发酵工艺流程设计
  - 产品设计方案及产量的确定
    - 产品设计方案的制订
      - 生产方式的选择
      - 提高设备利用率
      - 物料的回收与套用
      - 能量的回收与利用
      - 安全技术措施
      - 仪表和控制方案的选择
    - 产品设计方案的比较
    - 产量的确定
      - 单位时间
      - 单位质量
      - 单位体积

- 工艺流程图的设计
  - 工艺方框流程图
  - 工艺流程示意图
  - 工艺物料流程图
  - 管道及仪表流程图

- 生产工艺流程图的绘制
  - 制图的一般规定
    - 图纸尺寸
    - 图线和字体
    - 比例和图例
  - 管道及仪表流程图的内容和深度
    - 设备的绘制和标注
    - 管道的绘制和标注
    - 仪表的绘制和标注
    - 首页图
  - 常见单元设备的自控流程
    - 泵的自控流程设计
    - 压缩机的自控流程设计
    - 换热器的自控流程设计
    - 反应器的自控流程设计
  - 工艺流程完善与简化

工艺设计是生物发酵工厂设计的核心和基础，其决定了整个设计的概貌，包括工艺流程设计、设备的工艺设计、管道设计、向非工艺专业提出条件等诸多内容。而工艺流程设计又是工艺设计的基础和核心，是应用描述生物反应和传递过程的生物反应工程学，凭借生物学和化工的经验及知识，对生物反应系统进行分析和论证，通过物料衡算和能量衡算选择合适的单元设备、确立各设备之间的最优联络方法和操作条件，以最少的物料消耗和能耗，达到系统投资最少、成本最低和最小的环境污染，安全地生产出符合一定要求的产品，总体达到技术上和经济上的最优化，获得可持续发展的最大效益的工艺核心设计过程。本章主要讲授生物发酵工艺流程设计。

第一节 生物发酵工艺流程设计的重要性

生物发酵是指利用微生物或动植物细胞，在适宜的条件下，将原料经过特定的代谢途径转化为人类所需要产物（如抗生素、氨基酸、维生素等）的过程。生物发酵工艺流程设计考虑的基本因素包括产品类别、设计规模、生产工艺、发酵水平、产品收率、染菌率、操作制度、发酵装置规格等。设计时应首先根据微生物类别和培养要求合理确定发酵装置的规格和操作制度，再根据产品设计规模、发酵水平、产品收率、染菌率等确定设备数量，然后按照生产工艺的要求确定车间平面布置、公用工程的配套能力及自动检测控制的形式。

一、生物发酵工艺流程设计的特点

1. 发酵工艺控制 发酵工艺控制应当重点考虑以下内容：菌种的维护；接种和扩大培养的控制；发酵过程中关键工艺参数的监控；菌体生长、产率的监控；收集和提取纯化工艺过程需保护中间产品和最终产品不受污染；在适当的生产阶段进行微生物污染水平监控，必要时进行细菌内毒素检测。

2. 需严格控制染菌 由于发酵本身是一个生物反应过程，发酵过程所用的物料也是有利于微生物生长的良好培养基，所以使产品在生产过程中不受其他微生物污染尤其重要。一般采用密闭的生产系统对生产过程提供一级保护，发酵罐及管道采用原位清洗（cleaning in place，CIP）的方式进行彻底清洗和灭菌，并保证培养基配制好转移到种子罐或发酵罐中后应在接种前原位灭菌，某些不能进行原位灭菌的培养基（如氨基酸和生物素）需要采用过滤方式确保无菌后进入发酵罐中。对于生产种子的制备等开放系统采用局部保护措施，如超净工作台或 A 级层流罩等。同时，对车间环境进行相应的控制以提供二级保护，如对出入车间的人流、物流、空气等采取合适的控制污染措施，对进出人员执行更衣制度，采用密闭系统输送固体原辅料，采用密闭系统收集消毒或生产过程中排出的废气和废水，定期对生产环境消毒灭菌，并须经常更换所使用的消毒剂等。

3. 生物发酵车间是耗能大户 从工艺流程的选择、设备选型到管道与车间的布局等均需考虑节能。培养基的灭菌、冷却操作常为一个间歇过程，且耗能巨大，在这个环节的设计中，可以采用不同罐分批错峰灭菌冷却、回收高温冷却水二次利用、利用高温培养基预热低温培养等措施，以降低能耗。

4. 发酵过程生产周期较长，且多为半连续过程 由于发酵过程生产周期较长，因此设备布局和管道系统设计应顺畅、规范。生物发酵车间为确保电力的持续供应，一般推荐二类负荷供电，防止生产中突然停电，使空气停供、罐压消失以致产生染菌造成重大的损失。

5. 发酵生产车间放热量大，排气（或汽）点多 需重点考虑通风除湿、自然采光等措施。排气（或汽）应尽量采用密闭管道收集，集中处理后排放。

6. 提炼过程多使用酸、碱等及有机溶剂　　因此，土建设计上需采取防腐和防火防爆措施。

7. 基础料的配制岗位固体物料投料量非常大　　设计时应注意减轻劳动强度，方便运输和投料。例如，可以设计具有激光导航的自动导引车（automated guided vehicle，AGV）来进行物料的搬运、输送，以降低人力成本。同时，配制岗位的粉尘控制也是一个重要内容。

8. 涉及制药领域的生物发酵工艺流程设计要符合药品生产管理规范的要求　　药品生产管理规范（GMP）对菌种、菌种的培养及产物的提取等分别有具体要求。

二、生物发酵工艺流程设计的地位

工艺流程设计是工艺设计的核心。能否获得优质、高产、低耗的产品，直接取决于工艺流程设计的可靠性、合理性和先进性。工艺流程设计和车间布置设计也是决定工厂工艺计算、车间组成、生产设备及其布置的关键步骤。生物发酵生产工艺流程设计在整个工艺设计中最先开始，但随着工艺及其他专业设计的展开，设计深度逐步增加，初步的工艺流程设计通常有局部修改，所以几乎是最后才完成的。

按照产品的工艺技术成熟程度，工艺流程设计可分为两类，即生产工艺流程设计和试验工艺流程设计。对工艺技术比较成熟的产品，如国内已经大量生产的产品、技术比较简单的产品及中试成功需要通过设计实现工业化生产的产品，其工艺流程设计一般属于生产工艺流程设计，而对仅有文献资料、尚未进行试验和生产且技术比较复杂的产品，其工艺流程设计一般属于试验工艺流程设计。本章主要讨论生产工艺流程设计。

生产工艺流程设计的主要任务包括两个方面：一是在确定的原料路线和技术路线的基础上进行的，确定原料到成品的各个生产过程及顺序，即说明生产过程中物料和能量发生的变化及流向，应用了哪些生物反应或化工过程及设备；二是绘制工艺流程图，这是整个工艺设计的中心。

工艺流程设计是工程设计中最重要、最基础的设计步骤，对后续的物料衡算、能量衡算、工艺设备设计、车间布置设计和管道布置设计等单项设计起着决定性的作用，并与车间布置设计一起决定着车间或装置的基本面貌。因此，设计人员在设计工艺流程时，要做到认真仔细，反复推敲，努力设计出技术上先进可靠、经济上合理可行的工艺流程。

第二节　工艺流程设计的内容、步骤及原则

一、工艺流程设计的内容

工艺流程设计的内容是通过图解和必要的文字说明将原料变成产品（包括污染物治理）的全部过程表示出来，具体包括以下内容：①依据工艺流程进行物料衡算与能量衡算；②设备的工艺设计和选型；③确定主要控制方案；④确定"三废"治理和综合利用方案；⑤初步的工艺安全分析；⑥通过工艺方框流程图、工艺流程示意图（工艺流程草图）、工艺物料流程图、管道及仪表流程图各阶段，完成工艺流程设计。

二、工艺流程设计的步骤

工艺流程设计是一项非常复杂而细致的工作，除极少数非常简单又比较成熟的工艺流程外，都要经过由浅入深、由定性到定量、反复推敲和不断完善的过程。总步骤的一般过程是：在工艺流程设计前首先进行工艺路线的选择和论证，当工艺路线和生产规模确定后，即可开始工艺流

设计。首先做出工艺方框流程图,分析各单元过程的主要设备,绘制出工艺流程示意图,然后开展物料衡算、能量衡算、设备工艺计算等工作,设计由定性转变成定量,工艺流程设计也由浅入深不断修改、完善,相应地完成工艺物料流程图和物料平衡表的绘制,最终根据工艺操作要求、说明等资料完成各种版本的管道及仪表流程图(带控制点的工艺流程图)。

工艺流程设计最终需要完成初步设计阶段和施工图设计阶段带控制点的工艺流程图。初步设计阶段工艺流程设计的成果是初步设计阶段带控制点的工艺流程图和工艺操作说明;施工图设计阶段的工艺流程设计成果是施工图设计阶段带控制点的工艺流程图,即管道及仪表流程图。工艺流程设计可按以下基本程序进行。

1. 工艺路线的选择　当一种产品存在若干种不同的工艺路线时,应从工业化实施的可行性、可靠性和先进性的角度,对各工艺路线进行全面细致的分析和研究,并确定一条最优的工艺路线,作为工艺流程设计的依据。

在选择工艺路线时,应特别注意工艺路线中所涉及的关键设备和特殊工艺条件或参数。一些工艺路线常常因为解决不了关键设备的产业化或难以满足所需的操作条件或参数,而不能实现工业化。

2. 确定工艺流程的组成和顺序　根据选定的工艺路线,确定工艺流程的组成,包括全部单元反应和单元操作,并明确各单元反应和单元操作的主要设备、操作条件和基本操作参数(如温度、压力、浓度等)。在此基础上,确定各设备之间的连接顺序及载能介质的技术规格和流向。

3. 绘制工艺方框流程图　当工艺路线及工艺流程的组成和顺序确定之后,可用方框、文字和箭头等形式定性表示出由原料变成产品的路线和顺序,绘制出工艺方框流程图。

4. 绘制工艺流程示意图　在工艺方框流程图的基础上,分析各过程的主要工艺设备,以图例、箭头和必要的文字说明定性表示出由原料变成产品的路线和顺序,绘制出工艺流程示意图。

5. 绘制工艺物料流程图　当工艺流程示意图确定之后,即可进行物料衡算和能量衡算。在此基础上,可绘制出工艺物料流程图。此时,设计已由定性转入定量。

6. 绘制初步设计阶段带控制点的工艺流程图　当工艺物料流程图确定后,即可进行设备、管道的工艺计算及仪表自控设计。在此基础上,可绘制出初步设计阶段带控制点的工艺流程图,并列出设备一览表。

7. 绘制施工图设计阶段带控制点的工艺流程图　初步设计阶段的工艺流程设计经审查批准后,按照初步设计的审查意见,对工艺流程图中所选用的设备、管道、阀门、仪表等做必要的修改、完善和进一步的说明。在此基础上,可绘制出施工图设计阶段带控制点的工艺流程图。

当然,上述设计程序不是一成不变的。根据工程项目的难易程度和设计人员的技术水平,工艺流程的设计程序会有所不同。例如,对一些难度不大、技术又非常成熟的小型工程项目,经验丰富的设计人员甚至可以直接设计出施工图设计阶段带控制点的工艺流程图。

三、工艺流程设计的原则

工艺流程设计通常要遵循以下原则:①保证产品质量符合规定的标准,外销产品还必须满足销售当地的质量要求;②尽量采用成熟、先进的技术和设备;③满足 GMP 要求;④尽可能少的能耗;⑤尽量减少"三废"排放量,有完善的"三废"治理措施,以减少或消除对环境的污染,并做好"三废"的回收和综合利用;⑥具备开车、停车条件,易于控制;⑦具有宽泛性,即在不同条件下(如进料组成和产品要求改变时)能够正常操作的能力;⑧具有良好的经济效益;⑨确保安全生产,以保证人身和设备的安全;⑩遵循"三协调"原则(人流物流协调、工艺流程协调、洁净级别协调),正确划分生产区域的洁净级别,按工艺流程合理布置,避免生产流程的迂回、往返和人流与物流交叉等。

总之，工艺流程设计是一项复杂的技术工作，需要从技术、经济、社会、安全和环保等多方面考虑。在保证可靠性的前提下，利用先进的工艺技术，努力提高原料利用率，提高劳动生产率，降低水、电及其他能量消耗，降低生产成本，使工厂建成后能迅速投产，在短期内达到设计生产能力和产品质量要求，并做到生产稳定、安全、可靠。但是当先进性和可靠性二者不可兼得时，还需综合考虑，结合实际生产情况分析选择恰当的工艺技术（数字资源4-1）。

数字资源
4-1

第三节　产品设计方案及产量的确定

一、产品设计方案的制订

产品设计方案又称为生产纲领，是生物发酵工厂全年生产产品品种、数量、生产周期、生产班次的计划安排。对于一些存在淡季和旺季的生物发酵产品，如啤酒等，在制订产品设计方案时，首先要根据市场调查研究，确定主要产品的品种、规格、产量和生产班次等，优先安排受季节性影响强的产品。其次是调节产品，用以调节生产忙闲不均的现象，合理利用人力和设备。对于一些非季节性的生物发酵产品，可减少这些考虑。在进行市场调查研究后，需要考虑生产该产品时的生产方式及设备利用率等技术问题。

（一）生产方式的选择

产品的生产可以采用连续生产、间歇生产或联合生产方式。为达到规定的生产规模，采用哪一种生产方式较为适宜，可通过方案比较来确定。一般来说，连续生产方式具有生产能力大、产品质量稳定、易实现机械化和自动化、生产成本较低等优点。因此，当产品的生产规模较大、生产水平要求较高时，应尽可能采用连续生产方式。但连续生产方式的适应能力较差，装置一旦建成，要改变产品品种往往非常困难，有时甚至要较大幅度地改变产品的产量也不容易实现。

生物发酵产品的生产一般具有规模小、品种多、更新快、生产工艺复杂等特点，而间歇生产方式具有装置简单、操作方便、适应性强等优点，尤其适用于小批量、多品种的生产，因此间歇生产方式是生物发酵工业中的主要生产方式。

联合生产方式是一种组合生产方式，其特点是产品的整个生产过程是间歇的，但其中的某些生产过程是连续的，这种生产方式兼有连续和间歇生产方式的一些优点。

在选择产品的生产方式时，若技术上可行，应尽可能采用连续生产方式，但不能片面追求装置的连续化。对规模较小、生产工艺比较复杂的产品，实行连续生产往往非常困难甚至得不偿失。因此，在制药工业中，全过程采用连续生产方式的并不多见，绝大多数采用间歇生产方式，少数采用联合生产方式。

（二）提高设备利用率

产品的生产过程都是由一系列单元操作或单元反应过程组成的，在工艺流程设计中，保持各单元操作或单元反应设备之间的能力平衡，提高设备利用率，是设计者必须考虑的技术问题。设计合理的工艺流程，各工序的处理能力应相同，各设备均满负荷运转，无限制时间。由于各单元操作或单元反应的操作周期可能相差很大，要做到前一步操作完成，后一步设备刚好空出来，往往比较困难。为实现主要设备之间的衔接和能力平衡，常采用中间贮罐进行缓冲。

（三）物料的回收与套用

在工艺流程设计中，需要充分考虑物料的回收与套用，以降低原辅材料消耗，提高产品收率，这也是降低产品成本的重要措施。在原料药的生物发酵工厂中，产物的提炼工艺经常使用低浓度的滤液重新回收使用，以提高产物的回收率。例如，在土霉素发酵液的提炼过程中，将结晶的土霉素过滤后的滤液重新回收到结晶罐中，而不直接排放。再如，发酵车间中一次循环水使用后转变成二次循环水可对灭菌的发酵罐进行初步降温，从而节省了水资源的消耗；同时使用温度较高（约80℃）的三次循环水对某些物料工序进行初步加热。这样不但节省了物料的消耗，也使能量得到了很好的回收和利用。在工艺流程设计时应充分考虑类似这些物料的回收与套用，若设计得当，则可构成物料的闭路循环，既降低了每吨物料的能量消耗（单耗），又减少了环境污染。

（四）能量的回收与利用

在工艺流程设计中，需要充分考虑能量的回收与利用，以提高能量利用率，降低能量单耗，这是降低产品成本的又一重要措施。

（五）安全技术措施

在生物产品生产过程中，所处理的物料常常是易燃、易爆和有毒的物质，因此安全问题十分突出。在工艺流程设计中，对所设计的设备或装置在正常运转，以及开车、停车、检修、停水、停电等非正常运转情况下可能产生的各种安全问题，应进行认真而细致的分析，制订出切实可靠的安全技术措施。例如，在含易燃、易爆气体或粉尘的场所可设置报警装置；在强放热反应设备的下部可设置事故贮槽，其内贮有足够数量的冷溶剂，遇到紧急情况时可将反应液迅速放入事故贮槽，使反应减弱或终止，以防发生事故；对可能出现超压的设备，可根据需要设置安全水封、安全阀或爆破片；当用泵向高层设备中输出物料时可设置溢流管，以防冲料；在低沸点易燃液体的贮罐上可设置阻火器以防火种进入贮罐而引起事故；当设备内部的液体可能冻结时，其最底部应设置排空阀，以便停车时排空设备中的液体，从而避免设备因液体冻结而损坏；对可产生静电火花的管道或设备，应设置可靠的接地装置；对可能遭受雷击的管道或设备，应设置相应的防雷装置等。

（六）仪表和控制方案的选择

在工艺流程设计中，对需要控制的工艺参数，如温度、压力、浓度、流量、流速、pH、液位等，都要确定适宜的检测位置、检测和显示仪表及控制方案。现代生物企业对仪表和自控水平的要求越来越高，仪表和自控水平的高低在很大程度上反映了一个企业的技术水平。

二、产品设计方案的比较

对于给定的工艺路线、工艺方法所规定的基本操作条件或参数，如反应温度、压力、流量、流速等，设计人员是不能随意改变的。为实现所规定的基本操作条件或参数，设计人员可以采用不同的技术方案，此时，应通过方案比较来确定一条最优的技术方案，进行工艺流程的设计。例如，为达到规定的生产规模，可以采用连续生产，也可以采用间歇生产，还可以采用连续与间歇生产相结合的联合生产方式，但哪一种生产方式最好，需要通过方案比较才能确定。又如，对于生物发酵的产物提取通常需要进行液固混合物的分离，但分离的方法很多，如重力沉降、离心沉降、过滤、干燥等，哪一种分离方法最好也要通过方案比较才能确定。再如，在各个传热单元操作的设计中，可以选用的换热器型式很多，如列管、套管、夹层、蛇管等，但哪种型式最佳，同样需要通过方案比较才能确定。

在进行产品设计方案比较时，首先应明确评判标准。许多技术经济指标，如目标物的产量、原料单耗、能量单耗、产品成本、设备投资、操作费用等均可作为方案比较的评判标准。此外，环保、安全、占地面积等也是方案比较时应考虑的重要因素（数字资源4-2）。

数字资源 4-2

三、产量的确定

在进行工艺流程设计时，首先需确定一下总体指标，然后选择一个基准作为计算的基础，再根据计算基准初步计算出单位时间或单位质量等应生产的产量。通常的基准有以下几种。

（一）单位时间

对于间歇生产过程和连续生产过程，均可以单位时间间隔内的投料量或产品量为基准进行计算。为了计算方便，对于间歇生产过程，单位时间间隔通常取一批操作的生产周期；对于连续生产过程，单位时间间隔可以是 1s、1h、1d 或 1 年。

以单位时间为基准进行计算可直接联系到生产规模和设备的设计计算。例如，对于给定的生产规模，以时间（d）为基准就是根据产品的年产量和年生产日计算出产品的日产量，再根据产品的总收率折算出 1d 操作所需的投料量，以此决定设备的生产能力。产品的年产量、日产量和年生产日之间的关系为

$$日产量 = \frac{年产量}{年生产日} \tag{4-1}$$

式中，年产量由设计任务规定；年生产日要视具体的生产情况而定。一年扣去双休和法定节假日，大约为 250d，因此批次生产时年生产日应该按 250d 考虑。生物发酵工厂的生产通常考虑设备的利用率，除去设备需要定期检修或更换时间以外，大多是连续运转。但是，每年一般要安排一次大修和次数不定的小修，年生产日常按 10～11 个月，即 300～330d 来计算（数字资源4-3）。

数字资源 4-3

（二）单位质量

对于间歇生产过程和连续生产过程，也可按照一定质量，如 1kg、1000kg 或 1mol、1kmol 的原料或产品为基准进行初步计算确定。

（三）单位体积

若所处理的物料为气相，则可以单位体积的原料或产品为基准进行初步计算。由于气体的体积随温度和压力而变化，因此，应将操作状态下的气体体积全部换算成标准状态下的体积，即以 $1m^3$（标准状况下）的原料或产品为基准进行计算，这样既能消除温度和压力变化所带来的影响，又能方便地将气体体积换算成摩尔数。

第四节　工艺流程图的设计

工艺流程设计应根据不同的目的、不同的设计阶段，进行繁简程度不一的设计，工艺流程设计的结果是提供各种不同类型的数据包及工艺流程图。生物发酵行业的工艺流程图一般分为以下

四类：①工艺方框流程图；②工艺流程示意图；③工艺物料流程图；④管道及仪表流程图。

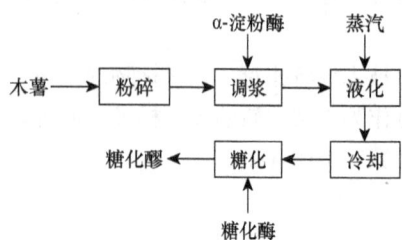

图 4-1 工艺方框流程图

一、工艺方框流程图

工艺方框流程图（process block diagram，PBD）（图 4-1）也称为工艺流程框图、方块流程图，是在工艺路线和生产方法确定之后，物料衡算开始之前表示生产工艺过程的一种定性图纸，是最简单的工艺流程图，其作用是定性表示出由原料变成产品的工艺路线顺序，包括全部单元操作和单元反应。它的编制没有严格明确的规则，也不编入设计文件。

这些工艺步骤或单元操作，用细实线矩形方框表示，注明方框名称和主要操作条件，同时用主要的物流将方框连接起来。对于公用工程，如循环水、盐水、蒸汽、压缩空气等，通常不在方框图中作为一个独立的体系加以表达，有时只需表明某一方框单元中，要求供应的某种公用工程。

二、工艺流程示意图

在工艺方框流程图的基础上，分析各过程的主要工艺设备，以图例、箭头和必要的文字说明定性表示出由原料变成产品的路线和顺序，绘制出工艺流程示意图，也称为工艺流程草图（数字资源 4-4）。这种图样是供工艺计算和设备计算使用的，此时绘制的工艺流程草图尚未进行定量计算，所以其绘制的设备外形，只带有示意性质，并无准确的大小比例，有些附属设备如料斗、泵等也可忽略。

三、工艺物料流程图

工艺物料流程图也称为物料（能量）平衡图，表达了一个生产工艺过程中的工艺设备，工艺和公用物料的名称，关键节点的物料性质（如温度、压力）、流量及组成，使工艺流程定量化、定型化和工程化。它是工艺设计最重要的基础文件，是初步设计的成果之一，编入初步设计说明书中。

工艺物料流程图的绘制没有统一严格的规定，在不同的使用场合，可以绘制反映不同信息的工艺物料流程图。本书列出两种方式：一种按照生产流程，画出主要设备并用带有流向的箭头连接，并标注设备位号及名称，在重要节点（如设备的进出口、管路的分叉点或汇合点等）处要标出物流的重量、组成、温度、压力等重要的参数，同时标示出主要的控制回路及公用物料点的进出位置（数字资源 4-5）。另一种以纵行表示工艺物料流程图，左边行表示原料、中间体和成品；中间行表示单元操作和单元反应；右边行表示副产品和"三废"排放物。每一个方框表示过程名称、流程号及物料组成和数量，物料流向及其数量分别用箭头和数字表示。

四、管道及仪表流程图

管道及仪表流程图（piping and instrumentation diagram，P&ID）又称为带控制点的工艺流程图（数字资源 4-6），是用图示的方法把工艺流程所需要的全部设备（装置）、管道、阀门、管件和仪表及其控制方法等表示出来，是工艺设计中必须完成的图样。它是施工、安装和生产过程中设备操作、运行和检修的依据。在工程设计中，工艺系统专业因设计阶段不同通常需要完成 7 版 P&ID 设计，一般要经过初步设计阶段（工程基础设计阶段，又称为工程分析设计过程）的 P&ID A 版、P&ID R 版、P&ID 1 版、P&ID 1A 版和施工图设计阶段的 P&ID 2 版、P&ID 3 版、P&ID 施工版等。

数字资源
4-4

数字资源
4-5

数字资源
4-6

1. P&ID A 版　工艺系统专业在接受专利商基础设计条件及各专业条件基础上，在完成下列步骤后发表的初步条件版，给各有关专业开展时使用。步骤为管道水力计算，确定管道尺寸；设备容器接管表；工业炉接管表；换热器接管表；设备标高及泵的净正抽吸压头（NPSH）计算，确定机泵压差要求及泵数据表；设备设计压力；界区接点条件。

2. P&ID R 版　这是工程公司设计文件内部审核版。P&ID R 版是在 P&ID A 版发表后，经各专业返回条件进行修改和进一步计算后完善和补充的，以达到供内部审查所规定的深度。这些计算有：流量计算，确定流量及数据表；调节阀计算，确定调节阀尺寸及数据表；安全阀计算，确定安全阀尺寸及数据表；爆破板计算，确定爆破板尺寸和数据表；补齐所缺管道标注（包括所有管道尺寸及伴热和保温等要求）；标注管道等级及管道号，附管道命名表。

3. P&ID 1 版　经过内部审查后，根据审查修改意见，将制造厂按询价书返回的订货资料、有关专业进行完善后的条件、供审批设备布置图、管道壁厚表进行修改后提供给用户审查。

4. P&ID 1A 版　在对 P&ID 1 版进行审查的基础上，与用户统一意见后，由有关专业修改条件完成，它是工程基础设计阶段的最终成品。增加特殊数据表；特殊阀门，过滤器，消音器；管道、设备保温（冷）类型及厚度；评定和确认与工艺系统有关的设备、管件、阀门等制造厂商的图纸和资料；较完整的管道命名表。

5. P&ID 2 版　根据管道专业进行平面管道设计返回的意见；制造厂商返回的成品版设计图纸（简称 ACF 图，供设计审查用）修改意见；流量计、调节阀等制造厂商数据表；成品版设备布置图；设备标高进行修改后发表的平面版本 P&ID。

6. P&ID 3 版　根据管道专业进行成品管道设计返回的意见；制造厂商返回的施工版设计图纸（简称 CF 图，最终图）；施工版设备布置图；最终的设备标高；泵的 NPSH 最终版等进行修改后发表的文件。

7. P&ID 施工版　根据管道空视图及最终的界区条件，发表工艺系统专业在工程详细设计阶段的最后一个能满足施工要求的 P&ID 施工图。它包括：施工版管道命名表，图纸索引及规定，最终冷却水平衡，最终蒸汽平衡。至此，工程详细设计阶段结束。

这 7 个阶段是从各个设计阶段将一个工艺流程从原则流程到实际操作流程的演进过程。在实际操作中，P&ID 的设计版次可以不限于上述 7 个版次，根据项目的具体情况，可以增加版次，如基础设计阶段按 A、B、C、D、E 等来增加版次。

第五节　生产工艺流程图的绘制

工程图纸是工程设计的重要语言，因此，工程图纸设计绘制的规范化、标准化和正确性是保证设计质量的一个重要条件。在绘制管道及仪表流程图时，可参考化工行业标准《化工工艺设计施工图内容和深度统一规定》（HG/T 20519—2009）的具体规定。

一、制图的一般规定

（一）图纸尺寸

1. 图幅　管道及仪表流程图一般采用 A1 号图幅，横幅绘制。简单流程可用 A2 号图幅绘制（表 4-1）。流程图按主项分别绘制，原则上一个主项绘制一张图，若流程过于复杂，也可分成几部分进行绘制。流程图过长时，幅面也常采用标准幅面的加长。

表 4-1 基本图纸幅面及图框尺寸　　　　　　　　　　（单位：mm）

幅面代号	A0	A1	A2	A3	A4
宽（B）×长（L）	841×1189	594×841	420×594	297×420	210×297
e	20			10	
c	10			5	
a	25				

注：e、c、a 为图框与图幅的间距

2. 图框　　在图纸上，必须用粗实线画出图框，用来限定绘图区域，其格式分为不留装订边（图 4-2）和留有装订边（图 4-3）两种。同一产品的图样只能采用一种格式。加长幅面的图框尺寸按所选定的基本幅面大一号的图框尺寸确定。

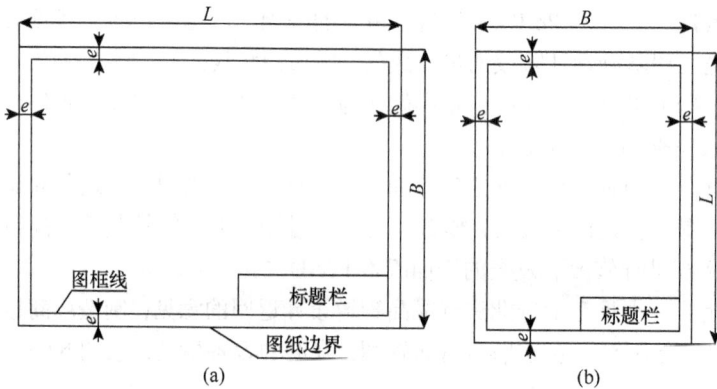

图 4-2　不留装订边的图框格式

（a）横版格式；（b）竖版格式

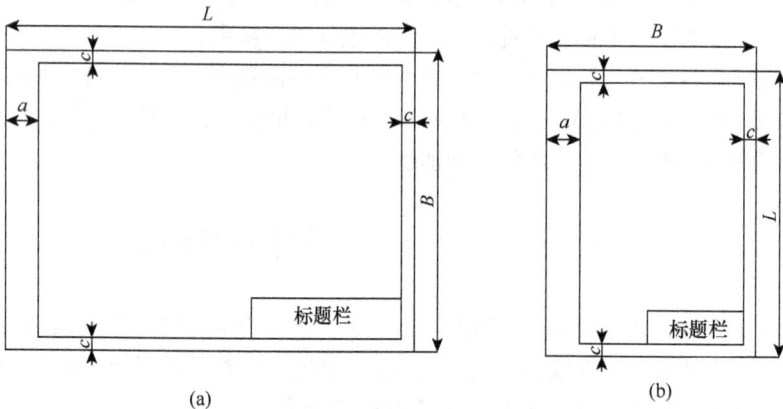

图 4-3　留有装订边的图框格式

（a）横版格式；（b）竖版格式

3. 标题栏及其方位　　每张图纸上都必须画出标题栏，它的基本要求、内容、尺寸和格式应按照国家标准的规定。本书将标题栏做了简化（图 4-4）。图 4-4 中 A 栏的格式和内容如图 4-5 所示。

根据视图的布置需要，图纸可以横放（长边位于水平方向）或竖放（短边位于水平方向），标题栏应位于图框右下角，如图 4-2 和图 4-3 所示，这时看图与看标题栏的方向一致。但有时为

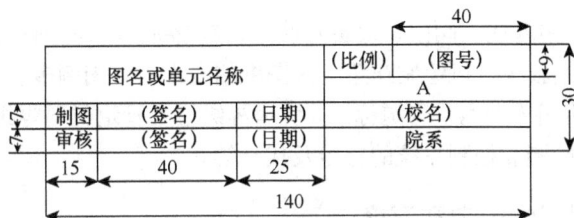

图 4-4　本书用的标题栏（单位：mm）

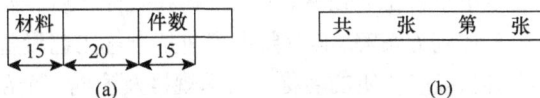

图 4-5　图 4-4 中 A 栏的格式和内容（单位：mm）

（a）A 栏中可补充的格式（材料和件数）；（b）A 栏中可补充的格式（绘图张数）

了利用预先印刷好图框和标题栏的图纸，允许将图纸逆时针旋转 90°，标题栏位于图框右上角，此时看图方向与看标题栏的方向不一致（图 4-6）。为了明确绘图与看图时的图纸方向，应在图框下边的中间位置画一个方向符号——细实线的等边三角形。

（二）图线和字体

1. 图线　　所有图线都要清晰、光洁、均匀，宽度符合要求。平行线间距至少为 1.5mm，以保证复制件上的图线不会分不清或重叠。图形实线线条根据宽度分为粗实线（0.9~1.2mm）、中粗线（0.5~0.7mm）和细实线（0.15~0.3mm）。所有线的宽度应按图样的类型和尺寸大小在下列数系中选择：0.13mm，0.18mm，0.25mm，

图 4-6　允许配置的标题栏方位

0.35mm，0.5mm，0.7mm，1mm，1.4mm，2mm。此数系的公比为 1∶1.4。粗实线、中粗线和细实线的宽度比例为 4∶2∶1。选定了粗实线的宽度之后，按此比例，中粗线和细实线的宽度也就确定了。在同一图样中，同类图线的宽度应该一致。主要物料管道为粗实线；其他物料管道为中粗线；设备外形、阀门、管件、仪表控制符号、引线等为细实线。

2. 字体　　汉字宜采用长仿宋体或正楷体（签名除外）。以国家正式公布的简化汉字为标准，不得任意简化、杜撰，字体高度参照表 4-2。

表 4-2　字体高度

书写内容	字体高度/mm	书写内容	字体高度/mm
图表中的图名及视图符号	5~7	图纸中数字及字母	2~3
工程名称	5	图名	7
图纸中文字说明	5	表格中文字	5

（三）比例和图例

1. 比例　　绘制 P&ID 可不按原比例，但具有相对比例。过大或过小设备，可适当缩小或放大比例绘制，但设备间的相对大小不能改变，并采用标高基准线示意出各设备位置的相对高低，使得整幅图面的设备都表达清楚。因此标题栏中的"比例"一项，可以不予注明。

2. 图例　　将设计中管线、阀门、设备附件、计量-控制仪表等图形符号用文字说明，以便了解流程图的内容。图例较少时可绘制在第一张图纸的右上方，图例多时，应给出首页图。图例包括：流体代号、设备名称和位号、管道标注、管道等级号及管道材料等级表、隔热及隔声代号、管件阀门及管道附件、检测和控制系统的符号及代号等。

二、管道及仪表流程图的内容和深度

管道及仪表流程图应表示出全部工艺设备、工艺物料和载能介质、物料管道和各种辅助管道、工艺阀门和其他附件及仪表和控制方案等。其主要内容包括全部工艺设备，包括全部的设备图例、位号和名称；全部的工艺物料和载能介质的名称、技术规格及流向；全部的物料管道和各种辅助管道（如水、冷冻盐水、蒸汽、压缩空气及真空等管道）的代号、材质、管径及保温情况；全部的工艺阀门及阻火器、视镜、管道过滤器、疏水器等附件，但不需要绘出法兰、弯头、三通等一般管件；全部的仪表和控制方案，包括仪表的控制参数、功能、位号及检测点和控制回路等。

（一）设备的绘制和标注

1. 设备图形　　设备图形用细实线绘出，可不按绝对比例绘制，只按相对比例将设备的大小表示出来。设备图形需显示出设备形状特征的主要轮廓，必要时也需画出具有工艺特征的内件示意结构，如塔板、加热管、冷却管、搅拌器等。常用设备可参考《化工工艺设计施工图内容和深度统一规定》（HG/T 20519—2009）绘制。管口一般用细实线表示，也可以与所连管道线宽度相同，个别管口用双细实线绘制。一般设备管口法兰可不绘制。设备装置的支撑和底座可不表示。设备装置自身的附属部件与工艺流程有关，如设备的液位计、安全阀、活塞泵所带的缓冲罐等，它们不一定需要外部接管，但对生产操作和检测都是必需的，有的还要调试，因此图上要表示出来。

2. 设备位置　　装置与设备排列顺序符合实际生产过程，按主要物料流向从左到右排列。设备间的高低和楼面高低的相对位置，除有位差要求外，可不按绝对比例绘制，只按相对高度表示设备在空间的相对位置，有特殊高度要求的可标注其限定尺寸，其中相互间物流关系密切者（如高位槽液体自流入贮罐、反应器等）的高低相对位置要与设备实际布置相吻合。低于地面的需相应画在地平线以下，尽可能地符合实际安装情况。

设备横向间距，通常也无定规，视管线绘制及图面清晰的要求而定，既要利于管道连接和标注，又应避免管线过长或过于密集而导致标注不便。

3. 相同设备的绘制　　当有多台相同的设备并联时，可只画一台设备，其余设备可分别用细实线方框表示，在方框内注明设备位号，并画出通往该设备的支管。在初步设计阶段的工艺流程图中，当有多台相同的设备串联或轮换使用时，一般只画1台设备；而在施工图设计阶段的工艺流程图中则应根据需要画出2台或2台以上设备，以表示清楚。

4. 设备的标注　　设备在图上应标注位号和名称，其编制方法应与物料流程保持一致。设备位号在整个车间（装置）内不得重复，施工图设计与初步设计中的编号应该一致。如果施工图设计中设备有增减，则位号应按顺序补充或取消（即保留空位号），设备的名称也应前后一致。

在管道及仪表流程图上，一般要在两个地方标注设备位号：一处是在图的上方或下方，要求排列整齐，并尽可能与设备对正，在位号线的下方标注设备名称；另一处是在设备图形内部或近旁，仅标注设备位号。当几个装置或机器垂直排列时，设备的位号和名称可以由上而下按顺序标注，也可以水平标注。

设备位号包括设备分类代号、主项号、设备顺序号、相同设备的数量尾号。主项号一般为设备所在车间、工段或装置的序号，用两位数表示（01～99）。相同设备的数量尾号，用以区别同一位号、数量不止一台的相同设备，用 A、B、C⋯表示。在流程图、设备布置图及管道布置图中，于规定的位置画一条宽度为 0.6mm 的粗实线——设备位号线，线上方书写设备位号，线下方书写设备名称（图4-7）。

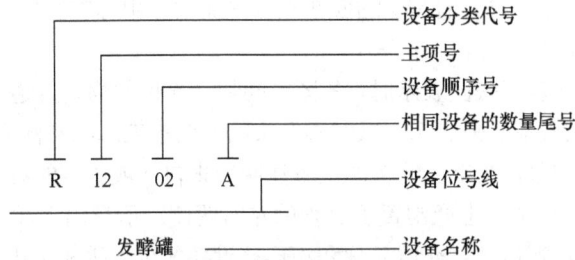

图 4-7　设备名称和位号

（二）管道的绘制和标注

1. 阀门、管件和管道附件绘制要求　　绘出和标注全部工艺管道及与工艺有关的一段辅助及公用管道，标上流向箭头作为说明。工艺管道包括正常操作所用的物料管道；工艺排放系统管道；开、停车和必要的临时管道。绘出和标注出管道上的阀门、管件和管道附件（不包括管道间的连接件，如法兰、三通、弯头等），但为安装和检修等原因所加的法兰、螺纹连接件等仍需绘出和标注。

管线的伴热管必须全部绘出，夹套管只要绘出两端头的一小段即可，其他绝热管道要在恰当部位绘出绝热图例。有分支管道时，图上总管及支管位置要准确，各支管连接的先后位置要与管道布置图一致。辅助管道系统及公用管道系统比较简单时，可将其总管道绘制在流程图的上方，其支管道下引至有关设备；当辅助管道比较复杂时，辅助管道与主物料管道分开，单独出图。固体物料进出设备用粗虚（或实）弧线或折线表示。

管线应横平竖直，转弯应画成直角，要避免穿过设备，避免管道交叉，必须交叉时，执行"细让粗"的规定。同类物料管道交叉时，采用竖断横不断的画法。

管道上取样口、放气口、排液管等应全部画出。放气口画在管道上方，排液管则画在管道下方，U 形液封管应按实际比例长度表示（图4-8）。

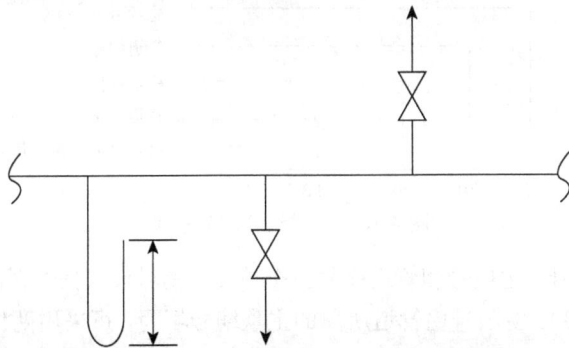

图 4-8　U 形液封管（左下）、放气口（上）、排液管（右下）

2. 阀门、管件和管道附件表示法　　管道上的阀门、管件和管道附件（如视镜、异径接头、下水漏斗等）按《化工工艺设计施工图内容和深度统一规定》（HG/T 20519—2009）规定的图形绘制。阀门用细实线绘制，一般长度为4mm，宽度为2mm，或者长度为6mm，宽度为3mm。流程图上所有阀门大小应一致，水平绘制的不同高度阀门应尽可能排列在同一垂直线上，而垂直绘制的不同位置阀门应尽可能排在同一水平线上，且在图上表示的高低位置应大致符合实际高度。在实际生产工艺流程中使用的所有控制点（即在生产过程中用以调节、控制和检测各类工艺参数的手动或自动阀门、流量计、液位计等）均应在相应物流线上用标准图例、代号或符号加以表示。所有控制阀组一般都应画出。

当一个工艺流程分成若干张图表示时，各图之间相互连接的物料管道需用图纸接续标志标明（图4-9）。接续标志用空心箭头来表示，以空心箭头的方向来表示物料流向（进或出），在空心箭头内注明与管道连接的图号，在空心箭头的上方注明所来自（或去）的设备位号或管道号（管道号只标注基本管道号）。接续标志通常置于流程的左右两侧。所有出入图纸的管线都要有接续标志，并注出连接图纸号、管道号、介质名称和相连接设备的位号等相关内容。

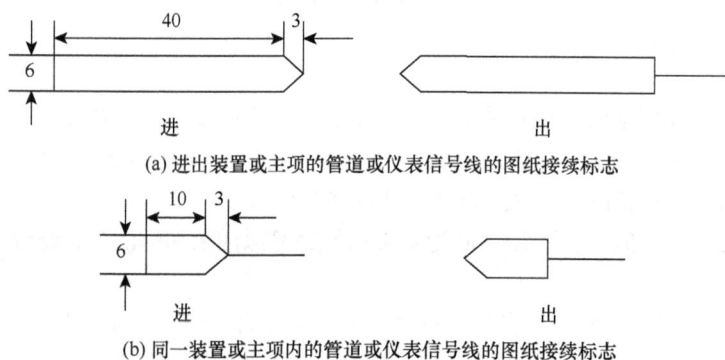

(a) 进出装置或主项的管道或仪表信号线的图纸接续标志

(b) 同一装置或主项内的管道或仪表信号线的图纸接续标志

图4-9　管道的图纸接续标志（单位：mm）

3. 管道标注　　管道应标注的内容有四个部分，即管道号（由三个单元组成）、管道规格、管道等级和绝热（或隔声）代号，总称管道组合号（图4-10）。管道号和管道规格为一组，用短横线隔开；管道等级和绝热（或隔声）代号为另一组，用短横线隔开。水平管道宜平行标注在管道的上方，竖直管道宜平行标注在管道的左侧。在管道密集、无法标注的地方，可用细实线引至图纸空白处水平（竖直）标注。

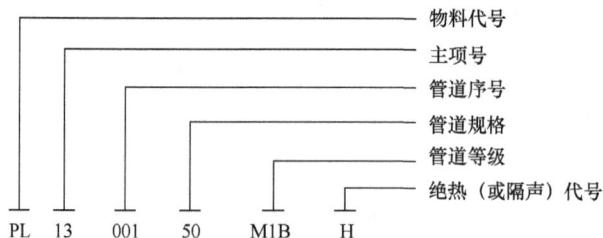

图4-10　管道组合编制规则

管道号包括物料代号、主项号和管道序号三个单元。物料代号按物料的名称和状态取其英文单词的字头组成（表4-3）。主项号由管道所属的主项编号填写，可采用两位数字（01～99）表示，也可用所连设备位号表示。管道序号为相同类别的物料在同一主项内以流向先后为序，顺序编号，采用两位数字（01～99）表示。公用系统的管道序号由三位数（001～999）组成，前一位表示总管（主管）或区域（楼层），后两位表示支管，如有需要也可用四位数表示。管道规格一般用公称直径。公制管以毫米为单位，只注数字，不注单位；英制管以英寸（1 英寸＝2.54cm）为单位，数字和英寸符号都要标注。管道等级由管道压力等级代号、管道材料等级顺序号和管道材料代号三部分组成（图 4-11）。国内管道压力等级代号常用 L～W 表示（表 4-4）。管道材料代号用大写英文字母表示（表 4-5）。管道的绝热（或隔声）代号也用大写英文字母表示（表 4-6）。

表 4-3　常见物料代号

介质名称	代号	介质名称	代号	介质名称	代号
空气	A	中压蒸汽	MS	循环冷却水（供）	CWS
放空气	VG	高压蒸汽	HS	循环冷却水（回）	CWR
压缩空气	CA	蒸汽冷凝液	C	冷冻盐水（供）	BS
仪表空气	IA	蒸汽冷凝水	SC	冷冻盐水（回）	BR
工艺空气	PA	水	W	排污	BD
氮气	N	精制水	PW	排液、排水	DR
氧气	OX	饮用水	DW	废水	WW
工艺气体	PG	雨水	RW	生活污水	SS
工艺液体	PL	软水	SEW	化学污水	CS
蒸汽	S	锅炉给水	BW	含油污水	OS
伴热蒸汽	TS	热水（供）	HWS	油	OL
低压蒸汽	LS	热水（回）	HWR	工艺固体	PS

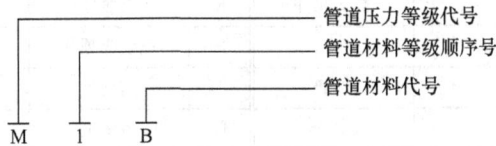

图 4-11　管道等级标注方法

表 4-4　国内管道压力等级代号

压力等级/MPa	1.0	1.6	2.5	4.0	6.4	10.0	16.0	20.0	22.0	25.0	32.0
代号	L	M	N	P	Q	R	S	T	U	V	W

表 4-5　几种管道材料代号

管道材料名称	代号	管道材料名称	代号	管道材料名称	代号
铸铁	A	合金钢	D	非金属	G
碳钢	B	不锈钢	E	衬里及内防腐	H
普通低合金钢	C	有色金属	F		

表 4-6　管道的绝热（或隔声）代号

绝热或隔声功能	代号	绝热或隔声功能	代号	绝热或隔声功能	代号
保温	H	电伴热	E	夹套伴热	J
保冷	C	蒸汽伴热	S	隔声	N
人身防护	P	热水伴热	W		
防结露	D	热油伴热	O		

（三）仪表的绘制和标注

在管道及仪表流程图中，要以规定的图形符号和文字代号，表示出在设备、机械、管道和仪表站上的全部仪表。表示内容为：代表各类仪表（检测、显示、控制等）功能的细线条圆圈（直径为12mm或10mm），测量点，从设备、阀门、管件轮廓线或管道引到仪表圆圈的各类连接线，仪表间的各种信号线，各类执行机构的图形符号，调节结构，信号灯、冲洗、吹气或隔离装置，按钮或连锁等。仪表图形符号和文字应符合《过程测量与控制仪表的功能标志及图形符号》（HG/T 20505—2014）的统一规定。图形符号和字母代号组合起来，可以表示工业仪表所处理的被测变量和功能；字母代号和阿拉伯数字编号组合起来，就组成了仪表的位号。

1. 仪表的功能标志　仪表的功能标志由1个首位字母和1~3个后继字母组成，第一个字母表示被测变量，后继字母表示读出功能、输出功能（表4-7）。

表4-7　仪表的字母代号

字母	首位字母		后继字母	字母	首位字母		后继字母
	被测变量	修饰词	功能		被测变量	修饰词	功能
A	分析		报警	N	供选用		供选用
B	喷嘴火焰		供选用	O	供选用		节流孔
C	电导率		控制或调节	P	压力或真空		连接点或测试点
D	密度或比重	差		Q	数量或件数	累计、积算	累计、积算
E	电压		检出元件	R	放射性		记录或打印
F	流量	比值		S	速度或频率	安全	开关或连锁
G	尺度		玻璃	T	温度		传达或变送
H	手动			U	多变量		多功能
I	电流		指示	V	黏度		阀、挡板
J	功率	扫描		W	重量或力		套管
K	时间或时间程序		自动或手动操作器	X	未分类		未分类
L	物位或液位		信号	Y	供选用		计算器
M	水分或湿度			Z	位置		驱动、执行

注："首位字母"是指单个表示被测变量或引发变量的字母；"后继字母"可以为一个字母（功能），或两个字母（两种功能），三个字母（三种功能）；"供选用""未分类"指未规定其含义，可以根据情况规定其含义

2. 仪表位号　仪表位号由仪表功能标志和阿拉伯数字编号组成。数字编号可按装置或工段进行编制。按照装置编制的数字编号，只编同路的自然顺序号［图4-12（a）］。按照工段编制的数字编号，包括工段号和回路顺序号，一般用三位数或四位数字表示［图4-12（b）］。不同被测参数的仪表位号不得连续编号，编注仪表位号时，应按工艺要求自左至右编排。

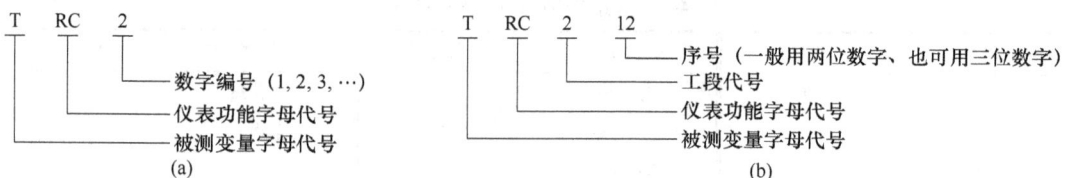

图4-12　按装置编制仪表位号［（a）］和按工段编制仪表位号［（b）］

管道及仪表流程图中，仪表位号的标注方法是在圆圈中分上下两部分注写，上部分字母填写仪表功能标志；下部分填写数字编号。仪表位置用圆圈中间的横线来区分不同的安装位置（图 4-13）（数字资源 4-7）。

数字资源 4-7

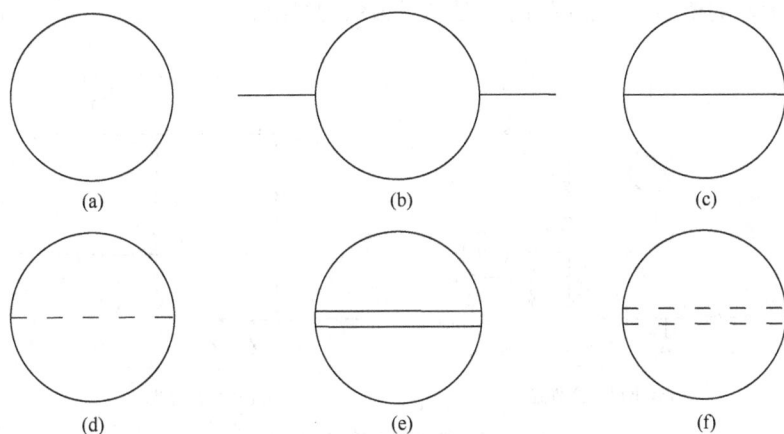

图 4-13　仪表的常见图例和安装位置
（a）就地安装仪表；（b）嵌于管道中；（c）集中仪表盘面安装；
（d）集中仪表盘后安装；（e）就地仪表盘面安装；（f）就地仪表盘后安装

（四）首页图

每个单独装置（装置包括若干个工序）编制一份首页图，适用于该装置的工艺管道及仪表流程图和辅助物料、公用物料管道及仪表流程图。首页图需要包含：①装置中所采用的全部工艺物料、辅助物料和公用物料的物料代号、缩写字母；②装置中所采用的全部管道、阀门、主要管件、取样器、特殊管（阀）件等图线、类别符号和标注说明；③管道编号说明；④设备编号说明；⑤公用工程站（蒸汽分配管、凝液收集管）编号说明；⑥装置中所采用的全部仪表（包括自控专业阀门、控制阀）的图形符号和文字代号。首页图的图纸编号方法与装置内管道及仪表流程图相同，位于图号首位（数字资源 4-8）。

数字资源 4-8

三、常见单元设备的自控流程

（一）泵的自控流程设计

1. 离心泵　离心泵是最常用的液体输送设备，其被控变量一般为流量。改变出口阀门的开度或回路阀门的开度或泵的转速均可调节离心泵的流量。由于改变泵的转速需要变速装置或价格昂贵的变速原动机，且难以做到流量的连续调节，因而在实际生产中很少采用。

1）离心泵的流程设计　泵的入口和出口处要设置切断阀；为了防止离心泵未启动时物料倒流，要在泵的出口处设置止回阀；为了观察泵工作时的压力，要在泵的出口处安装压力表；泵与泵入口切断阀间和出口处切断阀间的管线均要设置放净阀，并将排出物送往合适的排放系统；泵出口管道的管径一般与泵的入管口一致或放大一挡，以减小阻力。

2）离心泵的自控　离心泵的控制变量是出口流量，自控一般采用出口直接节流、旁路调节和改变泵的转速。

（1）出口直接节流。图 4-14（a）为出口直接节流，它是在泵的出口管路上设置调节阀，利用阀的开度变化来调节流量。此法简单易行，是最常用的一种流量自控法，但不适用于介质正常流量低于泵的额定流量30%以下的情况。

（2）旁路调节。图 4-14（b）为旁路调节，此法是在泵的进出口旁路管道上设置调节阀，使一部分流体从出口返回到进口来调节出口流量。此法使泵的总效率降低，耗费能量，但调节阀的尺寸比直接节流法的要小。此法可用于介质流量偏低的情况。

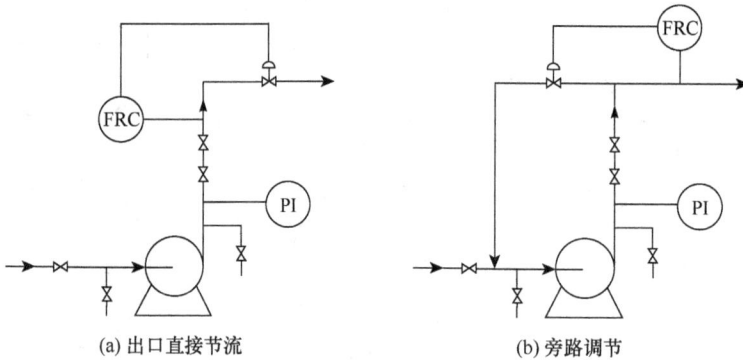

(a) 出口直接节流   (b) 旁路调节

图 4-14   离心泵的控制方案

PI. 具有压力指示的仪表；FRC. 具有记录和调节作用的一块流量表，见表 4-7 中显示的被测变量和功能

（3）改变泵的转速。当泵选用汽轮机或可调速电机时，就可采用改变泵的转速来调节出口流量。此法节约能量，但驱动机及其调速装置投资较高，适用于较大功率的电机。

2. 容积式泵   往复泵、齿轮泵、螺杆泵、旋涡泵等都是常见的容积式泵，当流量减小时容积式泵的压力急剧上升，因此不能在容积式泵的出口管道上直接安装节流装置来调节流量，工程上通常采用旁路调节或改变转速、改变冲程大小来调节流量。图 4-15 是齿轮泵的回路调节自控流程，此方案也适用于其他容积式泵。

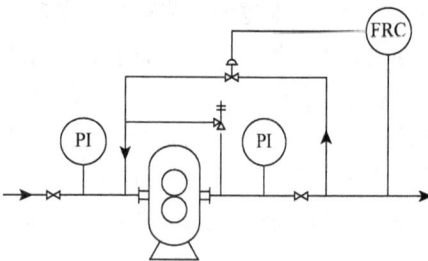

图 4-15   齿轮泵的回路调节自控流程

3. 真空泵   在生物发酵企业的生产中，常用的真空泵有机械泵和喷射泵两大类，常用的自控方法有吸入管阻力调节［图 4-16（a）］和吸入支管调节［图 4-16（b）］。

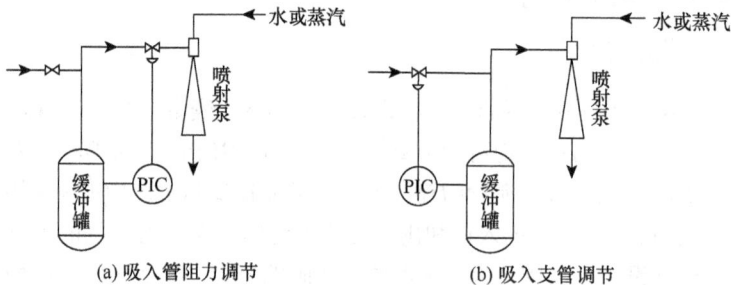

(a) 吸入管阻力调节   (b) 吸入支管调节

图 4-16   真空泵的控制方案

PIC 表示压力指示控制，即用于显示压力并进行控制的仪表

（二）压缩机的自控流程设计

压缩机的控制方案与泵的控制方案有很多相似之处，被控变量一般也是流量或压力。改变进口阀门的开度或回旁阀门的开度或压缩机的转速均可调节压缩机的流量。

图 4-17（a）为改变进口阀门的开度来调节流量的自控流程。当进口阀门开度较小时，会在压缩机进口处产生负压，且负压严重时，压缩机的效率将显著下降。而对于离心压缩机，当负荷（流量）减小至一定程度时，工作点将进入不稳定区，并产生"喘振"现象。此时压缩机及所连接的管网系统和设备会发生强烈振动，并产生噪声，甚至使压缩机损坏。

为确保离心压缩机能正常稳定地工作，对于单级叶轮离心压缩机，其工作流量一般不小于额定流量的50%；对于多级叶轮离心压缩机，其工作流量一般不小于额定流量的75%。为避免在压缩机进口处产生严重负压或使离心压缩机的负荷低于规定值，可采用分程控制流程[图 4-17(b)]，即出口流量控制器操纵两个控制阀，吸入阀只能关至一定开度，若需要更小流量，可打开旁路调节阀，以避免直接调节进口流量而导致入口端负压严重的缺陷。

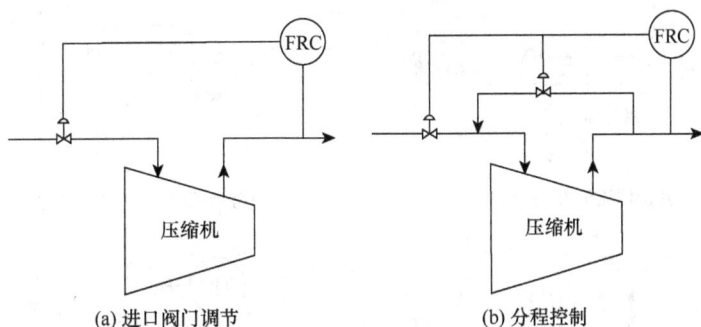

(a) 进口阀门调节　　　　　　　　(b) 分程控制

图 4-17　压缩机的控制方案

（三）换热器的自控流程设计

生物发酵企业中换热器的控制变量主要为温度、流量、压力等。现以典型的间壁式换热器——列管式换热器为例，介绍换热器的自控流程。

1. 无相变时换热器的自控　　当换热器内的载热流体没有相变发生时，常用的温度控制方法有以下两种。

1）控制载热体流量　　控制载热体流量是最常用的控制方案。当热流体的温降（T_1-T_2）小于冷流体的温升（t_2-t_1）时，冷流体的流量变化将引起热流体出口温度（T_2）的显著变化，此时调节冷流体的流量效果较好 [图 4-18（a）]。反之，当热流体的温降（T_1-T_2）大于冷流体的温升（t_2-t_1）时，热流体的流量变化将引起冷流体出口温度（t_2）的显著变化，此时调节热流体的流量效果较好 [图 4-18（b）]。

2）旁路调节　　若被控流体为工艺流体，其流量不能改变，则可设置相应的旁路控制温度。利用三通阀来调节进入换热器的载热体流量与旁路流量的比例，达到控制出口温度的目的，同时载热体的总流量保持不变 [图 4-18（c）和图 4-18（d）]。

2. 有相变时换热器的自控　　发酵生产过程中常用蒸汽冷凝来加热物料，当被加热物料的出口温度作为被控变量时，常采用以下两种控制方案。

1）直接控制蒸汽压力　　在蒸汽流量和其他工艺条件比较稳定时，可采用调节蒸汽压力的方法来改变其冷凝温度，从而使传热温差发生改变，以达到控制被加热工艺流体温度的目的 [图 4-18（e）]。

2）控制换热器的有效换热面积　　在传热系数和传热温差基本保持不变的情况下，通过调节换热器中的冷凝水量，使有效换热面积发生改变，也可达到控制被加热工艺流体温度的目的 [图 4-18（f）]。

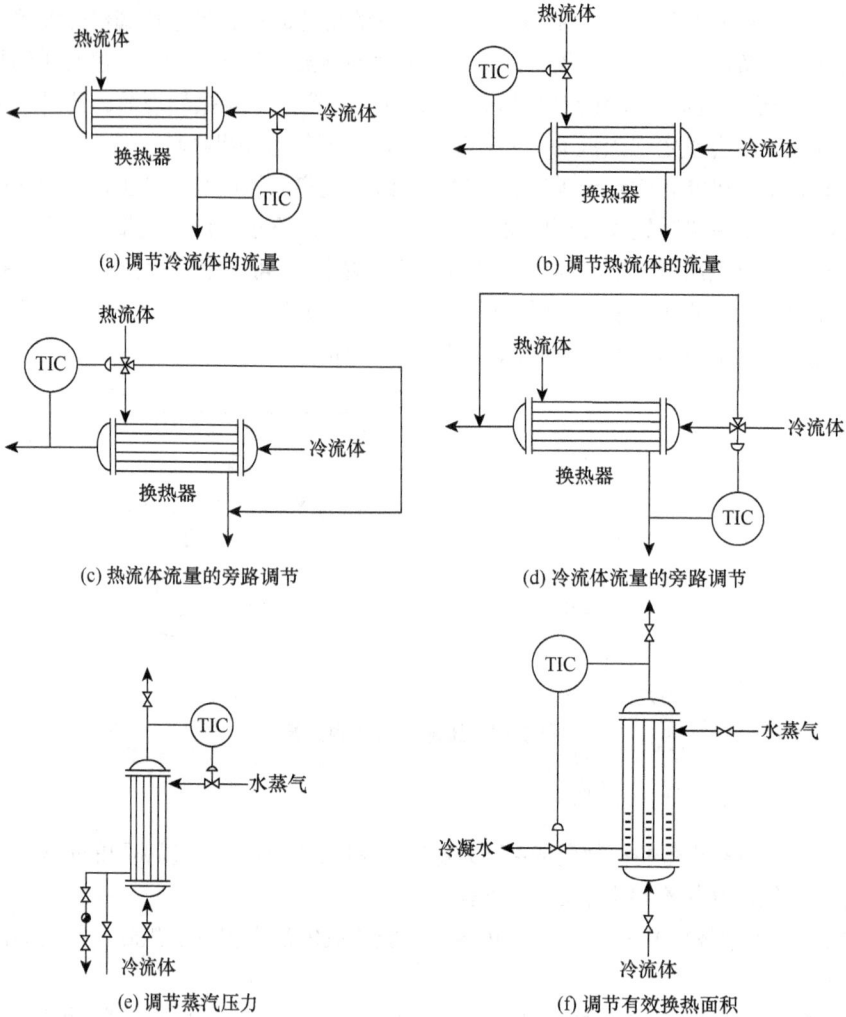

(a) 调节冷流体的流量

(b) 调节热流体的流量

(c) 热流体流量的旁路调节

(d) 冷流体流量的旁路调节

(e) 调节蒸汽压力

(f) 调节有效换热面积

图 4-18　换热器的自控调节方案

TIC. 温度的指示和调节仪表

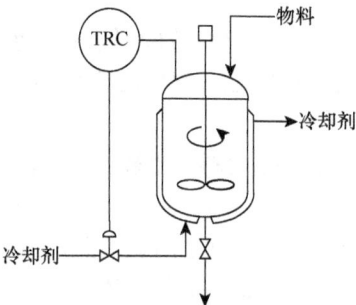

图 4-19　改变冷却剂流量控制反应
温度方案

TRC 表示"温度记录控制",即用于
测量温度、记录温度数据并进行控制的仪表

（四）反应器的自控流程设计

发酵罐是生物工厂的常用设备,即生物反应器。按工艺要求其控制变量主要有温度、压力、进料量等。现以通用式发酵罐为例,介绍其自控流程。

1. 温度控制　生物生长繁殖及代谢具有一定的温度要求,保持其生长繁殖或代谢的最适温度是使生产过程按给定方法进行的必要条件之一。因此,对生化反应温度进行控制是十分必要的。常见控制方法有控制传热量和串级调节。

1）控制传热量　通过改变加热剂或冷却剂流量的方法来控制反应温度（图 4-19）,该方案比较简单,使用仪表较少。缺点是当反应器内物料较多时,温度滞后比较严重;当物料温度不均时还会造成局部过冷或过热。因此,该方案常用于对温度控制要求不高的场合，现在应用也较少。

2）串级调节　　当发酵罐内温度滞后较严重或控温要求较高时，可采用串级温度控制方案。在反应器与冷却剂流量串级控制中［图 4-20（a）］，以冷却剂流量为副参数，可及时、有效地反映冷却剂流量和压力变化的干扰，但不能反映冷却剂温度变化的干扰。而在反应器与夹套温度串级控制中［图 4-20（b）］，以夹套温度为副参数，不仅可反映冷却剂方面的干扰，对发酵罐内的干扰也有一定的反映。

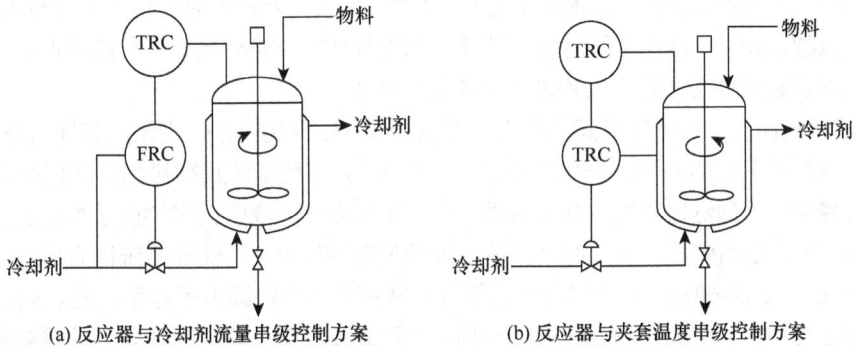

(a) 反应器与冷却剂流量串级控制方案　　　　　　　　(b) 反应器与夹套温度串级控制方案

图 4-20　反应器的串级温度控制方案

2.进料流量控制　　稳定的进料流量及各种进料之间的配比是发酵工艺的重要条件，因此必须对进料流量及流量比进行控制。当反应需要多种原料进料时，可对每一股原料均设置一个单回路控制系统，这样既可使各股原料的进料量保持稳定，又可使各原料之间的配比符合规定要求（图 4-21）。

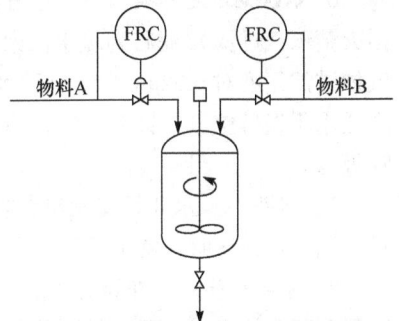

图 4-21　进料流量的控制方案

四、工艺流程完善与简化

整个流程确定后，还要全面检查、分析各个过程的操作手段和相互连接方法；要考虑到开停车及非正常生产状态下的预警防护安全措施，增添必要的备用设备，增补遗漏的管线、管件（止回阀、过滤器）、阀门和采样、放净、排空、连通等装置；要尽可能地减少物料循环量，力求采用新技术；尽可能采用单一的供汽系统、冷冻系统；尽可能简化流程管线。

1）安全阀　　这是一种自动阀门，当系统内压力超过预定的安全值，会自动打开排出一定数量的流体。当压力恢复正常后，阀门再自行关闭阻止流体继续流出。在蒸汽加热夹套、压缩气体贮罐等有压设备上，要考虑安装安全阀，以防带压设备可能出现的超压。

2）爆破片　　这是一种可在容器或管道压力突然升高但未引起爆炸前先行破裂，排出设备或管道内的高压介质，从而防止设备或管道爆破的安全泄压装置。由于物料容易堵塞、腐蚀等而不能安装安全阀时，可用爆破片代替安全阀。

3）溢流管　　当用泵从底层向高层设备输送物料时，为避免物料过满造成危险和物料的损失，可采用溢流管使多余的物料流回贮槽。溢流管接口的最高位置必须低于容器顶部，管径应大于输液管，以防物料冲出。通常在溢流管管道上设置视镜，便于底层操作者判断物料是否已满。对于封闭的、有盖的容器，或处于微负压的容器，溢流管必须加装液相 U 形管式密封装置或机械密封装置。

4）放空管与阻火器　　密闭容器通常情况下应有放空管线。含有空气、某些惰性气体及少量水蒸气的放空管线应在容器顶部。有害但无毒性、非致命气体（如热气体）的放空管线应延伸到室外，其终点应超过附近建筑物的高度。而危险性气体或气相物，应进入火炬或另一个收集系统做进一步处理。放空管的顶端要采用防雨弯头或防雨帽，其直径一般要大于或等于进入该容器的最大液体管道。

对于有毒、易燃易爆的挥发性溶剂，要按蒸汽处理。将贮罐上空的蒸汽在放空前送到一个净化系统（压缩机、吸收塔等）。该系统使用了一个真空安全阀，当液面下降时就从大气中吸入空气，但是当贮罐充满时就迫使气体通过净化处理系统。如果因为物质的可燃性需要充入惰性气体，也可使用类似的系统，当液面下降时吸入的就是惰性气体而不是空气了。在低沸点易燃液体贮槽上部排放口须安装阻火器，阻止火种进入贮槽引起事故。

5）贮罐呼吸阀　　贮罐呼吸阀又称为小呼吸排放。贮罐空间在一定压力范围内与大气隔绝，又能在超过或低于某压力范围时与大气相通（呼吸），其作用是防止贮罐因超压或超真空而被破坏，同时可减少贮液的蒸发损失。其有两种：①一定压力时呼或吸；②类似于单向止逆阀，只向外呼，不向内吸，当系统压力升高时，气体经过呼吸阀向外放空，保证系统压力恒定（有毒贮罐不能装呼吸阀）。贮罐呼吸阀可使罐内压力保持正常状态，当贮罐内贮存甲、乙、丙类液体时，可与阻火器配套使用，阻火器安装在贮罐罐顶上。贮罐呼吸阀是保护贮罐安全的重要附件，装设在罐的顶板上，由压力阀和真空阀两部分组成。

6）不锈钢过滤呼吸器　　该呼吸器是专为生物工业贮罐气体交换时达到除菌目的设计的（包括灭菌蒸汽过滤）。滤芯为疏水性聚四氟乙烯或聚丙烯微孔滤膜，滤器为优质不锈钢（304、316L）。气体过滤精度对 0.02μm 以上细菌及噬菌体达 100%滤除，达到 GMP 要求。不锈钢过滤呼吸器是广泛用于发酵空气、针剂空气、惰性气体净化（可用作总空气过滤器或分过滤器）、蒸馏水罐的呼吸器。

7）水斗　　水斗是使操作者能及时判断是否断水的装置。当发现断水时，可使设备停止运转。当无该装置时，常不易被操作者发现，造成设备在无冷却的情况下运转，酿成事故。

8）事故贮槽　　在设计强放热反应时，应在反应设备下部设置事故贮槽，贮槽内存冷溶剂，当遇到紧急情况时，可立即打开反应设备底部阀门，迅速将反应液泄入事故贮槽骤冷，终止或减弱化学反应，防止事故发生。

9）排放与泄水装置　　放置于室外的设备必须在设备最底部安装泄水装置，在设备停车时，可经泄水装置排空设备中的液体，防止气温下降，液体冻结，体积膨胀而损坏设备。大多数容器底部应设有放净阀。排放管道的去处应予注明。

10）可燃气体探测器（简称测爆仪）　　这是对单一或多种可燃气体浓度响应的探测器。可燃气体探测器有催化型、半导体型。

11）安全门斗　　安全门斗是在建筑物出入口设置的起分隔、挡风、御寒等作用的建筑过渡空间，也是将防火防爆车间的不同区域进行分割与安全防范的门斗。

12）防爆墙　　防爆墙是具有抗爆炸冲击波的能力，能将爆炸的破坏作用限制在一定范围内的墙。有钢筋混凝土防爆墙、钢板防爆墙、型钢防爆墙和砖砌防爆墙。防爆墙应能承受 3MPa 的冲击压力。在有爆炸危险的装置与无爆炸危险的装置之间，以及在有较大危险的设备周围应设置防爆墙。安全装置还应有报警装置、安全水封、接地装置、防雷装置、防火墙等。

小　结

工艺流程设计是整个设计过程中非常重要的环节，它通过工艺流程图的形式，形象地反映了生物工厂生产从原料进入到产品输出的过程，其中包括物料和能量的变化，物料的流向及生产中所经历的工艺过程和使用的设备仪表。工艺流程图集中地概括了整个生产过程的全貌。工艺流程设计涉及各个方面，而各个方面的变化又反过来影响工艺流程设计，甚至使最终的工艺流程发生较大变化。

复习思考题

1. 简述工艺流程设计分为哪几类，每种类型各提供什么形式的流程图，每种流程图各有什么作用。
2. P&ID 中应如何表示设备？
3. P&ID 中应如何表示管线和管件？
4. 简述设备位号的命名规则。
5. 简述管道组合号的命名规则。
6. 尝试严格按照要求绘制一个简单流程的全套 P&ID。

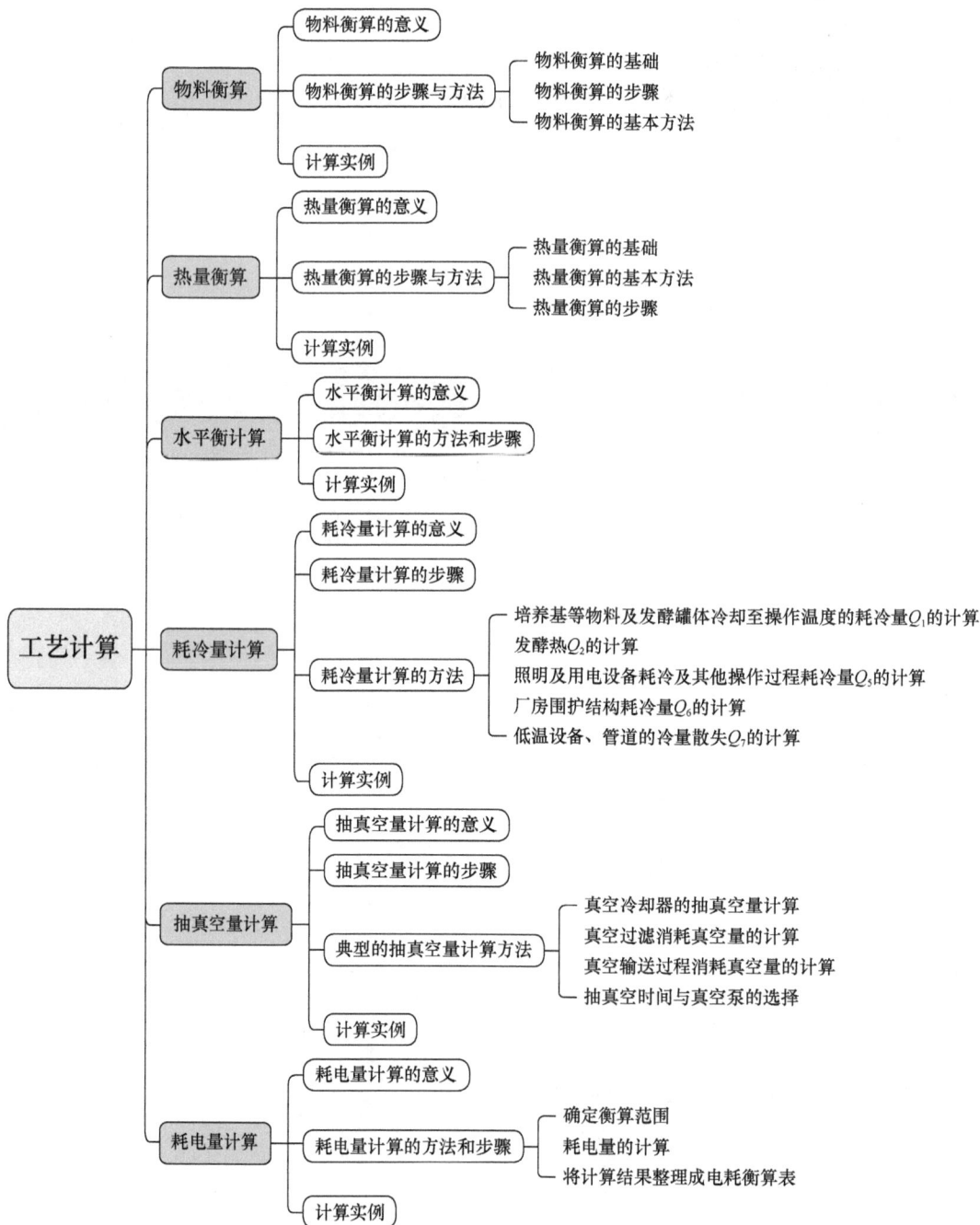

第五章

工 艺 计 算

```
                          ┌─ 物料衡算的意义
                          │                    ┌─ 物料衡算的基础
              ┌─ 物料衡算 ─┼─ 物料衡算的步骤与方法 ─┼─ 物料衡算的步骤
              │           │                    └─ 物料衡算的基本方法
              │           └─ 计算实例
              │
              │           ┌─ 热量衡算的意义
              │           │                    ┌─ 热量衡算的基础
              ├─ 热量衡算 ─┼─ 热量衡算的步骤与方法 ─┼─ 热量衡算的基本方法
              │           │                    └─ 热量衡算的步骤
              │           └─ 计算实例
              │
              │           ┌─ 水平衡计算的意义
              ├─ 水平衡计算 ┼─ 水平衡计算的方法和步骤
              │           └─ 计算实例
              │
              │           ┌─ 耗冷量计算的意义
              │           ├─ 耗冷量计算的步骤
              │           │                ┌─ 培养基等物料及发酵罐体冷却至操作温度的耗冷量$Q_1$的计算
 工艺计算 ─────┼─ 耗冷量计算 ┤                ├─ 发酵热$Q_2$的计算
              │           ├─ 耗冷量计算的方法 ┼─ 照明及用电设备耗冷及其他操作过程耗冷量$Q_5$的计算
              │           │                ├─ 厂房围护结构耗冷量$Q_6$的计算
              │           │                └─ 低温设备、管道的冷量散失$Q_7$的计算
              │           └─ 计算实例
              │
              │           ┌─ 抽真空量计算的意义
              │           ├─ 抽真空量计算的步骤
              │           │                  ┌─ 真空冷却器的抽真空量计算
              ├─ 抽真空量计算┤                  ├─ 真空过滤消耗真空量的计算
              │           ├─ 典型的抽真空量计算方法┼─ 真空输送过程消耗真空量的计算
              │           │                  └─ 抽真空时间与真空泵的选择
              │           └─ 计算实例
              │
              │           ┌─ 耗电量计算的意义
              │           │                  ┌─ 确定衡算范围
              └─ 耗电量计算 ┼─ 耗电量计算的方法和步骤┼─ 耗电量的计算
                          │                  └─ 将计算结果整理成电耗衡算表
                          └─ 计算实例
```

工厂设计的工艺计算（process calculation）是继厂址选择和总平面设计及工艺流程设计等定性分析之后进行的定量分析工作，计算结果可以为后续工艺设备设计和选型、车间布置与管路设计、公用工程设计及技术经济分析等工作提供相应的依据。

本章主要介绍生物发酵工厂设计中主要涉及的物料衡算、热量衡算、水平衡计算、耗冷量计算、抽真空量计算及耗电量计算等内容，各个环节之间有相互承接关系（图 5-1），物料衡算是工艺计算的基础，也是最先进行的衡算工作，在此基础上进行热量衡算、水平衡计算、耗冷量计算、抽真空量计算，耗电量计算是在热量衡算和耗冷量计算基础上进行的。

图 5-1 工艺计算各环节间的承接关系

第一节 物 料 衡 算

一、物料衡算的意义

物料衡算就是根据质量守恒定律确定原料和产品间的定量关系，计算出原料和辅助材料的用量，各种中间产品、副产品、成品的产量和组成及"三废"的排放量。

生物发酵工厂工艺设计中，物料衡算是在生产方法确定并完成了工艺流程示意图设计后，即工艺流程确定后进行的。此时，设计工作从前期的定性分析进入定量分析阶段。在整个工艺计算工作中，物料衡算是最先进行的，并且是最先完成的项目，其目的是根据原料与产品之间的定量转化关系，计算原料的消耗量，各种中间产品、成品和副产品的产量，生产过程中各阶段的消耗量及组成，进而为热量衡算、水平衡计算、耗冷量计算、耗电量计算及设备计算打基础。

现实中，物料衡算的意义有两点。一是针对已有的生产线或生产设备进行标定，即利用实际测定的数据计算某些难以直接测定计量的参变量，进而对该生产线或生产设备的生产情况进行分析，确定生产能力，衡量操作水平，找出薄弱环节，挖掘生产潜力，进行革新改造，提高生产效率，提高成品收率，减少副产品、杂质和"三废"排放量，降低投入和消耗，从而提高企业的经济效益。二是设计新的生产线或生产装置，即利用参考已有的实际生产数据，针对新的工艺流程，通过物料衡算求出引入和离开设备的原料、中间体和成品等物料的成分、质量和体积，进而计算出产品的原料消耗定额、每日或每年消耗量及成品、副产物和废物等排出物料量，并根据计算结果完成下列设计：①确定生产设备的容量、个数和主要尺寸；②工艺流程草图的设计；③水、蒸汽、热量、冷量等平衡计算。

二、物料衡算的步骤与方法

（一）物料衡算的基础

生产装置的工艺流程通常由多个工序组成，在进行物料衡算时可采用顺序法从原料进入系统开始，沿物料走向进行计算；也可以采用逆序法由产品开始逆物料流程方向进行计算。对于复杂的工艺过程则常常采用顺序法和逆序法相结合进行物料衡算。

物料衡算是以质量守恒定律为基础对物料平衡进行计算。物料平衡是指"在单位时间内进入系统（体系）的全部物料量必定等于离开该系统的全部物料量再加上损失掉的和积累起来的物料量"，根据物料平衡可列出如下物料衡算式。

$$\sum G_{I}=\sum G_{O}+G_{N}+G_{A} \tag{5-1}$$

式中，$\sum G_{I}$ 为单位时间内进入系统的全部物料量；$\sum G_{O}$ 为单位时间内离开系统的全部物料量；G_{N} 为单位时间内系统中的物料损失量；G_{A} 为单位时间内系统内的物料积累量。

该物料衡算式为稳流系统总物料衡算方程式，它不但适用于总物料衡算，也适用于任一组分或任一元素的物料衡算。对于连续操作过程，系统内的物料积累量为零。所谓系统，是指所计算的生产装置，它可以是一个工厂、一个车间、一个工段，也可以是一个设备。

根据所选定的衡算体系，物料衡算式分为三种：①过程总衡算，即针对一个生物发酵过程进行物料衡算；②设备衡算，即针对发酵过程中某一个设备进行物料衡算；③结点衡算，即针对某一个物流的混合点或分支点进行衡算。

根据衡算的对象，物料衡算式也可分为如下三种：①物料的总衡算，对整体工艺过程的总物料进行衡算；②组分衡算，对工艺过程中的某一个组分进行衡算；③元素衡算，对工艺过程中涉及的某个元素进行衡算。

（二）物料衡算的步骤

物料衡算的内容随生物发酵工艺流程的变化而变化，有的计算过程比较简单，有的却十分复杂，要充分了解物料衡算的目的要求，从而决定采用何种计算方法。例如，要做一个生产过程设计，当然就要对整个过程和其中的每一个设备做详细的物料衡算和能量衡算，计算项目要全面细致，以便为后续的设备设计与选型提供可靠依据。而当计算只是为了求取某个单项指标时，则可简化步骤，用简便可行的方法直接求解。为了有层次、循序渐进地进行计算，避免出错，计算时应遵循以下 9 个步骤。

1. 画出物料衡算示意图　　对衡算体系画出物料衡算示意图，表明各股物料的进出方向、数量、组成及温度、压力等操作条件，待求的未知数据也应以适当符号表示出来，以便分析和计算。注意在示意图中，与物料衡算有关的内容不要遗漏。

2. 写出主、副反应化学方程式　　为便于分析反应过程的特点，有必要根据工艺过程中发生的生物化学反应写出主反应和副反应的化学方程式及过程的热效应。需要注意的是，生物化学反应往往很复杂，副反应很多，这时可以把次要的且所占比重很小的副反应略去，或者将类型相近的若干副反应合并视为一种副反应，从而简化计算，但这样处理的前提是所引起的误差必须在可接受的范围之内。对于那些产生有毒物质或明显影响产品质量的副反应，其数量虽然微小，却是进行某种精制分离设备设计和"三废"处理方法设计的重要依据，这种情况是不能简化忽略的。

3. 确定计算任务　　根据示意图和生物反应方程式，分析每一步骤和每一设备中物料的变化情况，选定合适的计算公式，分析数据资料，明确已知量与可以查到的和可计算求取的未知量，为收集数据资料和建立计算程序做好准备。

4. 收集数据资料　　需要收集的数据资料一般包括以下 7 个方面。

1）生产规模　　生产规模即确定的生产能力或原料处理量。

2）生产时间　　生产时间即年工作时数。一般情况下，设备能正常运转，生产过程不因特殊情况而停顿，且公用系统又能保障供应时间，年工作时数可取 8000～8400h。全年停车检修时间较多的生产，年工作时数可取 8000h。若生产过程难以控制，如易出不合格产品，或因冻堵泄漏常常停产检修的装置，或试验性车间，年工作时数可取 7200h。

3）消耗定额　　消耗定额是指生产每吨合格产品需要的原料、辅料及动力等消耗，其高低直接反映生产工艺水平及操作技术水平的优劣。生产中要严格控制每个工艺参数，力求达到节能降耗的目标。

4）转化率 转化率即反应掉的原料量占总原料量的百分比，其表示原料通过生物化学反应产生化学变化的程度，转化率越高，说明参加反应的反应物数量越多。

5）选择性 在生物化学反应中，不仅有生成目的产物的主反应，还有生成副产物的副反应存在，所以转化了的原料中只有一部分生成了目的产物，选择性即生成目的产物的原料量占反应掉的原料量的百分比（注意，此处为占反应掉的原料量而非总原料量），其数值表示在反应过程中，主反应在主、副反应竞争中所占的比例，反映了反应向生成目的产物方向进行的趋向性。

选择性高只能说明反应过程中副反应少，但若通过反应装置的原料只有很少一部分发生了化学反应，即转化率很低，则装置的生产能力仍然很低，只有综合考虑转化率和选择性，才能确定合理的工艺指标。

6）单程收率 单程收率是指生成目的产物的原料量占总原料量的百分比，可以看出，其数值上等于转化率与选择性的乘积，单程收率高说明生产能力大，标志着生产过程既经济又合理，所以生物发酵生产中希望单程收率越高越好。

7）理化常数 理化常数包括原料、助剂、中间产物及目的产物的规格、组成、密度、比热容等相关物理化学常数，可在有关的化工、生化设计手册中查到。

5．确定工艺指标及消耗定额等 设计所用的工艺指标、原料消耗定额及其他经验数据，可根据所用的生产方法、工艺流程和设备，对照同类型生产工厂的实际水平来确定，这必须是先进而又可行的，它是衡量企业设计水平高低的标志。

6．选定计算基准 选用恰当的计算基准可使过程简化，避免误差，也有利于工程计算中的互相配合。基准的选择没有统一规定，要视具体情况而定。常用的基准有以下5种。

（1）选择已知变量数最多的物料流股作为计算基准，已知量越多，越便于求解。

（2）对于液体或者固体的体系，常选取单位质量作为基准，而对于气体体系常用单位体积或单位摩尔数作为基准。

（3）对于有化学变化的体系，可以选取某反应物的摩尔数作为基准。

（4）对于连续流动体系，常用单位时间作为基准，如以 1h 或 1d 的投料量或产品产量作为基准。

（5）以加入设备的一批物料量为计算基准，如以发酵罐的每批次物料量为计算基准。

7．展开计算 在前述工作基础上，运用有关方面的理论，针对物料的变化情况，分析各量之间的关系，列数学关联式进行计算。当已知原料量，欲求产品量时，则顺流程自前向后推算；当已知生产任务，如年产量或每小时产量，欲求所需原料量时，则逆流程由后向前推算。在生物发酵过程设计中，顺流程计算较为普遍。计算时应采用统一的计量单位。

8．整理计算结果，列出物料衡算表 对衡算范围的计算结束后，需要认真校核，发现差错，及时重算更正，避免错误延续到后续设计环节，延误设计进度。将准确的物料衡算结果加以整理，列出物料衡算一览表（表5-1）。表中计量单位可采用 kg/h，也可以用 kmol/h 或 m³/h 等，要视具体情况而定。

通过物料衡算一览表可以直接检查计算是否准确，分析结果组成是否合理，并易于发现设计上（生产运行中）存在的问题，从而判断其合理性，提出改进方案。

9．绘制物料流程图 全部物料衡算结束后，据此结果绘制物料流程图，此图的最大优点是查阅方便，各物料在流程中的位置与相互关系清楚，因此，除极简单的情况下用表格表示外，多数情况下都采用物料流程图来表示，并将此图作为正式设计结果编入设计文件。

表 5-1　物料衡算一览表

序号	物料名称	含量/%	密度/(kg/L)	进料		出料	
				质量流量 /（kg/h）	体积流量 /（m³/h）	质量流量 /（kg/h）	体积流量 /（m³/h）
1							
2							
3							
...							
合计							

最后，经过各种系数转换和计算，得出原料消耗综合表（表 5-2）和排出物综合表（表 5-3）。

表 5-2　原料消耗综合表

序号	原料名称	纯度/%	每吨产品消耗定额/t	每天或每小时消耗量/t	年消耗量/t
1					
2					
3					
...					

表 5-3　排出物综合表

序号	名称	特性和成分	每吨产品排出量/t	每天或每小时排出量/t	每年排出量/t
1					
2					
3					
...					

（三）物料衡算的基本方法

1. 画出物料流程框图的方法　进行物料衡算前，首先应分析给定的条件，画出类似图 5-2 的物料流程框图（图 5-2）。在框图中，用简单的方框表示过程中的设备，用线条和箭头表示每股物流的途径和方向，标出每股物流的已知量及单位，对一些未知变量用符号表示。

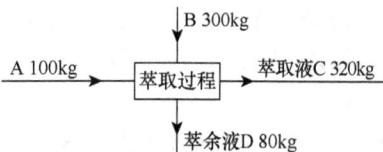

图 5-2　物料流程框图参考图

2. 确定衡算范围的方法　将工艺流程视为一个体系，可以用虚线划定其中的某部分作为衡算对象进行计算，用虚线包围的部分就是衡算范围，衡算范围与其他相邻部分之间被虚线分开后独立出来。物料衡算可以针对不同衡算范围进行，衡算范围的划定需要遵循三个原则：一是衡算范围线必须与所求之物流线相交；二是衡算范围要尽可能多地与已知物流线相交；三是对复杂的工艺过程可以划定多个衡算范围联合求解。例如，带有循环过程的衡算，可以把整个系统作为衡算范围，同时把某个设备或结点作为衡算范围（图 5-3），图中 F1～F6 为各单元设备进出的物流。

3. 连续过程的物料衡算　连续过程的物料衡算可以按照前述步骤进行，方法主要有三种。

1）直接求算法　物料衡算中，对反应比较简单或仅有一个反应而且仅有一个未知数的情

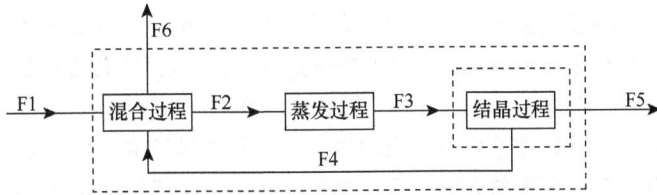

图 5-3　衡算范围划定方法参考图

况，可以通过化学计量系数直接求算。对于包括多个化学反应的过程，其物料衡算应该依物料流动的顺序分步进行。因此，必须清楚过程的主要反应和必要的工艺条件，将过程划分为几个计算部分依次计算。

2）利用结点进行衡算　　在生物发酵生产中，常常会有某些产品的组成需要用旁路调节才能送往下一个工序的情况，这时就会出现三股以上物流的汇聚或分开而形成物流的交叉结点（图 5-4）。结点处进入物流量与排出物流量存在质量守恒。

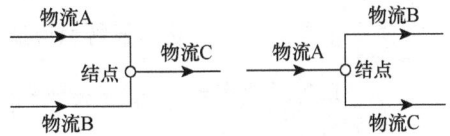

图 5-4　多股物流汇聚（左）或
分开交叉（右）结点示意图

3）利用联系组分进行衡算　　生产过程常有不参加反应的物料，这种物料为惰性物料。由于其数量在反应器的进出物流中不发生变化，可以利用它和其他物料在组分中的比例关系求取其他物料的数量，这种惰性物料就是衡算联系物。

利用联系组分进行物料衡算可以简化计算，有时在同一系统中存在多个惰性物料，可联合采用以减少误差，但要注意当某种惰性物料数量很少，且组分分析相对误差较大时，则不宜采用该种成分作为联系组分。

4. 间歇过程的物料衡算　　间歇过程的物料衡算同样应按物料衡算的步骤进行，但必须建立时间平衡关系，即设备与设备之间处理物料的台数与操作时间要平衡才不至于造成设备之间生产能力大小相差悬殊的不合理情况。收集数据时要注意整个工作周期的操作顺序和每项操作时间，把所有操作时间作为时间平衡的单独一项加以记载，同时，还可以根据生产周期的每项操作时间来分析影响提高生产效率的关键问题。

5. 循环过程的物料衡算　　在生物发酵生产过程中经常出现循环过程，如部分产品的循环回流，未反应原料分离后再重新参加生化反应等。图 5-5 表示的是一个典型的稳定循环过程，可以针对图中总物料或其中的某种组分进行物料衡算，虚线指明了物料平衡的四个衡算范围。

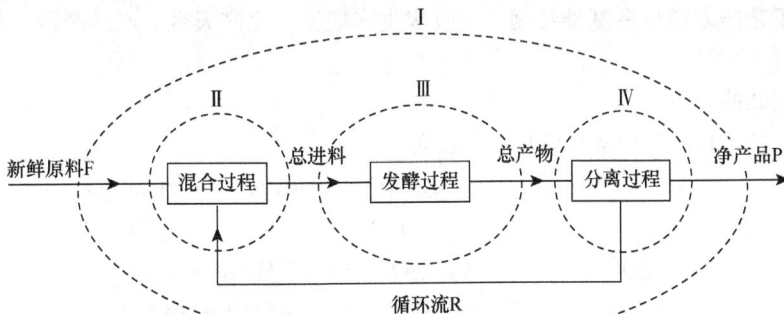

图 5-5　某稳定循环过程物料衡算范围

Ⅰ表示将再循环流包含在内的整个过程，即进入系统的新鲜原料 F 与从系统排出的净产品 P

互相平衡，由于该平衡不涉及循环流 R 的值，故不能用该平衡直接计算 R 的量。

Ⅱ表示新鲜原料 F 与循环流 R 混合后的物料同进入发酵过程的总进料物流之间的物料平衡。

Ⅲ表示发酵过程的物料平衡，即总进料与总产物之间的平衡。

Ⅳ表示总产物与它经过分离过程后形成的净产品 P 和循环流 R 之间的物料平衡。

以上四个平衡中只有三个是独立的。平衡Ⅱ与平衡Ⅳ包含了循环流 R，可以利用它们分别写出包含 R 的一个联合Ⅱ与Ⅲ或联合Ⅳ与Ⅲ的物料平衡用于平衡计算。由于该过程包含生物化学反应，所以应将反应方程式和转化率等结合平衡一道考虑。

在具有化学反应的循环连续过程中常常遇到总转化率和单程转化率，其定义式分别为

$$总转化率 = \frac{进入系统的新鲜原料量 - 从系统排出的净产品中未反应的原料量}{进入系统的新鲜原料量} \times 100\% \quad (5\text{-}2)$$

$$单程转化率 = \frac{进入发酵反应器的总原料量 - 从反应器排出的总产物中未反应的原料量}{进入发酵反应器的总原料量} \times 100\% \quad (5\text{-}3)$$

从式（5-2）及式（5-3）可以看出，两者的基准是不同的，因此在进行物料衡算时一定不要混淆。当新鲜原料中含有一种以上物料时，必须针对每个组分来计算它的总转化率。

循环过程的物料衡算通常采用代数法、试差法和循环系数法等。当循环流先经过提纯处理，使其组成与新鲜原料基本相同时，则不需要按连续过程计算，从总进料中扣除循环量即求得所需的新鲜原料量。当原料、产品和循环流的组成已知时，采用代数法较为简单，当未知数多于所能列出的方程式数时，可用试差法求解。

为了提高工作效率，物料衡算中可以利用 Excel 或 Origin 等数据处理工具（数字资源 5-1）。

三、计算实例

（一）100 000t/年淀粉原料燃料酒精厂全厂总物料衡算

总物料衡算需要做以下 8 项工作，详细内容见数字资源 5-2。

1. 列出全厂物料衡算主要内容　淀粉原料燃料酒精厂的物料衡算即生产过程全厂总物料衡算，主要计算内容有原料消耗量、中间产品、成品、副产品及废气、废水、废渣的计算。

2. 绘制工艺流程示意图　生产工艺采用双酶法糖化、间歇（连续）发酵和三塔蒸馏流程（图 5-6）。

3. 收集工艺技术指标及基础数据　收集生产规模、生产天数、产品产量、各种材料消耗量等数据。

4. 原料消耗的计算

1）淀粉原料生产乙醇的总化学反应方程式

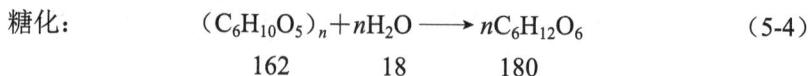

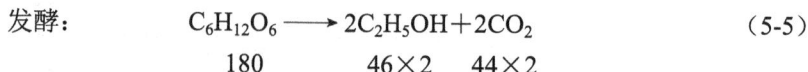

$$糖化: \quad (C_6H_{10}O_5)_n + nH_2O \longrightarrow nC_6H_{12}O_6 \quad (5\text{-}4)$$
$$ 162 \qquad 18 \qquad 180$$

$$发酵: \quad C_6H_{12}O_6 \longrightarrow 2C_2H_5OH + 2CO_2 \quad (5\text{-}5)$$
$$ 180 \qquad 46\times2 \qquad 44\times2$$

2）生产 1000kg 燃料酒精的理论淀粉消耗量　由式（5-4）和式（5-5）可求得理论上生产 1000kg 燃料酒精（燃料酒精体积百分比以 99.5% 计，换算成质量百分比为 99.18%）所消耗的淀粉量，再根据淀粉损失率换算成实际消耗量，据此可计算生产中各类原料消耗量。根据实际生产

经验，将各阶段淀粉损失率归纳列表（表 5-4）。

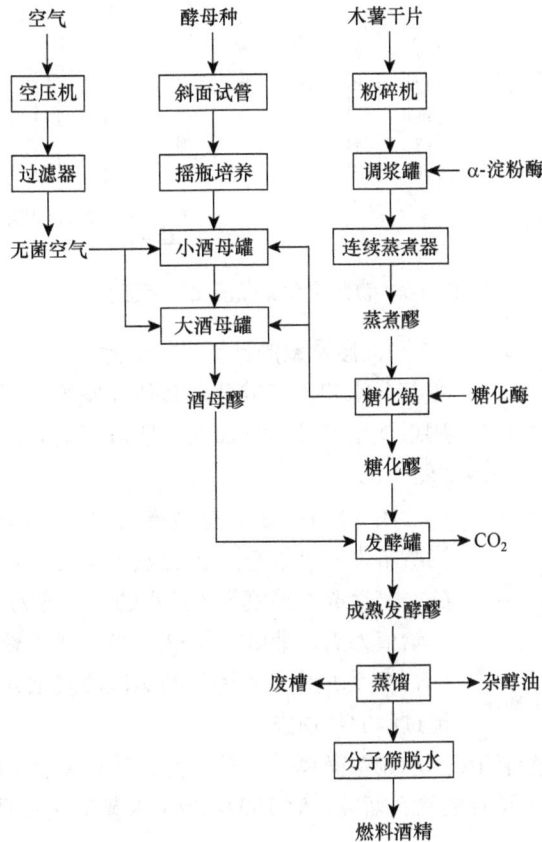

图 5-6 淀粉原料燃料酒精厂工艺流程示意图

表 5-4 生产过程各阶段淀粉损失率

生产过程	损失原因	损失率/%	备注
原料处理	粉尘损失	0.4	
蒸煮糖化	淀粉残留及糖分破坏	0.4	
发酵	发酵残糖	1.3	
发酵	巴斯德效应	4.0	
发酵	酒气自然蒸发与被 CO_2 带走	0.3	加乙醇捕集器
蒸馏	废糟带走	1.6	
脱水	脱水损失	1.0	
总计		9.0	

5. 蒸煮醪量的计算 蒸煮过程使用直接蒸汽加热，在后熟器和气液分离器减压蒸发、冷却降温，其间，蒸煮醪量将发生变化，故蒸煮醪的精确计算必须与热量衡算同时进行，因而十分复杂。为简化计算，设计过程中采用近似求解，求解方法参见数字资源 5-2，其中涉及图 5-7 所示工艺流程。

6. 糖化醪与发酵醪量的计算 主要包括糖化醪量、酒母醪量等的计算。

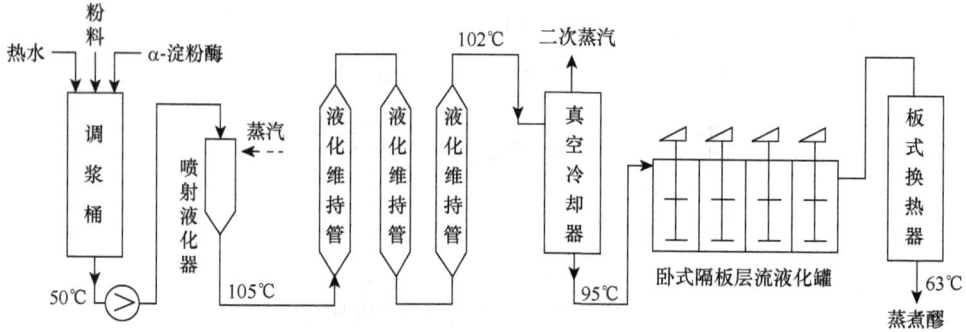

图 5-7　粉浆连续蒸煮液化工艺流程

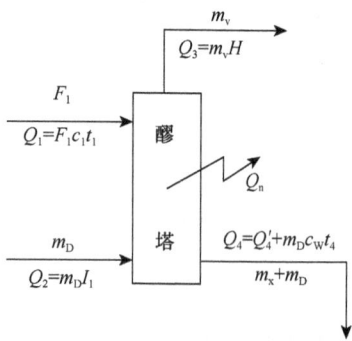

图 5-8　醪塔的物料和热量平衡图

7. 废醪量的计算　　废醪量是进入蒸馏塔的成熟发酵醪减去部分水和乙醇成分及其他挥发组分后的残留液。此外，由于醪塔使用直接蒸汽加热，所以还需要加上塔的加热蒸汽冷凝水（图 5-8）。

图 5-8 中，进塔醪液量为 F_1，其温度为 t_1，其比热容为 c_1，为醪塔带入热量 Q_1，消耗蒸汽量为 m_D，其焓值为 I_1，带入热量 Q_2，其冷凝水温度为 t_4，水的比热容为 c_w，上升蒸汽量为 m_v，其焓值为 H，带出热量 Q_3，塔中残留醪液量 m_x，其所含热量为 Q_4'，Q_4 为塔中残留醪液与蒸汽冷凝水共同带走的热量，Q_n 为蒸馏过程的热损失。

8. 木薯干淀粉原料燃料酒精厂总物料衡算　　根据上述对木薯干淀粉原料生产 1000kg 燃料酒精（体积百分比 99.5%）进行的物料衡算，对 100 000t/年木薯干淀粉原料燃料酒精厂进行计算并列出衡算结果（表 5-5）。

表 5-5　100 000t/年木薯干淀粉原料燃料酒精厂物料衡算表

物料	生产 1000kg 燃料酒精物料量/kg	每小时物料量/kg	每天物料量/t	每年物料量/t
燃料酒精	1 000	13 917	334	100 200
木薯干原料	2 822.2	39 276	942.7	282 784
α-淀粉酶	1.129	15.71	0.377 1	113.1
糖化酶	3.215	44.74	1.074	322.1
硫酸铵	1.232	17.15	0.411 5	123.5
硫酸	5.5	76.54	1.837	551.1
蒸煮粉浆	8 466.6	117 825	2 827.8	848 353
成熟蒸煮醪	8 599	119 671	2 872.1	861 620
糖化醪	13 178	183 394	4 401.5	1 320 436
酒母醪	1 231.6	17 142	411.4	123 406
蒸馏发酵醪	13 338.4	185 626	4 455	1 336 508
二氧化碳	964.1	13 417	322	96 603
废醪	13 550.4	188 575	4 525.8	1 357 750

（二）100 000t/年啤酒厂糖化车间物料衡算

糖化车间物料平衡计算主要包括麦芽、大米等原料用量及酒花用量，热麦汁量和冷麦汁量，以及糖化糟和酒花糟等废渣量的计算，主要涉及以下5个步骤（数字资源5-3）。

数字资源 5-3

1. 绘制糖化车间工艺流程图　糖化车间生产工艺以麦芽、大米为原料，经粉碎、糊化、糖化、分离等过程为发酵车间提供原料（图5-9）。

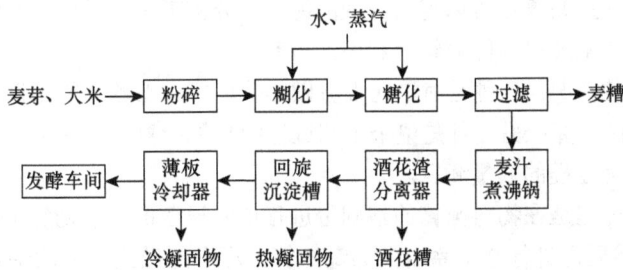

图 5-9　啤酒厂糖化车间工艺流程示意图

2. 收集工艺技术指标及基础数据　包括原料配比、原料利用率、水分、各种材料消耗量等数据。

3. 100kg 原料生产 12°淡色啤酒的物料衡算　主要包括热麦汁、冷麦汁、发酵液、过滤酒及成品酒的数量计算。

4. 生产 1000L 12°淡色啤酒的物料衡算　根据上述计算结果进行 1000L 产品的衡算。

5. 100 000t/年 12°淡色啤酒糖化车间的物料衡算　设每年总糖化次数为 1300 次，则将上述计算结果整理成物料衡算表（表5-6）。

表 5-6　100 000t/年 12°淡色啤酒糖化车间的物料衡算表

物料	单位	对100kg混合原料	对1000L 12°淡色啤酒产量	糖化一次定额量（80kL啤酒）	对100 000t/年啤酒产量
混合原料	kg	100	185.3	14 824	19 271 200
麦芽	kg	75	139.0	11 120	14 456 000
大米	kg	25	46.3	3704	4 815 200
酒花	kg	1.2	2.13	170.4	221 520
热麦汁	L	574	1 063.8	85 104	110 635 200
冷麦汁	L	556.8	1 031.9	82 552	107 317 600
湿糖化糟	kg	96.8	179.4	14 352	18 657 600
湿酒花糟	kg	3.5	6.39	511.2	664 560
发酵液	L	551	1 021.2	81 696	106 204 800
过滤酒	L	545.3	1 010.6	80 848	105 102 400
成品啤酒	L	539.6	1 000	80 000	104 000 000
成品啤酒	kg	546.1	1 012	80 960	105 248 000

第二节　热 量 衡 算

物料衡算之后就可以进行热量衡算，两者都是设备计算及其他工艺计算的基础。

一、热量衡算的意义

在任何一个生产过程中能耗都是一项重要的技术经济指标，它是衡量生产工艺是否合理、先进的重要标志之一。热量衡算的意义在于其是在物料衡算的基础上依据能量守恒定律，定量求出工艺过程的能量变化，计算需要外界提供的能量或系统可输出的能量，由此确定加热剂或冷却剂的用量及其他能量的消耗，机泵等输送设备的功率，计算传热面积以决定换热设备的尺寸。此外，通过整个工艺过程的热量衡算还可以得出过程的能耗，分析工艺过程的能源利用是否合理，以便确定合理利用能源的方案及提高能源综合利用的效率。

热量衡算分为两种情况：一种是对单元设备做热量衡算，当各个单元设备之间没有热量交换时，只需对个别设备做计算；另一种是整个工艺过程的热量衡算，当各个工序或单元操作之间有热量交换时，必须做全过程的热量衡算。

热量衡算的基本过程是在物料衡算的基础上进行单元设备的热量衡算（在实际设计中常与设备计算结合进行），然后再进行整个系统的热量衡算，尽可能做到热量的综合利用，如果发现原设计中有不合理的地方，可以考虑改进设备或工艺，重新进行计算。

二、热量衡算的步骤与方法

（一）热量衡算的基础

热量衡算是能量衡算的一种，全面的能量衡算包括热能、动能、电能的衡算。根据能量守恒定律，能量衡算式为

$$输入的能量－输出的能量＝积累的能量 \tag{5-6}$$

能量衡算大致分为以下三个方面。

1. 连续稳定流动过程的总能量衡算　以某典型的连续稳定流动过程（图 5-10）为例，该过程的能量衡算式为

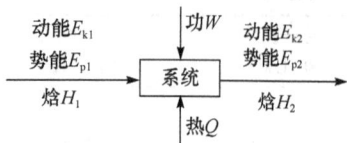

图 5-10　连续稳定流动过程能量衡算示意图

$$\Delta H + \Delta E_k + \Delta E_p = Q + W \tag{5-7}$$

式 5-7 中，ΔH 为系统前后的焓差；ΔE_k 为系统前后的动能差；ΔE_p 为系统前后的势能差。

在实际应用中，有的能量项存在，有的能量项不存在，根据具体情况可以得到相应的简化形式，如下列三种情况。

1）**绝热过程**　该过程 $Q=0$，动能、位能差可以忽略，即 $\Delta E_k=0$，$\Delta E_p=0$，则式（5-7）可以简化为 $\Delta H=W$，此结果意味着环境与体系之间所交换的功等于体系前后的焓差。

2）**无做功的过程**　该过程 $W=0$，同时忽略动能、位能差，则式（5-7）可以简化为

$$\Delta H=Q \tag{5-8}$$

此结果意味着环境与体系之间所交换的热等于体系前后的焓差，注意，此结果也是后续内容中要讨论的热量衡算式。

3）**无功、无传热的过程**　该过程 $W=0$，$Q=0$，同时忽略动能、位能差，则式（5-7）可以简化为 $\Delta H=0$，此结果意味着系统进口状态下体系的焓等于系统出口状态下体系的焓。

2. 间歇过程的能量衡算　间歇过程的系统是封闭的，体系与外界没有物质交换，只有能量交换，间歇过程没有流动功，且一般 $\Delta E_k=0$，$\Delta E_p=0$，所以能量衡算式为

$$\Delta U = Q + W \tag{5-9}$$

式中，ΔU 为系统的内能。

3. 热量衡算 在不讨论能量转化而只计算热量的转化与利用时即热量衡算，通常所遇到的能量平衡计算中，大量的问题实际上只是衡算问题。热量衡算式即式（5-8），由于进出设备的物料可能不止一股，则式（5-8）的形式可以转换成

$$\sum Q = \sum H_2 - \sum H_1 \tag{5-10}$$

式中，$\sum Q$ 为过程换热量总和，包括热损失；$\sum H_2$ 为离开系统的各股物料焓的总和；$\sum H_1$ 为进入系统的各股物料焓的总和。

（二）热量衡算的基本方法

热量衡算的基本方法主要有两种，即热量平衡法和统一基准焓平衡法。

1. 热量平衡法 当体系确定后，热量平衡可用式（5-11）表示。

$$Q_1 + Q_2 + Q_3 = Q_4 + Q_5 + Q_6 + Q_7 + Q_8 \tag{5-11}$$

式中，Q_1 为物料带入系统或设备的热量（kJ）；Q_2 为由加热剂或冷却剂传给系统或设备及所处理的物料的热量（kJ）；Q_3 为过程的热效应，包括生物反应热、溶解热、结晶热、搅拌热等（kJ）；Q_4 为物料带出系统或设备的热量（kJ）；Q_5 为加热设备需要的热量（kJ）；Q_6 为加热物料需要的热量（kJ）；Q_7 为气体或蒸汽带出的热量（kJ）；Q_8 为损失的热量总和（kJ）。

需注意的是，对于具体的系统或设备，式（5-11）中的各项不一定都存在，故进行热量衡算时必须具体情况具体分析，切不可机械照搬。

2. 统一基准焓平衡法 这是基于系统或设备的总焓变等于输出物料焓的总和与输入物料焓的总和之差，结合无做功过程，得到式（5-10）。对于有相变化和复杂的化学反应过程，用统一基准焓平衡法是很简便的。

使用该方法时需注意两点，一是整个计算过程要使用同一焓值表上的数据，若焓值取自两个不同的表，必须明确两个表的基准状态和基准温度是否相同。二是计算焓变时，一定要用终态减去初态，然后求其代数和。

为了提高工作效率，热量衡算中可以利用 Excel 或 Origin 等数据处理工具（数字资源 5-4）。

（三）热量衡算的步骤

1. 单元设备的热量衡算 单元设备的热量衡算就是对一个设备根据能量守恒定律进行热量衡算，内容包括计算传入或传出的热量，以确定有效热负荷，根据热负荷确定加热剂或冷却剂的消耗量和设备必须满足的传热面积，具体步骤如下。

（1）画出单元设备的物料流向及变化示意图，同时还要在图上标明温度、压力、相态等已知条件。

（2）根据物料流向及变化，结合式（5-10）或式（5-11），列出热量衡算方程式。

（3）搜集有关数据。主要搜集已知物料量、工艺条件（如温度、压力等）及相关的物性数据和热力学数据，如比热容、汽化潜热、标准摩尔生成焓等。这些数据可以从专门的手册查阅，或取自工厂的实际生产数据，或根据实验研究结果选定。

（4）选取合适的计算基准。在进行热量衡算时，应确定一个合理的基准温度，取不同的基准温度，算出的式（5-11）中各项数据就不同，所以必须保持每一股进出物料的基准温度一致。通常，取 0℃为基准温度，这样可简化计算，另外，还要确定基准相态。

此外，为方便计算，可按 100kg 原料或成品、每小时或每批次处理物料量等作为计算基准。

数字资源 5-4

（5）各项热量的计算。

A. 物料带入的热量 Q_1 和带出的热量 Q_4 可按式（5-12）计算。

$$Q=\sum m_i c_{pi}\Delta t_i \qquad (5\text{-}12)$$

式中，m_i 为某一种物料的质量（kg）；c_{pi} 为其定压比热容 [kJ/（kg·K）]；Δt_i 为其进入或离开设备的温度与基准温度的差值（℃）。

B. 过程热效应 Q_3 的计算。过程热效应主要由生物反应热 Q_B、搅拌热 Q_S 和状态热 Q_A（如汽化热、溶解热、结晶热等）构成。其中，Q_B 主要指发酵热，其计算要视不同条件、环境进行，参见本章第四节。Q_A 的数据可以从相关的手册中查取，或从实际生产数据中获取，也可按照有关经验公式求取。搅拌热 Q_S 按式（5-13）计算。

$$Q_S=3600P\eta \qquad (5\text{-}13)$$

式中，P 为搅拌功率（kW）；η 为搅拌过程功热转化率，通常取 92%。

则，过程热效应 Q_3 按式（5-14）计算。

$$Q_3=Q_B+Q_S+Q_A \qquad (5\text{-}14)$$

C. 加热设备消耗的热量 Q_5 的计算。为了简化计算，设备不同部位的温度差异可以忽略不计，则加热设备消耗的热量 Q_5 按式（5-15）计算。

$$Q_5=m_{设备}c_{设备}(t_{2设备}-t_{1设备}) \qquad (5\text{-}15)$$

式中，$m_{设备}$ 为设备总质量（kg）；$c_{设备}$ 为设备材料比热容 [kJ/（kg·K）]；$t_{1设备}$ 为设备加热前的平均温度（℃）；$t_{2设备}$ 为设备加热后的平均温度（℃）。

D. 加热物料消耗的热量 Q_6 按式（5-16）计算。

$$Q_6=m_{物料}c_{物料}(t_{2物料}-t_{1物料}) \qquad (5\text{-}16)$$

式中，$m_{物料}$ 为物料总质量（kg）；$c_{物料}$ 为物料比热容 [kJ/（kg·K）]；$t_{1物料}$ 为物料加热前的平均温度（℃）；$t_{2物料}$ 为物料加热后的平均温度（℃）。

E. 气体或蒸汽带走的热量 Q_7 按式（5-17）计算。

$$Q_7=\sum m_{气体i}c_{气体i}t_{气体i}+\sum m_{蒸汽i}[c_{液态i}t_{沸点i}+r_i+c_{气体i}(t_{气体i}-t_{沸点i})] \qquad (5\text{-}17)$$

式中，$m_{气体i}$ 为离开设备的气态物料（如空气、CO_2 等）量（kg）；$c_{气体i}$ 为离开设备的气态物料由 0℃ 升温至 $t_{气体i}$ 的平均比热容 [kJ/（kg·K）]；$m_{蒸汽i}$ 为离开设备的蒸汽物料（如乙醇蒸气、水蒸气等）量（kg）；$c_{液态i}$ 为离开设备的蒸汽物料蒸发前由 0℃ 升温至 $t_{沸点i}$ 的平均比热容 [kJ/（kg·K）]；$c_{气体i}$ 为离开设备的蒸汽物料蒸发后由 $t_{沸点i}$ 升温至 $t_{气体i}$ 的平均比热容 [kJ/（kg·K）]；$t_{气体i}$ 为气体或蒸汽物料离开设备的平均温度（℃）；$t_{沸点i}$ 为离开设备的蒸汽物料的沸点（℃）；r_i 为离开设备的蒸汽物料的蒸发潜热（kJ/kg）。

F. 设备向环境散热的热损失 Q_8 的计算。为了简化计算，设备壁面不同部位的温度差异可以忽略不计，则热损失 Q_8 的计算按照式（5-18）进行。

$$Q_8=A\alpha_T(t_w-t_0)\tau \qquad (5\text{-}18)$$

式中，A 为设备总表面积（m²）；α_T 为散热面对周围介质的传热系数 [kJ/（m²·h·K）]；t_w 为设备壁的表面平均温度（℃）；t_0 为周围介质的温度（℃）；τ 为过程的持续时间（h）。

当周围介质为空气，且呈自然对流状态，而 t_w 又在 50～350℃ 时，可按经验公式（5-19）求取 α_T。

$$\alpha_T=8+0.05(t_w+273.15) \qquad (5\text{-}19)$$

当周围空气做强制对流时，可按经验公式（5-20）及式（5-21）求取 α_T，式中 w 为空气流速。

$$\alpha_T = 5.3 + 3.6w \qquad (w \leqslant 5\text{m/s}) \qquad (5\text{-}20)$$
$$\alpha_T = 6.7w^{0.78} \qquad (w > 5\text{m/s}) \qquad (5\text{-}21)$$

有时根据保温层的情况，Q_8 可按所需热量的 10% 左右估算，如果整个过程为低温运行，则热平衡方程式的 Q_8 为负值，此时表示冷量的损失。

G. 加热或冷却介质向设备传入或传出的热量 Q_2 的计算。对于热量平衡计算的设计任务，Q_2 是待求取的数值，也称为有效热负荷。当 Q_2 求出之后，就可以进一步确定传热剂种类、用量及设备所具备的传热面积。若 Q_2 为正值，则表示设备需要加热；若 Q_2 为负值，表示需要从设备内部取出热量。

（6）列出热量平衡表。

2. 系统的热量衡算　　系统的热量衡算是对一个换热系统、一个车（工段）和全厂的热量衡算，其根据的基本原理仍然是能量守恒定律，即式（5-6）。

1）系统热量平衡的作用　　通过对整个系统能量平衡的计算求出能量的综合利用率，由此来检验流程设计时提出的能量回收方案是否合理，按工艺流程图检查重要的能量损失是否都考虑到了回收利用，有无不必要的交叉换热，核对原设计的能量回收装置是否符合工艺过程的要求。

通过各设备加热或制冷利用量计算，把各设备的水、电、汽、燃料的用量进行汇总，求出每吨产品的能量消耗定额（表5-7），在表 5-7 中可以明确看到每小时、每天的最大消耗量及年消耗量。

表 5-7　能量消耗综合表

序号	动力名称	规格	每吨产品消耗定额	每小时消耗量		每天消耗量		每年消耗量	备注
				最大	平均	最大	平均		

能量消耗包括自来水（一次水）、循环水（二次水）、冷冻盐水、蒸汽、电、石油气、氮气、压缩空气等。能量消耗量根据设备计算的能量平衡部分及操作时间求出。消耗量的日平均值是以一年中平均每日消耗量计，小时平均值则以日平均值为准。每天与每小时最大消耗量是以其平均值乘上消耗系数求取，消耗系数须根据实际情况确定。

动力规格指蒸汽的压力、冷冻盐水的进、出口温度等。

2）系统热量衡算步骤　　系统热量衡算步骤与单元设备的热量衡算步骤基本相同。

3. 热量衡算中的一些注意事项

（1）根据物料走向及变化具体了解和分析热量之间的关系，然后根据能量守恒定律列出热量关系式。式（5-11）适用于一般情况，由于热效应有吸热和放热，有热量损失和冷量损失，所以式（5-11）中的热量将有正、负两种情况，故在使用时须根据具体情况进行分析。另外，计算过程中有些数值很小的衡算项，且对计算影响很小的值可以忽略不计。

（2）弄清过程中存在的热量形式，不要漏掉相变热等潜热形式，确定需要搜集的数据。过程中的热效应数据（包括反应热、溶解热、结晶热等）可以直接从有关资料、手册中查取。

（3）计算结果是否符合实际，关键在于能否搜集到可靠的数据。

（4）在有相关条件约束，物料量和能量参数（如温度）有对计算直接影响时，可以将物料衡算和热量核算联合进行，这样才能获得准确结果。

三、计算实例

以 100 000t/年啤酒厂糖化车间热量衡算为例，二次煮出糖化法是啤酒生产常用的糖化工艺，以下针对此工艺进行糖化车间的热量衡算。首先画出啤酒厂糖化车间工艺流程示意图（图 5-11），其中的投料量为糖化一次的用料量，参考表 5-6。

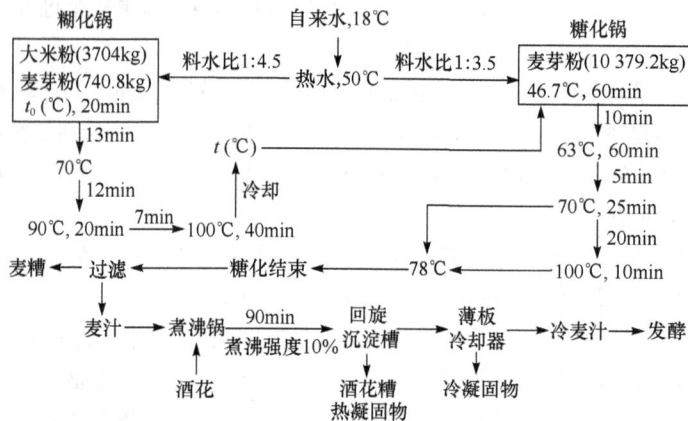

图 5-11 啤酒厂糖化工艺流程示意图

以下结合图 5-11，根据式（5-11）针对糖化工艺过程各个操作步骤的热量计算进行简要介绍，详细计算过程见数字资源 5-5。

（一）糖化用水耗热量 Q_1 的计算

分别计算糊化锅及糖化锅加水量，再计算总加水量及其耗热量。计算中水在该温度范围的比热容取值为 4.18kJ/（kg·K）。

（二）第一次米醪煮沸耗热量 Q_2 的计算

分别计算糊化锅内米醪由初温 t_0 加热至 100℃耗热量 Q_2'、煮沸过程水蒸气带走的热量 Q_2'' 及热损失 Q_2'''，Q_2' 按经验公式（5-22）计算。

$$Q_2' = m_{米醪} c_{米醪}（100 - t_0）\qquad (5\text{-}22)$$

其中麦芽、大米等谷物的比热容 $c_{谷物}$ 可根据经验公式（5-23）进行计算。

$$c_{谷物} = 0.01\left[（100 - w）c_0 + 4.18w\right]\qquad (5\text{-}23)$$

式中，w 为含水率（%）；c_0 为谷物比热容，一般取为 1.55kJ/（kg·K）。

将上述结果代入式（5-24），求得 Q_2。

$$Q_2 = Q_2' + Q_2'' + Q_2'''\qquad (5\text{-}24)$$

（三）第二次煮沸前混合醪升温至 70℃的耗热量 Q_3 的计算

根据糖化工艺，来自糊化锅的煮沸的米醪与糖化锅中的麦醪混合后温度应为 63℃，故混合前米醪先从 100℃冷却到中间温度 t。t 根据式（5-25）计算。

$$t = \frac{m_{混合} c_{混合} t_{混合} - m_{麦醪} c_{麦醪} t_{麦醪}}{m_{米醪} c_{米醪}}\qquad (5\text{-}25)$$

（四）第二次煮沸混合醪的耗热量 Q_4 的计算

分别计算混合醪加热至 100℃耗热量 Q_4'、二次煮沸过程水蒸气带走的热量 Q_4'' 及热损失 Q_4'''，代入式（5-26），求得 Q_4。

$$Q_4 = Q_4' + Q_4'' + Q_4''' \tag{5-26}$$

（五）洗糟水耗热量 Q_5 的计算

该过程要先计算洗糟用水量。

（六）麦汁煮沸过程耗热量 Q_6 的计算

分别计算麦汁加热至沸点的耗热量 Q_6'、煮沸过程水蒸气带走的热量 Q_6'' 及热损失 Q_6'''，代入式（5-27），求得 Q_6。

$$Q_6 = Q_6' + Q_6'' + Q_6''' \tag{5-27}$$

（七）糖化一次总耗热量 $Q_总$ 的计算

总和前面 6 项的计算结果，则糖化一次总耗热量 $Q_总$ 的值为

$$Q_总 = \sum_{i=1}^{6} Q_i = 81.05 \times 10^6 \, (\text{kJ})$$

（八）糖化一次耗用蒸汽量 D 的计算

使用表压为 0.3MPa 的饱和蒸汽，$h = 2725.3\text{kJ/kg}$，则糖化一次耗用蒸汽量 D 的值为

$$D = \frac{Q_总}{(h-i)\eta} = \frac{81.05 \times 10^6}{(2\,725.3 - 561.47) \times 95\%} = 39\,428.1 \, (\text{kg})$$

式中，i 为相应冷凝水的焓，一般为 561.47kJ/kg；η 为蒸汽的热效率，一般为 95%。

（九）糖化过程每小时最大蒸汽耗量 D_{max} 的计算

在糖化工艺各个操作步骤中，麦汁煮沸耗热量 Q_6（Q_6 的计算过程见数字资源 5-5）的值是最大的，且根据工艺要求煮沸时间为 90min，热效率为 95%，因此，过程中单位时间最大耗热量为

$$Q_{max} = \frac{Q_6}{1.5 \times 95\%} = 30.812 \times 10^6 \, (\text{kJ/h})$$

相应的最大蒸汽耗量为

$$D_{max} = \frac{Q_{max}}{h-i} = 14\,239.6 \, (\text{kg/h})$$

（十）蒸汽单耗

该工艺每年糖化次数为 1300 次，共生产 12°淡色啤酒 105 248t。衡算结束后，将计算结果列入热量消耗综合表（表 5-8）。

表 5-8　100 000t/年 12°淡色啤酒糖化车间的热量消耗综合表

动力名称	压力/MPa	每吨产品消耗定额/kg	每小时最大用量/kg	每天消耗量/kg	年消耗量/kg	备注
蒸汽	0.3（表压）	487.0	14 239.6	236 568.6	51 256 530	

第三节 水平衡计算

一、水平衡计算的意义

生物发酵过程中，水是必不可少的物质，且消耗量极大，例如，以淀粉为原料每生产 1t 燃料酒精，用水量在 60t 以上，每生产 1t 啤酒，用水量也在 6t 以上。发酵过程涉及的生物化学反应是以微生物或酶作为生物催化剂的，微生物和酶主要由蛋白质组成，它的催化作用必须有水的参与，没有水的存在，酶不能被激活，微生物也不能生长增殖。通常，以糖为碳源，培养基含水 80% 以上的条件下，大多数微生物才能正常生长、增殖和代谢。

此外，在发酵生产中，原料处理、培养基制备、生产过程中用到的加热蒸汽用水、冷却用水、配制冷冻盐水用水、设备清洗用水等的量都很大。所以，没有水，就没有生物反应，发酵生产也无法进行。

另外，无论是原料的蒸煮、糖化或发酵过程，都有最佳的原料配比和基质浓度范围，故加水量必须严格控制。例如，以糖蜜为原料生产乙醇，流加的发酵培养基含糖 17%～20% 时，发酵生产效率和糖酒转化率均处于较高水平，水量过多或过少，效果都会下降。又如，啤酒生产，麦芽和大米等糊化和糖化的料水比例也有严格的定量关系，否则产品收率将急剧下降。

因为水平衡计算与物料衡算、热量衡算等工艺计算及设备的计算和选型、产品成本、技术经济指标等均有着密切关系，生产过程中废水排放也与水的用量密切相关，所以，对于发酵生产，水平衡计算是十分重要的设计步骤。

二、水平衡计算的方法和步骤

水平衡计算是在完成物料衡算的基础上与热量衡算同时展开的，其过程主要有以下 4 个步骤：①首先画出衡算范围的工艺流程示意图，注意每股物料的准确走向；②搜集列出必要的工艺技术指标及基础数据；③针对衡算范围进行生化反应过程或加热、冷却等工艺过程的用水量衡算；④将计算结果整理成水量衡算表。

在生物发酵工艺过程水衡算中需注意以下两点。

（1）生物发酵生产中很多操作都涉及水的应用，且水的耗量比较大，计算时注意避免漏项。需要用水的操作一般包括原料的处理、培养基的配制、半成品或成品的洗涤、制冷过程、设备或管路的清洗等。

（2）对于同一种产品，采用不同的生产流程、设备或生产规模，用水量也不同，有时差异非常大，而相同规模的工厂也会随着地理位置、气候等条件的不同，对用水量的要求也不同，所以在进行工厂设计时，必须周密考虑，合理用水，尽量做到一水多用和循环利用。

三、计算实例

本节以前面涉及的 100 000t/年淀粉原料酒精厂为例，针对其蒸馏车间进行水平衡计算。计算过程包括以下三大步骤，详细计算过程见数字资源 5-6。

（一）确定蒸馏工艺流程

酒精厂蒸馏工艺有双塔式、三塔式或多塔式流程，根据物料的过塔状态又分为气相过塔和液相过塔，不同的流程各有优缺点，产品品质也不尽相同。本节内容以木薯为原料生产酒精，采用常见的半直接式三塔蒸馏工艺和相应的脱水工艺，根据设计要求绘出流程示意图（图5-12）。

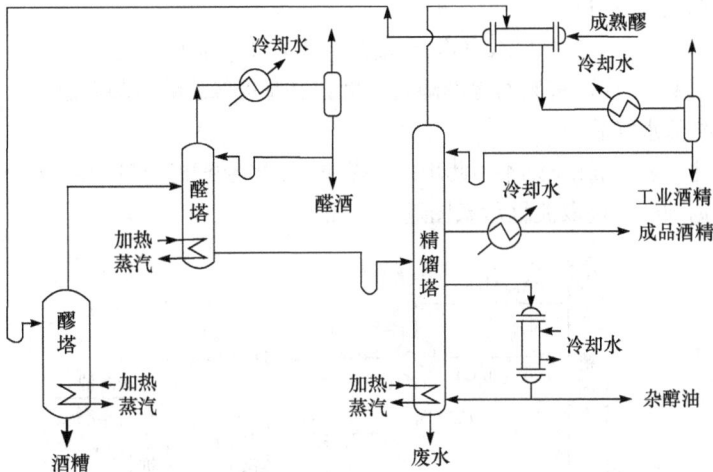

图5-12　淀粉原料酒精厂蒸馏车间半直接式三塔蒸馏流程示意图

（二）收集工艺技术指标及基础数据

收集相关温度、蒸汽及酒业浓度等数据。

（三）蒸馏车间的水平衡计算

酒精蒸馏采用三塔差压流程，95%（体积百分比）气相分子筛脱水，脱水损失取 1%，分子筛脱水后冷凝，从过热温度 119℃（0.3MPa）降至 30℃。过程涉及醛塔分凝器冷却用水 W_1、醛酒冷却水 W_2、精馏塔分凝器用水 W_3、精馏塔 95%乙醇冷却水用量 W_4、杂醇油分离稀释用水量 W_5、分子筛脱水后冷水用量 W_6 及蒸馏车间总用水量 W 的计算。其中，W_3 的计算须根据工艺流程绘出物料和热量衡算示意图（图5-13），并列出热量衡算式（5-28）。

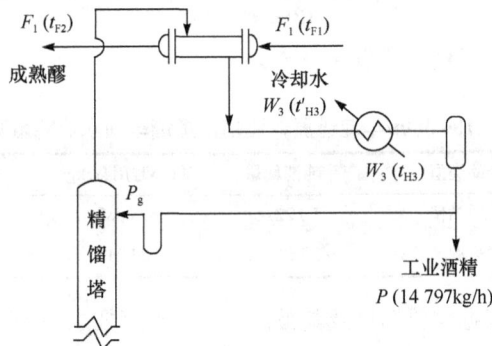

图5-13　精馏塔物料和热量衡算示意图

图中各符号含义与式（5-28）相同

$$(R_2+1)(P+P_g)i_3=F_1c_F(t_{F2}-t_{F1})+W_3c_w(t'_{H3}-t_{H3}) \qquad (5\text{-}28)$$

式中，R_2 为精馏塔回流比，该值一般为 3~4，此处取为 3；P 为 95%乙醇产量；P_g 为塔顶回流量，一般取 95%乙醇产量 P 的 2%，故值为 295.9kg/h；i_3 为塔顶上升酒气的焓，为 1166kJ/kg；F_1 为成熟醪（蒸馏发酵醪）流量，为 185 626kg/h（表5-5）；c_F 为成熟醪比热容，取为 3.96kJ/（kg·K）；t_{F1} 为成熟醪加热前温度，为 32℃；t_{F2} 为成熟醪加热后温度，为 50℃；t_{H3} 为冷却水进口温度，取

25℃；t'_{H3} 为冷却水出口温度，取 70℃。

W_4 的计算根据式（5-29）。

$$W_4 c_w (t'_{H4} - t_{H4}) = P c_P (t_P - t_P')\qquad(5\text{-}29)$$

式中，c_P 为乙醇比热容；t_P 为 95%乙醇冷却前温度；t_P' 为 95%乙醇冷却后温度；t_{H4} 为深井冷却水初温；t'_{H4} 为深井冷却水终温。

注意，如果是生产燃料酒精，则不用此步冷却操作，可以将饱和蒸汽直接引入分子筛脱水塔脱水。

W_5 的计算根据杂醇油提取流程示意图进行（图 5-14）。

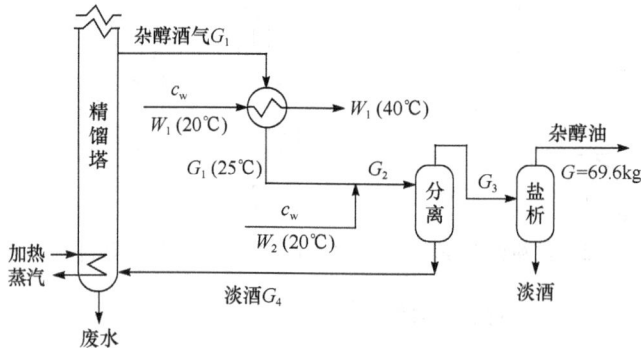

图 5-14   杂醇油提取流程示意图

图中，G_1 为抽取的杂醇酒汽量，W_1 为冷却水用量，W_2 为稀释用水量，G_2 为进入分离罐的物料量，G_3 为分离罐上层物料量，G_4 为离开分离罐的淡酒数量，G 为离开盐析罐的杂醇油数量

注意，如果生产燃料酒精，则不用分离杂醇油，也无该项水的消耗量。

根据以上结果，如果生产食用酒精，总用水量为

$$W = \sum_{i=1}^{5} W_i$$

如果生产燃料酒精，总用水量为

$$W = W_3 + W_6$$

将上述结果整理成水消耗量衡算表（表 5-9）。

表 5-9   100 000t/年淀粉原料酒精厂蒸馏车间水消耗量衡算表

名称	规格	产品类型	产品吨消耗量/t	每小时用量/kg	每天用量/t	年用量/t
冷水	自来水或深井水	食用酒精	50.22	698 882	16 773.2	5 031 950.4
冷水	自来水或深井水	燃料酒精	27.64	384 715	9 233.2	2 769 948

在水平衡计算过程中根据物料温度及其被冷却后的温度要求，或采用深井水，或采用自来水，在加和汇总时，均作为相同规格水合并，在具体设计过程中可根据需要进行分类合并，如果季节变化，自来水的温度变化较大，在成本核算时，衡算结果要根据实际重新进行。

第四节   耗冷量计算

一、耗冷量计算的意义

很多生物制品生产行业都有制冷系统，其中，生物药物、食品、饮料等工厂制冷措施更为普

遍，这些生产工艺中，无论是菌种培养、发酵、有效成分提取精制等操作，都可能要求在室温以下进行。例如，酶、疫苗、生物干扰素或抗生素等许多生物活性物质，其发酵生产及提取精制过程都需要在较低温度下进行；植物细胞培养生产活性物质涉及培养温度须在 $22\sim24℃$；前面章节涉及的啤酒生产，主发酵温度一般在 $6\sim10℃$，过冷和后发酵过程在 $-1℃$ 左右，大麦发芽适宜温度为 $12\sim16℃$。这些温度条件都需要制冷工艺予以满足。

通过相关操作的制冷量的计算，可以为选择制冷系统类型和冷冻压缩机的型号、规格提供依据。

二、耗冷量计算的步骤

通常，可以把生物发酵工厂耗冷量分为工艺耗冷量和非工艺耗冷量两大部分，其中，工艺耗冷量包括发酵培养基和发酵罐的冷却降温、发酵热的移除等；非工艺耗冷量主要包括照明及用电设备的冷却耗冷量，需降温的厂房围护结构的耗冷量，以及低温设备、管道的冷量散失等。

耗冷量计算主要有以下 4 个步骤：①首先画出衡算范围的工艺流程示意图，注明每股物料温度变化；②搜集列出必要的工艺技术指标及基础数据；③针对衡算范围进行各项耗冷量的计算；④将计算结果整理成冷量衡算表。

三、耗冷量计算的方法

（一）培养基等物料及发酵罐体冷却至操作温度的耗冷量 Q_1 的计算

根据能量守恒，培养基等物料及发酵罐体冷却至操作温度的耗冷量 Q_1 的计算按式（5-30）进行。

$$Q_1=\frac{(m_{\mathrm{M}}c_{\mathrm{M}}+m_{\mathrm{R}}c_{\mathrm{R}})(t_1-t_2)}{\tau} \tag{5-30}$$

式中，m_{M} 为发酵培养基等物料的质量（kg）；c_{M} 为发酵培养基等物料的比热容 [kJ/（kg·K）]；m_{R} 为发酵罐体的质量（kg）；c_{R} 为发酵罐体的比热容 [kJ/（kg·K）]；t_1 为物料和罐体冷却前的温度（℃）；t_2 为物料和罐体冷却后的温度（℃）；τ 为冷却时间（h）。

（二）发酵热 Q_2 的计算

根据实际情况，发酵热 Q_2 的计算分为通气发酵过程热和厌氧发酵过程热两种类型。

1. 通气发酵过程热的计算　通气发酵过程热的计算方法主要有三种：①通过冷却水带走的热量计算；②通过发酵液温度升高测定计算；③应用生物化学反应热数据进行计算。其中，前两种是通过实验测定结果推算，第三种方法属于半经验计算法。关于第三种计算方法说明如下。

发酵热的半经验计算公式为

$$Q_2=Q_{\mathrm{b}}+Q_{\mathrm{st}}-Q_{\varepsilon} \tag{5-31}$$

式中，Q_{b} 为生物合成热，包括微生物细胞呼吸放热 Q_{b}' 和发酵放热 Q_{b}'' 两部分，其半经验计算公式为

$$Q_{\mathrm{b}}=\alpha Q_{\mathrm{b}}'+\beta Q_{\mathrm{b}}'' \tag{5-32}$$

式中，Q_{b}' 为 15 651kJ/kg（对葡萄糖）；Q_{b}'' 为 4953kJ/kg（对葡萄糖）；α 为细胞呼吸的耗糖量（kg/h）；β 为发酵的耗糖量（kg/h）。

式（5-31）中，Q_{st} 指的是机械搅拌产生的热量，其经验计算公式为

$$Q_{\mathrm{st}}=3600\eta P_{\mathrm{st}} \tag{5-33}$$

式中，η 为搅拌功热转换系数，一般取 0.92；P_{st} 为搅拌轴功率（kW）。

式（5-31）中，Q_{ε} 指的是排气使发酵液水分汽化带走的热焓，其经验计算公式为

$$Q_{\varepsilon}=0.2Q_{b} \qquad (5-34)$$

2. 厌氧发酵过程热的计算　　酒精、啤酒等的生产过程中涉及的发酵属于厌氧发酵，若以麦芽糖计算，发酵热为 $Q_2=613.6\text{kJ/kg}$ 麦芽糖。此外，工艺用无菌水的冷却耗冷量 Q_3 及种子培养耗冷量 Q_4 等的计算可以参照以上方法进行。

（三）照明及用电设备耗冷及其他操作过程耗冷量 Q_5 的计算

1. 车间照明耗冷量 Q_5' 的计算　　车间照明耗冷量 Q_5' 可以按式（5-35）计算。

$$Q_5'=q_1A \qquad (5-35)$$

式中，q_1 为冷间单位面积照明放热量 [kJ/（m²·h）]；A 为冷间面积（m²）。

通常情况下，若使用荧光灯，车间照明标准为 5W/m²，使用系数通常取 0.6，则

$$q_1=5\times0.6\times3600=10.8\ [\text{kJ/（m}^2\cdot\text{h）}]$$

2. 电机等用电设备运转耗冷量 Q_5'' 的计算　　电机等用电设备运转耗冷量 Q_5'' 按式（5-36）计算。

$$Q_5''=3600\eta P_{\varepsilon} \qquad (5-36)$$

式中，η 为功热转换系数，一般取为 0.92；P_{ε} 为电机等用电设备功率（kW）。

3. 冷间房门开启耗冷量 Q_5''' 的计算　　冷间房门开启耗冷量 Q_5''' 按式（5-37）计算。

$$Q_5'''=q_2A \qquad (5-37)$$

式中，A 为冷间面积（m²）；q_2 为冷间单位面积开门耗冷量 [kJ/（m²·h）]，根据开门的频繁程度和车间面积，其值在以下范围内选定：100～300kJ/（m²·h）。

4. 冷间内操作工人耗冷量 Q_5'''' 的计算　　冷间内操作工人耗冷量 Q_5'''' 按式（5-38）计算。

$$Q_5''''=q_3n \qquad (5-38)$$

式中，n 为车间内操作工人数；q_3 为每个操作工人单位时间内的耗冷量（kJ/h），根据车间温度不同，其值在表 5-10 中查取。

表 5-10　不同车间温度下操作工人的耗冷量

冷间温度/℃	20	10	4	0	−7	−12	−18
每人耗冷量/（kJ/h）	400	774	900	1005	1108	1277	1381

将以上各项计算结果代入式（5-39），即可求得照明及用电设备耗冷及其他操作过程耗冷量 Q_5 的值。

$$Q_5=Q_5'+Q_5''+Q_5'''+Q_5'''' \qquad (5-39)$$

（四）厂房围护结构耗冷量 Q_6 的计算

厂房围护结构耗冷量 Q_6 可按照式（5-40）计算。

$$Q_6=KA(t_a-t)+\sum_{i=1}^{n}K_iA_i\cdot\Delta t_i \qquad (5-40)$$

式中，A 为围护结构的面积（m²）；A_i 为受太阳辐射的壁面面积（m²）；K、K_i 为围护结构的传热系数，一般取经验值 0.5W/（m²·K）；t_a 为冷间外部环境计算温度（℃）；t 为冷间室内温度（℃）；Δt_i 为受太阳辐射而产生的昼夜温差（℃）。

其中，冷间外部环境计算温度 t_a 可以按照经验式（5-41）求取，为简化计算，不同地区的 t_a 也可以参考表 5-11 选取。

$$t_a = 0.4t_1 + 0.6t_2 \qquad (5\text{-}41)$$

式中，t_1 为当地 10 年内最热月份的平均温度（℃）；t_2 为当地 10 年内极端最高温度（℃）。

表 5-11 我国部分主要城市室外计算温度

城市	室外计算温度 t_a/℃	城市	室外计算温度 t_a/℃
北京	34.1	济南	36.5
上海	34.2	南京	34.0
天津	33.8	合肥	34.7
重庆	35.5	杭州	34.4
哈尔滨	31.0	福州	35.1
长春	32.1	郑州	35.2
沈阳	32.8	武汉	34.4
大连	29.8	长沙	35.1
乌鲁木齐	32.1	南昌	35.4
兰州	32.6	南宁	33.6
银川	33.0	广州	33.6
西宁	25.2	成都	32.1
西安	35.2	昆明	25.2
石家庄	36.1	贵阳	26.2
太原	31.4	拉萨	24.0

在计算太阳辐射热量时，只需考虑受太阳辐射最强的一垛外墙，如冷间处于顶层，则应加上屋顶部分的太阳辐射量，受太阳辐射而产生的昼夜温度差 Δt 值可根据表 5-12 中的数据选取。

表 5-12 围护结构外表太阳辐射昼夜平均温度差

纬度	围护结构名称	围护结构朝向					
		水平面	南	东南或西北	东或西	东北或西南	北
北纬 23°	红砖墙面		3.1	4.6	5.0	4.3	2.4
	混凝土块砌，拉毛水泥，汰石子类粉刷墙面		2.7	4.0	4.3	3.7	2.1
	水泥或沙石类粉刷墙面		2.3	3.4	3.7	3.2	1.8
	石灰类粉刷墙面		2.0	2.9	3.2	2.7	1.5
	深色油毡屋面，沥青屋面	10.0					
	浅色油毡屋面，水泥屋面	8.0					
北纬 30°	红砖墙面		2.9	4.4	5.1	4.0	2.3
	混凝土块砌，拉毛水泥，汰石子类粉刷墙面		2.5	3.8	4.4	3.5	2.0
	水泥或沙石类粉刷墙面		2.2	3.3	3.8	3.0	1.7
	石灰类粉刷墙面		1.9	2.8	3.2	2.6	1.5
	深色油毡屋面，沥青屋面	10.5					
	浅色油毡屋面，水泥屋面	8.5					

续表

纬度	围护结构名称	围护结构朝向					
		水平面	南	东南或西北	东或西	东北或西南	北
北纬 35°	红砖墙面		3.6	4.7	5.2	4.2	2.8
	混凝土块砌，拉毛水泥，汰石子类粉刷墙面		3.1	4.1	4.5	3.6	2.5
	水泥或沙石类粉刷墙面		2.7	3.5	3.9	3.1	2.1
	石灰类粉刷墙面		2.6	3.2	3.4	2.7	1.8
	深色油毡屋面，沥青屋面	9.3					
	浅色油毡屋面，水泥屋面	7.6					
北纬 40°	红砖墙面		4.1	5.0	5.3	4.2	2.8
	混凝土块砌，拉毛水泥，汰石子类粉刷墙面		3.5	4.3	4.6	3.6	2.4
	水泥或沙石类粉刷墙面		3.0	3.7	4.0	3.1	2.0
	石灰类粉刷墙面		2.6	3.2	3.4	2.7	1.8
	深色油毡屋面，沥青屋面	9.2					
	浅色油毡屋面，水泥屋面	7.5					
北纬 45°	红砖墙面		4.5	5.3	5.3	4.2	2.7
	混凝土块砌，拉毛水泥，汰石子类粉刷墙面		3.9	4.6	4.6	3.6	2.4
	水泥或沙石类粉刷墙面		3.3	4.0	4.0	3.1	2.0
	石灰类粉刷墙面		2.9	3.4	3.4	2.7	1.7
	深色油毡屋面，沥青屋面	9.0					
	浅色油毡屋面，水泥屋面	7.3					

（五）低温设备、管道的冷量散失 Q_7 的计算

环境温度高使热量传入低温管路和设备内，从而造成的低温设备、管道的冷量散失 Q_7 的计算与 Q_6 的计算类似，即

$$Q_7 = KA \cdot \Delta t \tag{5-42}$$

其中，总传热系数 K 可通过式（5-43）计算。

$$K = \cfrac{1}{\cfrac{1}{\alpha_1} + \cfrac{\delta_1}{\lambda_1} + \cfrac{\delta_2}{\lambda_2} + \cdots + \cfrac{1}{\alpha_2}} \tag{5-43}$$

式中，α_1 为空气对壁面的传热系数，一般取经验值 11.6W/（m²·K）；δ_1，δ_2，…为各层材料厚度（m）；λ_1，λ_2，…为各层材料的导热系数 [W/（m²·K）]；α_2 为由内壁面对物料的传热系数 [W/（m²·K）]。

其中，α_2 可以采用经验式（5-44）求取。

$$\alpha_2 = 23.2\beta \frac{W^{0.8}}{d^{0.2}} \tag{5-44}$$

式中，β 为介质的物理状态参数（℃）；W 为介质运动速度，通常取经验值 0.5～2.5m/s；d 为管线的外径（m）。

式（5-44）中，β 对于水和与水近似的介质（如啤酒），由式（5-45）确定。

$$\beta = 60 + t \tag{5-45}$$

式中，t 为介质温度（℃）。

四、计算实例

啤酒发酵工艺分为上面发酵和下面发酵两大类，下面发酵又有传统的发酵槽和锥形罐两种典型的发酵设备，不同的发酵工艺及设备，耗冷量也不同，本节以国内应用最普遍的锥形罐发酵工艺为例，进行 100 000t/年啤酒厂发酵车间耗冷量计算，主要工作包括以下 4 个步骤，详见数字资源 5-7。

数字资源 5-7

（一）确定发酵工艺流程

该发酵车间以 94℃热麦汁为原料，经冷却、发酵、过冷却、过滤等单元操作，得到清酒产品，根据工艺过程绘出相关工艺流程示意图（图 5-15）。

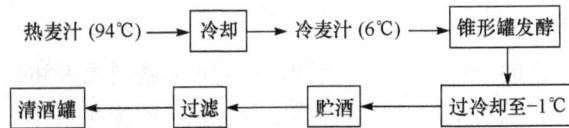

热麦汁(94℃) → 冷却 → 冷麦汁(6℃) → 锥形罐发酵

清酒罐 ← 过滤 ← 贮酒 ← 过冷却至-1℃

图 5-15　啤酒厂锥形罐发酵工艺流程示意图

（二）收集工艺技术指标及基础数据

计算前须收集包括生产规模、发酵时间、发酵热、发酵度等数据。

（三）发酵车间耗冷量计算

发酵车间耗冷量分为工艺耗冷量和非工艺耗冷量两大部分，前者的计算包括锥形发酵罐每罐麦汁冷却耗冷量 Q_1、每罐发酵耗冷量 Q_2、每罐消耗的酵母洗涤用冷无菌水制备过程的耗冷量 Q_3 及每罐酵母培养耗冷量 Q_4 四个方面的计算，后者的计算包括因露天锥形罐冷量散失导致平均每罐耗冷量 Q_5 及因清酒罐、过滤机及其管道等冷量散失导致平均每罐耗冷量 Q_6 两大方面的计算。

（四）啤酒厂发酵车间冷量衡算表

将上述衡算结果整理成冷量衡算表（表 5-13）。

表 5-13　100 000t/年 12°淡色啤酒厂发酵车间冷量衡算表

耗冷分类	耗冷项目	每罐耗冷量/kJ	年耗冷量/kJ
工艺耗冷量	麦汁冷却耗冷量	125.56×10^6	408.1×10^8
	发酵耗冷总量	25.836×10^6	84.0×10^8
	无菌水冷却耗冷量	400 279.2	1.3×10^8
	酵母培养耗冷量	1.152×10^6	3.744×10^8
	工艺耗冷总量	152.95×10^6	497.1×10^8
非工艺耗冷量	锥形罐冷量散失	6.963×10^6	22.6×10^8
	管道等冷量散失	18.354×10^6	59.7×10^8
	非工艺耗冷总量	25.317×10^6	82.3×10^8
合计	总耗冷量	178.3×10^6	579.4×10^8
单耗		5.51×10^5kJ/t 啤酒	

第五节　抽真空量计算

一、抽真空量计算的意义

在生物药物、发酵食品、发酵饮料等生物化工生产过程中，经常涉及真空过滤、真空蒸发、真空冷却、减压蒸馏、真空干燥、真空输送等多种单元操作，所以抽真空操作广泛应用于这些领域当中，如酒精发酵生产中淀粉蒸煮醪的真空冷却，味精生产中的真空煮晶，酶制剂生产中的酶液真空浓缩等。为了使操作设备达到和维持工艺要求的真空度，必须持续或间歇地抽真空。抽真空是一个耗能的过程，因此为了设计出合理的生产工艺，节省能耗，必须进行相关的抽真空量的计算。

二、抽真空量计算的步骤

抽真空量的计算主要有以下三个步骤。

（1）首先画出衡算范围的物料、热量平衡图，注明每股物料温度和数量变化。

（2）针对衡算范围进行抽真空量的计算，确定真空设备的操作条件和负荷量。

（3）整理归纳计算结果。

三、典型的抽真空量计算方法

（一）真空冷却器的抽真空量计算

在真空冷却过程中，被处理料液在真空冷却器内产生二次蒸汽，二次蒸汽量为

$$W_1 = \frac{Gc(t_1 - t_2)}{h - ct_2} \tag{5-46}$$

式中，W_1 为单位时间内真空冷却器内产生的二次蒸汽量（kg/h）；G 为单位时间内进入冷却器的物料流量（kg/h）；c 为料液的比热容 [kJ/（kg·K）]；t_1 为设备入口处料液的温度（℃）；t_2 为设备出口处料液的温度（℃）；h 为二次蒸汽的焓（kJ/kg）。

为了简化计算，假定料液比热容在冷却前后保持不变，即忽略了蒸发前后的浓度改变。

因移除二次蒸汽产生的抽真空量为

$$B_1 = W_1 v \tag{5-47}$$

式中，B_1 为单位时间内因移除二次蒸汽产生的抽真空量（m³/h）；v 为二次蒸汽的比容（m³/kg）。

因料液中含有空气等不凝性气体，若使用水喷射真空泵，水中不可避免会溶解少量空气，真空系统的管件、阀门等部位也可能会漏入空气，所以抽真空量计算时还必须考虑这些不凝性气体移除造成的抽真空量的增加。不凝性气体抽出量按经验式计算如下。

$$W_2 = 2.5 \times 10^{-5}(W_1 + W') + \alpha W_1 \tag{5-48}$$

式中，W_2 为料液及水泵循环水中不凝气抽出量（kg/h）；W' 为水喷射泵耗水量（kg/h）；α 为空气渗漏系数；2.5×10^{-5} 为水中溶解的空气量（kg）。

因此，真空冷却器抽真空量为

$$W = W_1 + W_2 \tag{5-49}$$

（二）真空过滤消耗真空量的计算

真空过滤机是生物制药、食品等相关的发酵工业广泛应用的分离设备。设真空过滤面积为 A，

则所需要的抽真空量计算如式（5-50）～式（5-52）所示。

对于连续操作有

$$B_{连续} = \alpha A \tag{5-50}$$

对于间歇操作，每次操作的抽真空量为

$$B_{间歇} = \alpha A \tau \tag{5-51}$$

则每天抽真空总量为

$$B_{总} = B_{间歇} n \tag{5-52}$$

式（5-50）～式（5-52）中，$B_{连续}$ 为连续操作中抽真空量（m^3/h）；$B_{间歇}$ 为间歇操作中每次抽真空量（m^3）；$B_{总}$ 为间歇操作工艺中每天抽真空总量（m^3/d）；α 为操作系数，通常取为 15～18；A 为真空过滤面积（m^2）；τ 为间歇操作中每次抽真空时间（h）；n 为间歇操作中每天抽真空次数（d^{-1}）。

（三）真空输送过程消耗真空量的计算

通常，发酵行业中料液输送采用间歇操作，且液体可视为不可压缩流体，故每次操作抽真空量为

$$B = V(-2.303\log P) \tag{5-53}$$

每天总抽真空量为

$$B_{总} = Bn \tag{5-54}$$

抽真空速率为

$$v = B/\tau \tag{5-55}$$

式（5-53）～式（5-55）中，B 为间歇输送料液过程中每次抽真空量（m^3）；$B_{总}$ 为间歇输送料液过程中每天抽真空总量（m^3/d）；V 为需要抽真空的设备容积（m^3）；P 为需要抽真空的设备内残余压强（atm），$1atm = 1.013\,25 \times 10^2 J$；$\tau$ 为间歇输送料液过程中每次抽真空时间（h）；n 为间歇输送料液过程中每天抽真空次数（d^{-1}）；v 为间歇输送料液过程中抽真空速率（m^3/h）。

（四）抽真空时间与真空泵的选择

对于指定的真空泵，在一定压强下相应有一定的抽真空速率，故对于指定容积的储罐，从初始压强 $P_{初}$ 抽真空到终压强 $P_{终}$ 时，一次操作所需的抽气时间为

$$t = 2.303 \times \frac{V}{v} \times \log\frac{P_{初}}{P_{终}} \tag{5-56}$$

式中，t 为指定条件下的间歇操作中一次抽真空所需时间（h）；V 为需抽真空储罐的容积（m^3）；v 为真空泵有效抽真空速率（m^3/h）；$P_{初}$ 为需抽真空储罐的初始压强（atm）；$P_{终}$ 为需抽真空储罐的终压强（atm）。

通常，式（5-56）中，抽真空时间 t 是由生产工艺决定的，则由 t 可确定真空泵有效抽真空速率，见式（5-57）。

$$v = 2.303 \times \frac{V}{t} \times \log\frac{P_{初}}{P_{终}} \tag{5-57}$$

式（5-57）的计算结果是根据工艺需要选择合适的真空泵的重要参数。如果采用水喷射泵，则有效抽真空速率还与循环水的温度有关，水温越低，抽真空的速率就高。

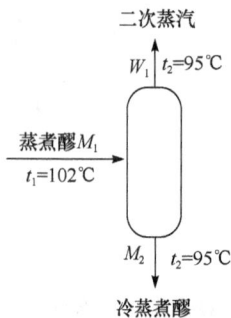

图 5-16 真空闪蒸冷却器的物料及
热量平衡示意图

图中，蒸煮醪物料量为 M_1，其温度为 t_1，闪蒸塔顶
二次蒸汽量为 W_1，其温度为 t_2，闪蒸塔底冷蒸煮醪
量为 M_2，其温度也为 t_2

四、计算实例

本节以前面涉及的 100 000t/年淀粉原料燃料酒精厂糖化车间为例示范抽真空量的计算，过程包括二次蒸汽量 W_1、水喷射真空泵循环水量及真空抽气量计算，详细计算过程见数字资源 5-8。

W_1 依据真空闪蒸冷却器的物料及热量平衡示意图（图 5-16），采用式（5-58）及式（5-59）计算。

$$M_1 = M_2 + W_1 \tag{5-58}$$
$$M_1 c t_1 = M_2 c t_2 + W_1 \cdot I \tag{5-59}$$

式中，I 为真空闪蒸冷却器出口温度下饱和水蒸气的焓（kJ/kg）。

联立式（5-58）及式（5-59），得

$$M_1 c t_1 = (M_1 - W_1) c t_2 + W_1 \cdot I \tag{5-60}$$
$$M_1 c (t_1 - t_2) = W_1 (I - c t_2) \tag{5-61}$$

第六节　耗电量计算

一、耗电量计算的意义

工厂内各车间的正常运行离不开公用工程的保障，公用工程中供电系统为各车间提供足够的电力，以满足各车间物料输送，维持适宜的压力、温度等工艺条件的要求。

工艺专业在完成工艺流程、工艺设备布置后，要向电气专业提出一次条件，内容包括生产特性、负荷等级、设备一览表、连锁要求、用电设备情况等。电气专业接受工艺一次条件后，开始与工艺专业讨论相关问题，达成共识后，即开展电气设计。

工艺计算中有关耗电量的计算，其意义在于向电气专业提供各车间的工艺耗电量，即为获得并维持适宜的反应温度所需消耗的电能。尤其是生物药物、食品、酶制剂等与生物发酵相关的行业，涉及大量的升温、制冷等操作，这些都需要消耗大量的电能。

二、耗电量计算的方法和步骤

（一）确定衡算范围

明确车间的工艺过程中，需要提供高温或低温的环节。

（二）耗电量的计算

针对衡算范围，首先求出升温过程及制冷过程所需要消耗的热量或冷量，这些数据的计算结果可以通过本章第二节及第四节的方法获得，将相应的能量消耗数据转化成电能的消耗量，计算采用经验式（5-62）。

$$E = \frac{Q}{3600\mu} \tag{5-62}$$

式中，E 为电能的消耗量（kW）；Q 为需要由电热装置提供的热量（kJ）；μ 为电热装置的电工效率，一般为 0.85～0.95；3600 为时间（s）。

（三）将计算结果整理成电耗衡算表

衡算表形式可以参考物料衡算、能量衡算等内容。

三、计算实例

本节以 100 000t/年啤酒厂糖化车间及发酵车间为例，对其耗热或耗冷过程所需要的耗电量进行计算，计算过程涉及衡算范围确定、耗电量计算及衡算结果列表三个步骤，计算结果整理成糖化车间电耗衡算表（表 5-14）及发酵车间电耗衡算表（表 5-15），详见数字资源 5-9。

数字资源 5-9

表 5-14　100 000t/年啤酒厂糖化车间电耗衡算表

耗热项目	每次糖化耗热量/kJ	单位时间耗热量/（kJ/h）	耗电量/kW
糖化用水 Q_1	7.535×10^6	1.884×10^6	581.48
第一次米醪煮沸 Q_2	7.706×10^6	1.927×10^6	594.75
第二次煮沸前混合醪升温 Q_3	1.830×10^6	0.458×10^6	141.36
第二次煮沸混合醪 Q_4	2.785×10^6	0.696×10^6	214.81
洗糟水 Q_5	17.288×10^6	4.322×10^6	1333.95
麦汁煮沸 Q_6	43.907×10^6	10.977×10^6	3387.96
合计	81.05×10^6	20.26×10^6	6254.3

表 5-15　100 000t/年啤酒厂发酵车间电耗衡算表

耗冷项目	每罐耗冷量/kJ	单位时间耗冷量/（kJ/h）	耗电量/kW
麦汁冷却耗冷量	125.56×10^6	7.847×10^6	2421.91
发酵耗冷总量	25.836×10^6	1.615×10^6	498.46
无菌水冷却耗冷量	400 279.2	0.025×10^6	7.72
酵母培养耗冷量	1.152×10^6	0.072×10^6	22.22
工艺耗冷总量	152.95×10^6	9.559×10^6	2950.31
锥形罐冷量散失	6.963×10^6	0.435×10^6	134.26
管道等冷量散失	18.354×10^6	1.147×10^6	354.01
非工艺耗冷总量	25.317×10^6	1.582×10^6	488.27
合计	178.3×10^6	11.141×10^6	3438.6

小　结

工艺计算是生物发酵工厂设计中从工艺确定到设备选型、管路及公用工程设计、施工图绘制及技术经济分析等一系列工作中承前启后的重要一环，担负着由方案到施工、由定性到定量的桥梁作用，计算过程中，工艺专业要反复同设备、电器仪表、土建、动力、给排水等专业沟通，故该环节有利于锻造学生们的团队协作精神。该环节以热量平衡、质量平衡为基础，定量计算各种复杂的发酵生产环节，故计算过程有利于提高学生们的分析解决问题能力。衡算结果直接影响后续各项工作的开展，衡算的准确性直接对设计的结果负责，故衡算过程有利于培养学生们的责任担当意识。

复习思考题

1. 工艺计算的含义是什么？

2. 生物发酵工厂设计中的工艺计算主要涉及哪些环节？各个环节之间有什么样的承接关系？

3. 物料衡算的意义有哪些？物料衡算的基础是什么？

4. 热量衡算的意义有哪些？热量衡算的基础是什么？

5. 拟用连续精馏塔分离苯和甲苯混合液。已知混合液的进料流量为200kmol/h，其中含苯 0.4（摩尔分率，下同），其余为甲苯。若规定塔底釜液中苯的含量不高于 0.01，塔顶馏出液中苯的回收率不低于 98.5%，试通过物料衡算确定塔顶馏出液、塔釜釜液的流量及组成，以摩尔流量和摩尔分率表示。

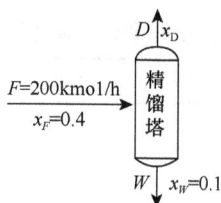

复习思考题 5 附图

6. 试述针对直接蒸汽加热回收成熟发酵醪中乙醇的工艺过程，利用热平衡法求加热蒸汽量的计算过程。

第六章
设备设计的基础知识

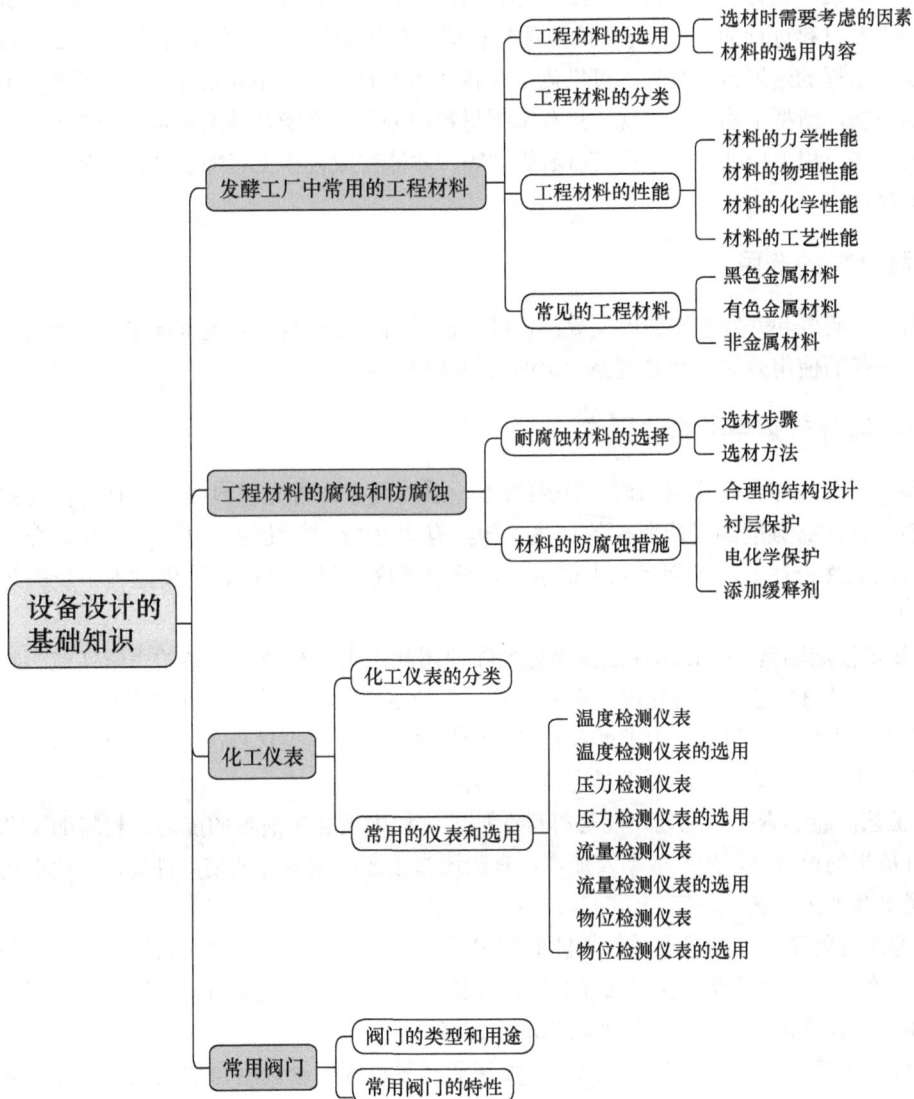

```
                                                    ┌─ 选材时需要考虑的因素
                                      ┌─ 工程材料的选用 ─┤
                                      │                └─ 材料的选用内容
                                      │
                                      ├─ 工程材料的分类
                                      │
                                      │                ┌─ 材料的力学性能
                                      │                ├─ 材料的物理性能
            ┌─ 发酵工厂中常用的工程材料 ─┼─ 工程材料的性能 ─┤
            │                         │                ├─ 材料的化学性能
            │                         │                └─ 材料的工艺性能
            │                         │
            │                         │                ┌─ 黑色金属材料
            │                         └─ 常见的工程材料 ─┼─ 有色金属材料
            │                                          └─ 非金属材料
            │
            │                                         ┌─ 选材步骤
            │                         ┌─ 耐腐蚀材料的选择 ─┤
            │                         │                └─ 选材方法
            ├─ 工程材料的腐蚀和防腐蚀 ─┤
设备设计的    │                         │                ┌─ 合理的结构设计
基础知识 ────┤                         │                ├─ 衬层保护
            │                         └─ 材料的防腐蚀措施 ─┼─ 电化学保护
            │                                          └─ 添加缓释剂
            │
            │                         ┌─ 化工仪表的分类
            │                         │
            │                         │                ┌─ 温度检测仪表
            │                         │                ├─ 温度检测仪表的选用
            ├─ 化工仪表 ─────────────┤                ├─ 压力检测仪表
            │                         │                ├─ 压力检测仪表的选用
            │                         └─ 常用的仪表和选用 ─┼─ 流量检测仪表
            │                                          ├─ 流量检测仪表的选用
            │                                          ├─ 物位检测仪表
            │                                          └─ 物位检测仪表的选用
            │
            │                         ┌─ 阀门的类型和用途
            └─ 常用阀门 ─────────────┤
                                      └─ 常用阀门的特性
```

　　本章将重点介绍发酵工厂中常用的工程材料、工程材料的腐蚀及防腐蚀、化工仪表和常用阀门的选用，为后续管路设计、车间布置、设备设计提供必要的支撑。

　　工程材料是指用于机械、车辆、船舶、建筑、化工、能源、仪器仪表、航空航天等工程领域的材料。工厂设计对设备及管道材质的要求是：凡是水、气系统中的管道、管件、过滤器、喷针等都应考虑到材料的化学成分、材料腐蚀及防腐等问题。为了确保生产的正常进行，满足工艺需要，提高工业生产的自动化水平，必要的工艺变量（温度、压力、流量和物位等）检测更是必不可少的。而为了能够控制管道及设备内流体的流量、流体的压力及保证生产安全运行，同样离不开阀门控制单元。阀门品种众多，结构相差悬殊，只有了解其应用特性，才能为管道布置选取合适的阀门。

第一节　发酵工厂中常用的工程材料

生物发酵工厂设计过程中常会涉及非标设备的设计，如发酵罐、种子罐、料仓等，其需要按照不同用途对材料进行加工，只有正确地选择材料，才能保证设备安全高效地运行。21世纪以来，材料科学与工程的进展日新月异，可供化工设备使用的材料品种不断增加，功能不断增强，各类型材不断更新，新型结构不断出现。只有掌握材料的分类、性能及技术参数、制造方法、加工特性、使用领域、相关标准、牌号及其命名规则等，才能完成设计工程师职责，即基于给定工况选择合适的材料。

一、工程材料的选用

随着材料研究和开发水平的不断提高，可供选用的工程材料品种越来越多。正确选用工程材料，达到最佳的使用效果，需要遵循一定的材料选用规律。

（一）选材时需要考虑的因素

为某一产品或零件选用材料时，必须考虑一系列因素，首先材料必须具有所需要的物理和化学性能；其次必须能加工成所需的形状，即具有良好的工艺性能；再次必须具有合适的经济性，即合适的性价比。除了满足以上需求外，还要考虑材料的生产、使用过程中及失效后对环境的影响。

1. 使用性能因素　　使用性能是指零件在使用状态下，材料应具备的力学性能、物理性能和化学性能，是材料选用时首先应考虑的因素。不同零件所要求的使用性能不同，对于大量的机器零件和工程构件，使用过程中承受各种形式的外力作用，要求材料在规定的期限内，不超过规定的变形度或不产生破断，即要求具有良好的力学性能。

2. 工艺性能因素　　工艺性能是材料在加工过程中被加工成形的能力。材料的工艺性能决定了零件成形的可行性、生产效率及成本，有些还直接影响到零件的使用性能，因此选用材料时一定要考虑其加工工艺。

3. 经济性因素　　在确保零件性能的前提下，应该优先选择价格实惠的材料，以降低零件的总成本。然而，有时候选择性能优异的材料可能成本较高，但这些材料可通过减轻零件的自重、延长使用寿命并降低维修费用，以实现总成本的降低。

4. 环境因素　　材料在加工、制造、使用和再生过程中会耗用自然资源和能源，并向环境体系排放各种废弃物。那些可节约能源、资源，可重复使用，可循环再生，结构可靠性高，可替代有毒物质，能清洁、治理环境的工程材料正在成为人们关注和首选的材料。

除了以上需求外，在生物工程设备材料的选择上，还需立足于国内、立足于当地市场。我国有相当丰富的资源，又有十分丰富的、占世界绝对储藏量的稀土元素，有一些特殊的金属如钨、锑。选材时在保证质量的前提下，尽量采用我国资源丰富的材料，这不仅可以节省投资，也促进了我国相关工业的开发和发展。

（二）材料的选用内容

1．化学成分及组织结构　目前在材料的化学成分、组织结构和性能之间的关系方面已经积累大量研究、使用结果和数据，这为材料的选择提供了条件。改变化学成分及组成相的数量、尺寸、形状及分布等，都可以改变材料的性能。因此，材料的成分及组织结构是材料设计和选用的核心问题。

2．材料的加工工艺　材料的加工工艺选择首先要保证零件所要求的使用性能，其次是达到规定的生产效率，最后是低的经济成本。对于金属材料，加工过程中材料的组织将发生变化，很好地控制加工工艺可以获得更高的力学性能。材料加工工艺设计除考虑产品性能外，产品的形状、尺寸、重量及产量等也必须要考虑到。

二、工程材料的分类

1．金属材料　金属材料是最重要的工程材料，包括金属和以金属为基的合金。工业上把金属和其合金分为两大部分。

1）黑色金属材料　黑色金属材料是铁和以铁为基的合金（钢、铸铁和铁合金），是目前应用最广的材料。以铁为基的合金材料占整个结构材料和工具材料的90.0%以上。黑色金属材料的工程性能比较优越，价格也较便宜，因此得到了广泛应用。

2）有色金属材料　有色金属材料是黑色金属材料以外的所有金属及其合金。有色金属材料按照性能和特点可分为：轻金属（密度低于 $4.5 \times 10^3 kg/m^3$ 的金属）、易熔金属、难熔金属、贵金属、稀土金属和碱土金属。它们是重要的有特殊用途的材料。

2．非金属材料　非金属材料也是重要的工程材料，包括耐火材料、耐火隔热材料、耐腐蚀（酸）材料和陶瓷材料等。

1）耐火材料　耐火材料是指能承受高温作用而不易损坏的材料，它是炼钢、炼铁、熔化铁及其他冶炼炉和加热炉炉衬的基础材料之一。常用的耐火材料有耐火砌体材料、耐火水泥及耐火混凝土。

2）耐火隔热材料　耐火隔热材料又称为耐热保温材料，它是各种工业用炉（冶炼炉、加热炉、锅炉炉膛）的重要筑炉材料。常用的耐火隔热材料有硅藻土、蛭石、玻璃纤维（又称为矿渣棉）、石棉及它们的制品。

3）耐腐蚀（酸）材料　其组成主要是金属氧化物、氧化硅和硅酸盐等，它们的耐腐蚀（酸）性能高于金属材料（包括耐酸钢和耐蚀合金），并具有较好的耐磨性和耐热性能，在某些情况下它们是不锈钢和耐腐蚀（酸）合金的理想代用品。常用的非金属耐腐蚀（酸）材料有铸石、石墨、耐酸水泥、天然耐酸石材和玻璃等。

4）陶瓷材料　陶瓷材料主要是以黏土为主要成分的烧结制品，它具有结构致密、表面平整光洁、耐酸性能良好等特点，常用的有日用陶瓷、电器绝缘陶瓷、化工陶瓷、结构陶瓷和耐酸陶瓷等。

3．高分子材料　高分子材料为有机合成材料，也称为聚合物。它具有较高的强度、良好的塑性、较强的耐腐蚀性能、很好的绝缘性和重量轻等优良性能，在工程上是发展最快的一类新型结构材料。高分子材料种类很多，通常根据机械性能和使用状态将其分为三大类。

1）塑料　主要是指强度、韧性和耐磨性较好，可制造某些机器零件或构件的工程塑料，一般分为热塑性塑料和热固性塑料两种。

2）橡胶　　通常是指经硫化处理后弹性特别优良的聚合物，有通用橡胶和特种橡胶两种。

3）合成纤维　　合成纤维是指由单体聚合而成且强度很高，通过机械处理所获得的聚合物纤维材料。

4. 复合材料　　复合材料就是用两种或两种以上不同材料组合的材料，其性能是其他单质材料所不具备的。复合材料可以由各种不同种类的材料复合组成。它在强度、刚度和耐蚀性方面比单纯的金属、陶瓷和聚合物都优越，是特殊的工程材料，具有广阔的发展前景。

三、工程材料的性能

在选用材料时，首先必须考虑材料的有关性能，使之与构件的使用要求匹配。材料的性能可分为使用性能和工艺性能两类。使用性能是指材料在使用过程中所表现的性能，包括力学性能、物理性能和化学性能。工艺性能是材料在加工过程中所表现出的性能。

（一）材料的力学性能

材料的力学性能是指材料在不同环境因素（温度、介质）下，承受外加载荷时所表现出的力学性能。这种行为通常表现为材料的变形和断裂。因此，材料的力学性能可以理解为材料抵抗外加负荷所引起的变形和断裂的能力。当外加负荷的性质、环境温度与介质等外在因素不同时，对材料要求的力学性能指标也不相同，室温下常用的力学性能有强度、硬度、塑性、冲击韧性等。这些性能是进行设备材料选择及计算时决定许用应力的依据。

1. 强度　　材料的强度是指材料抵抗外加载荷而不致失效破坏的能力。按所抵抗外力作用的形式可分为：抵抗外力的静强度；抵抗冲击外力的冲击强度；抵抗交变外力的疲劳强度。按环境温度可分为常温下抵抗外力的常温强度；高温或低温下抵抗外力的高温强度或低温强度等。材料在常温下的强度指标有屈服强度和抗拉强度。但对于工程使用的金属而言，大部分没有明显的屈服现象。而部分低塑性材料甚至没有缩颈现象，最大的力即断裂时的外力。

通常随着温度升高，金属的强度降低而塑性增加。金属材料在高温下长期工作时，在一定的应力下，会随着时间的延长，缓慢并且不断地发生塑性变化，称为蠕变现象。例如，高温高压蒸汽管道，虽然其承受的应力远小于工作温度下材料的屈服点，但在长期的使用中则会产生缓慢而连续的变形使管径日趋增大，最后可能导致破裂。

对于长期承受交变应力作用的金属材料，还要考虑疲劳破坏。所谓疲劳破坏是指非金属材料在小于屈服强度极限的循环载荷长期作用下发生破坏的现象。疲劳断裂与静载荷下断裂不同，无论在静载荷下显示脆性或韧性的材料，在疲劳断裂时，都不产生明显的塑性变形，断裂是突然发生的，因此具有很大的危险性，常造成严重的事故。

2. 硬度　　硬度是反映材料软硬程度的一种性能指标，它表示材料表面局部区域内抵抗变形或破裂的能力。可采用不同的试验方法来表征不同的抗力。硬度不是独立的基本性能，而是反映材料弹性、强度与塑性等的综合性能指标。一般情况下，硬度高的材料强度高，耐磨性能较好，但切削加工性能较差。在工程技术中应用最多的是压入硬度，常用的指标有布氏硬度（HB）、洛氏硬度（HRC、HRB）和维氏硬度（HV）等，所得到硬度值的大小实质是表示金属表面抵抗压入物体（钢球或锥体）所引起局部塑性变形的抗力大小。

3. 塑性　　材料的塑性是指材料受力时，当应力超过屈服点后，能产生显著变形而不即行断裂的性质。塑性指标在设备设计中具有重要意义，有良好的塑性才能进行成形加工，如弯卷和冲压等；良好的塑性可使设备在使用中产生塑性变形而避免发生突然的断裂。但过高的塑性常常会导致强度降低。

4. 冲击韧性　在一定温度下，材料在冲击载荷作用下抵抗破坏的能力称为冲击韧性。材料的韧性为其强度和塑性的综合指标，反义为脆性。材料的抗冲击能力常以使其破坏所消耗的功或吸收的能除以试件的截面积来衡量，称为材料的冲击韧度，以 α_K 表示，单位为 J/cm^2。

冲击韧性可理解为材料在外加动载荷突然袭击时的一种及时并迅速塑性变形的能力。冲击韧性高的材料一般有较高的塑性指标，但塑性指标较高的材料，却不一定具有较高的韧性，原因是在静载荷下能够缓慢塑性变形的材料，在动载荷下不一定能迅速地塑性变形。冲击韧性不可直接用于零件的设计与计算，但可用于判断材料的冷脆倾向和不同材质的材料之间韧性的比较，以及评定材料在一定工作条件下的缺口敏感性。

（二）材料的物理性能

材料的物理性能有密度、热学性能（熔点、比热容、热膨胀性、导热性等）、电学性能（热导性、导电性、压电性、铁电性、光电性、磁电性等）、磁学性能及光学性能。下面介绍工程材料选择和应用时常需考虑的几种物理性能。

1. 密度　单位体积物质的质量称为密度。一般把小于 $5g/cm^3$ 的金属称为轻金属（铝、镁、钛等），反之为重金属（铁、铬、镍等）。密度是计算设备重量的常数。

2. 熔点　材料从固态向液态转变时的平衡温度称为熔点。熔点低的金属和合金，其铸造和焊接加工都较容易，常用于制造熔断器等零件；熔点高的合金则可用于制造要求耐高温的零件。

3. 热膨胀性　金属及合金受热时，一般都会有不同程度的体积膨胀，因此，双金属材料的焊接，要考虑它们的线膨胀系数是否接近，否则会因膨胀量不等而使容器或零件变形或损坏。有些设备的衬里及其组合的线膨胀系数应和基本材料相同，以免受热后因膨胀量不同而松动或破坏。

4. 导热性　表征材料热传导性能的指标有导热系数 λ，也称为热导率。金属中银和铜的导热性最好，其次为铝；纯金属的导热性比合金好，而非金属材料导热性差。导热性对制定金属的加热工艺也很重要，如合金钢导热比碳钢差，其加热速度就要慢一些。

5. 导电性　材料传导电流的能力称为导电性，用电阻率来衡量。合金的导电性一般比纯金属差。纯铜、纯铝的导电性好，可用于输电线；Ni-Cr 合金、Fe-Mn-Al 合金、Fe-Cr-Al 合金的导电性差而电阻率较高，可用作电阻丝。一般而言，塑料、陶瓷导电性很差，常作为绝缘体使用，但部分陶瓷为半导体，少数陶瓷材料在特定条件下为超导体。

6. 磁学性能　磁性是材料被外界磁场磁化或吸引的能力。金属材料可分为铁磁性材料（在外磁场中能强烈地被除磁化，如铁、钴、镍等）、顺磁性材料（在外磁场中只能微弱地被磁化，如锰、铬等）和抗磁性材料（能抗拒或削弱外磁场对材料本身的磁化作用，如锌、铜、银、铝、奥氏体钢，还有高分子材料、玻璃等）三类。铁磁性材料可用于制造变压器、电动机、测量仪表中的铁芯等；对于铁磁性材料，当温度升高到一定数值时，磁畴被破坏，可变为顺磁性材料。

7. 光学性能　光学性能是指材料对光的辐射、吸收、透射、反射和折射的能力。某些材料可以产生激光，玻璃纤维可用于光通信的传输介质，此外，还有用于光电转换的光电材料。

（三）材料的化学性能

材料的化学性能是指材料抵抗各种化学介质作用的能力，包括溶蚀性、耐腐蚀性、抗渗入性、抗氧化性等，可归结为材料的化学稳定性。对于常用的结构材料，最常考虑的化学性能指标主要有耐腐蚀性和抗氧化性。

1. 耐腐蚀性　　金属和合金对周围介质，如大气、水汽、各种电解液侵蚀的抵抗能力叫作耐腐蚀性或抗腐蚀性。常用腐蚀速度来评价材料的耐腐蚀性。金属被腐蚀后，其重量、厚度、力学性能等都会发生变化，它们的变化率可用来表示金属的腐蚀速度。在均匀腐蚀的情况下，通常用重量指标［单位时间内在单位金属表面上由腐蚀引起的重量变化，单位为 $g/(m^2 \cdot h)$］、深度指标（单位时间内的腐蚀深度，单位为 mm/年）表示金属的腐蚀程度。

金属材料常见的腐蚀形态有均匀腐蚀和局部腐蚀，以及应力腐蚀、腐蚀疲劳、磨损腐蚀、氢腐蚀等。材料的耐腐蚀性对机械的使用与维护意义重大，各种与化学介质相接触的零件和容器都要考虑腐蚀问题。金属腐蚀最严重的几个领域为石油化工、航天航空、船舶制造、核能等现代工业领域，如井下油管、海洋采设平台、船载电子装备等。

2. 抗氧化性　　在高温下，钢铁不仅会与自由氧发生氧化腐蚀，使钢铁表面形成结构疏松容易剥落的氧化皮；还会与水蒸气、二氧化碳、二氧化硫等气体产生高温氧化与脱碳作用，使钢的力学性能下降，特别是降低了材料的表面硬度和抗疲劳强度。因此，高温设备必须选用耐热材料。

（四）材料的工艺性能

材料的工艺性能是指制造工艺过程中材料适应加工的能力，反映了材料加工的难易程度。对于金属材料，主要为铸造性、可锻性、焊接性、可切削加工性和热处理工艺性等，这些性能直接影响设备和零部件的制造工艺方法和质量。

1. 铸造性　　铸造性主要是指液体金属在型腔中的流动性和凝固过程中的收缩和偏析倾向（合金凝固时化学成分的不均匀析出叫作偏析）。流动性好的金属能充满铸型，故能浇铸较薄的与形状复杂的铸件。铸造时，熔渣与气体较易上浮，铸件不易形成夹渣与气孔，且收缩小。铸件中不易出现缩孔、裂纹、变形等缺陷，偏析小，铸件各部位成分较均匀。这些都使铸件质量有所提高。合金钢与高碳钢比低碳钢偏析倾向大，因此，铸造后要用热处理方法消除偏析。常用金属材料中，灰铸铁和锡青铜铸造性较好。

2. 可锻性　　可锻性是指金属适应锻、轧等压力加工的能力。可锻性包括金属的塑性与变形抗力两个方面。塑性好的材料，锻压所需外力小，可锻性好。低碳钢的可锻性比中碳钢及高碳钢好；碳钢比合金可锻性好。铸铁是脆性材料，目前，尚不能锻压加工。

3. 焊接性　　焊接性是指金属材料对焊接成形的适应性，也就是指在一定的焊接工艺条件下金属材料获得优质焊接头的难易程度。焊接性好的材料易于用一般焊接方法与工艺进行焊接，不易形成裂纹、气孔、夹渣等缺陷，焊接接头强度与母材相当。焊接性差的金属材料要采用特殊的焊接方法和工艺才能进行焊接。金属的焊接性很大程度上受金属本身材质（如化学成分）的影响。低碳钢具有优良的焊接性，而铸铁、铝合金等焊接性较差。

4. 可切削加工性　　可切削加工性是指金属材料被切削加工的难易程度。切削加工性好的金属切削时消耗的功率小，刀具寿命长，切削易于折断脱落，切削后表面光洁。灰铸铁、碳钢都具有较好的可切削加工性。

5. 热处理工艺性　　热处理工艺性是指材料接受热处理的难易程度和产生热处理缺陷的倾向，可用淬硬性、回火脆性、氧化脱碳倾向、变形开裂倾向等指标评价。

四、常见的工程材料

（一）黑色金属材料

1. 碳钢　碳钢是工程应用最广泛、最重要的金属材料之一，由 95% 以上的铁和 0.02%～2% 的碳及 1% 左右的杂质元素所组成的合金。由于碳钢具有优良的力学性能，资源丰富，与其他金属相比其价格又较便宜，而且还可以通过采用各种防腐措施，如衬里、涂料、电化学保护等来防止介质对金属的腐蚀，故在工业中，选用金属材料时碳钢通常为首选材料之一。

2. 铸铁　工业上常用的铸铁，其含碳量（质量分数）一般在 2% 以上，并含有 S、P、Si、Mn 等杂质。与碳钢相比，铸铁的力学性能通常较低，特别是塑性、韧性较差。但铸铁生产工艺简单，具有优良的铸造性、可切削加工性、较好的耐磨性及减振性等优点。因此，铸铁广泛地用于机械制造、冶金、矿山及交通运输等工业部门。此外，高强度铸铁和特殊性能的合金铸铁还可代替部分昂贵的合金钢和有色金属材料。铸铁通常可分为灰铸铁、可锻铸铁、球墨铸铁和特殊性能铸铁等。

3. 不锈钢　不锈钢是以不锈性、耐蚀性为主要特性的高铬含量（≥12%）的钢种。不锈钢种类多、性能差异大，分类方法较多。按国际通用分类方法可以将不锈钢分为五类：铁素体不锈钢、马氏体不锈钢、奥氏体不锈钢、双相不锈钢及沉淀硬化不锈钢。

1）铁素体不锈钢　一般不含镍，碳含量低于 0.2%，铬含量为 10.5%～27%。430 是通用性铁素体不锈钢，可用于腐蚀、装饰场合，如用于汽车饰品。409L 是产量最大和廉价的铁素体不锈钢，主要用于制造汽车排气管和催化器外壳。

2）马氏体不锈钢　为获得马氏体而特意添加碳，通过淬火和回火热处理调整其力学性能，主要用于制作涡轮机组叶片、餐具和刀片等。在各类不锈钢中，马氏体不锈钢的耐腐蚀性最差，但强度、硬度最高。国内常用的马氏体不锈钢牌号有 410S、440、1Cr13、2Cr13、3Cr13、4Cr13 和 9Cr18。

3）奥氏体不锈钢　奥氏体不锈钢是指基体以面心立方结构的奥氏体组织为主，无磁性，可通过冷加工使其强化（并可能导致一定的磁性）的不锈钢。这类不锈钢的特点是，具有优异的综合性能，包括优良的力学性能，冷、热加工和成形性，可焊性和在许多介质中的良好耐腐蚀性，是目前用来制造各种贮槽、塔器、反应釜、阀件等设备的最广泛的一类不锈钢材料。

4）双相不锈钢　双相不锈钢是基体兼有奥氏体-铁素体两相，有磁性，经过冷加工使其强化的不锈钢。主要用于加工工业和海水应用领域。双相不锈钢较奥氏体不锈钢具有更好的强度和应力腐蚀开裂能力。

5）沉淀硬化不锈钢　沉淀硬化不锈钢是指基体为马氏体或奥氏体组织，并能通过沉淀硬化过程得到的一类高强度不锈钢。沉淀硬化不锈钢在航空与运动领域有广泛的应用。630 是最常用的沉淀硬化不锈钢。

（二）有色金属材料

有色金属材料具有很多钢铁材料不具备的特殊性能，如比强度高、导电性好、耐腐蚀性和耐热性高等性能，因此在航空、航天、航海、机电等工业中起到重要作用。在工业中应用最广泛的有铝合金、铜合金、钛合金。

1. 铝及其合金　与钢相比，低的密度和高的比强度是铝合金用作结构材料的关键因素。

虽然铝合金的强度水平比铁合金低得多，但因其具有高比强度，在航空航天、交通运输等领域比钢铁材料具有较大的应用优势。铝的缺点是硬度低，易磨损；熔点低，不宜在高温下工作；一些铝合金具有应力腐蚀开裂倾向。

2. 铜及其合金　　铜具有极高的热导率与电阻率，是抗磁材料。纯铜的热导率约为398W/（m·K），电阻率为 $1.68 \times 10^{-8}\Omega \cdot m$。铜还具有较高的塑性和耐腐蚀性，高的弹性极限和疲劳强度；铜容易冷热成形，并具有高的循环再利用性。同铝类似，纯铜强度低，主要用于制作电导体及配制合金，不宜作为结构材料使用。铜无同素异构转变，故纯铜不能通过热处理强化，但可通过冷塑性变形来强化，强化以后塑性会明显降低。工业上常对纯铜做合金化处理，加入Zn、Ni、Sn、Al、Mn 等合金元素，以获得强度和韧性都满足要求的铜合金。

3. 钛及其合金　　与钢相比，钛具有优异的耐腐蚀性和耐热性及高的比强度，这些是钛用作重要结构材料的关键因素。钛的密度为 $4.5g/cm^3$，热导率约为21.9W/（m·K），熔点为1668℃，热膨胀系数为 $8.6 \times 10^{-6}/℃$。其热导率和热膨胀系数较低。此外，钛合金的工艺性能差，切削加工困难；硬度低，抗磨性差。钛合金的主要应用是航空航天领域。由于钛合金的密度、强度和使用温度介于铝和钢之间，但比强度最高并具有优异的抗海水性能、生物相容性和超低温性能，因此，钛合金的应用范围越来越广，如海洋、化工、高尔夫球头、关节置换等。

（三）非金属材料

非金属材料具有优良的耐腐蚀性，原料来源丰富，品种多样，适合于因地制宜，就地取材，是一种有着广阔发展前途的化工材料。非金属材料的种类很多，按其性质可分为无机非金属材料和有机非金属材料两大类：无机非金属材料包括陶瓷、玻璃、石墨、搪瓷、水泥等；有机非金属材料包括塑料、树脂、橡胶、涂料、复合材料等。当然，非金属材料还存在一些不足之处，如多数材料的物理、力学性能较差，热导率较小，热稳定性与耐热性较差，某些材料的加工制造比较困难等。

1. 无机非金属材料　　无机非金属材料是以某些元素的氧化物、碳化物、氮化物、卤素化合物、硼化物及硅酸盐、铝酸盐、磷酸盐、硼酸盐等物质组成的材料。无机非金属材料种类很多，常用的有陶瓷、玻璃、石墨等。

1）陶瓷　　陶瓷是由天然或人工原料经高温烧结而成的致密固体材料。按其成分和结构可分为普通陶瓷和特种陶瓷。普通陶瓷又称为传统陶瓷，是以黏土、长石、石英等天然原料为主，经过粉碎、成形和烧结而制成的产品，包括日用陶瓷、建筑陶瓷、卫生陶瓷、化工陶瓷等，产量大、用途广。特种陶瓷是指采用高纯度人工合成原料制成的具有特殊物理化学性能的新型陶瓷材料，包括金属陶瓷、氧化物陶瓷、氮化物陶瓷、碳化物陶瓷、硅化物陶瓷、硼化物陶瓷等，主要用于化工冶金、机械、电子等行业和某些新技术中。

陶瓷材料中存在晶体相、玻璃相和气相，其性能主要取决于这三相的相对数量、形状和分布。总体来讲，陶瓷具有弹性模量高、硬度高、塑性变形能力差、化学稳定性好、熔点高、电绝缘性好、热导率低等特点。除了上述特点外，利用陶瓷的光学特性，可作激光材料、光学纤维等。总之，陶瓷材料具有优良的物理性能和极好的耐高温、耐腐蚀性，而且原料丰富，其产品广泛应用于日用、电气、纺织、化工、建筑等行业，如化工中的耐酸耐碱容器、反应塔、管道等。此外，作为高温结构材料和功能材料及某些特殊领域用材，陶瓷具有极其重要的应用前景。陶瓷材料致命缺点是性脆，此外就是加工性能差，难以进行常规加工。

2）玻璃　　玻璃是一种较为透明的无定形材料。透明是指对可见光具有一定的透明度；无定形是指结构中质点排列无规则，即其 X 射线谱呈现宽幅的散射峰。玻璃具有容易成形、脆性大、光学性能优异、导热性差及耐腐蚀性较好等特点。特别是一些硅酸盐玻璃，耐水、酸（氢氟酸除外）、碱的能力较强。所有玻璃均易燃、易爆、易被氢氟酸腐蚀，所以氢氟酸可用于雕刻玻璃。

　　3）石墨　　工业石墨制品由碳的带状微粒材料组成，它们是加热到 2000℃ 以上形成的，具有石墨晶体结构。抗渗石墨是通过将石墨制成需要的形状，把气孔抽空及用树脂浸渍制造的，浸渍起到了将石墨孔隙密闭的作用。石墨主要特点是抗拉强度低，易受机械冲击和振动而发生脆性断裂。

　　2. 有机非金属材料　　塑料是以高分子合成树脂为主要原料，在一定温度、压力条件下塑制成的型材或产品（泵、阀等）的总称。在工业生产中广泛应用的塑料即"工程塑料"。塑料的主要成分是树脂，它是决定塑料性质的主要因素。除树脂外，为了满足各种应用领域的要求，往往加入添加剂以改善产品性能。一般添加剂有：填料，主要起增强作用，提高塑料的力学性能；增塑剂，降低材料的脆性和硬度，提高树脂的可塑性与柔软性；润滑剂，防止塑料在成形过程中粘在模具或其他设备上；稳定剂，延缓材料的老化，延长塑料的使用寿命；固化剂，加快固化速度，使固化后的树脂具有良好的机械强度。

　　塑料的品种很多，根据受热后的变化和性能的不同，可分为热塑性和热固性两大类。热塑性材料具有以下特点：受热时软化或熔融，具有可塑性，冷却后坚硬，只要加热温度不超过聚合物的分解温度，可反复加热、冷却，且可溶解在一定的溶剂中；成形工艺形式多，生产效率高，可直接注射、挤压、吹塑成所需形状的制品；其耐热性和刚性都较差，最高使用温度一般只有 120℃ 左右。典型产品有聚氯乙烯、聚乙烯等。热固性材料则有以下特点：在热和固化剂的作用下即可固化成形，固化后不溶于有机溶剂，再次加热时也不熔化（即具有不溶不熔性，不可再生，加热温度很高时直接分解、碳化）；抗蠕变性强，不易变形；耐热性较高，即使超过其他使用温度极限，也只是在表面关系到碳化层，不会立即失去功能；热固性塑料的树脂性质较脆，强度不高，必须加入填料或增强材料以改善性能；热固性塑料成形工艺复杂，大多只能采用模压或层压法，生产效率低。典型的产品有酚醛树脂、氨基树脂等。

　　由于塑料一般具有良好的耐腐蚀性能、一定的机械强度、良好的加工性能和电绝缘性能，价格较低，因此应用广泛。常用的塑料有以下几种类型。

　　1）聚乙烯（polyethylene，PE）　　聚乙烯是由单体乙烯聚合制得的热塑性树脂，是目前用量最大的通用塑料。聚乙烯无毒无味、呈半透明蜡状、强度较低、耐热性不高，但有优良的电绝缘性、防水性和化学稳定性。在室温下，除硝酸外，对各种酸、碱、盐溶液均稳定，对氢氟酸特别稳定。高密度聚乙烯又称为低压聚乙烯，可做管道、管件、阀门、泵等，也可以做设备衬里。

　　2）硬聚氯乙烯（rigid polyvinylchloride，rigid PVC）　　硬聚氯乙烯塑料具有良好的耐腐蚀性能，除强氧化性酸（浓硫酸、发烟硫酸）、芳香族及含氟的碳氢化合物和有机溶剂外，对一般的酸、碱介质都是稳定的。它有一定的机械强度，加工成形方便，焊接性较好。但它的热导率低，耐热性差。使用温度为 −10～55℃。当温度在 60～90℃ 时，强度显著下降。硬聚氯乙烯广泛地用于制造各种化工设备，如塔、贮罐、容器、尾气烟囱、离心泵、通风机、管道、管件、阀门等。目前许多工厂成功地用硬聚氯乙烯来代替不锈钢、铜、铝、铅等金属材料作耐腐蚀设备与零件，所以它是一种很有发展前途的耐腐蚀材料。

　　3）聚苯乙烯（polystyrene，PS）　　聚苯乙烯由苯乙烯聚合反应而得，是无色透明、无毒无味、易着色，介电性能和耐辐射、耐腐蚀性良好的刚性材料，但质脆而硬，不耐冲击，耐热性低，耐有机溶剂性较差。但成形性突出，使用温度为 −30～80℃，它主要用来生产注塑制品，制作仪表透明罩板、外壳、日用品、玩具等。聚苯乙烯还大量用来制造可发性泡沫塑料制品，广泛用作仪表包装防振材料、隔热和吸音材料。

4）聚四氟乙烯　　聚四氟乙烯具有优异的耐腐蚀性，能耐强腐蚀介质（硝酸、浓硫酸、王水、盐酸、苛性碱等）腐蚀。耐腐蚀性甚至超过贵重金属金和银，有塑料王之称。聚四氟乙烯在工业上常用来做耐腐蚀、耐高温的密封元件及高温管道。由于聚四氟乙烯有良好的自润滑性，还可用作无油润滑压缩机的活塞环。它有突出的耐热和耐寒性，使用温度为 $-200\sim250℃$。

5）酚醛塑料（phenolic plastics）　　酚醛塑料是以酚醛树脂为基本成分，以耐酸材料（石棉、石墨、玻璃纤维等）作填料的一种热固型塑料，它具有一定的强度和硬度，绝缘性能良好，兼有耐热、耐磨、耐腐蚀的优良性能，能耐多种酸、盐和有机溶剂的腐蚀，但不耐碱，性脆且加工性差。广泛应用于机械、汽车、航空、电器等工业部门，用来制造开关壳、灯头、线路板等各种电气绝缘体，较高温度下工作的零件，耐磨及防腐蚀材料，并能代替部分有色金属（铝、铜、青铜等）制作齿轮、轴承等零件。酚醛塑料还可做成管道、阀门、泵、塔节、容器、贮罐、搅拌器等，也可用作设备衬里。目前在氯碱、染料、农药等工业中应用较多。使用温度为 $-30\sim130℃$。这种塑料性质较脆、冲击韧性较低。在使用过程中设备出现裂缝或孔洞，可用酚醛胶泥修补。

6）玻璃钢　　玻璃钢又称为玻璃纤维增强塑料。它用合成树脂为黏结剂，以玻璃纤维为增强材料，按一定成形方法制成。玻璃钢具有优良的耐腐蚀性和良好的工艺性能，强度高，是一种新型的非金属材料，可做容器、贮罐、塔、鼓风机、槽车、搅拌器、泵、管道、阀门等，应用越来越广泛。

第二节　工程材料的腐蚀和防腐蚀

腐蚀是材料在环境的作用下产生的破坏或变质。金属腐蚀是由化学或电化学作用所引起的，有时还伴有机械、物理或生物作用。化学腐蚀是金属和介质间由于化学作用而产生的，在腐蚀过程中没有电流的产生；而电化学腐蚀是金属和电解质溶液间由于电化学作用而产生的，在腐蚀过程中有电流的产生。非金属腐蚀通常是由物理作用或直接的化学作用所引起，如高聚物的溶胀、溶解、化学裂解及硅酸盐的化学溶解等。

通常金属腐蚀的形态可划分为均匀腐蚀和局部腐蚀两大类。均匀腐蚀是材料表面均匀地遭受腐蚀，其结果是设备的壁厚减薄；局部腐蚀是材料表面部分地遭受腐蚀，其破坏的形式是产生麻点、局部穿孔、组织变脆及设备突然开裂等。大多数局部腐蚀会使设备突然遭到破坏，其危险性比均匀腐蚀大得多。在设备的腐蚀损害中，局部腐蚀约占70%，且通常是突发性和灾难性的，因此，在选材时，对局部腐蚀应予以高度重视。

一、耐腐蚀材料的选择

（一）选材步骤

金属材料的品种很多，不同材料在不同环境中有不同的腐蚀速率，有些腐蚀率很快，根本不能用，有些比较慢或很慢。选材者常采用一种简便且行之有效的方法来控制腐蚀，即针对某一特定环境，选择那些腐蚀率慢、价格较便宜且物理力学性能符合设计要求的材料。这样，设备就能够获得经济、合理的使用寿命。

1. 设备使用的环境　　由于工程材料在不同条件（如介质、温度、浓度）下的腐蚀性能不同，因此选材前必须了解设备使用的环境条件：①设备所要接触的所有介质（包括反应物、生成物、溶剂、催化剂等）的组成和性质，以及操作条件，如温度、浓度、压力等；②空气混入的程度，有无其他氧化剂；③混入液体中的固体物所引起的磨损和侵蚀情况；④设备内所要进行的单元反应或单元操作情况，特别注意是否有高温、低温、高压、真空、冲击载荷、交变应力、温度变化、加热冷却的温度周期变化、有无急冷或急热引起的热冲击和应力变化；⑤液体的静止状态和流动状态；⑥局部的条件差（温度差、浓度差），不同材料的接触状态；⑦应力状态（包括残余应力状态）。

2．根据设备的实际使用环境初选材料　根据设备的实际使用环境，结合各种材料手册、工艺设计手册、生产厂家的推荐数据及实践经验等，进行初步选定，选出几种可供使用的工程材料，以便进一步筛选。

3．进行材料腐蚀实验　对于一些特别重要的设备有时还要补充实际运转条件下的模拟实验。

4．确定材料牌号、规格　选择材料品种之后，还要根据具体用途，结合市场供应情况，进一步确定材料的牌号、规格。很多品种的材料都有国家标准和行业标准，所选材料的牌号、规格可从手册中查到。

5．补充说明　所选材料在加工使用中如有特殊之处，需要强调说明，有时对可代用的材料也需附加说明。对于昂贵材料的选用，常有几种方案的比较说明。

（二）选材方法

选择材料最常用的方法是根据设备的使用条件查阅设计手册或腐蚀数据手册中的耐腐蚀材料图表。生物产品生产中涉及的介质很多，使用的温度、浓度等不尽相同，且手册中不可能有每一种介质在各种温度和浓度下的腐蚀情况，当遇到这种情况，可按下列原则来选择材料。

1．浓度　腐蚀性随介质浓度的变大而增强。对于腐蚀性不强的介质，各种浓度溶液的腐蚀性相似。如果材料对邻近的上下两个浓度介质的耐腐蚀性相同，那么对中间浓度介质的耐腐蚀性一般也相同，如果对上下两个浓度介质的耐腐蚀性不同，则对中间浓度介质的耐腐蚀性常介于两者之间。而强腐蚀性介质（如强酸）随浓度的不同，对同一材料的腐蚀性可能产生显著变化，如果缺乏具体数据，选用时需慎重。

2．温度　温度越高，腐蚀性越大。低温环境标明不耐腐蚀的材料，则高温环境通常也不耐腐蚀。当材料对上下两邻近温度的耐腐蚀性相同时，对中间温度的耐腐蚀性则相同，但如果对上下两个温度的耐腐蚀性不同，则对中间温度的耐腐蚀性介于两者之间。当在某一介质温度或浓度下，材料处于接近耐腐蚀或转入不耐腐蚀的边缘条件时，为保险起见，宁可不使用此类材料，而改选更优良的材料。

3．腐蚀性介质　由一种物质组成的腐蚀性介质：当手册中无此介质时，可借用同类介质的数据，如可用硫酸钠、磷酸钾等的数据替代硫酸钾的数据，或可用硬脂酸或其他脂肪酸替代软脂酸的数据。

由两种或两种以上物质组成的腐蚀性介质：对于两种或两种以上物质组成的混合物，如这些物质间无化学反应，则其腐蚀性一般可看作各组成物腐蚀性之和，此时各组成物的浓度均已变小。如果这些物质之间发生反应，则要考虑反应生成物的腐蚀性，如硫酸与含有氯离子（如食盐）的化合物产生盐酸，这不仅有硫酸腐蚀性，还有盐酸腐蚀性。

4．使用年限的考虑　腐蚀与设备使用年限有关，在设备设计时要考虑材料的使用寿命。

对于年限的确定一般包括：①满足整个生产装置要求的寿命；②整个设备中各部分材料能均匀地劣化；③要从经济角度综合考虑材料费、施工费、维修费等；④国家对各类设备已有正式的折旧年限规定，在设计时可按规定的年限进行计算。

二、材料的防腐蚀措施

为了延长设备的使用寿命，防止设备的腐蚀，选择合适的材料和采取一些防腐蚀措施是非常重要的。

（一）合理的结构设计

尽管选用了较好的耐腐蚀材料，但如果采用不合理的结构设计，也可能造成水分和其他介质积存、局部过热、局部应力集中等问题，而引起局部腐蚀，因而要注意结构设计，下面仅就常见的一些结构设计问题加以介绍。

1. 避免死角　　死角会使液体局部残留或固体物质沉降堆积，这样在设备中会出现局部浓度增高或富集，引起腐蚀。为了避免死角，在可能积存液体的部位开排液孔，且排液孔要低于容器的最低处；换热器的管口与管板要平齐设置。

2. 避免缝隙　　在有缝隙、流体流通不畅的地方，金属容易形成缝隙腐蚀，并且缝隙腐蚀产生后又往往会引起孔蚀和应力腐蚀，造成更大的破坏，因而在结构设计中要避免缝隙。

3. 避免异种金属接触　　异种金属接触或同一种金属接触但合金成分不同，都会由于它们在化学介质中不同的腐蚀电位而引起电偶腐蚀，所以在选材时应避免不同金属的互相连接。若必须采用不同金属，为缓解腐蚀速度，在结构设计中必须妥善处理。

4. 应力　　许多设备在制造、加工（特别是焊接）和热处理过程中，会产生不同程度的局部残余应力，在特别环境中会产生应力腐蚀破裂。最好不要选用同环境正好属于应力腐蚀特定体系的材料，如必须选用，则要采取措施减小或消除应力。

（二）衬层保护

在金属设备内部加金属或非金属做衬层，隔离腐蚀介质和基体金属，达到防腐蚀的目的，这种方法为衬层保护。衬层保护按所用衬层保护材料分为金属衬层保护和非金属衬层保护两大类。

（三）电化学保护

电化学保护是根据金属腐蚀理论进行的防腐蚀方法，可分为阴极保护法和阳极保护法。

（四）添加缓释剂

缓释剂是能够使金属腐蚀速度大大降低甚至停滞的物质。添加缓释剂应用成本低、简便、见效快，但要求缓释剂不能影响正常的工艺过程和产品质量，须根据具体操作条件来选择。

第三节　化工仪表

在工业生产中，为了正确指导生产操作、保证生产安全、提高产品质量和实现生产过程自动化，一项必不可少的工作是准确而及时地检测出生产过程中的各个有关参数。在工业生产自动化中，最常见的工艺变量是温度、压力、流量、物位。用来检测这些参数的技术工具称为仪表。

一、化工仪表的分类

化工仪表种类繁多，结构形式各异，根据不同的原则，可以进行相应的分类。

1. 按仪表使用的能源分类 按使用的能源来分，化工仪表可分为气动仪表、电动仪表和液动仪表。目前工业上常用的为电动仪表。电动仪表是以电为能源，信号之间联系比较方便，适宜于远距离传送和集中控制；便于与计算机联用；现在电动仪表可以做到防火、防爆，更有利于电动仪表的安全使用。但电动仪表结构复杂，易受温度、湿度、电磁场、放射性等环境影响。

2. 按信息的传递、获得、反映和处理的过程分类 根据在信息传递过程中作用的不同，化工仪表可以分为五大类。

1）检测仪表 检测仪表的主要作用是获取信息，并进行适当的转换。在生产过程中，检测仪表主要用来测量某些工艺参数，如温度、压力、流量、物位及物料的成分、物性等，并将被测参数的大小成比例地转换成电信号（电压、电流、频率等）或气压信号。

2）显示仪表 显示仪表的作用是将由检测仪表获得的信息显示出来，包括各种模拟量、数字量的指示仪、记录仪和计算器，以及工业电视、图像显示器等。

3）集中控制系统 包括各种巡回检测仪、巡回控制仪、程序控制仪、数据处理机、电子计算机及仪表控制盘和操作台。

4）控制仪表 控制仪表可以根据需要对输入信号进行各种运算，如放大、积分、微分等。控制仪表包括各种电动、气动的控制器及用来代替模拟控制仪表的微处理机等。

5）执行器 执行器可以接受控制仪表的输出信号或直接来自操作人员的指令，对生产过程进行操作或控制。执行器包括各种气动、电动、液动执行机构或控制阀。

3. 按仪表的组成形式分类 仪表按照不同组成形式可分为两大类。

1）基地式仪表 这类仪表的特点是将测量、显示、控制等各部分集中组装在一个表壳里，形成一个整体。这种仪表比较适合于在现场就地检测和控制，但不能实现多种参数的集中显示与控制，这在一定程度上限制了基地式仪表的应用范围。

2）单元组合仪表 将对参数的测量及其变送、显示、控制等各部分，分别制成能独立工作的单元仪表（简称单元，如变送单元、显示单元、控制单元等）。这些单元之间以统一的标准信号互相联系，可以根据不同要求，方便地将各单元任意组合成各种控制系统，适用性和灵活性都很好。化工生产中的单元组合仪表有电动单元组合仪表和气动单元组合仪表两种。

二、常用的仪表和选用

（一）温度检测仪表

温度是表征物体冷热程度的物理量。物体的许多物理现象和化学性质都与温度有关。大多数生产过程都是在一定的温度范围内进行的，因此对温度的检测和控制是过程自动化的一项重要内容。温度不能直接测量，只能借助于冷热不同物体之间的热交换，以及物体某些物理性质随冷热程度不同而变化的特性来加以间接测量。温度检测方法按测温元件和被测对象接触与否可以分为接触式和非接触式两大类。

接触式测温时，测温元件与被测对象接触，依靠传热和对流进行热交换。接触式温度计结构简单、可靠，测温精度较高，但是由于测温元件与被测对象必须经过充分热交换且达到平衡后才能测量，这样容易破坏被测对象的温度场，同时带来测温过程的延迟现象，不适于测量热容量小的对象、温度极高的处于运动中的对象，以及不适于直接测量有腐蚀性介质的对象。

非接触式测温时，测温元件不与被测对象接触，而是通过热辐射进行热交换，或测温元件接收被测对象的部分热辐射能，由热辐射能的大小推出被测对象的温度。非接触式测温响应快，对被测对象干扰小，可用于测量运动的对象和有强电磁干扰或强腐蚀的场合。其缺点是容易受外界因素的干扰，测量误差较大，且结构复杂、价格比较昂贵。

生物产业中为了提高控温精度，减少误差，常用的测温元件大多为接触式测温仪表，本书主要介绍接触式温度检测仪表。

1. 膨胀式温度计　　膨胀式温度计是基于物体受热时体积膨胀的性质而制成的。常见的膨胀式温度计有以下几类。

1）双金属温度计　　双金属温度计属于固体膨胀式温度计，可测温度范围为−50~600℃。双金属温度计的感温元件是用两片线膨胀系数不同的金属片叠焊在一起而制成的。双金属片受热后，由于两金属片的膨胀长度不同而产生弯曲，温度越高产生的线膨胀长度差就越大，因而引起弯曲的角度就越大。用双金属片制成螺旋形感温元件，外加金属保护套管，当温度变化时，螺旋的自由端便围绕着中心轴旋转，同时带动指针在刻度盘上指示出相应的温度数值。双金属温度计结构简单、使用方便，但精度较低，广泛应用于有振动且精度要求不高的机械设备上，并可直接测量气体、液体、蒸汽的温度。

2）玻璃液体温度计　　玻璃液体温度计属于液体膨胀式温度计，可测温度范围为−100~150℃。这类温度计结构简单、使用方便、价格便宜、测量准确，但结构脆弱易损坏，不能自动记录和远传，适用于生产过程和实验室中各种介质温度就地测量。

3）压力式温度计　　根据压力随温度的变化来测温的仪表称为压力式温度计，可测 0~500℃的液体和 0~200℃的蒸汽。它是根据在封闭系统中的液体、气体或低沸点液体的饱和蒸汽受热后体积膨胀或压力变化这一原理而制成的，并用压力表来测量这种变化，从而测得温度。压力式温度计机械强度高，不怕振动，输出信号可以自动记录和控制，但热惯性大，维修困难，适于测量对铜及铜合金不起腐蚀作用的各种介质的温度。

2. 热电阻温度计　　热电阻温度计是基于导体或半导体的电阻值随温度变化而变化的特性，通过测量电阻值的变化来间接测量温度。

1）金属热电阻　　金属热电阻测温原理是基于导体的电阻随温度而变化的特性。工业上常用的热电阻有铜电阻和铂电阻两种（表6-1）。

表 6-1　工业上常用的热电阻

热电阻名称	0℃阻值	分度号	测温范围	特点
铂电阻	50Ω	Pr50	−200~500℃	精度高，价格高，适用于中性和氧化性介质
	100Ω	Pt100		
铜电阻	50Ω	Cu50	−50~150℃	线性好，价格低，适用于无腐蚀性介质

2）半导体热敏电阻　　半导体热敏电阻是利用某些半导体材料的电阻值随温度的升高而减小（或升高）的特性而制成的。具有负温度系数的热敏电阻称为 NTC 型热敏电阻，大多数热敏电阻均属于此类。NTC 型热敏电阻主要由锰、镍、铁、钛、钼、镁等的复合氧化物经高温烧结而成，通过不同的材料组合得到不同的温度特性。NTC 型热敏电阻在低温段比在高温段灵敏。具有正温度系数的热敏电阻称为 PTC 型热敏电阻，它是在由 $BaTiO_3$ 和 $SrTiO_3$ 为主的成分中加入少量 Y_2O_3 和 Mn_2O_3 烧结而成。PTC 型热敏电阻在某个温度段内电阻值急剧上升，可用作开关型温度

检测元件。半导体热敏电阻结构简单，电阻值大，灵敏度高，体积小，热惯性小，但是线性差，互换性差，测温范围较窄。

3. 热电偶温度计　热电偶温度计是以热电效应为基础的测温仪表。它的测量范围很广、结构简单、使用方便、测温准确可靠，便于信号的远传、自动记录和集中控制，因而在化工生产中应用极为普遍。热电偶温度计由三部分组成：热电偶（感温元件）；测量仪表（毫伏计或电位差计）；连接热电偶和测量仪表的导线（补偿导线及铜导线）。

（二）温度检测仪表的选用

生物工业生产上，温度的就地指示常用双金属温度计。压力式温度计也可用于现场温度指示，指示表盘可远离测温点安装，适用于无法近距离读数，有振动且精确度要求不高的场合。而对于要求远传温度指示、测量精度要求较高、无振动的场合，可选用热电阻测温元件。热电偶适合于远传温度指示、响应速度快、有振动的场合，如发酵罐的温度测量常选用热电偶温度计，测量范围为−200～1600℃。此外，选用热电偶和热电阻时，应注意工作环境、介质性质（氧化性、还原性、腐蚀性）等，并选择适当的保护套管、连接导线等。

（三）压力检测仪表

压力是生产过程控制中的重要参数。许多生产过程都是在一定的压力条件下进行的，如高压聚乙烯，要在 150MPa 或更大压力下进行聚合；连续催化重整反应器要求控制压力在 0.24MPa，而炼油厂减压蒸馏，则要在比大气压低很多的真空下进行。如果压力不符合要求，不仅会影响生产效率，降低产品质量，还会造成严重的生产事故。此外，压力测量的意义还不局限于自身，有些其他参数的测量，如物位、流量往往是通过测量压力或差压来进行的，即测出了压力或差压，便可确定物位或流量。

电气式压力计是一种能将压力转换成电信号进行传输及显示的仪表。这种仪表的测量范围较广，可测 $7 \times 10^{-5} \sim 5 \times 10^{2}$MPa 的压力，允许误差可至 0.2%。由于可以远距离传送信号，所以在工业生产过程中可以实现压力自动控制和报警，并可与工业控制机联用。电气式压力计一般由压力传感器、测量电路和信号处理装置组成。常用的信号处理装置有指示仪、记录仪及控制器、微处理机等。压力传感器的作用是把压力信号检测出来，并转换成电信号进行输出，当输出的电信号能够被进一步变换为标准信号时，压力传感器又称为压力变送器。常见的压力传感器有以下几种类型。

1）**应变片式压力传感器**　应变片是由金属导体或半导体材料制成的电阻体，基于应变效应的原理进行工作。在电阻体受到外力作用时，其电阻阻值发生变化，相对变化量为

$$\frac{\Delta R}{R} = k\varepsilon \tag{6-1}$$

式中，ΔR 为电阻差；ε 为材料的轴向长度的相对变化量，称为应变；k 为材料的电阻应变系数。

金属应变片的结构形式有丝式和箔式，半导体应变片的结构形式有体形和扩散形。半导体应变片的灵敏度比金属应变片的大，但受温度影响较大。应变片一般要和弹性元件结合在一起使用，将应变片粘贴在弹性元件上，在弹性元件受压变形的同时应变片也发生应变，其电阻值发生变化，通过测量电桥输出测量信号。应变片式压力传感器测量精度较高，测量范围可达几百兆帕。

2）**压阻式压力传感器**　压阻式压力传感器是利用单晶硅的压阻效应构成的（图6-1）。采用单晶硅膜片为弹性元件，在单晶硅膜片上利用集成电路的工艺，在单晶硅的特定方向扩散一组等值

电阻,并将电阻接成桥路,单晶硅膜片置于传感器腔内。当压力发生变化时,单晶硅产生应变,使直接扩散在上面的应变电阻产生与被测压力成比例的变化,再由桥式电路获得相应的电压输出信号。

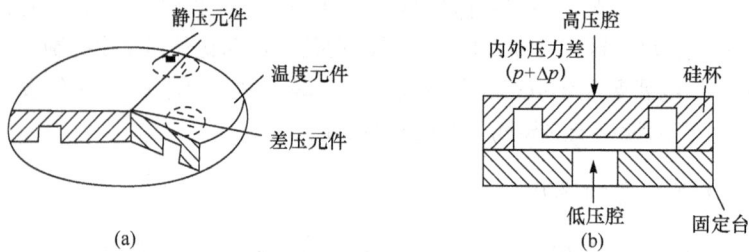

图 6-1 压阻式压力传感器检测元件示意图
(a) 硅膜片;(b) 传感器内膜

压阻式压力传感器具有精度高、工作可靠、频率响应高、迟滞小、尺寸小、重量轻、结构简单等特点,可以在恶劣的环境条件下工作,便于实现显示数字化。压阻式压力传感器不仅可以用来测量压力,稍加改变,还可以用来测量差压、高度、速度、加速度等参数。

3) 压电式压力传感器 当某些材料受到某一方向的压力作用而发生变形时,内部就产生极化现象,同时在它的两个表面上就产生符号相反的电荷;当压力去掉后,又重新恢复不带电状态,这种现象称为压电效应。具有压电效应的材料称为压电材料。压电材料种类较多,有石英晶体、人工制造的压电陶瓷,还有高分子压电薄膜等。

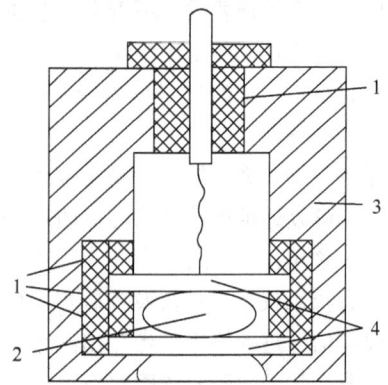

图 6-2 压电式压力传感器结构示意图
1. 绝缘体;2. 压电元件;3. 壳体;4. 膜片

图 6-2 是一种压电式压力传感器结构示意图。压电元件被夹在两块弹性膜片之间,压电元件一个侧面与膜片接触并接地,另一个侧面通过金属箔和引线将电量引出。压力作用于膜片时,压电元件受力而产生电荷,电荷量经放大可转换成电压或电流输出。压电式压力传感器结构简单、体积小、线性度好、量程范围大。但是由于晶体上产生的电荷量很小,因此对电荷放大处理的要求较高。

4) 电容式压力变送器 电容式压力变送器是先将压力的变化转换为电容量的变化,然后进行测量。将测压膜片作为电容器的可动极板,它与固定极板组成可变电容器。当被测压力变化时,测压膜片的弹性变形产生位移改变了两块极板之间的距离,造成电容量发生变化。

图 6-3 是一种电容式压力变送器结构示意图。测压元件是一个全焊接的差动电容膜盒,以玻璃绝缘层内侧凹球面金属镀膜作为固定电极,以中间弹性膜片作为可动电极。整个膜盒用隔离膜片密封,在其内部充满硅油。隔离膜片感受两侧的压力,通过硅油将压力传到中间弹性膜片上,使它产生位移,引起两侧电容量的变化。电容量的变化再经过适当的转换电路输出 4~20mA 标准信号,就构成目前常用的电容式差压变送器。

电容式压力变送器的结构可以有效地保护测量膜,当差压过

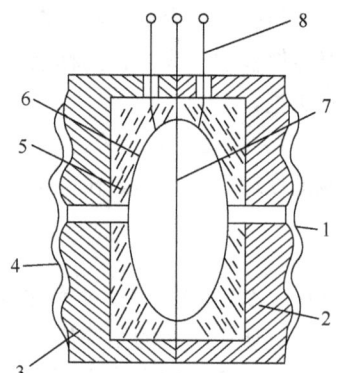

图 6-3 电容式压力变送器结构示意图
1,4. 隔离膜片;2,3. 不锈钢基座;5. 玻璃绝缘层;6. 固定电极;7. 弹性膜片;8. 引线

大并超过允许测量范围时，测量膜片将平滑地贴靠在玻璃凹球面上，因此不容易损坏。电容式压力变送器结构紧凑，灵敏度高，过载能力大，测量精度可达 0.2 级，可以测量压力和差压。

5）智能型压力变送器　随着集成电路的广泛应用，其性能不断提高，成本大幅度降低，使得微处理器在各个领域中的应用十分普遍。它是在普通压力或差压传感器的基础上增加微处理电路而形成的智能检测仪表。智能型压力变送器测量精度高，可以达到 0.1 级，功耗低、响应快、重量轻、稳定性和可靠性高。

（四）压力检测仪表的选用

压力检测仪表的选用应根据工艺生产过程对压力测量的要求，再结合其他各方面的情况进行综合分析考虑。例如，是否需要远传、自动记录或报警；被测介质的物理化学性能（如温度、压力、黏度、腐蚀性、易燃易爆程度等）；必须注意仪表安装使用时所处的现场环境条件，如环境温度、电磁场、振动等。从被测介质性质来看，对腐蚀性较强的介质应使用不锈钢之类的弹性元件或传感器；对氧气、乙炔等介质应选用专用的压力检测仪表。从对仪表输出信号的要求来看，对于需要将压力信号远传到控制室或其他电动仪表的情况，则应选用电气式压力检测仪表或其他具有电信号输出的仪表，如应变片式压力传感器、电容式压力变送器等；从仪表使用环境来看，对于温度特别高或低的环境，应选择温度系数小的敏感元件；对于爆炸性较强的环境，在使用电气式压力检测仪表时，应选择安全防爆型压力表。总之，根据工艺要求正确选用仪表类型是保证仪表正常工作及安全生产的重要前提。同时还应保证被测压力没有超出仪表的测量范围。此外，从成本角度考虑，在满足工艺要求的前提下，应尽可能选用精度较低、价廉耐用的仪表。

（五）流量检测仪表

在工业生产中，为了有效地进行生产操作和控制，经常需要测量生产过程中各种介质（液体、气体和蒸汽等）的流量，以便为生产操作和控制提供依据。所谓流量是指单位时间内流过管道某一截面的流体数量的大小，即瞬时流量。在某一时段内流过流体的总和，即瞬时流量在某一时段的累积量称为累积流量（总流量）。流量和总流量可以用体积来表示，也可以用质量来表示。单位时间流过的流体以质量表示称为质量流量，以体积表示称为体积流量。

测量瞬时流量的仪表一般称为流量计；测量总流量的仪表常称为计量表。由于流量检测的复杂性和多样性，流量检测的方法有很多，其测量原理和所应用的仪表结构形式各不相同，目前有上百种流量检测方法，其中有十多种常用于工业生产中。流量检测方法可分为以下几类：①速度式流量计是一种以测量流体在管道内的流速作为测量依据来计算流量的仪表，如差压式流量计、转子流量计、电磁流量计、涡轮流量计及堰式流量计等。②容积式流量计是一种以单位时间内所排出流体的固定容积作为测量依据来计算流量的仪表，如椭圆齿轮流量计、活塞流量计等。③质量流量计是一种以测量流体流过的质量为依据的流量计。质量流量计分为直接式和间接式两种。直接式质量流量计直接测量质量流量，如量热式、角动量式、陀螺式和科里奥利力式等质量流量计。间接式质量流量计是用密度与容积流量经过运算求得质量流量的。质量流量计具有测量精度不受流体的温度、压力、黏度等变化影响的优点，是一种发展中的流量检测仪表。

1. 速度式流量计　在工业生产中，速度式流量计的使用最多，品种也很多。

1）差压式流量计　差压式流量计又称为节流装置，是利用流体流经节流装置时产生的压力差而实现流量测量的。它是目前工业生产中测量流量最成熟、最常用的仪表之一。

通常是由能将被测流量转换成压差信号的节流装置和能将此压差转换成对应的流量值显示

出来的差压计及显示仪表所组成。节流装置结构简单、使用寿命长、适应性较广，能测量各种工况下的流体流量，且已标准化而不需要单独标定。但是量程比较小，即范围狭窄，最大流量与最小流量之比为 3:1，压力损耗较大，刻度为非线性。

节流装置包括节流流件和取压装置，节流流件是能使管道中的流体产生局部收缩的元件，应用最广泛的是孔板，其次是喷嘴、文丘里管等。在此以孔板为例。流体在管内流动，经过节流孔时，通道截面积突然变小，流速加大，由于在总的能量中动能增大，势必导致静压力的下降。流量越大，压力降低得越多，再经过一段距离后，流速又回到原来的数值，压力有所回升，但因有阻力损失，所以恢复不到原来的数值，节流装置前后压差的大小与流量有关，管道中流动的流体流量越大，在节流装置前后产生的压差也越大，只要测出孔板前后两侧压差的大小，即可表示流量的大小，这就是节流装置测量流量的基本原理。

2）涡轮流量计　涡轮流量计又称为漩涡流量计，它可以用来测量各种管道中的液体、气体和蒸汽的流量，是目前工业控制、能源计量及节能管理中常用的新型流量仪表。

涡轮流量计的特点是精确度高、测量范围宽、没有运动部件、无机械磨损、维护方便、压力损失小、节能效果明显。

涡轮流量计是利用有规则的漩涡剥离现象来测量流体流量的仪表（图 6-4）。涡轮安装在非导磁材料制成的水平管段内，当涡轮受到流体冲击而旋转时，由导磁材料制成的涡轮叶片通过磁电感应转换器中的永久磁钢时，由于磁路中的磁阻发生周期性变化，从而在感应线圈内产生脉动电势，经放大和整形后，获得与流量成正比的脉冲频率信号作为流量测量信息，再根据脉冲累计数可得知总量。这种检测元件的优点是精度高、动态效应好、压力损失较小，但是流体必须不含污物及固体杂质，以减少磨损和防止涡轮被卡。适宜于测量比较洁净而黏度又低的液体的流量。

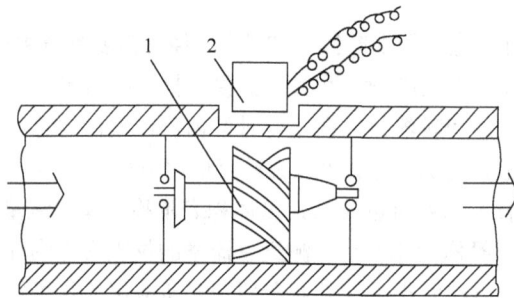

图 6-4　涡轮流量计结构示意图

1. 涡轮；2. 电磁感应转换装置

2. 容积式流量计　椭圆齿轮流量计属于容积式流量计的一种（图 6-5），它对被测流体的黏度变化不敏感，特别适合于测量高黏度的流体（如重油、聚乙烯醇、树脂等），甚至糊状物的流量。它是利用容积法来测量流量的。

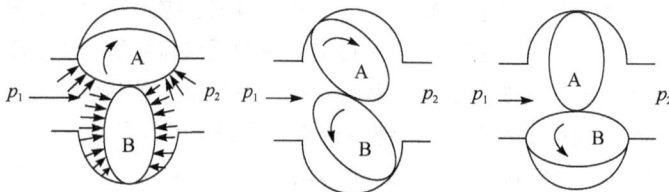

图 6-5　椭圆齿轮测量流量示意图

p_1、p_2 为压力，A、B 为椭圆齿轮

液体通过时利用进出口压差产生力矩使两个椭圆齿轮转动，每间转一周排出一定量的液体，测得旋转频率就可求出体积流量，其累积数即总流量。这种检测元件适用于测量高黏度液体介质，它对掺有机械物的杂质非常敏感，因为这些杂质易磨损齿轮，故需安装过滤器。

3. 质量流量计　　前面介绍的各种流量计均为测量体积流量的仪表，但是，有时人们更关心的是测量流过流体的质量多少。所以在测量工作中，需对测出的体积流量进行换算。由于介质的密度受到温度、压力、黏度等许多因素的影响，气体尤为突出，这些因素往往会给测量结果带来较大的误差。质量流量计能够直接得到质量流量，这就能从根本上提高测量精度，省去了烦琐的换算和修正。

质量流量计大致可分为两类：一类是直接式质量流量计，即直接检测流体的质量流量；另一类是间接式或推导式质量流量计，这类流量计是通过体积流量计和密度计的组合来测量质量流量的。

（六）流量检测仪表的选用

不同类型的流量检测仪表性能和特点各异，选型时必须从仪表性能、流体特性、安装条件、环境条件和经济因素等方面进行综合考虑。

仪表性能：精确度、重复性、线性度、范围度、压力损失、上下限量、信号输出特性、响应时间等。

流体特性：流体温度、压力、密度、黏度、化学性质、腐蚀、结垢、脏污、磨损、气体压缩系数、等熵指数、比热容、电导率、多相流、脉动流等。

安装条件：管道布置方向、流动方向、上下游管道长度、管道口径、维护空间、管道振动、防爆、接地、电、气源、辅助设施（过滤、消气）等。

环境条件：环境温度、湿度、安全性、电磁干扰、维护空间等。

经济因素：购置费、安装费、维修费、校验费、使用寿命、运行费、备品备件等。

（七）物位检测仪表

在容器中液体介质的高低称为液位，容器中固体颗粒状物质的堆积高度称为料位。测量液位的仪表称为液位计，测量料位的仪表称为料位计，而测量两种密度不同液体介质的分界面的仪表称为界面计。上述三种仪表统称为物位检测仪表。

物位检测在现代工业生产中具有重要的地位。随着现代化工业设备规模的扩大和集中管理，特别是计算机投入运行以后，物位检测和远传显得更为重要。

物位检测面临的对象不同，检测条件和检测环境也不相同，因而物位检测方法很多，按其工作原理主要有以下几种类型。

1）直接式　　这种方法最简单也最常见。在生产现场经常可以发现在设备容器上开一些窗口或接旁通玻璃管液位计，用于直接观察液位的高低。该方法准确可靠，但只能就地指示，容器压力不能太高。

2）静压式　　根据流体静力学原理，静止介质内某一点的静压力与介质上方自由空间压力之差同该点上方的介质高度成正比，因此可以通过压差来测量液体的液位高度。基于这种方法的液位计有差压式、吹气式等。

3）浮力式　　利用浮子（或称沉筒）高度随液位变化而改变或液体对浸沉于液体中的浮子的浮力随液位高度而变化的原理工作。它可分为浮子带钢丝绳或钢带的、浮球带杠杆的和沉筒式的几种。

4）机械接触式　　通过测量物位探头与物料面接触时的机械力实现物位的测量。主要有重锤式、音叉式、旋翼式等。

5）电磁式　　使物位的变化转化为一些电量的变化，通过测出这些电量的变化来测知物位，它可分为电阻式、电容式和电感式物位仪表等，还有利用压磁效应工作的物位仪表。

6）辐射式　　利用辐射透过物料时，其强度随物质层的厚度而变化的原理制成，目前应用较多的是γ射线。

7）声波式　　利用超声波在介质中的传播速度及在不同相界面之间的反射特性来检测物位，可以检测液位和料位。

8）光学式　　利用物位对光波的遮断和反射原理工作，光源有激光等。

9）微波式　　利用高频脉冲电磁反射原理进行测量，相应有雷达液位计。

（八）物位检测仪表的选用

物位检测仪表的选型需要根据工艺要求、环境因素等多方面考虑，具体如下：①液面和界面测量应选用差压式仪表、浮筒式仪表。当不满足要求时，可选用电容式、射频导纳式、电阻式、声波式、磁翻转式等仪表。②仪表的结构形式及材质，应根据被测介质的特性来选择。主要的考虑因素为压力、温度、腐蚀性、导电性；是否存在聚合、黏稠、沉淀、结晶、结膜、汽化、起泡等现象；密度和密度变化；液体中含悬浮物的多少；液面扰动的程度及固体物料的粒度。③仪表量程应根据工艺对象实际需要显示的范围或实际变化范围确定。除供容积计量用的物位检测仪表外，一般应使正常物位处于仪表量程的50%左右。④仪表精确度应根据工艺要求选择，但供容积计量用的物位检测仪表的精确度应不劣于±1mm。⑤对于可燃、可爆气体、蒸汽及粉尘，应根据所确定的危险场所类别及被测介质的危险程度，选择合适的防爆结构形式的物位检测仪表或采取其他的防爆措施。

第四节　常用阀门

在流体管道系统中，阀门式控制元件，其投资占管道工程费用的30%～50%。阀门的主要功能为启闭、节流、调节流量、隔离设备和管道系统、防止介质倒流、调节和排泄压力等。因而，在管道设计中，科学合理地选择阀门既能降低装置的建设费用，又可保证生产安全运行。本节主要介绍阀门类型和用途，对阀门的选用在管道的设计中介绍。

一、阀门的类型和用途

常用阀门有多种分类方法，国内和国际上常按照结构原理将阀门分为闸阀、截止阀、旋塞阀、蝶阀、球阀、止回阀、节流阀、隔膜阀、疏水阀、安全阀、减压阀等。常用阀门的种类见表6-2。

表6-2　常用阀门的种类

分类	用途	备注
截断用阀	接通或切断管路介质流动，全开或全闭使用。根据系统的操作条件（如介质、压力降、密封要求等）选用不同的结构形式	闸阀、截止阀、球阀、蝶阀、隔膜阀等
调节用阀	调节介质的压力和流量	调节阀、节流阀、减压阀、针形阀等
止回用阀	防止介质倒流	各种不同结构的止回阀

续表

分类	用途	备注
分流用阀	改变管路中介质流动的方向，起分配、分流或混合介质的作用	三通球阀、分配阀、疏水阀等
压力泄放阀	超压安全保护，排放多余的介质，防止压力超过规定数值，保证设备及管路系统的安全	安全阀、事故阀
特殊专用阀	送气防空或排污等，清管阀在全开或全关状态下都可以排放体腔中的介质	放空阀、排污阀、清管阀、仪表阀、液压控制管路系统用阀等

二、常用阀门的特性

1. 闸阀　　闸阀又称为闸板阀，特点是利用闸板进行启闭，来接通或切断管路。按阀杆上螺纹的位置分为暗杆式与明杆式两种，按闸板结构又分为楔式和平行式两种。当闸阀半开时，阀芯易产生振动，所以闸阀只适用于全开或全闭的情况，不适合于需要调节流量的场合。阀体体内有刻槽，也不适合含固体微粒的流体。优点是阻力小，开闭缓慢，无水锤现象，而且适用的口径范围、压力温度范围都很宽。缺点是结构比较复杂，制造和维修比较困难，价格较贵，且阀体高，占地面积大。

2. 截止阀　　其特点是依靠阀杆下的阀瓣与阀座紧密贴合，以控制阀的启闭。按其结构型分为标准式、流线式和直通式三种。安装时，应注意流体方向与阀体上箭头方向一致。带有传动装置的截止阀应垂直安装于水平管道上。优点是流量调节平稳，严密不漏，很少需要检修，可耐较高压力和温度，适用于多种流体，一般装在泵的出口，调节阀旁路、流量计上游等需调节流量之处。缺点是构造复杂，价格较贵，流体经过阀门局部阻力较大。

3. 旋塞阀　　其特点是利用一个中心开孔的柱锥体做阀芯，靠旋转锥体控制阀的开启和关闭。流体直流通过，压力降低，适用于悬浮液或黏稠液。阀芯又可做成 L 形或 T 形通道而成为三通阀和四通阀。它主要用于输送温度低于 120℃、压力为 0.3～1.6MPa（表压）的流体管路上。优点是构造简单，价格便宜，开闭较快，占地面积小，容易检修和维护，完全开启时流体阻力小。缺点是不能精密调节流量，大口径时开关很费力。

4. 蝶阀　　其特点是通过调节蝶板旋转开合度来控制流体的流量。具有口径大，重量轻，开闭迅速的特性。因使用温度受密封材料的限制，它常用于温度低于 80℃、压力小于 1MPa（表压）的水、空气、烟道气等大口径管道。优点是尺寸小、重量轻、开闭迅速、具有一定调节性能。缺点是不能用于流体的完全切断。

5. 止回阀　　其是用以防止流体逆向流动的阀门。按结构可分为升降式和旋启式两种。升降式较旋启式的密封性好，流体阻力大。卧式止回阀宜装在水平管道上。立体止回阀应装在垂直管道上。旋启式止回阀不宜制成小口径阀门，它可装在水平、垂直或倾斜的管道上。如果装在垂直管道上，介质流向应由下至上。止回阀只能用以防止突然倒流，但密封性能欠佳，因此对严格禁止倒流的物料，还应采取其他措施。它一般适用于清洁介质，不适用于含固体颗粒和黏度较大的介质。

6. 疏水阀　　其能自动地排除设备或管道中的凝结水，而不排除气体。一排需排除冷凝水、空气及其他不凝性气体的地方（如蒸汽管道、补偿器或蒸汽加热设备的底部等）均应安装疏水阀。

7. 减压阀　　其是一种自动阀门，将进口压力减至某一需要的出口压力，并使出口压力自动保持稳定。其作用是防止过高的静水压力或防止管内出现不满流现象。常用的减压阀有波纹管式、活塞式、先导薄膜式等。活塞式减压阀不能用于液体减压，而且流体中不能含有固体颗粒，故减压阀前应装管道过滤器。

8. 安全阀 其是用来对管道或设备起保护作用的阀门。当管道或设备内的介质压力超过规定值时，启闭件（阀瓣）能自动开启排放，低于规定值时，自动关闭。安全阀种类众多，按照其结构类型可分为重力式安全阀、弹簧式安全阀、先导式安全阀、微启式安全阀和全启式安全阀等。

9. 节流阀 其除阀瓣（启闭件）以外，与截止阀结构基本相同，其阀瓣是节流部件，不同形状具有不同的特性，阀座的通径不宜过大，因其开启高度较小，介质流速增大，从而加速对阀瓣的冲蚀。节流阀适合于温度较低、压力较高的介质及需要调节流量和压力的部位，不适用于黏度大和含有固体颗粒的介质，不宜做隔断阀。优点是外形尺寸小，重量轻，调节性能较盘形截止阀和针形阀好。缺点是调节精度不高。

10. 隔膜阀 其启闭件是一块橡胶隔膜，夹于阀体和阀盖之间。流体只与隔膜接触而不触及阀体其他部位。特别适用于腐蚀性流体、不允许泄漏的流体或黏稠液、悬浮液等，但使用范围受隔膜材质所限，因此不适用于有机溶剂和强氧化剂的介质。优点是结构简单，密封性能好，便于维修，流体阻力小。

小　结

在生物发酵工厂设计中，合适的工程材料不仅要能满足工艺需求，还应具备优异的性能以抵抗腐蚀。常见的工程材料包括金属、塑料和复合材料等，需根据各工程材料的优缺点，以及发酵工厂的具体环境和要求来选用。此外，材料的耐腐蚀性也是选择的关键因素，需选择耐酸碱、耐高温的材料，同时采取防腐蚀措施如涂层、阴极保护等，以延长材料的使用寿命。工业仪表的分类众多，包括温度计、压力计、流量计等，它们为生产过程提供了精确的数据支持。在选择仪表时，需考虑其精度、稳定性及适用环境等因素。阀门的种类繁多，如截止阀、球阀、闸阀等，每种阀门都有其特定的用途和优势。在选择阀门时，需根据工艺流程、介质特性和操作要求等因素进行综合考虑。

复习思考题

1. 设备材料制造时应考虑哪些因素？
2. 工程材料防腐蚀的策略有哪些？
3. 常见阀门种类有哪些？
4. 画出工程材料分类的思维导图。
5. 生物工厂生产中，当需要远传温度指示时，应该选用何种温度仪表，其各自特点是什么？
6. 测压仪表有哪几类？各基于什么原理？
7. 弹簧管压力计的测压原理是什么？试述弹簧管压力计的主要组成及测压过程。
8. 电容式压力传感器的工作原理是什么？有何特点？
9. 应变片式与压阻式压力计各采用什么测压元件？
10. 流量检测的方法主要有哪两大类？它们又各自包含哪些检测方法？
11. 用节流装置测气体流量时，若气体组成、温度及压力发生变化，则示值该如何修正？
12. 试述各种流量计在应用上的特点和适用场合。
13. 什么叫节流现象？流体经节流装置时为什么会产生静压差？
14. 椭圆齿轮流量计的特点是什么？在使用中应注意什么问题？
15. 电磁流量计的工作原理是什么？它对被测介质有什么要求？
16. 质量流量计有哪两大类？
17. 物位检测方法有哪些？如何选用物位检测仪表？

第七章
工艺设备的设计和选型

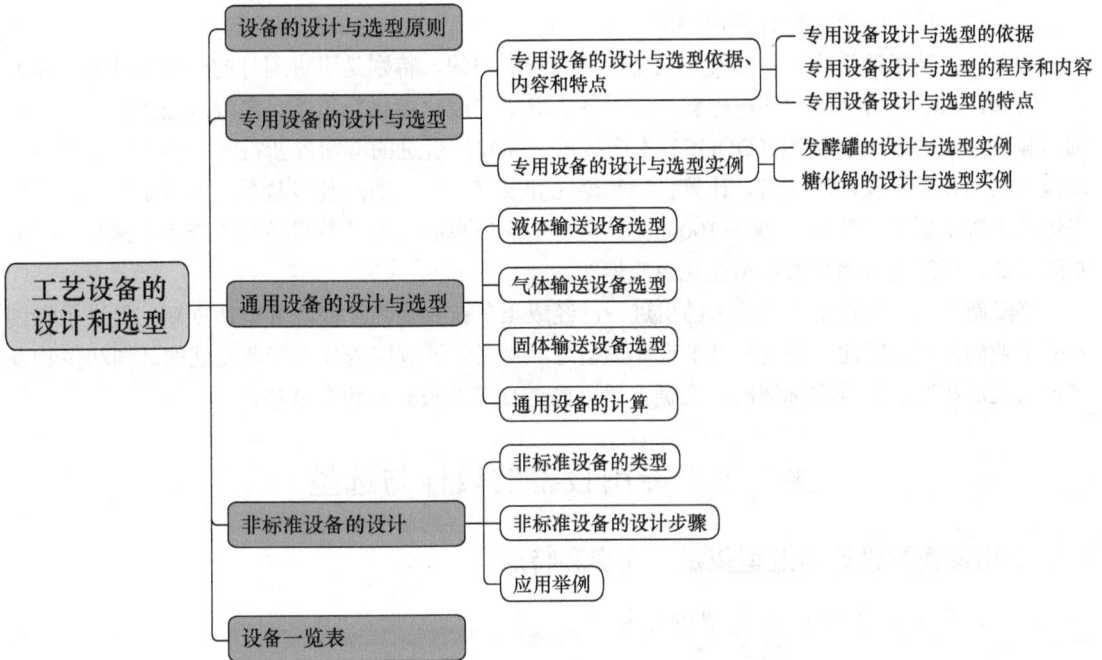

```
                              ┌─ 设备的设计与选型原则
                              │
                              │                    ┌─ 专用设备的设计与选型依据、    ┌─ 专用设备设计与选型的依据
                              │                    │  内容和特点              ├─ 专用设备设计与选型的程序和内容
                              ├─ 专用设备的设计与选型 ┤                        └─ 专用设备设计与选型的特点
                              │                    │
                              │                    └─ 专用设备的设计与选型实例    ┌─ 发酵罐的设计与选型实例
                              │                                            └─ 糖化锅的设计与选型实例
                              │
                              │                    ┌─ 液体输送设备选型
 工艺设备的                     │                    │
 设计和选型 ───────────────────┤                    ├─ 气体输送设备选型
                              ├─ 通用设备的设计与选型 ┤
                              │                    ├─ 固体输送设备选型
                              │                    │
                              │                    └─ 通用设备的计算
                              │
                              │                    ┌─ 非标准设备的类型
                              │                    │
                              ├─ 非标准设备的设计 ────┼─ 非标准设备的设计步骤
                              │                    │
                              │                    └─ 应用举例
                              │
                              └─ 设备一览表
```

通常把生物发酵工厂所涉及的设备分为专业设备、通用设备和非标准设备。专业设备是指发酵罐、糖化锅、精馏塔等专业性较强的设备；通用设备是指泵、风机等各行各业都可以使用的设备；非标准设备是指生产车间的计量桶、搅拌池等设施。

设备工艺设计与选型的任务是在工艺计算的基础上，确定车间内所有工艺设备的台数、类型和主要尺寸。据此，开始进行车间布置设计，并为下一步施工图设计及其他非工艺设计项目（如设备的机械设计、土建、供电、仪表控制设计等）提供足够的有关条件，为设备的制作、订购等提供必要的资料。

第一节　设备的设计与选型原则

设备设计选型是否正确恰当，对投资建厂和工厂投产后的运行维修、工人的劳动强度、产品的质量都会有很大影响。设备的设计选型，可以反映出所设计工厂的先进性和生产的可靠性。因此，在设备的工艺设计和选型时应考虑以下原则。

（1）保证工艺过程实施的安全可靠（包括设备材质对产品质量的安全可靠；设备材质强度的耐温、耐压、耐腐蚀的安全可靠；生产过程清洗、消毒的可靠性等）。

（2）经济上合理，技术上先进，操作上方便。

（3）投资省，耗材料少，加工方便，采购容易。

（4）运行费用低，水、电、汽消耗少。

（5）操作清洗方便，耐用，易维修，备品配件供应可靠，减轻工人劳动强度，尽量实现机械化和自动化。

（6）设备结构紧凑，尽量采用经过实践考验证明确实性能优良的设备。

（7）考虑生产波动与设备平衡，要留有一定的余量和备用设备。

（8）考虑设备故障及检修的备用。

（9）尽量减少噪声，符合环保要求。

随着科学技术的进步，生物发酵设备近年来发展很快，特别是引进国外的一些新技术、新设备。例如，乙醇厂引进的循环粉碎新工艺设备、双酶法液化糖化新工艺、多效蒸馏新技术及生产饲料减少污染的玉米酒糟粕（DDGS）生产技术。啤酒厂引进的湿粉碎新技术、快速过滤设备、硅藻土过滤设备、膜过滤设备、计算机控制糖化和发酵、全自动灌装包装系统等设备等。味精厂引进的大容量新型发酵罐（500～1000m³）、全自动高速离心机和计算机控制真空煮晶罐等。新型发酵工业，引进优良菌株及新型生化反应器等。

许多新工艺、新设备、新技术的引进，已经或正在被我国消化吸收并有所创新，促进了我国发酵工业的发展。因此，在进行设备设计选型时，要充分了解国内外本行业发展的动向和生物发酵设备发展状况，结合实际情况，遵循上述原则进行工艺设计和设备选型。

第二节　专用设备的设计与选型

一、专用设备的设计与选型依据、内容和特点

（一）专用设备设计与选型的依据

（1）由工艺计算确定的成品量、物料量、耗汽量、耗水量、耗风量、耗冷量等。

（2）工艺操作的最适外部条件（温度、压力、真空度等）。

（3）设备的构造类型和性能。

（二）专用设备设计与选型的程序和内容

（1）设备所担负的工艺操作任务和工作性质，工作参数的确定。

（2）设备选型及该型号设备的性能、特点评价。

（3）设备生产能力的确定。

（4）设备数量计算（考虑设备使用维修及必需的富裕量）。

（5）设备主要尺寸的确定。

（6）设备化工过程（换热、过滤、干燥面积、塔板数等）的计算。

（7）设备的传动搅拌和动力消耗计算。

（8）设备结构的工艺设计。

（9）支撑方式的计算选型。

（10）壁厚的计算选择。

（11）材质的选择和用量计算。

（12）其他特殊问题的考虑。

（三）专用设备设计与选型的特点

生物发酵专业涉及多种发酵产品的生产，由于不同产品在具体生产过程中的要求不一样，因此在设计计算和选型过程中会有很大的差异。应当在对各种发酵产品生产全过程充分认识了解的基础上着手进行设计。其中主要考虑各种产品的生产特点、原料性质来源、现阶段生产水平可能达到的技术经济指标、有效生产天数、各个生产环节的周期等因素。

例如，关于生产天数的确定，各种发酵产品的生产就有很大差异。葡萄酒生产有很强的季节性，一般来说，全年产量所需要的葡萄汁要集中在短短的一两个月制得。而在葡萄收获季节，一天之中也只能工作几个小时，因此在计算时就必须注意到上述特点。在设备选型时，要保证除梗、破碎和压榨设备有足够大的生产能力。而全厂贮酒罐的容积就决定了一个葡萄酒厂的生产能力。

啤酒、味精、白酒和有机酸等产品生产的主要环节是间歇式操作，乙醇、甘油等产品的生产连续性较强，大部分环节能做到连续生产。

由此可见，不同产品的发酵工厂，其专业设备的设计选型差距很大。即使同一发酵工厂，由于采用连续或间歇操作，其专业设备的设计选型也不一样。

下面对间歇式和连续式发酵设备的生产能力、数量和容积进行设计计算，说明专业设备设计与选型的特点。

1. 间歇式发酵设备生产能力、数量和容积的设计计算

1）间歇式发酵设备生产能力的确定　间歇式发酵设备生产能力的表示方法，一般为 t/（罐·批）或 m^3/（罐·批），对于味精、酶制剂等通风发酵设备，其生产能力由设备选型来确定。例如，5000t/年味精厂选容积为 100t 的发酵罐，其生产能力为

$$100×70\%×15\%×48\%×80\%×112\%×99\%=4.47[t/（罐·批）]$$

式中，100 为发酵罐容积（t）；70%为填充系数；15%为发酵粗糖浓度（还原糖）；48%为发酵转化率；80%为提取率；112%为精制收率；99%为发酵成功率。

对于啤酒生产，糖化设备的生产能力由工厂的生产规模、每日糖化次数决定。

2）间歇式发酵设备数量的确定　间歇式发酵设备数量的确定，一般可由式（7-1）求出：

$$N=\frac{Zt}{mr} \text{ 或 } N=\frac{V_1t}{24V_2\zeta} \tag{7-1}$$

式中，N 为设备的操作台数（不含备用）；Z 为每日加工原料和半成品的质量（t）；t 为设备的一个操作周期（h）；m 为每日设备操作有效量（t）；r 为每日设备操作的时间（h）；V_1 为每日加工的原料、半成品的体积（m^3）；V_2 为每台设备的体积（m^3）；ζ 为设备的填充系数。

从经济性出发，在相同规模下，选择单台设备容量大些、台数少些比单台设备容量小些、台数多的投资费用与管理费用要少。而老厂改造，就要考虑原有设备利用问题。设备容量和数量的确定，不仅要考虑投资费用，有时出于工艺要求及生化反应和化学工程学的需要，还要优先考虑对生产有利的因素，而将设备投资的经济观点放到次要地位。例如，乙醇生产的拌料罐的容积不能过大，以防止原料中因酶的作用转化出过多的糖；好氧发酵设备要求有一定的高径比；啤酒大罐发酵时要求 15h 之内满罐等。

3）间歇式发酵设备容积的计算　其可以按式（7-2）计算：

$$V=\frac{V_1t}{24\zeta} \tag{7-2}$$

式中，V 为设备的总体积（m^3）；V_1 为每日加工的原料、半成品的体积（m^3）；t 为操作周期，包括预备时间、操作和清洗等辅助操作规程时间（h）；ζ 为填充系数，一般情况下，装有搅拌和冷却装置的或产生泡沫多的物料，$\zeta=0.6\sim0.8$，乙醇发酵罐取 $\zeta=0.8\sim0.85$，气液分离器取 $\zeta=0.7$ 等。

4）间歇式发酵设备主要尺寸的计算   发酵工厂的设备多为容器型设备。不同的设备，根据用途和设备特性，高径比有很大差别。例如，锥形底发酵设备制作容易，排料干净，间歇操作采用较多。

在确定各部尺寸时，通常根据已知容量 V 及高径比、封头高度（折算成相同直径筒高），列出数学方程求出。

直径计算出来后，应将其值圆整到接近的公称直径系数（查化工手册确定）。然后校核总容量是否可满足工艺计算的容量要求。如偏差太大，还要进行相应调整，直到符合要求。直径计算确定后，可根据关系求出其他尺寸。

2. 连续式发酵设备生产能力、数量和容积的设计计算   连续式发酵设备在设计中，既要考虑生产能力，又要考虑混合、反应等处理效果。通常提高反应效果的具体做法是：在满足生产能力的前提下，选择设备时要考虑其高径比和设备数量，如连续蒸煮、连续发酵设备通常取 3～5 个罐串联。

设计连续式发酵设备的容量和主要尺寸的依据是：①物料流量 V（m^3/s 或 t/s）；②物料在设备中的逗留时间 t（s）；③物料在设备各部位的流速 u（m/s）。物料流量是根据设计的生产规模，通过计算确定的。物料在设备中的逗留时间则取决于生产工艺的要求。以连消和连续蒸煮为例，同时用蒸汽加热物料，连消在加热区的逗留时间比连续蒸煮要短得多，前者以杀菌和保存营养为主；后者则要考虑充分糊化物料。

1）连续式发酵设备生产能力的确定   对于连续式发酵设备，其生产能力是在保证生产工艺条件的基础上，单位时间通过设备的物料量，由工厂的规模与物料衡算确定。以淀粉为原料，年产 30 000t 乙醇厂为例，根据物料衡算蒸煮醪的体积流量为 $45m^3/h$。因此要求连续蒸煮设备的生产能力即 $45m^3/h$。

2）连续式发酵设备容积的计算   已知物料流量 V 和逗留时间 t，可以计算出设备的有效体积 $V_{有效}$。

$$V_{有效}=Vt \tag{7-3}$$

例如，根据生产经验，30 000t/年乙醇厂蒸煮时间（即逗留于高温区的时间）要求为 60～90min。现取 80min，则蒸煮设备的总有效容积为

$$V_{有效}=\frac{45}{60}\times80=60\,(m^3)$$

3）连续式发酵设备数量的计算   连续式发酵设备为保证反应的充分均匀，防止滞留和滑漏现象，根据生产性质的不同，一般取设备数量为 3～5 个。也可设定单个设备容量，由总容量求算设备数 n。

$$n=\frac{V_{有效}}{\zeta V'} \tag{7-4}$$

式中，$V_{有效}$ 为设备有效总容积（m^3）；V' 为单台设备容积（m^3）；ζ 为填充系数（%）。

根据上例 30 000t/年乙醇厂 $V_{有效}=60m^3$，$V'=16m^3$，$\zeta=100\%$，则蒸煮设备数量 n 为

$$n=\frac{60}{16}=3.75\approx4\,(个)$$

4）连续式发酵设备主要尺寸的计算　　容器类设备主要尺寸的计算方法同间歇操作设备的计算方法。但连续操作设备为保证其顺序性，通常高径比要比间歇操作设备大些。具体情况可根据生产特点加以确定。

二、专用设备的设计与选型实例

专用设备包括发酵罐、糖化锅、精馏塔等专业性较强的设备，下面以具体实例说明发酵罐糖化锅的设计与选型。

（一）发酵罐的设计与选型实例

现以年产 30 000t 纯度为 99%味精发酵罐的设计，说明发酵罐设计计算与选型的过程和方法。

$$V=\frac{1000\times100\%}{150\times48\%\times80\%\times99\%\times112\%}=15.66（m^3）$$

式中，150 为发酵初糖浓度（kg/m^3）；48%为发酵转化率；80%为提取率；99%为发酵成功率；112%为精制收率。

由工艺计算知，每生产 1000kg 纯度为 100%的味精需浓度为 150kg/m^3 的糖液 15.66m^3。

1. 发酵罐的选型　　好氧发酵罐的研究从 20 世纪 40 年代开始，取得了一系列的成果，各种罐型纷纷出现（数字资源 7-1）。

评价发酵罐技术性能的主要尺度是体积传氧系数 K；评价经济性能的依据是传氧效率 g。当然实践性要考虑，该种发酵罐已实践过的最大容积，放大性能，是否适合某种发酵醪的液体特性等。

数字资源 7-1

当前，我国谷氨酸发酵占统治地位的发酵罐仍是机械涡轮搅拌通风发酵罐，即常说的通用罐。选用这种发酵罐的原因主要是：历史悠久，资料齐全，在比拟放大方面积累了较丰富的成功经验，成功率高。

现以此类发酵罐为例进行设计选型。

2. 生产能力、数量和容积的确定

1）发酵罐容积的确定　　随着科学技术的发展，生产发酵罐的专业厂家越来越多，现有的发酵罐容量系列有 5m^3、10m^3、20m^3、50m^3、60m^3、75m^3、100m^3、120m^3、150m^3、200m^3、250m^3、500m^3、550m^3、600m^3、780m^3 等。究竟选择多大容量的好呢？一般来说，单罐容量越大，经济性能越好，但风险也越大，要求技术管理水平也越高。另外，属于技术改造适当扩建的项目，考虑原有规模发酵罐的利用和新增发酵罐的统一管理，可取与原有发酵罐相同的容积；而新建的单位和车间，应尽量减少设备数量，在技术管理水平允许的范围内，尽量取较大容量的发酵罐。可选单罐公称容量 50m^3 或 100m^3，前者为老厂改造用，后者为新建厂用。

2）生产能力的计算　　现每天产 99%纯度的味精 10t，谷氨酸发酵周期为 48h（包括发酵罐清洗、灭菌、进出物料等辅助操作时间），每吨 100%的味精需糖液 15.66m^3，则每天需糖液体积为 $V_{糖}$ 为

$$V_{糖}= 15.66\times10\times99\%= 155（m^3）$$

设发酵罐的填充系数 $\zeta=70\%$，则每天需要发酵罐的总容积为 V_0（发酵周期为 48h）。

$$V_0=\frac{V_{糖}}{\zeta}=\frac{155}{0.7}=221.4（m^3）$$

3）发酵罐个数的确定　　计算发酵罐容积时有几个名称需明确。

装液高度系数是指圆筒部分高度系数，封底则与冷却管、辅助设备体积相抵消。

公称容积是指罐的圆柱部分和底封头容积之和，并圆整为整数。上封头因无法装液，一般不计入容积。

罐的全容积是指罐的圆柱部分和两封头容积之和。通用式发酵罐系数见表 7-1，供参考。

表 7-1   通用式发酵罐系数（吴思方，2007a）

公称容积	罐内径 /mm	圆柱高 H_0 /mm	封头高 h /mm	罐体总高 H/mm	封头容积	圆柱部分容积	不计上封头的容积	全容积	搅拌桨直径 D /mm	搅拌转数 /(r/min)	电动机功率 /kW	搅拌轴直径 /mm	冷却方式
50L	320	640	105	850	6.3L	52L	58.3L	64.6L	112	470	0.4	25	
100L	400	800	125	1050	11.5L	100L	112L	123L	135	400	0.4	25	
200L	500	1000	150	1300	21.3L	197L	218L	139L	168	360	0.6	25	夹套
500L	700	1400	200	1800	54.5L	540L	595L	649L	245	265	1.1	35	
1.0m³	900	1800	250	2300	0.112m³	1.14m³	1.25m³	1.36m³	315	220	1.5	35	
5.0m³	1500	3000	400	3800	0.487m³	5.3m³	5.79m³	6.27m³	525	160	5.5	50	
10m³	1800	3600	475	1500	0.826m³	9.15m³	9.98m³	10.8m³	630	145	13	65	夹套或列管
20m³	2300	4600	615	5830	1.76m³	19.1m³	20.86m³	22.6m³	770	125	23	80	
50m³	3100	6200	815	7830	4.2m³	46.8m³	51m³	55.2m³	1050	110	55	110	
100m³	4000	8000	1040	10080	9.02m³	1000m³	109m³	118m³	1350	△	△	△	列管
200m³	5000	10000	1300	12600	16.4m³	197m³	213m³	230m³	1700	△	△	△	

注：本表以谷氨酸发酵罐为依据（采用两组六弯叶搅拌桨）；100m³ 以上的发酵罐要考虑传动的方式，故有△的几项未列入

现以单罐公称容积为 100m³ 的六弯叶机械搅拌通风发酵罐为例，计算需要发酵罐的个数。

由表 7-1 知公称容积为 100m³ 的发酵罐，全容积为 118m³，计算得

$$n = \frac{V_{糖}t}{24V_{总}\zeta} = \frac{155 \times 48}{24 \times 0.7 \times 118} = 3.75 (个)$$

取公称容积 100m³ 发酵罐 4 个。

实际产量验算：

$$\frac{118 \times 0.7 \times 2}{155} \times 3000 = 3197 (t/年)$$

富裕量：

$$\frac{3197 - 3000}{3000} \times 100\% = 6.6\%$$

能满足产量要求。

3. 主要尺寸的计算　　现按公称容积 100m³ 的发酵罐举例计算：$V_{全} = V_{筒} + 2V_{封} = 118 (m^3)$，封头折边忽略不计，以方便计算。则有

$$V_{全} = \frac{\pi D^2 \times H}{4} + 2 \times \frac{\pi D^3}{24} = 118$$

$$H = 2D$$

解方程得

$$1.57D^3 + 0.26D^3 = 118$$

$$D = 4.009 (m)$$

取 $D=4m$，$H=2D=8m$；根据《压力容器封头》（GB/T 25198—2010），知封头高 $H_封=h_a+h_b=1000+50=1050(mm)$。

验算全容积 $V'_全$：

$$V'_全=V_筒+2V_封=\frac{\pi D^2 \times H}{4}+2 \times \frac{\pi D^3}{24}+2 \times \frac{0.05\pi D^2}{4}$$

$$=\frac{3.14 \times 4^2 \times 8}{4}+2 \times \frac{3.14 \times 4^3}{24}+2 \times \frac{0.05 \times 3.14 \times 4^2}{4}$$

$$=100.48+16.7+1.26$$

$$=118.44(m^3)$$

$$V_全 \approx V'_全$$

4．冷却面积的计算　　为了保证发酵在最旺盛、微生物消耗基质最多及环境气温最高时也能冷却下来，必须按发酵生成热量高峰、一年中最热的半个月，冷却水可能达到最高温度的恶劣条件下，设计冷却面积。

计算冷却面积使用牛顿传热定律公式，即

$$A=\frac{Q_总}{K\Delta t_m} \qquad (7-5)$$

发酵过程的热量计算有许多方法，但在工程计算时更可靠的方法，仍然是实际测得的每立方米发酵液在每小时传给冷却器的最大热量；而对新开发的发酵产品，可通过生物合成进行计算。对谷氨酸发酵，每立方米发酵液每小时传给冷却器的最大热量约为 $4.18 \times 6000kJ/(m^3 \cdot h)$。

采用竖式列管换热器，取经验值 $K=4.18 \times 500kJ/(m^3 \cdot h \cdot ℃)$。平均温差 Δt_m 为

$$\Delta t_m=\frac{\Delta t_1-\Delta t_2}{\ln \dfrac{\Delta t_1}{\Delta t_2}} \qquad (7-6)$$

发酵液温度维持 32℃；冷却水温度 20℃→27℃。

$\Delta t_1=12℃$；$\Delta t_2=5℃$；代入得

$$\Delta t_m=\frac{12-5}{\ln \dfrac{12}{5}}=8(℃)$$

对公称容量 $100m^3$ 的发酵罐，每天装 2 罐，每罐实际装液量为

$$\frac{155}{2}=77.5(m^3)$$

$$换热面积 A=\frac{Q_总}{K\Delta t_m}=\frac{4.18 \times 6000 \times 77.5}{4.18 \times 500 \times 8}=116.25(m^2)$$

5．搅拌器设计　　机械搅拌通风发酵罐的搅拌涡轮有三种型式，可根据发酵特点、基质及菌体特性选用。由于谷氨酸发酵过程有中间补料操作，对混合要求较高，因此选用六弯叶涡轮搅拌器。

该搅拌器的各部尺寸与罐径 D 有一定的比例关系，现将主要尺寸列出。

搅拌器叶径 $D_1=D/3=4/3=1.33(m)$，取 $D_1=1.3(m)$

叶宽 $B=0.2D_1=0.2 \times 1.3=0.26(m)$

弧长 $l=0.375D_1=0.375 \times 1.3=0.49(m)$

底距 $C=D/3=4/3=1.33(m)$

盘径 $d_1 = 0.75D_1 = 0.75 \times 1.3 = 0.98$（m）

叶弦长 $L = 0.25D_1 = 0.25 \times 1.3 = 0.33$（m）

叶距 $Y = D = 4$（m）

弯叶板厚 $\delta = 12$（mm）

取两挡搅拌，搅拌转速 N_2 可根据 50m³ 罐，搅拌器直径 1.05m，转速 $N_1 = 110$r/min，以等 P_0/V 为基准放大求得

$$N_2 = N_1(D_2/D_1)^{2/3} = 110 \times (1.05/1.3)^{2/3} = 95（\text{r/min}）$$

6. 搅拌轴功率的计算　　通风搅拌发酵罐搅拌轴功率的计算有许多种方法，现用修正的迈凯尔式求取，并由此选择电机。

淀粉水解糖液低浓度细菌醪，可视为牛顿流体，计算步骤如下。

1）计算 R_{em}

$$R_{em} = \frac{D^2 N \rho}{\mu} \tag{7-7}$$

式中，D 为搅拌器直径，$D = 1.3$m；N 为搅拌器转速，$N = 95/60 = 1.58$r/s；ρ 为醪液密度，$\rho = 1050$kg/m³；μ 为醪液黏度，$\mu = 1.3 \times 10^{-3}[(\text{N} \cdot \text{s})/\text{m}^2]$。

将数代入式（7-7）得

$$R_{em} = \frac{1.3^2 \times 1.58 \times 1050}{1.3 \times 10^{-3}} \approx 2.2 \times 10^6 > 10^4$$

视为湍流，则搅拌功率准数 $N_p = 4.7$。

2）计算不通气时的搅拌轴功率 P_0'

$$P_0' = N_p N^3 D^5 \rho \tag{7-8}$$

式中，N_p 为在湍流搅拌状态时的搅拌功率准数，其值为常数 4.7；N 为搅拌转速，$N = 95$r/min $= 1.58$r/s；D 为搅拌器直径，$D = 1.3$m；ρ 为醪液密度，$\rho = 1050$kg/m³。

代入式（7-8）：

$$P_0' = 4.7 \times 1.58^3 \times 1.3^5 \times 1050 = 71.9 \times 10^3（\text{W}）\approx 72（\text{kW}）$$

两挡搅拌 $P_0 = 2P_0' = 144$（kW）。

3）计算通风时的轴功率 P_g

$$P_g = 2.25 \times 10^{-3} \times \left(\frac{P_0^2 N D^3}{Q^{0.08}} \right)^{0.39} \tag{7-9}$$

式中，P_0 为不通风时搅拌轴功率（kW）；N 为轴转速，$N = 95$r/min；D 为搅拌器直径（cm）；Q 为通风量（ml/min），设通风比 $v_m = 0.11 \sim 0.18$，取低限，如通风量变大，P_g 会小，为安全。现取 0.11，则

$$Q = 79.1 \times 0.11 \times 10^6 = 8.7 \times 10^6（\text{ml/min}）$$

$$P_g = 2.25 \times 10^{-3} \times \left[\frac{144^2 \times 95 \times 130^3}{(8.7 \times 10^6)^{0.08}} \right]^{0.39} = 116.1（\text{kW}）$$

4）求电机功率 $P_电$

$$P_电 = 1.01 \times \frac{P_g}{\eta_1 \eta_2 \eta_3} \tag{7-10}$$

采用三角带传动 $\eta_1=0.92$；滚动轴承 $\eta_2=0.99$；滑动轴承 $\eta_3=0.98$；端面密封增加的功率为 1%；代入式（7-10）得

$$P_{电}=1.01\times\frac{116.1}{0.92\times0.99\times0.98}=131.2（kW）$$

查手册选取合适的电机。

7. 设备结构的工艺设计　　设备结构的工艺设计，是将设备的主要辅助装置的工艺要求交待清楚，供制造加工和采购时取得资料依据。其内容包括空气分布器、挡板、封密方式及冷却管布置等，现分别简述如下。

1）空气分布器　　对于好氧发酵罐，分布器主要有两种形式，即多孔（管）式和单管式。对于通风量较小（如 $Q=0.02\sim0.5ml/s$）的设备，应加环型或直管型空气分布器；而对于通气量大的发酵罐，则使用单管通风，由于进风速度高，又有涡轮板阻挡、叶轮打碎、溶氧是没有问题的。本罐使用单管进风，风管直径计算见后文接管设计。

2）挡板　　挡板的作用是加强搅拌强度，促进液体上下翻动和控制流型，防止产生涡旋而降低混合与溶氧效果。如罐内有相当于挡板作用的竖式冷却蛇管、扶梯等也可不设挡板。为减少泡沫，可将挡板上沿略低于正常液面，利用搅拌在液面上形成的涡旋消泡。本罐因有扶梯和竖式冷却蛇管，故不设挡板。

3）密封方式　　随着技术的进步，机械密封已在发酵行业普遍采用，本罐拟采用双面机械密封方式，处理轴与罐的动静问题。

4）冷却管布置　　对于容积小于 $5m^3$ 的发酵罐，为了便于清洗，多使用夹套冷却装置。随着发酵罐容量的增加，比表面积变小，夹套形成的冷却面积已无法满足生产要求，于是使用管式冷却装置。蛇管因易沉积污垢且不易清洗而不采用；列管式冷却装置虽然冷却效果好，但耗水量过多；因此广泛使用的是竖直蛇管冷却装置。在环境温度较高的地区，为了进一步提高冷却效果，也有利用罐皮冷却的。

值得一提的是，为了保证发酵罐的冷却，单是计算出冷却面积是不够的，还要有足够的管道截面积，以供足够的冷却水通过。管道截面积太大，管径太粗不易弯制，冷却水不能被充分利用；太细则冷却水流经管路一半不到，水温已与料温相等。

（1）求最高热负荷下的耗水量。

$$W=\frac{Q_{总}}{c_p(t_2-t_1)} \tag{7-11}$$

式中，$Q_{总}$ 为每 $1m^3$ 醪液在发酵最旺盛时，1h 的发热量与醪液总体积的乘积；c_p 为冷却水的比热容，$c_p=4.18kJ/（kg\cdot K）$；t_1 为冷却水初温，$t_1=20℃$；t_2 为冷却水终温，$t_2=27℃$。

$$Q_{总}=4.18\times6000\times77.5=1.94\times10^6（kJ/h）$$

将各值代入式（7-11）：

$$W=\frac{1.94\times10^6}{4.18\times(27-20)}=6.63\times10^6（kg/h）=18.4（kg/s）$$

冷却水体积流量为 $1.84\times10^{-2}m^3/s$，取冷却水在竖直蛇管中流速为 1m/s，根据流体力学方程式，冷却管总截面积 $S_{总}$ 为

$$S_{总}=\frac{W}{u} \tag{7-12}$$

式中，W 为冷却水体积流量，$W=1.84\times10^{-2}m^3/s$；u 为冷却水流速，$u=1m/s$。

代入式（7-12）：

$$S_{总}=\frac{1.84\times10^{-2}}{1}=1.84\times10^{-2}（\mathrm{m}^2）$$

进水总管直径：

$$d_{总}=\sqrt{\frac{4S_{总}}{\pi}}=\sqrt{\frac{4\times1.84\times10^{-2}}{\pi}}=0.153（\mathrm{m}）$$

（2）冷却管组数和管径。设冷却管总表面积为 $S_{总}$，管径 d_0，组数为 n，则

$$S_{总}=n\frac{\pi}{4}d_0{}^2$$

竖直蛇管的组数 n，根据罐的大小一般取 3，4，6，8，12，…组。通常每组管圈数不超过 6 圈，增加组数可排下更多冷却管；管与搅拌器的最小距离不应小于 250mm；每圈管子的中心距为 $2.5\sim3.5D_{外}$，管两端 U 型或 V 型弯管，可弯制或焊接。安装时每组竖直蛇管用专用夹板夹紧，悬挂在托架上。夹板和托架则固定在罐壁上。管子与罐壁的最小距离应大于 100mm，主要考虑便于安装、清洗和良好传热。

现根据本罐情况，取 $n=8$，求管径。由上式得

$$d_0=\sqrt{\frac{4S_{总}}{n\times0.785}}=\sqrt{\frac{4\times1.84\times10^{-2}}{0.785\times8}}=0.054（\mathrm{m}）$$

查金属材料表选取 $\varPhi63\times3.5$ 无缝管，$d_{内}=56\mathrm{mm}$，$g=5.12\mathrm{kg/m}$，$d_{内}>d_0$，认为可满足要求，$d_{平均}=60\mathrm{mm}$。

现取竖蛇管圈端部 U 型弯管曲径为 250mm，则两直管距离为 500mm，两端弯管总长度为 l_0：
$$l_0=\pi D=3.14\times500=1570（\mathrm{mm}）$$

（3）冷却管总长度 L 的计算。由前知冷却管总面积 $A=116.25\mathrm{m}^2$；现取无缝钢管 $\varPhi63\times3.5$，每米长冷却面积为 $A_0=3.14\times0.06\times=0.19（\mathrm{m}^2）$，则

$$L=\frac{A}{A_0}=\frac{116.25}{0.19}=612（\mathrm{m}）$$

冷却管占有体积 $V=0.785\times0.063^2\times612=1.9（\mathrm{m}^3）$。

（4）每组管长 L_0 和管组高度。

$$L_0=\frac{L}{n}=\frac{612}{8}=76.5（\mathrm{m}）$$

另需连接管 8m，

$$L_{实}=L+8=612+8=620（\mathrm{m}）$$

可排竖直蛇管的高度，设为静液面高度，下部可伸入封头 250mm。设发酵罐内附件占有体积为 $0.5\mathrm{m}^3$，则总占有体积为

$$V_{总}=V_{液}+V_{管}+V_{附件}=77.5+1.9+0.5\approx80（\mathrm{m}^3）$$

则筒体部分液深为

$$H_{液}=\frac{V_{总}-V_{封}}{S_{截}}=\frac{80-9}{0.785\times4^2}=5.7（\mathrm{m}）$$

竖蛇管总高 $H_{管}=5.7+0.25=6.0（\mathrm{m}）$

又两端弯管总长 $l_0=1570\mathrm{mm}$，两端弯管总高为 500mm，则直管部分高度：

$$h = H_管 - 500 = 6000 - 500 = 5500(\text{mm})$$

则一圈管长：$l = 2h + l_0 = 2 \times 5\,500 + 1\,570 = 12\,570(\text{mm})$。

（5）每组管子圈数 n_0。

$$n_0 = \frac{L_0}{l} = \frac{76.5}{12.57} = 6(\text{圈})$$

现取管间距为 $2.5D_外 = 2.5 \times 0.063 = 0.16(\text{m})$，竖蛇管与罐壁的最小距离为 0.15m，则可计算出与搅拌器的距离在允许范围内（不小于200mm）。

作图表明，各组冷却管相互无影响。如发现现有设计无法排下这么多冷却管，则应考虑增大管径或增加冷却管组数，以便得到合适的安排。

（6）校核布置后冷却管的实际传热面积。

$$A_实 = \pi d_{平均} \cdot L_实 = 3.14 \times 0.06 \times 620 = 116.8(\text{m}^2)$$

而前有 $A = 116.25\text{m}^2$，$A_实 > A$，可满足要求。

8. 设备材料的选择 生物发酵设备的材质选择，优先考虑的是满足工艺的要求，其次是经济性。

例如，激素、抗生素、有机酸发酵等，考虑到对产品质量和产量的影响、安全性、后道工艺除铁困难或腐蚀性强等，则必须使用加工性能好、耐酸腐蚀的不锈钢。为了降低造价也可在碳钢设备内衬薄的不锈钢板。而像谷氨酸发酵则可以用碳钢制作发酵设备，精制时用除铁树脂除去铁离子。如企业实力雄厚，也可用不锈钢制作发酵设备。

随着科学技术的进步，会出现一些复合材料、喷涂金属和耐腐蚀涂料等新材料新技术，将会进一步降低设备投资费用。本设备选用 A_3 钢制作，以降低设备费用。

9. 发酵罐壁厚的计算 确定发酵设备壁厚的方法可用公式计算也可用查表法。后者是前人用公式计算的结果，为我们提供了方便，但查表时要注意选用材质和工作条件相应的表格。

（1）发酵罐的壁厚 $H_壁$ 的确定。

$$H_壁 = \frac{PD}{2\sigma\varphi - P} + C \tag{7-13}$$

式中，P 为设计压力，取最高工作压力的 1.05 倍，现取 $P = 0.4\text{MPa}$；D 为发酵罐内径，$D = 400\text{cm}$；σ 为 A_3 钢的许用应力，$\sigma = 127\text{MPa}$；φ 为焊缝系数，根据焊接情况和探伤的程度，查相应表决定，为 $0.5 \sim 1$，现取 $\varphi = 0.7$；C 为壁厚附加量（cm），$C = C_1 + C_2 + C_3$（C_1 为钢板负偏差，视钢板厚度查表确定，其范围为 $0.13 \sim 1.3\text{mm}$，现取 $C_1 = 0.8\text{mm}$；C_2 为腐蚀裕量，单面腐蚀取 1mm，双面腐蚀取 2mm，现取 $C_2 = 2\text{mm}$；C_3 为加工减薄量，对冷加工 $C_3 = 0$，热加工封头 $C_3 = S_0 \times 10\%$；现取 $C_3 = 0$）。

代入式（7-13）：

$$C = 0.8 + 2 + 0 = 2.8(\text{mm}) = 0.28(\text{cm})$$

$$H_壁 = \frac{0.4 \times 400}{2 \times 127 \times 0.7 - 0.4} + 0.28 = 1.18(\text{cm})$$

选用 12mm 厚 A_3 钢板制作。推算可知，直径 4m，厚 12mm，筒高 8m，每米高重 1186kg，$M_筒 = 1186 \times 8 = 9488(\text{kg})$。

（2）封头壁厚计算。标准椭圆封头的厚度计算公式如下。

$$H_封 = \frac{PD}{2\sigma\varphi - P} + C \tag{7-14}$$

式中，$P=0.4\text{MPa}$；$D=400\text{cm}$；$\sigma=127\text{MPa}$；$\varphi=0.7$；$C=0.08+0.2+0.1=0.38（\text{cm}）$。

$$H_{封}=\frac{0.4\times400}{2\times127\times0.7-0.4}+0.38=1.28（\text{cm}）$$

查钢材手册圆整为 $H_{封}=14\text{mm}$，$M_{封}=2005\text{kg}$。

壁厚表和椭圆封头壁厚表见《结构用无缝钢管》（GB/T 8162—2018）、《低压流体输送用焊接钢管》（GB/T 3091—2015）。

10. 接管设计

（1）接管的长度 h 设计。各接管的长度 h 根据直径大小和有无保温层，一般取 100～200mm，具体值见表 7-2。

表 7-2　接管长度 h（吴思方，2007a）　　　　　　　　（单位：mm）

公称直径 D_g	不保温接管长	保温设备接管长	适用公称压力/MPa
≤15	80	130	≤40
20～50	100	150	≤16
70～350	150	200	≤16
70～500	150	200	≤10

（2）接管直径的确定。接管直径的确定，主要根据流体力学方程式计算。已知物料的体积流量，又知各种物料在不同情况下的流速，即可求出管道截面积，计算出管径。计算出的管径再圆整到相近的钢管尺寸即可。也可用图算法求管径。

现以排料管（也是通风管）为例计算其管径。该罐实装醪量为 77.5m³，设 2h 之内排空，则物料体积流量为

$$Q=\frac{77.5}{3600\times2}=0.0108（\text{m}^3/\text{s}）$$

发酵醪流速取 $u=1\text{m/s}$；则排料管截面积为 $A_{排}$。

$$A_{排}=\frac{0.0108}{1}=0.0108（\text{m}^2）$$

又

$$A_{排}=\frac{\pi d_{排}^2}{4}=0.785d_{排}^2$$

排料管管径 $d_{排}$ 为

$$d_{排}=\sqrt{\frac{A_{排}}{0.785}}=\sqrt{\frac{0.0108}{0.785}}=0.118（\text{m}）$$

取无缝管 $\Phi133\times4$，125mm＞118mm，认为适用。

若按通风管计算，压缩空气在 0.4MPa 下，支管气速为 20～25m/s。在通风比为 0.1～0.18，常温 20℃，0.1MPa 的情况下，风量 Q_1 取大值。

$$Q_1=77.5\times0.18=14（\text{m}^3/\text{min}）=0.23（\text{m}^3/\text{s}）$$

利用气态方程式计算 30℃、0.4MPa 工作状态下的风量 Q_f。

$$Q_f=0.23\times\frac{0.1}{0.35}\times\frac{273+30}{273+20}=0.068（\text{m}^3/\text{s}）$$

取风速 $u=25\text{m/s}$，则风管截面积 A_f 为

$$A_f=\frac{Q_f}{u}=\frac{0.068}{25}=0.0027(\text{m}^2)$$

$A_f=0.785d_{气}^2$，则气管直径 $d_{气}$ 为

$$d_{气}=\sqrt{\frac{0.0027}{0.785}}=0.06(\text{m})$$

因通风管也是排料管，故取两者的大值。取无缝管 $\phi133\times4$，可满足工艺要求。

排料时间复核：物料流量 $Q=0.0108\text{m}^3/\text{s}$，流速 $u=1\text{m/s}$；管道截面积 $A=0.785\times0.125^2=0.0123(\text{m}^2)$，在相同流速下，流过物料因管径较原来计算结果大，则相应流速比为

$$P=\frac{Q}{Au}=\frac{0.0108}{0.0123\times1}=0.88$$

排料时间 $t=2\times0.88=1.8(\text{h})$。

11. 支座选择　发酵工厂设备常用支座分为卧式支座和立式支座。其中卧式支座又分为支腿型支座、圈型支座、鞍型支座三种。立式支座也分为三种，即悬挂式支座、支撑式支座和裙式支座。

对于 75m^3 以上的发酵罐，由于设备总重量较大，应选用裙式支座。本设计选用裙式支座。具体结构在机械设计时完成。

（二）糖化锅的设计与选型实例

现以某厂内盛 12t 糖化醪的糖化锅设计，说明糖化锅设计计算与选型的过程和方法。

1. 糖化锅的选型　糖化锅一般为立式圆柱形，底部是圆锥形或球形，锅的顶部是平的。为减少搅拌功率的消耗，常使锅的高度比直径小。表 7-3 为某厂使用的糖化锅规格，供参考。

表 7-3　某厂使用的糖化锅规格（黎润钟，2006）

容积/m³	直径/m	高度/m	冷却面积/m²	搅拌功率/kW	转速/（r/min）	径高比（D/H）	重量/t
7.7	2.6	1.35	20	4	90～100	2	3
9	3.2	1.45	22	7	90～100	2.2	4.7
12	3.4	1.67	28.7	9	90～100	2	6
19	4.0	1.88	44.8	10	90～100	2.1	7.7

2. 计算糖化锅的基本尺寸

1）糖化锅的有效容积

$$V_1=\frac{m}{\rho} \tag{7-15}$$

式中，m 为糖化醪液质量（kg）；ρ 为糖化醪液的密度（kg/m³），$\rho=1.075\times10^3\text{kg/m}^3$。

$$V_1=\frac{12\times1000}{1.075\times10^3}=11.16(\text{m}^3)$$

2）糖化锅的总容积

$$V=\frac{V_1}{\zeta} \tag{7-16}$$

式中，V_1 为糖化醪液量（m³）；ζ 为糖化锅的填充系数，$\zeta=0.75\sim0.85$。

$$V = \frac{11.16}{0.75 \times (1-0.07)} = 16 \, (\text{m}^3)$$

底部为圆锥形的糖化锅的容积为

$$V = \frac{\pi D^2 H}{4} + \frac{\pi D^2 h}{12} \tag{7-17}$$

式中，D 为圆柱形部分的直径（m）；H 为圆柱形部分的高度（m）；h 为锥形底部的高度（m）。在设计糖化锅时采用的各种基本尺寸的比例关系可参考下列确定。

$$H = (0.35 \sim 0.8)D, \quad h = (0.1 \sim 0.2)D \tag{7-18}$$

取 $H = 0.35D$，$h = 0.15D$，得

$$16 = \frac{\pi D^2 \times 0.35D}{4} + \frac{\pi D^2 \times 0.15D}{12}$$

则 $D = 3.7\text{m}$。

3. 糖化锅的材料和厚度　糖化锅一般用钢板焊接而成。圆柱部分的板厚 6～8mm，底部厚 8～10mm，盖厚 5～6mm。

4. 糖化锅冷却面积　糖化锅内有两次冷却过程，一次是将糊液的温度冷却至糖化温度；另一次是将糖化完毕的糖液冷却至发酵温度。因此，在设计糖化锅的冷却面积时，这两次冷却中哪一次所需的冷却面大，就采用哪次的工艺要求进行计算。实际上，将糊液冷却至糖化温度的过程的散热多借助排气进行，同时，此过程的热流体的温度远较空气及冷水的温度高，传热的推动力大，降温容易。而将糖化后的温度降低至发酵所需温度则主要靠冷却水的冷却，且因随着过程的进行，热、冷流体的温度相差渐小，使得冷却较难进行。所以，在计算糖化锅所需冷却面积时，多以糖化后糖液冷却至发酵温度所需的冷却面为代表。

1）糖液的比热容

$$c = c_g \frac{w}{100} + c_{水} \frac{100-w}{100} \tag{7-19}$$

式中，w 为糖液中干物质的百分数；c_g 为干物质的比热容 [kJ/(kg·K)]；$c_{水}$ 为水的比热容 [kJ/(kg·K)]。

取水的比热容 $c_{水} = 4.187\text{kJ/(kg·K)}$，干物质的比热容 $c_g = c_{水} \times 0.37\text{kJ/(kg·K)}$，$w = 18\%$，代入式（7-19）得

$$c = 4.187 \times 0.37 \times \frac{18}{100} + 4.187 \times \frac{82}{100} = 3.64569 \, [\text{kJ/(kg·K)}]$$

2）通过冷却器传递的热量

$$Q = Gc(t_1 - t_2) \tag{7-20}$$

式中，G 为被冷却的糖化醪液量（kg/h）；c 为糖化醪的比热容 [kJ/(kg·K)]；t_1 为冷却开始时糖化醪的温度（℃）；t_2 为冷却终了时糖化醪的温度（℃）。

已知：$t_1 = 60℃$，$t_2 = 28℃$，$G = 12\,000\text{kg}$，代入式（7-20），得

$$Q = 12\,000 \times 3.645\,69 \times (60-28) = 1\,398\,793 \, (\text{kJ})$$

此项热量有一部分由于辐射及通过排气管等散失出去，约占总热量的 8%，故实际通过冷却蛇管而交换的热量为

$$Q = 1\,398\,793 \times (1-0.08) = 1\,286\,889 \, (\text{kJ})$$

3）平均温度差　间歇式糖化的糖液冷却过程属于不稳定传热过程，即热量的传递随时间

而变，热流体的温度随时间而变，平均温度差的计算本应按不稳定传热时的公式计算，但因其计算复杂，常采用式（7-21）近似计算。

$$\Delta t_m = \frac{(T-t_1)-(T-t_2)}{\ln \dfrac{T-t_1}{T-t_2}} \tag{7-21}$$

式中，T 为糖化醪的平均温度（℃）；t_1 为冷却水的进口温度（℃）；t_2 为冷却水的出口温度（℃）。

已知糖化温度为 60℃，糖化完毕糖液的温度降至 28℃ 再输送至发酵罐，冷却水初温 20℃，要求冷却水流出的平均温度不超过 40℃。则 $T=(60+28)/2=44$（℃），$t_1=20$℃，$t_2=40$℃。

$$\Delta t_m = \frac{(44-20)-(44-40)}{\ln \dfrac{44-20}{44-40}} = 11.2（℃）$$

4）传热系数　　按工厂查定数值的经验值，取 $K=4.187 \times 500 \text{kJ/}(\text{m}^2 \cdot \text{h} \cdot \text{K})$

5）计算冷却面积

$$F = \frac{Q}{K \Delta t_m} \tag{7-22}$$

式中，F 为糖化锅所需的冷却面积（m^2）；Q 为通过冷却器传递的热量（kJ/h）；K 为传热系数 $[\text{kJ/}(\text{m}^2 \cdot \text{h} \cdot \text{K})]$；$\Delta t_m$ 为在整个冷却期间内的平均温度差（℃或 K）。

$$F = \frac{1\,286\,889 \times \dfrac{60}{75}}{4.187 \times 500 \times 11.2} = 43.9（\text{m}^2）$$

6）蛇管的尺寸　　选用 $\Phi76/70\text{mm}$ 铜管，则管子的平均直径为

$$d_m = \frac{0.076+0.070}{2} = 0.073（\text{m}）$$

蛇管的全长为

$$l = \frac{F}{\pi d_m} = \frac{43.9}{3.14 \times 0.073} = 191.6（\text{m}）$$

设糖化锅共安蛇管三层，每层蛇管圈径分别为 $D_1=3.3\text{m}$，$D_2=3.0\text{m}$，$D_3=2.7\text{m}$，蛇管的垂宜高度为 $h=0.16\text{m}$，则每层蛇管的圈数为

$$n = \frac{191.6}{\sqrt{(\pi D_1)^2+h^2}+\sqrt{(\pi D_2)^2+h^2}+\sqrt{(\pi D_3)^2+h^2}}$$

$$= \frac{191.6}{\sqrt{(3.14 \times 3.3)^2+0.16^2}+\sqrt{(3.14 \times 3.0)^2+0.16^2}+\sqrt{(3.14 \times 2.7)^2+0.16^2}}$$

$$= 6.3 \text{圈}$$

则选用 7 圈蛇管。

蛇管层的全高为

$$H' = (7-1) \times 0.16 + 0.076 = 1.036（\text{m}）$$

蛇管层的全高必须小于糖化锅圆柱形部分的高度，现 $H=1.3\text{m}$，$H'=1.036\text{m}$，即 $H' < H$，适合。

糖化锅内装冷却蛇管三层，每层 7 圈。当糖化锅内糖液容量多，而冷却水的温度又较高时，为保证迅速冷却，冷却水常分 2～3 段进入冷却蛇管；有时还加有外冷却水管沿锅外壁喷淋，确保冷却要求的速度和效果。冷却蛇管常用铜管或钢管制成。

5. 糖化锅的排气管　由于糊液从高压蒸煮锅过来，压力和温度的降低会产生自蒸发现象而有热气跑出，故糖化锅顶部必须安装有排气管。排气管的直径常为 0.5～0.7m 时，高度是 8～12m，某些糖化锅还有抽风设备或专门用蒸汽喷射抽真空以增加排气的效果。

6. 糖化锅的糖液排出口和废水排出口　糖化锅底部装有糖液排出口和废水排出口，由闸阀控制。

7. 糖化锅搅拌器的功率消耗　为帮助和加速冷却均匀及控制糖化温度均匀一致，糖化锅内安有搅拌器。其搅拌叶常用旋桨式或平桨式，共 2～3 对，转速为 100～120r/min。搅拌转轴悬挂在装置于糖化锅盖中心的轴承上，轴的另一端则装在锅底部的止推承轴里，搅拌轴由皮带传动或通过减速器直接传动。

桨叶运转时，所消耗的功率 N_p 一般按式（7-23）计算。

$$N_p = E_{uM}d^5n^3\rho \qquad (7\text{-}23)$$

式中，E_{uM} 为搅拌的欧拉准数；d 为搅拌器的直径（m）；n 为搅拌器的转速（r/s）；ρ 为被搅拌液体的密度（kg/m³）。

E_{uM} 与液体的流动情况有关，即与搅拌的雷诺准数 R_e 有关，根据实验结果知：

$$E_{uM} = \frac{A}{R_e} \qquad (7\text{-}24)$$

$$R_e = \frac{d^2u\rho}{\mu} \qquad (7\text{-}25)$$

式中，u 为流体的流速（m/s）；μ 为被搅拌液体的黏度 [(N·s)/m²]；A，m 为由实验求得的常数[平直桨叶双桨式 $A=6.8$，$m=0.2$；倾斜桨叶双桨式（倾斜45°）$A=4.1$，$m=0.2$]。即

$$N_p = Ad^{5.2m}n^{3-m}\rho^{1-m}\mu^m \qquad (7\text{-}26)$$

取 $d=0.8$m，$n=120/60=2$(r/s)，$\mu=1.15\times10^{-3}$Pa·s 代入式（7-26）得

$$N_p = 6.8\times0.8^{5-2\times0.2}\times2^{3-0.2}\times1075^{1-0.2}\times(1.15\times10^{-3})^{0.2}=1166.47(\text{W})$$

因常数 A、m 值是在一定的设备几何尺寸比例时实验得出，对于桨式搅拌器，当它们的尺寸比例关系为：$D/d=2.5\sim4.0$，$Z/D=0.6\sim1.6$，$y/d=0.2\sim0.33$ 时，由式（7-26）计算得出的 N_p 还须乘上一校正系数 f，即

$$N_p' = fN_p \qquad (7\text{-}27)$$

$$f = \left(\frac{D}{3d}\right)^{1.1}\left(\frac{Z}{D}\right)^{0.6}\left(\frac{4y}{d}\right)^{0.3} \qquad (7\text{-}28)$$

式中，N_p' 为校正后的运转功率（W）；D 为锅的直径（m）；Z 为受搅拌的液体深度（m）；y 为搅拌桨叶的高度（m）；d 为搅拌器的直径（m）。

如果忽略搅拌器几何尺寸的影响，即 $f=1$。

此外，当糖化锅内有温度计插管时，N_p' 需增加 10%；装有挡板（或冷却蛇管）时 N_p' 增加 1～2 倍。

$$N_p' = 1166.47\times2=2332.94(\text{W})$$

电机功率 $N_{电机}$ 可按式（7-29）求出：

$$N_{电机} = K\frac{N_p'}{\eta} \qquad (7\text{-}29)$$

式中，K 为附加消耗功率系数，取 1.4～1.6；η 为传动效率，取 0.9。

$$N_{电机}=1.4\times\frac{2332.94}{0.9}=3.63（kW）$$

因此，应选用 4kW 的电机。

第三节　通用设备的设计与选型

属于通用设备的内容很多，本节仅介绍与发酵生产密切相关的液体输送设备、气体输送设备、固体输送设备的选型。

一、液体输送设备选型

液体输送设备主要是各种类型的泵，当然还有如压力输送等设备，但以下仅讨论泵类的选型。

（一）泵的分类和特点

生物发酵工业中使用的泵，按其结构特征和工作原理，可以分为以下基本类型。

1. 叶片式泵　　依靠高速旋转的叶轮对被输送液体做功的机械，属于这一类型的泵有离心泵、轴流泵、旋涡泵等。

2. 往复式泵　　利用泵体内往复运动的活塞或柱塞的推挤对液体做功的机械，属于这一类型的泵有活塞泵、柱塞泵、隔膜泵等。

3. 旋转式泵　　依靠做旋转运动的转子的推挤对液体做功的机械，属于这一类型的泵有齿轮泵、罗茨泵、螺杆泵、滑片泵等。

后两类泵又有其原理上的同一性，即均以动件的强制推挤的作用达到输送液体的目的，又统称为正位移式泵或容积式泵。发酵工业中，使用最广泛的是离心泵，因为它体积小、效率高、控制方便（数字资源 7-2）。

数字资源
7-2

（二）泵的选择

1. 泵的选择原则

1）流量　　设计发酵工厂的装置时，要留有一定的富裕能力。在选择泵时，应按设计要求达到的能力确定泵的流量，并使之与其他设备能力协调平衡。另外，泵流量的确定也应考虑适应不同的原料或不同产品的要求等因素，所以应综合考虑下列两点：①装置的富裕能力及装置内各设备能力的协调平衡；②工艺过程影响流量变化的范围。

2）扬程　　考虑到工艺设计中管路系统（包括设备）压力降计算比较复杂，泵的扬程需要留有适量余地，一般为正常需要扬程的 1.05～1.1 倍。实际上，如有经验数据，应尽量采用经验数据，这样可以减少选泵的工作量。

3）装置（系统）的有效气蚀余量　　装置（系统）的有效气蚀余量应大于泵所需的允许气蚀余量。对于进口侧物料处于减压状态或操作温度接近汽化条件时，泵的气蚀安全系数适宜取较大值，如减压塔的塔压泵，气蚀安全系数取大于 1.3。

4）液面　　介质液面高于或低于泵中心者，均应取最低液面。

2. 选泵的一般程序

1）选泵前的准备工作

（1）收集物性数据资料：在操作条件下泵的使用参数，如温度、压力、流量等变化情况；输送物料的性质，如密度、黏度、蒸汽压力、化学腐蚀性等。特别要注意液体的黏度及化学性能；了解泵的安装位置及所处的环境。

（2）确定泵的性能参数：扬程，用 m 液柱表示，此项指标可在泵样本及说明书中查得；流量，一般以 m^3/h 或 L/s 表示，此项指标可在泵样本及说明书中查得；允许气蚀余量及泵的允许吸上真空高度，此项指标可在泵样本及说明书中查得；泵效率，指有效功率与泵轴输入功率的比值，此项指标可在泵样本及说明书中查得。

2）选泵的步骤

（1）根据要求确定所需输送液体的流量及扬程量。

（2）根据工艺要求和输送液体物料性质来初选泵的类型。

A．当工艺要求连续化操作，流量要求均匀时，可选用离心泵；当要求流量小而扬程大时，可选用往复泵；当流量大而扬程不大时，可选用离心泵；当要求精确进料时，可选用比例泵；当工艺要求间歇操作，可不考虑流量的均匀性，选用适合工艺流程的泵均可。

B．从输送物料性质考虑：输送悬浮液时，选用隔膜式往复泵；输送黏度大的液体、胶体溶液或糊状物时，可选用齿轮泵，也可用螺杆泵或高黏度泵；输送易燃易爆有机液体时，可用防爆电机驱动的离心式油泵；输送一般溶液时，可用任何类型的泵。

泵的类型选定后，再根据流量及扬程选出泵的型号，确定材质并确定台数。

（3）核算泵的性能。

（4）确定泵的安装高度。原则是使泵在指定操作条件下能正常运行不发生气蚀。

（5）计算泵功率和选定电动机功率。泵功率有三种表示方法，计算公式如下。

有效功率 P_e 或称理论功率：

$$P_e = \frac{QH\rho}{102} (kW) \tag{7-30}$$

轴功率 $P_{轴}$：

$$P_{轴} = \frac{QH\rho}{102\eta} \tag{7-31}$$

原动机功率 $P_{机}$：

$$P_{机} = K\frac{P_{轴}}{\eta_{传}} \tag{7-32}$$

式中，Q 为泵流量（m^3/s）；H 为泵扬程（m 液柱）；ρ 为泵输送液体密度（kg/m^3）；η 为泵效率；$\eta_{传}$ 为原动机传动效率。当采用弹性联轴节直联传动时，$\eta_{传}=1$；当用皮带轮传动时，$\eta_{传}=0.95$。

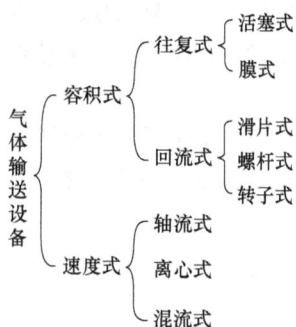

图 7-1 气体输送设备分类

二、气体输送设备选型

（一）气体输送设备的类型和特点

1. 气体输送设备的类型　气体输送设备的类型、种类要比液体输送设备复杂得多。气体输送设备根据结构和操作原理进行分类，如图 7-1 所示。

一般中小流量广泛采用活塞式，大流量则采用离心式输送设备。

气体输送设备可按终压或压缩比来分类。终压是指气体输送设备出口气体的压强，压缩比是指气体出口压力与进口压力的比值，分类如下。

1）通风机　　终压不大于 15kPa（表压），压缩比为 1～1.15。

2）鼓风机　　终压为 15～300kPa（表压），压缩比小于 4。

3）压缩机　　终压在 300kPa（表压）以上，压缩比大于 4。

4）真空泵　　终压为当时当地的大气压力，其压缩比由真空度决定，一般较大。

2. 气体输送设备的特点　　发酵工业常用的气体输送设备为低压空气压缩机、送风机和真空泵。下面简述发酵工业上常用气体输送设备的特点。

1）空气压缩机　　发酵工业生产中，要求提供 0.2～0.3MPa（表压）的压缩空气，故常采用涡轮式空气压缩机或经过改装的往复式空气压缩机，作为空气压缩的主要供气设备。将空气压缩到一定压力，通过空气除菌系统，得到具有一定压力的无菌空气，供发酵深层培养之用（数字资源 7-3）。

数字资源 7-3 至 7-6

2）旋转压缩机　　旋转压缩机类似于液体输送中的旋转泵，没有活塞与活门装置。因而与往复式压缩机相比，它排出的气体是连续而均匀的。此外，旋转压缩机中的旋转部分可与电动机直接连接，效率高（数字资源 7-4）。

3）送风机　　送风机也称为通风机。送风机所产生的压强差不大。送风机的类型繁多，但发酵工业采用最多的是离心式和轴流式两类。轴流式也称为旋桨式，轴流式送风机较离心式送风机效益高些，但产生的压头（压头是指高于大气压的压力而言）很小，一般不超过 250Pa（数字资源 7-5）。

4）真空泵　　发酵工业生产中的某些生产过程如真空浓缩、真空干燥等都须在低于大气压的情况下操作。真空泵就是为获得低于大气压力而设计的设备。真空泵大致可分两大类：干式真空泵和湿式真空泵。干式真空泵只从容器中抽出气体，效率较高，可达 96%～99.9%的真空度；湿式真空泵在抽吸气体的同时，还夹带有较多的水汽，它只能产生 85%～90%的真空度（数字资源 7-6）。

（二）气体输送设备的选择

由于气体输送设备种类较多，压力和风量范围较大，各具特色，因此气体输送设备的选择，在此只做简单的介绍。

（1）列出基本数据：气体的名称、特性、湿含量，有无易燃易爆及毒性等；气体中含固形物的量、菌体量；操作条件，如温度、进出口压力、流量等；设备所在地的环境及对电机的要求等。

（2）确定生产能力及压头：在确定生产能力时，应选择最大生产能力，并取适当安全系数。压头的选择应按工艺要求分别计算通过设备和管道等的阻力，并考虑增加 1.05～1.1 倍的安全系数。

（3）选择设备型号：根据生产特点计算出的生产能力、压头及实际经验或中试经验，查询产品目录或手册，选出具体型号并记录该设备在标准条件下的性能参数，配用电机辅助设备等资料。

（4）设备性能核算：对已查到的设备，要列出性能参数，并核对是否满足生产要求。

（5）确定安装尺寸。

（6）计算轴功率。

（7）确定冷却剂消耗量。

（8）选定电机。

（9）确定设备备用台数。

（10）填写设备规格表。

三、固体输送设备选型

在生物发酵工程工厂生产过程中，会遇到固体原料、中间产品和最终产品的输送问题。众所周知，固体物料的输送比流体输送困难得多。固体输送设备分类如图 7-2 所示。

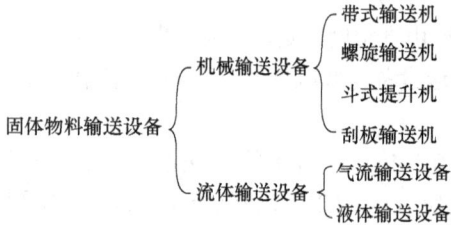

固体物料输送设备
- 机械输送设备
  - 带式输送机
  - 螺旋输送机
  - 斗式提升机
  - 刮板输送机
- 流体输送设备
  - 气流输送设备
  - 液体输送设备

图 7-2　固体输送设备分类

（一）机械输送设备

1. 带式输送机

1）带式输送机的特点　　带式输送机又称为皮带运输机，是各行业通用的运输设备，主要用于水平移送物料或有定向倾角的移送物料。它可以输送松散的或成包成件的物件，且可做成固定位置或移动式运输机，使用非常方便，操作连续性强，输送能力较高，在运送相同距离和重量的物料时，带式输送机的动力消耗最小。由于该设备具有以上优点，因此在工厂中得到广泛应用，如谷类成包原料的卸车或堆垛、成箱啤酒的入库等。

2）带式输送机的选型

（1）原始参数。

（2）被输送物料的名称及特性：①物料松散密度 ρ（t/m^3）或者成件物品的重量；②物料的粒度（mm）、含水率、黏度、摩擦性、腐蚀性等及其比例或成件物品的规格尺寸；③输送的倾斜度和长度。

（3）选型要求：①需要的输送量 Q（t/h）；②输送带的型式、带宽（m）；③输送机的功率。

2. 螺旋输送机

1）螺旋输送机的特点　　螺旋输送机又称为搅龙，在生物发酵工程工厂常用以输送潮湿的或松散的物料。由于它密闭性好，故常用于粉尘大的物料或同时用以输送和混料等场合。目前，我国生物工程工厂使用的螺旋输送机有些是根据工艺需要而设计的非定型设备，有些是采用专业厂生产的标准化设备。

2）螺旋输送机的选型

（1）原始参数。

（2）被输送物料的名称及特性：①物料松散密度 ρ（t/m^3）；②物料的最大粒度（mm）及其比例；③一般物料的粒度（mm）、温度（℃）、含水率、黏度、磨琢性及腐蚀性等。

（3）选型要求：①需要的输送量 Q（t/h）；②确定布置形式，其基本尺寸为输送长度 L（m）、螺旋输送机倾斜布置时的倾角 β 及其在垂直平面上的投影高度 H（m）。

3. 斗式提升机

1）斗式提升机的特点　　斗式提升机常用于将物料垂直提升到一定高度，以便使物料借重力自流加工。目前我国生产的斗式提升机的型式有 D 型、HL 型、PL 型。D 型是采用橡胶带为牵引构件，HL 型是以锻造的环形链条为牵引构件，PL 型是采用板链为牵引构件。生物发酵工程工厂最常用的是以橡胶带牵引的 D 型斗式提升机。

2）斗式提升机的选型　　原始参数：①物料名称；②物料特性，包括粒度（mm）、松散密度 ρ（t/m^3）、温度、湿度、黏度、磨琢性等；③实际输送量 Q（m^3/h）；④需要提升高度 H（m）。

3）选择步骤　　①根据物料的湿度、黏度选择料斗型式；②根据物料的粒度、湿度及黏度求出填充系数；③根据 Q 及斗型初选斗提机型号；④以物料填充系数乘以初选斗提机的给定输送量，求出斗提机对该物料的能力输送量 Q'，并要求 $Q' \geqslant Q$，当 $Q' < Q$ 时，应选择上一挡斗提机；⑤斗提升轴距 C 或提升 H 由成套表查出适当提升高度，并换成轴距。

4．刮板输送机

1）刮板输送机的特点　　刮板输送机是一种借助刮板链条的运动及物料的内摩擦力，在封闭的机槽中使物料整体运动向前输送的机械。刮板输送机在水平输送时，被输送的物料受到刮板链条在运动方向的压力和自身重量的作用下，在物料间产生了内摩擦力，这种物料之间的内摩擦力，使物料堆形成稳定状态。同时，这种内摩擦力足以克服物料在机槽内移动时机槽对物料的外摩擦阻力，使物料成为连续整体的料流而被输送。

刮板输送机在垂直段提升物料时，物料受到刮板链条在运动方向（向上）的压力，物料间产生内摩擦力。同时，刮板输送机的下水平段不断加料，使下部物料相继对上部的物料产生推动力。这种内部摩擦力和推动力，足以克服物料自身的重量和在机槽内移动时机槽壁对物料的外摩擦力，使物料呈连续整体状的物料流而被提升。

刮板输送机按结构分为 5 种型式，有水平型（S）、垂直型（L）、Z 型（Z）、扣环型（K）、U 型（U）。

2）刮板输送机的选型

（1）原始参数：①物料特性，如物料粒度组成，松散密度，静堆积角或动堆积角，温度、黏度及相对湿度，磨损性、腐蚀性和其他特殊性质；②输送机的输送量，有最大输送量和平均输送量，如需调节输送量，应指明速度的变化范围；③给料点、卸料点的数目和位置；④工作制度及工作条件，年工作日数，一昼夜的工作时数，安装地点（即露天、厂房内或走廊），工作环境（即干燥、潮湿、尘埃多少等）。

（2）选型计算：①刮板输送机的输送量 Q（t/h）的计算；②刮板输送机的牵引力的计算；③刮板输送机的倾角的计算；④刮板输送机的提升高度的计算；⑤刮板输送机的功率的计算。

（二）气流输送设备

气流输送比机械输送相同物料所消耗的能量要大得多，但是由于它有很多优点，因此在生物发酵工程工业输送固体物料时仍有许多厂家使用。

1．气流输送的主要优点

（1）采用负压进料，可实现风选，去除铁、石等重杂质。

（2）输送系统密闭，防止物料损失，改善劳动环境。

（3）能较好地实现均匀定量输送，方便操作。

（4）设备投资费用较少。

（5）设备布置简洁、方便。

2．气流输送的设计选型程序

（1）确定要输送物料的特性参数、种类、粒度、密度、摩擦角等。

（2）需要输送的物料量。

（3）输送系统工艺流程设计。

（4）输送物料的气速和混合比选定。

（5）计算需要的空气量，并考虑漏风等。

（6）计算系统的压力损失，考虑未计算部分。

（7）根据空气量与压力损失，查表选择适当的风机型号，确定风机台数。

（8）电机及传动方式选择。

四、通用设备的计算

（一）机械输送设备计算

1. 带式输送机的计算

1）输送散状物料的输送能力

$$Q = 3600KB^2u\rho C \tag{7-33}$$

式中，Q 为输送能力（kg/h）；u 为带速（m/s）；ρ 为物料密度（t/m³）；C 为输送机倾斜度修正系数；当倾角 $\beta = 0° \sim 7°$ 时，$C = 1$；当倾角 $\beta = 8° \sim 15°$ 时，$C = 0.95 \sim 0.90$；当倾角 $\beta = 21° \sim 25°$ 时，$C = 0.80 \sim 0.75$；B 为带宽（m）；K 为断面系数，见表 7-4。

表 7-4　断面系数 K（张裕中，2007）

物料在带上的动态堆积角 φ	10°	20°	25°	30°	35°
槽形输送带	316	385	422	458	496
平形输送带	67	135	172	209	249

已知输送量，求带宽可用式（7-34）：

$$B = \sqrt{\dfrac{Q}{K\rho UC}} \tag{7-34}$$

在式（7-34）中，如对带式输送机做不均匀给料，应将 Q 乘以供料不均匀系数（1.5～3.0）。

2）输送成件物品时的输送能力

$$Q = 3600\dfrac{Gu}{l} \tag{7-35}$$

式中，Q 为输送能力（kg/h）；G 为单件物品质量（kg）；u 为带速（m/s）；l 为单件物品在输送带上的间距（m）。

每小时输送的件数：

$$n = \dfrac{3600u}{l} \tag{7-36}$$

输送成件物品时，输送带的宽度比成件物品的横向尺寸大 50～100mm。

3）输送机功率的计算　　输送机的功率主要消耗在克服带在各区段运行时的阻力。根据上述计算求出驱动滚筒上带的绕入点和绕出点的拉力后，即可求出电动机功率：

$$P = \dfrac{F_t u}{\eta} = \dfrac{(F_{\max} - F_1)\,u}{\eta} \tag{7-37}$$

式中，F_t 为驱动滚筒的有效圆周力（N）；u 为带速（m/s）；η 为传动系统机械效率（%）；$F_{\max}$，F_1 为驱动滚筒上带的绕入点和绕出点的拉力（N）。

2. 螺旋输送机的计算

在进行螺旋输送机的设计计算时，必须先确定设计的原始条件，包括输送能力、物料的性质、工作环境、输送机布置形式等。

1）生产能力计算

$$G = 3600Au\rho = \dfrac{\pi D^2}{4}\varphi C\dfrac{tn}{60}\rho = 60\dfrac{\pi D^2}{4}tn\varphi\rho C \tag{7-38}$$

对于带式螺旋 $t = D$ 时，则

$$G = 15\pi D^3 n\varphi\rho C \tag{7-39}$$

对于实体螺旋 $t = 0.8D$ 时，则

$$G = 12\pi D^3 n\zeta\rho C \tag{7-40}$$

式中，A 为料槽内物料的断面积（m^2）；u 为物流速度（m/s）；ρ 为物料的堆积密度（t/m^3）；D 为螺旋输送机的螺旋直径（m）；ζ 为物料的填充系数，某些物料的 ζ 见表 7-5；C 为与输送机倾角有关的系数，见表 7-6；n 为螺旋轴的转速（r/min）。

表 7-5　物料综合特性推荐系数（张裕中，2007）

物料的块度	物料的摩擦性	推荐的填充系数	推荐的螺旋面型式	K	B
粉状	无摩擦性，半摩擦性	0.300～0.400	实体	0.0415	75
粉状	无摩擦性，半摩擦性	0.250～0.350	实体	0.0190	50
粉状	摩擦性	0.250～0.300	实体	0.060	30
固状	黏性易结块	0.125～0.200	带体	0.0710	20

表 7-6　与输送机倾角有关的系数（张裕中，2007）

输送机的水平倾角 β	0°	5°	10°	15°	20°
C	1.0	0.9	0.8	0.7	0.65

2）螺旋直径和转速的确定　　从螺旋输送机的工作原理可知，要使物料平稳地在料斗内被螺旋推移前进而不被螺旋所抛起，必须保证物料所受的切向力小于物料重力和对槽壁的摩擦力。否则物料会被抛起，磨损增大。切向力的大小又直接与转速有关，因此，螺旋的转速不能过高，根据实验得出，螺旋轴的极限转速为

$$n = \frac{B}{\sqrt{D}} \tag{7-41}$$

式中，D 为螺旋直径（m）；B 为物料综合特性系数，见表 7-5。

由式（7-41）得

$$D = K\left(\frac{G}{\varphi\rho C}\right)^{1/2.5} \tag{7-42}$$

式中，K 为经验系数，见表 7-5。

计算时先根据物料特性从表 7-5 中选取 K，按式（7-42）求出螺旋直径 D，然后圆整为标准螺旋直径。我国标准螺旋直径系列为 150mm、200mm、250mm、300mm、400mm、500mm、600mm。

3）螺旋节距的确定　　实体型螺旋的节距取 $t = 0.8D$；带式螺旋的节距取 $t = D$；叶片面型螺旋的节距取 $t = 1.2D$。

4）输送功率的计算　　螺旋输送机的运动阻力包括物料对料槽的摩擦阻力、物料对螺旋面的摩擦阻力、中间轴承和末端轴承的摩擦阻力及其他附加阻力。附加阻力包括物料在中间轴承的堆积，物料被搅拌，以及螺旋与料槽间隙内物料的摩擦等。

水平的螺旋输送机的功率计算公式：

$$P_0 = \frac{GLW_0}{367} \tag{7-43}$$

倾斜式螺旋输送机的功率计算公式：

$$P_0 = \frac{G}{367}(LW_0 \pm H) \tag{7-44}$$

或

$$P_0 = \frac{GL}{367}(W_0 \pm \sin\beta) \tag{7-45}$$

式中，G 为螺旋输送机的生产能力（t/h）；W_0 为物料的阻力系数，见表 7-7；L 为螺旋输送机的水平投影长度（m）；H 为螺旋输送机的垂直投影高度（向上运输取正值，向下运输取负值）（m）；β 为螺旋输送机的倾角。

表 7-7 物料的阻力系数（张裕中，2007）

物料特性	物料的典型例子	W_0
无摩擦性、干性	粮食、谷物、面粉	1.2
无摩擦性、湿性	棉籽、麦芽、糖块	1.5
半摩擦性	苏打、食盐	2.5
强烈摩擦性、黏性	砂糖	4.0

电动机所需额定功率：

$$P = K_{电}\frac{P_0}{\eta} \tag{7-46}$$

式中，$K_{电}$ 为功率备用系数，取 1.2～1.4；η 为传动效率，取 0.90～0.94。

3. 斗式提升机的计算

1）输送量的计算

$$Q = 3.6\frac{i_0}{a}u\rho\zeta \tag{7-47}$$

式中，Q 为输送量（t/h）；i_0 为料斗容积（L）；a 为料斗间距（m）；u 为提升速度（m/s）；ζ 为填充系数，见表 7-5；ρ 为物料松散密度（t/m³）。

2）料斗的计算 在斗式提升机选型设计时，可根据不同规格、型号斗式提升机的特性表，查到斗式提升机的输送量、料斗容量及料斗间距，因此不需要进行料斗的计算。

当进行非标准斗提机设计时，如需进行料斗计算，可由式（7-48）求得料斗容积和料斗间距的比值。

$$\frac{i_0}{a} = \frac{Q}{3.6U\rho\varphi} \tag{7-48}$$

根据计算所得的比值 i_0/a，先设定料斗的间距，算出料斗容积，再按物料特性，查得料斗的型式。

3）功率的计算 斗式提升机的轴功率为

$$P_0 = \frac{Fu}{1000} \tag{7-49}$$

斗式提升机的电动机功率：

$$P = K_1\frac{P_0}{\eta} \tag{7-50}$$

式中，P_0 为轴功率（kW）；P 为电动机功率（kW）；K_1 为功率备用系数，取 1.1～1.2；η 为传动效率，一般取 0.85。

4．刮板输送机的计算

1）输送量的计算

$$Q=3600Bhur\eta \tag{7-51}$$

式中，Q 为输送量（t/h）；B 为机槽宽度（m）；h 为机槽有效高度（m）；u 为刮板链条速度（m/s）；r 为物料容重（t/m³）；η 为输送效率。

2）功率的计算

$$P=K_2\frac{Tu}{\eta} \tag{7-52}$$

式中，P 为电机功率（kW）；K_2 为储备系数，取 1.1～1.3；η 为传动效率；T 为刮板链条最大张力（N）。

5．气力输送设备计算　主要包括输送量、输送气流速度、输送浓度及功率消耗等。正确地选择和确定这些参数，对合理地设计和经济可靠地使用气力输送装置都有十分重要的意义。

（二）气体输送设备计算

以发酵生产中使用较多的通风机为例说明气体输送设备的计算。

1．比转数 n_s 的计算　首先根据给定的设计参数，如流量 Q、压力 p、介质及其进口状态等要求，依公式求其比转数 n_s。

2．初步选定叶片出口安装角 β_{2A}　压力系数 p' 与叶片出口角 β_{2A} 呈线性关系，如图7-3所示。

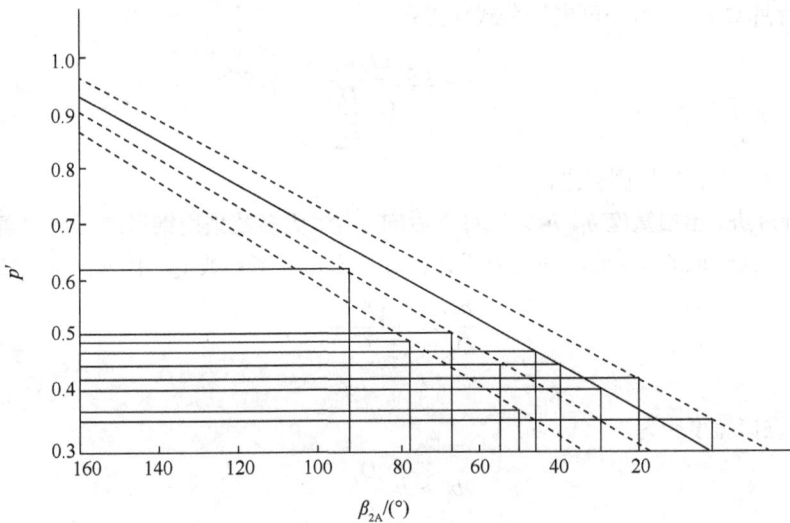

图7-3　压力系数 p' 与叶片出口角 β_{2A} 的关系（李国庭，2008）

3．叶轮圆周速度 u_2 的计算　以所选 β_{2A} 值由图查得 p' 值，依式（7-53）计算叶轮圆周速度 u_2（m/s）的大小。

$$u_2=\sqrt{\frac{p}{\rho p'}} \tag{7-53}$$

一般有：

$$p'=0.3\sim0.4\quad 强后向叶片$$
$$p'=0.4\sim0.6\quad 后向叶片$$

$$p'=0.6\sim0.7 \quad 径向叶片$$
$$p'=0.7\sim1.2 \quad 前向叶片$$

4. 确定叶轮外径 D_2（m）

$$D_2=\frac{60u_2}{\pi n} \tag{7-54}$$

式中，n 为叶轮转速（r/min）。判别通风机转速 n 选择是否合理，需要从结构、体重、成本等方面综合考虑，一般来说提高转速可使通风机结构尺寸减小；因此电动机转速依 $n=60f/m$ 计算（f 为普通交流电的频率，一般为 50Hz；m 为电动机磁极对数）。转速过低时，将随着磁极对数的增加，电动机的重量会增加，成本将成倍地增长。

5. 计算叶片进口直径 D_1 根据"叶道中损失为最小"的原则，依式（7-55）计算叶片进口直径 D_1 大小：

$$\frac{D_1}{D_2}\geqslant1.194\sqrt[3]{Q'} \tag{7-55}$$

式中，Q' 为流量系数，依公式计算；D_2 为叶轮外径（m）。

式（7-55）适用于后向、径向 $Q'<0.3$ 的前向叶轮；而对 $Q'>0.3$ 的前向叶轮，用式（7-55）求得的 D_1/D_2 值偏大。因此，对于 $Q'>0.3$ 的前向叶轮的 D_1/D_2 值可直接在 0.8～0.95 选取。

6. 确定通风机叶轮的进口直径 D_0（m） 考虑分离影响，一般要求在叶片进口处稍有加速，常取 $D_1=(1.0\sim1.05)D_0$。

7. 确定叶片数 z 首先可根据公式计算：

$$z\approx8.5\frac{\sin\beta_{2A}}{1-\dfrac{D_1}{D_2}} \tag{7-56}$$

求得计算值后再合理地圆整之。

8. 确定叶片进、出口宽度 b_1、b_2 对于后向叶轮，大多数采用锥形或弧形前盘，一般以 β_{2A} 值大小依经验公式选取 C_{2r}/u_2 值，并按公式计算叶片出口阻塞系数 τ_2，代入式（7-57）求 b_2。

$$\frac{b_2}{D_2}=\frac{Q'}{4\tau_2\dfrac{C_{2r}}{u_2}} \tag{7-57}$$

而其叶片进口宽度应为

$$b_1\approx b_2\frac{D_2}{D_1} \tag{7-58}$$

9. 确定叶片进口安装角 β_1 根据流体连续方程，依公式求 C_{1r}（m/s）：

$$C_{1r}=\frac{Q_T}{\pi D_1b_1\tau_1} \tag{7-59}$$

首先选 τ_1，然后验算之，按速度三角形有

$$\beta_{1r}=\cot\frac{C_{1r}}{u_1} \tag{7-60}$$

一般取冲角 $i=0°\sim8°$，则有

$$\beta_1=\beta_{1r}+i \tag{7-61}$$

10. 验算全压 p 值

（1）依公式计算无限多叶片的理论压力 $p_{T\infty}$（Pa）：

$$p_{T\infty}=\rho u_2^2\left(1-\frac{C_{2r}}{u_2}\cot\beta_{2A}\right)\qquad(7\text{-}62)$$

（2）根据所选叶轮型式，参照有关公式，计算环流系数 K，求得理论压力。

$$p_T=Kp_{T\infty}\qquad(7\text{-}63)$$

（3）实际压力 p（Pa）：

$$p=p_T\eta_h\qquad(7\text{-}64)$$

式中，η_h 为气流的流动效率，一般为 0.82～0.86。

11. 计算通风机的所需功率

（1）首先依公式求得全压效率：

$$\eta=\eta_h\eta_e\eta_r\eta_M\qquad(7\text{-}65)$$

式中，η_h 为气流的流动效率；η_e 为风路系统的泄漏效率；η_r 为轮阻效率；η_M 为机械传动效率。

（2）依公式计算电动机功率 $P_{电}$（kW），并按使用要求选择电动机的类型及其大小。

$$P_{电}=K\frac{pQ}{\eta}\qquad(7\text{-}66)$$

所选配的电动机功率应大于或等于式（7-66）的计算值，但不宜超过太多，特别是对要求低噪声的通风机更应如此。

在结构设计基础上，进行通风机模型（或实物）的气动性能试验，得出 p、N、η 与 Q 的关系，检验设计是否符合给定要求，并修改之。

（三）液体输送设备计算

以发酵生产中使用最多的离心泵为例说明液体输送设备的计算。

1. 流量的确定和计算　　发酵工艺条件中如已有系统可能出现的最大流量，选泵时以最大流量为基础，如果数据是正常流量，则应根据工艺情况可能出现的波动、开车和停车的需要等，在正常流量的基础上乘以一个安全系数，一般可取 1.1～1.2，特殊情况下，还可以再加大。

流量通常都必须换算成体积流量，因为泵生产厂家的产品样本中的数据是体积流量。

2. 扬程的确定和计算　　首先计算出所需要的扬程，即用来克服两端容器的位能差，两端容器上静压力差，两端全系统的管道、管件和装置的阻力损失及两端（进口和出口）的速度差引起的动能差别。将泵和进出口设备作一个系统研究，以物料进口和出口容器的液面为基准，根据伯努利方程就可很方便地算出泵的扬程。

3. 换算泵的性能　　对于输送水或类似于水的泵，将工艺上正常的工作状况对照泵的样本或产品目录上该类泵的性能表或性能曲线，看正常工作点是否落在该泵的高效区，如校核后发现性能不符，就应当重新选择泵的具体型号。

输送高黏度液体，应将泵的输水性能指标换算成输送黏液的性能指标，并与之对照校核。

4. 确定泵的几何安装高度　　根据泵的样本上规定的允许吸上真空高度或允许汽蚀余量，核对泵的安装几何高度，使泵在给定条件下不发生汽蚀（数字资源 7-7）。

5. 校核泵的轴功率　　离心泵在输送液体过程中，当外界能量通过叶轮传给液体时，会有能量损失，即由原动机提供给泵轴的能量不能全部为液体所获得，通常用效率（以 η 表示）来反映能量损失。

离心泵的轴功率 N 是指泵轴所需的功率。当泵直接由电动机驱动时，它就是电动机传给泵轴的功率。若离心泵的轴功率用 kW 来计量。

泵样本上给定的功率和效率都是用水试验得出来的，当输送介质不是清水时，应考虑物料的重力密度和黏度等对泵的流量、扬程性能的影响。利用化学工程有关公式，计算校正后的 Q、H 和 η，求出泵的轴功率。

（四）通用设备的选型注意事项

1. 固体输送设备选型注意事项

（1）如无特殊需要，应尽量选用机械提升设备，因其能耗，视不同类型，比气流输送要低 3～10 倍。

（2）皮带输送机、螺旋输送机，以水平输送为主，也可以有些升扬，但倾角不应大于 20°，否则效率大大下降，甚至造成失误。

2. 气体输送设备选型注意事项 生物工程工厂用于深层发酵的，如机械搅拌罐和各种新型生化反应器等的送风设备，主要是往复式空压机、涡轮压缩机。用于酵母培养和麦汁生产的设备主要是罗茨式和高压鼓风机；用于固体厚层通风培养、气流输送、气流干燥、气体输送的则是离心通风机。车间通风换气，一般使用轴流式风机。连续操作的多有备用设备。

3. 液体输送设备选型注意事项 关于泵的选型，前面已有详细叙述，在此针对生物发酵工程工厂的特殊性，提出几点要注意的问题。

（1）泵的选型，首先应根据输送物料的特性和输送要求考虑，然后再根据输送流量、总扬程，并考虑泵的效率，选择具体型号。

生物发酵工程工厂产品门类多，所输送物料的性质及输送要求各不相同，在选择泵型时，应区别对待。例如，乙醇厂连续蒸煮用泵所输送的粉浆固形物含量高，黏度大，输送压头高，流量要求稳定，应选择双缸双动往复泵或三缸往复泵，可保证不堵塞、高压头和稳流量。同样，输送蒸煮醪，输送发酵醪均应选择电动往复泵（乙醇厂称泥浆泵），流量用调速电机调节。

啤酒厂糖化车间选择醪泵时，应选择全开叶或半开叶、低转速（850～960r/min）、大流量、低扬程离心泵。选择煮沸麦汁输送泵时，因麦汁中含有已经絮凝的蛋白质，为了防止絮凝蛋白质被打破，应选择低转速（850r/min）的涡轮泵，用大流量，变形（变直径）来达到高扬程。如果认为麦汁是清液，选用高转速的清水泵，达到高扬程，在工艺上是欠妥的。

（2）对于间歇操作的泵，在选择时应注意在满足压头、耐腐蚀、防爆等方面要求的前提下，把生产能力选得大些，以尽可能快地将物料输送完，尽快腾出设备，节约人力。

（3）对于连续操作的泵，在考虑输送物料特性、压头、安全等方面要求的同时，则应选择流量略高于工艺要求的泵，以便留有调节余地，保证生产均衡进行。例如，用于连消和蒸煮时，多使用容积式泵，如往复泵、螺杆泵、TS 连消泵等。为保证生产连续进行，设备宜备用泵一台。

4. 在通用设备选型时应注意，不要选择已淘汰的老产品 我国自 1983 年以来先后淘汰了许多耗能高的机电产品，如 JO 系列电机、8-18 系列风机、1-10/8 空压机、BA 系列清水泵等，代之以节能型新产品。

（五）通用设备的应用实例

某生物发酵工厂通风机的设计选型实例详见数字资源 7-8。

第四节　非标准设备的设计

生物发酵工程工厂非标准设备是指生产车间中除专业设备和通用设备之外的用于与生产配套的贮罐、中间料池、计量罐等设备和设施。

一、非标准设备的类型

非标准设备按其作用特点大体上可分为三类。

1. 起贮存作用的非标准设备　属于这类设备的如酒精生产的中间醪池，味精生产的尿素贮罐、贮油罐及啤酒麦汁的暂贮罐等。

2. 起混合调量灭菌作用的非标准设备　属于这类设备的如酒精生产的拌料罐、味精生产的调浆池等。

3. 起计量作用的非标准设备设计　属于这类设备的如味精生产的油计量罐，尿素溶液计量罐等。

二、非标准设备的设计步骤

1. 收集物性数据　温度、压力、相态、密度、腐蚀性、毒性等。

2. 选择材质　材质的选择主要取决于所装物料的化学性质、温度、压力等因素。对于有腐蚀性的物料，应选用不锈钢等耐腐蚀金属材料，在温度压力允许的条件下也可使用非金属材料如聚氯乙烯等塑料。特殊物料还可用有衬里的钢制压力容器，衬里包括橡胶、聚四氟乙烯、辉绿及搪瓷等。具体选用可参考专业设计资料。

主要考虑选择合适的材质、相应的容量，以保证生产的正常运行。在此前提下，尽量选用比表面积小的几何形状，以节省材料、降低投资费用。球形容器当然是最省料的，但加工较困难，因此多采用正方形和直径与高度相近的筒形容器。

3. 确定物料存贮量及装料系数

1）原料、产品贮罐　以存贮功能为主，容器体积较大，装料系数一般为75%～85%。

原料贮罐的容积大小及个数取决于存贮量。全厂性的存贮量一般主张至少可供生产使用一个月，车间的存贮量一般至少可供生产使用半个月，单条生产线原料贮罐中的存贮量约可供一个生产班次或一天使用。

液体产品的存贮量一般至少为一周的产品产量。如果为厂内下一工序使用的产品，存贮量为下一工序 1～2 个月的用量。如果为本厂最终产品，且为待包装，存贮量可适当小一些，最多可为半个月的产品产量。

气柜一般可设计得稍大些，可以达两天或略多时间的产量。因气柜不宜旷日持久地贮存，当下一个工序停止使用时，前一个产气工序应考虑提前停车。

2）计量罐、回流罐　以计量功能为主，容器体积不大，但要求计量准确，所以应采用立式结构，长径比应大一些。装料系数为60%～70%，保证计量液位高度在罐的直筒位置。

计量罐间歇操作时，装料量为一批生产使用量，连续操作时物料的停留时间至少为10min。精馏塔的回流罐中，液体停留时间一般取 5～10min。为使计量结果尽量准确，通常这类设备的高径比（或高宽比）都选得比较大（如取 $H/D=3\sim4$）。这样，当变化相同容量时，在高度上的变化较灵敏。而把节省材料放在次要地位。

3）中间产品贮罐　　中间产品贮罐以存贮功能为主，主要用于各设备、工序或车间产品数量之间平衡关系的协调、易发生事故设备的产品的暂时存放、工艺流程中要求的切换等，如间歇操作与连续操作之间产品数量的平衡、不同操作周期的间歇操作之间的产品数量的平衡等。存贮量可根据实际情况进行计算。中间产品贮罐的装料系数同一般原料或产品贮罐。

4）配料罐、混合罐　　以混合功能为主，有气体鼓泡或有搅拌装置的贮罐，装料系数约为70%。在实际反应过程中，经常是多种反应物反应，同时还需加入催化剂、各种助剂、溶剂等。这些原料需事先在配料罐中按比例混合均匀，然后加入反应器中反应，通常配料罐需安装搅拌装置。间歇操作时，一次可配制一批或一天生产需用原料量。连续操作应根据物料的混合性质决定物料在配料罐中的停留时间。

间歇操作时，各批产品的质量很难相同，为降低不同批号产品质量间的差异，将若干批产品混合，从而使产品质量均匀，此时可根据混批的批数考虑混合贮罐的容积。

5）气体缓冲罐　　设置气体缓冲罐的目的是使气体有一定数量的积累，保持操作压力比较稳定，以保证气体流量稳定，其气体容量通常是下游设备 5～15min 的用量。气体缓冲罐的装料系数应为100%。

4．贮罐容积及个数的计算　　可根据物料存储数量及容器的装料系数计算贮罐的容积，若物料存贮数量较大，可采用多个体积相同的贮罐并联使用。

5．贮罐外型尺寸的确定（可参考反应器釜体几何尺寸的计算方法）

（1）确定贮罐是卧式结构还是立式结构。

（2）选择封头型式及封头与直筒部分的连接方式。

（3）选择适当的长径比。

（4）计算贮罐直径，选择适当的标准化直径。

（5）计算贮罐直边高度。

（6）计算最高液位、最低液位。

6．设计计算工艺管口　　通常贮罐的工艺管口有进料口、出料口、溢流口、放净口、放空口、液位计口、测温口、测压口、备用口等，必要时还要开设人孔、视镜等。不同管口需设置在贮罐的不同部位。

三、应用举例

现以 120 000t/年味精发酵车间的泡敌贮罐、消泡敌罐（泡敌计量罐）的计算为例，介绍非标准设备的设计方法。

（一）设备容量的确定

1．泡敌消耗量　　由物料衡算知，每生产 1t 味精需 6.55kg 泡敌，每天产味精 400t，则泡敌消耗量 Q_d 约为

$$Q_d = 6.55 \times 400 = 2620（kg/d）$$

每小时消耗泡敌 Q_h：

$$Q_h = \frac{6.55 \times 400}{24} = 109.2（kg/h）$$

每月消耗泡敌 Q_m：

$$Q_m = 2.6 \times 30 = 78（t/月）$$

2.泡敌贮罐总容积的计算　设每一个泡敌贮罐可供正常生产使用一个月，取填充系数为0.8，则每个贮罐总体积为

$$V_0=\frac{78}{0.8}=97.5\,(\text{m}^3)$$

圆整为 100m³。

3.泡敌杀菌（计量）罐容积的计算　若每班杀菌一次，两个泡敌罐交替使用，泡敌的相对密度为 0.985～0.995，约 1kg/m³，取填充系数为 0.8，则每个泡敌灭菌罐的体积 V 为

$$V=\frac{0.0192\times 8}{0.8}=1.1\,(\text{m}^3)$$

（二）泡敌贮罐的设计

1.材质选择　泡敌无腐蚀性，可使用碳钢制作贮罐，以节约投资。

2.几何尺寸的确定　贮存罐可取 H/D=2.0，取平底，锥形封头结构。

$$V_0=\frac{\pi D^2}{4}\times 2.0D=100\,(\text{m}^3)$$

得 D=3.99（m）。取 D=4（m），罐高 H=2.0D=8（m）。

3.泡敌贮罐壁厚确定　泡敌贮罐为常压容器，筒体壁厚 S 为

$$S=\frac{pD}{2\,[\sigma]\,K-p}+C \tag{7-67}$$

式中，p 为贮罐内压（MPa），取 0.1MPa；D=4m=400cm；[σ] 为材料的许用应力（MPa），取127MPa；K 为焊缝系数，取 0.9；C 为壁厚附加量（cm），取 0.3cm。

$$S=\frac{0.1\times 400}{2\times 127\times 0.9-0.1}+0.3=0.47\,(\text{cm})$$

则 S 取 5mm。

4.主要管径的确定

（1）人孔：上、下人孔根据《水平吊盖衬不锈钢人孔》（HG/T 21598—2014），D_g=400mm。

（2）出料管：取 Φ80mm×4mm 无缝钢管。

（3）设液位计：D_g=15mm。

（三）泡敌灭菌（计量）罐的设计

由于消泡剂添加总量不大，取消泡剂灭菌罐作计量罐两用，用无菌空气将灭过菌的泡敌压入发酵罐。进罐管上设视镜以便观察进料情况。

1.材质选择　虽然消泡剂无腐蚀，但考虑到在杀菌时碳钢会生锈，内筒仍使用不锈钢，外筒用碳钢制作。

2.几何尺寸的确定　考虑到作为计量之用，取 H/D=2.5∶1；锥底，椭圆封头，夹套加热冷却。

主要尺寸计算结果如下：罐径 D 为 0.8m，罐高 H 为 2.0m，可装容积 V 为 1.15m³。

第五节 设备一览表

一、主要设备明细表

通过设备的工艺设计计算，除了定型的通用设备以外，对于生化反应器（发酵罐、种子罐）、换热器、塔器等主要设备都应列设备明细表（数字资源7-9）。

二、设备一览表

在所有设备选型与设计完成以后，按流程图序号，将所有设备逐个汇总编成设备一览表，作为设计说明书的组成部分，并为下一步施工设计及其他非工艺设计和设备订货提供必要的条件。

在填写设备一览表时，通常按生产工艺流程顺序排列各车间的设备。也可把各车间的设备按专业设备、通用设备、非标准设备进行分类填写设备一览表。以便于将各类设备汇总，分别交给各部门进行加工和采购（数字资源7-10）。

小 结

发酵工艺设备的设计和选型是发酵工厂设计的重要内容，发酵工厂的设备分为专业设备、通用设备和非标准设备，根据工艺设备设计与选型的任务和原则，专业设备设计及选型方法、通用设备设计及选型方法、非标准设备设计及选型方法，选择适当型号和规格的设备，设计符合要求的设备。在设备选型与设计完成以后，将所有设备逐一汇总编成设备一览表，作为设计说明书的组成部分，并为下一步施工设计及其他非工艺设计和设备订货提供必要的条件。

复习思考题

1. 生物发酵工厂所涉及的设备有哪些？
2. 简述设备的设计与选型的原则。
3. 简述专业设备设计与选型的依据。
4. 简述专业设备设计与选型的程序和内容。
5. 发酵罐如何选型与设计？
6. 糖化锅如何选型与设计？
7. 简述液体输送设备泵的选择原则和程序。
8. 气体输送设备如何选型？
9. 简述固体输送设备的特点和选型方法。
10. 非标准设备的类型有哪些？
11. 简述非标准设备的设计步骤。
12. 绘制设备一览表有何意义？

第八章

车间布置与管道设计

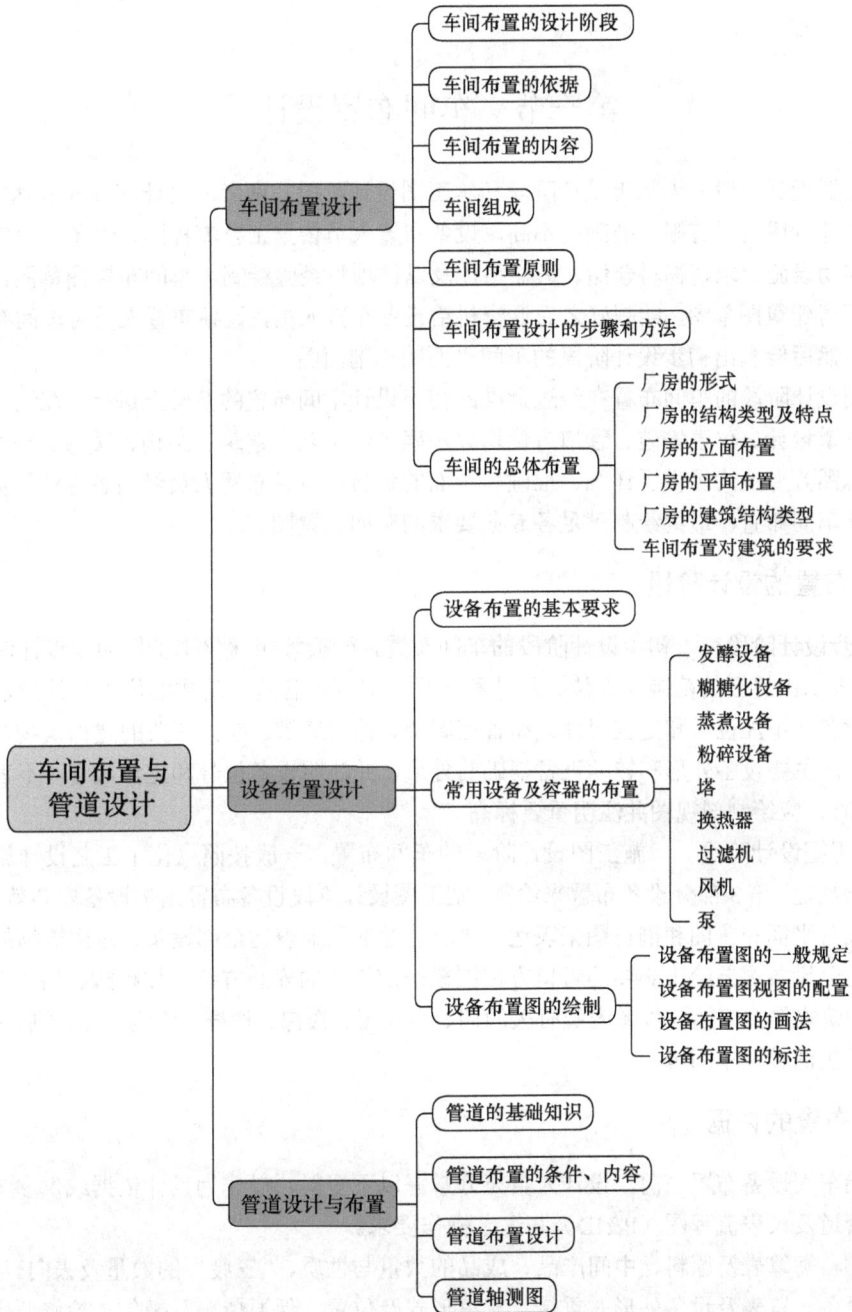

```
                                    ┌── 车间布置的设计阶段
                                    ├── 车间布置的依据
                                    ├── 车间布置的内容
                          车间布置设计 ├── 车间组成
                                    ├── 车间布置原则
                                    ├── 车间布置设计的步骤和方法
                                    │                    ┌── 厂房的形式
                                    │                    ├── 厂房的结构类型及特点
                                    │                    ├── 厂房的立面布置
                                    └── 车间的总体布置 ────┼── 厂房的平面布置
                                                         ├── 厂房的建筑结构类型
                                                         └── 车间布置对建筑的要求

                                    ┌── 设备布置的基本要求
                                    │                    ┌── 发酵设备
                                    │                    ├── 糊糖化设备
                                    │                    ├── 蒸煮设备
                                    │                    ├── 粉碎设备
车间布置与                            │                    ├── 塔
管道设计   ─── 设备布置设计 ────────────┼── 常用设备及容器的布置 ┤── 换热器
                                    │                    ├── 过滤机
                                    │                    ├── 风机
                                    │                    └── 泵
                                    │                    ┌── 设备布置图的一般规定
                                    └── 设备布置图的绘制 ────┼── 设备布置图视图的配置
                                                         ├── 设备布置图的画法
                                                         └── 设备布置图的标注

                                    ┌── 管道的基础知识
                          管道设计与布置 ├── 管道布置的条件、内容
                                    ├── 管道布置设计
                                    └── 管道轴测图
```

车间布置设计的目的是确定车间的整体配置和设备在车间平面和空间的相对位置。车间布置是工厂设计中的一个重要环节，车间布置的好坏关系到工厂建成后是否符合工艺要求，能否有良好的操作条件，对正常生产、安全运行，设备维护检修及对建设投资、经济效益等都有着很大影响。因此，在车间布置时应严格执行有关标准、规范，收集工艺、管道、建筑、自控、电气、安全、卫生、消防等专业建议，进行深思熟虑、仔细推敲、多方案论证比较，以取得一个最佳方案。

管道是发酵工厂设计中不可缺少的部分，它起着输送各种工艺物料及公用介质的重要作用，管道犹如人体内的血管，种类多，数量多，错综复杂，在整个工程投资中占比较大。管道布置是否合理，同样关系到生产操作能否正常生产、安全运行。因此，管道设计是发酵工厂设计过程中的一个重要内容。

第一节　车间布置设计

车间布置设计一般分为初步设计阶段和施工图设计阶段，两者的设计深度和表达方式不同。

初步设计阶段资料有限，准确度不高，设备布置人员依据工艺流程图、设备一览表、总平面布置图、辅助设施要求、物料仓储、运输路径及以往项目经验绘制出车间布置图草图，提交建筑专业绘制厂房建筑图草图，绘制好之后返资料给设备布置人员，设备布置人员对车间布置图草图进行修改，然后绘制出初步设计阶段的车间平面图和剖面图。

施工图设计阶段的车间布置在经过批准的初步设计车间布置的基础上进行，在这一阶段，设备资料、管道设计、仪表安装、管口方位均逐步确定，工艺、建筑、结构、暖通、电气、自控、给排水、总图等专业均提供了详细、准确、全面的资料，设备布置人员经与各专业协商、修改，进一步优化车间布置，最终绘制满足各专业要求的车间布置图。

一、车间布置的设计阶段

1. 初步设计阶段　　初步设计阶段的车间布置，一般按照《化工工厂初步设计深度规定》的要求："表示出界区的范围、方位、尺寸和坐标，界区内各建构筑物的位置和外形，表示出主要的露天设备（不注位号和定位尺寸）和管道廊架、消防通道。绘出有关的建构筑物，标注轴线与尺寸，绘出主要设备外形和转动设备基础的外形，并注明设备位号和定位尺寸（不表示安装方位）。必要时，应绘制剖视图并注明重要标高。"

2. 施工图设计阶段　　施工图设计阶段的车间布置，一般按照《化工工艺设计施工图内容和深度统一规定》第3部分设备布置来绘制，施工图设计阶段设备布置图是设备安装就位的依据，通常采用设备平面布置图和剖视图来表达，要求清楚准确地表达全部设备、建构筑物的平面和空间定位。部分设备需要给出必要的管口方位图来确定设备的安装方位，如贮罐、塔、分离器等。建筑物、构筑物需要表达与设备安装有关的门、墙、窗、楼梯、栏杆、管沟、孔、洞、操作平台、检修位置及生活辅助车间等。

二、车间布置的依据

在开始车间设备布置之前，设计人员充分掌握以下资料，以作为设计依据或供参考。

（1）管道及仪表流程图（P&ID）与工艺操作要求。

（2）物料衡算表及原料、中间产品、成品的数量与性质、"三废"的数量及去向。

（3）设备一览表及设备外形、重量、支撑形式及位置、保温情况及操作、检修要求。

（4）工艺对车间采暖、通风、空气质量的要求。

（5）车间在总平面图中的位置及其管廊、辅助车间、其他生产车间或仓库的相互联系。

（6）公辅设施的来源，如电、蒸汽、冷冻水、压缩空气等。

（7）车间的防火、防爆及卫生要求。

（8）车间布置的一些规范资料，如《化工装置设备布置设计规定》（HG/T 20546—2009）。

三、车间布置的内容

车间布置的内容分为车间厂房布置和车间设备布置两个方面。车间厂房布置是对工艺生产中的各个工段、各辅助生产设施在车间平面和空间范围内，按照各类设施在生产和生活中所起的作用进行合理的平面和立面布置。车间设备布置是根据管道及仪表流程图（P&ID）与操作、检修要求，把各类设备在一定区域内进行排列。具体的车间布置内容包括以下5个方面。

1. 厂房的轮廓设计和整体布置　具体包括：①对车间建筑的层数、楼层层高、外轮廓、跨度、柱距和轴线进行编号，并划分出生产区域、辅助设施、生活设施的位置，标注各自名称。②疏散门、物流门、窗、楼梯间、电梯或提升机位置。③吊装孔、预留孔、地坑、行车等位置尺寸。④标高。

2. 设备的布置　具体包括：①设备外形尺寸，设备位号。②设备的定位尺寸。设备的平面定位尺寸一般以建、构筑物的轴线或管廊的柱中心为基准进行标注；卧式容器和换热器以设备中心线和固定端或滑动端中心线为基准线；立式反应器、塔、槽、罐和换热器以设备中心线为基准线；离心泵、压缩机、鼓风机、蒸汽汽轮机以中心线和出口管中心线为基准线；往复式泵、活塞式压缩机以缸中心线和曲轴（或电动机轴）中心线为基准线；板式换热器以中心线和某一出口法兰端面为基准线；直接与主要设备有密切关系的附属设备，如再沸器、喷射器、回流冷凝器等，应以主要设备的中心线为基准予以标注。③操作平台位置、大小及标高。④设备检修空间，如换热器的抽芯空间、封头拆卸放置位置等。⑤临时物料堆放位置，如车间日间用固体物料堆放位置等。⑥重型或超限设备吊装的预留空地和空间。

3. 车间附属工程设计　车间附属工程设计是指分布在车间内的非生产性或非直接参与工艺生产的用房的设计。包括：①辅助生产房间的配置，如车间变电所或配电室、制冷间、空压制氮间、空调间、除尘用房、排烟机房等。②工艺辅助用房的配置，如质量检查室、分析化验室、检修室、中间仓库等。③生活用房配置，如设在车间内的办公室、会议室、更衣室、休息室、卫生间等。

4. 车间布置设计的图纸　具体包括：①各层设备平面布置图；②立面图（包括正立面图和侧立面图）；③各部分剖面图。

5. 车间布置设计说明　说明车间设备布置的设计依据、设计原则、设备布置的优点和不足及其他注意事项等。

四、车间组成

在进行车间布置前，设计人员要根据工艺流程，原料、中间产物、产品的物化性质及生产工艺要求，确定车间组成。发酵工厂的生产车间包括以下三个方面。

生产部分：原料工段、生产工段、成品工段、回收工段等。

辅助部分：车间变电所或配电室、制冷间、空压制氮间、空调间、排烟机房等。

生活行政部分：办公室、更衣室、休息室、值班室、浴室、卫生间等。

例如，生物制药厂的车间有发酵车间、提取车间、精制车间、包装车间、溶剂回收车间等。大型酒厂的主要生产车间有原料粉碎车间、酿酒车间、勾兑车间、灌装包装车间。薯谷酒精厂生产部分包括原料贮仓、粉碎间、酒精车间、酒糟利用车间、二氧化碳回收车间和其他综合利用车间。

五、车间布置原则

车间布置应根据全厂总体规划的要求，按工艺流程、生产操作、检维修及生产车间消防安全、通风、采暖的要求，对车间的功能分区、生产设备、电气及自控设施、辅助设施、生活设施等在平面和空间上进行合理布置，使车间布置既满足生产安全、生产操作、设备检维修、施工方便的要求，又能做到经济实用、节省投资、节约用地、布局整齐、美观。

1. 车间布置应满足工艺设计要求　　车间设备布置要按已批准的管道及仪表流程图（P&ID）布置，保证物料按照生产流程顺序向下游输送，避免重复往返。尽可能利用设备位差输送，减少设备、节约能源。例如，高位槽、计量罐、冷凝器布置在反应釜的上层空间，反应釜布置在中间层，接收罐布置在下层，利用位差进出物料，减少泵的数量，降低投资。

（1）对腐蚀性、有毒和易凝结物料按照流程集中布置，以便统一设置围堰、敷设防腐蚀地面等。

（2）车间要有合适的操作通道、物料运输通道、疏散通道和检修通道。

（3）对温降、压降有要求的工艺设备及对防止结焦、堵塞有要求的工艺设备应靠近布置。

2. 车间布置应满足设备安装、操作和检维修的要求　　具体如下：①在满足工艺要求的前提下，同类型设备尽量集中布置，以便于操作和管理。②根据设备类型，以及安装、操作和检修的要求，车间布置时考虑设备进出的大门或者预留吊装孔，经常拆卸的设备预留空间和零部件存放位置。③对有操作需求的位置设置操作平台。④设备维修或拆卸需要起重设备时，应根据将来使用的起重设备形式考虑起重设备的操作空间。⑤有很大振动的和较重的设备，尽量布置在地面层，噪声大的设备在单独房间布置。⑥设备一般布置在地面或者以上，避免布置在地坑中，特殊设备除外，如污水泵、污水罐。⑦高大的散热设备尽量露天布置并加盖简易保护。⑧对空压机房、空调机房、真空泵等既要分隔，又要尽可能接近使用地点，以减少输送管路及损失。⑨设备与设备之间、设备与建筑物之间要留有疏散通道和检修通道。

3. 车间布置应满足全厂规划的要求　　当项目分期建设时，车间布置要考虑车间的发展和厂房的扩建，车间布置应做到一期工程和二期工程相互协调，一期工程施工不影响二期工程，二期工程动工时不影响一期工程正常生产。通常是按照二期工程的工艺流程、设备数量及类型确定预留区域，使后期施工不影响前期项目生产。

车间布置应与全厂管廊、公辅设施及物料运输路线相互协调，以避免车间管线与全厂管廊对接位置较远、造成材料浪费。物料运输路线较远或路线曲折，造成效率低下。

4. 车间布置应适应所在地区的自然条件　　在满足工艺要求的前提下，结合所在地的气温、降雨量、降雪量、风沙等自然条件和生产特点，确定露天布置设备和车间内布置设备。从安装、检修、防火、防爆方面来讲，在满足工艺要求的前提下，设备尽量露天布置。

车间布置应结合当地风玫瑰图，尽量减少因风向引起火灾和污染面积扩大。

5. 车间布置要符合防腐、防毒、防火、防爆及安全卫生的要求　　具体如下：①使用腐蚀性介质的设备、设备周围地面、柱、墙采取相应的防护措施；潮湿、易发霉的工段要采用防霉措施。②易燃、易爆车间的防爆及安全疏散按《建筑设计防火规范（2018年版）》（GB 50016—2014）和《精细化工企业工程设计防火标准》（GB 51283—2020）进行设计。③对有火灾、爆炸风险的设备一般靠外墙集中布置，并采取防爆措施。④车间的通风、卫生要求，休息室、更衣室、卫生间等的设置位置和数量应按现行《工业企业设计卫生标准》（GBZ 1—2010）执行。⑤车间宜采用金属门窗，建筑物西向立面宜少开窗，办公、化验室等的西向窗宜采取遮阳措施。

6. 车间布置要做到经济合理和整齐美观　　车间布置在满足国家法令和标准规范的基础上，尽量减少占地、避免管道迂回，以节省土地、减少投资和钢材用量。例如，泵布置在管廊下，空冷器、换热器布置在管廊上部等均可以节约占地。

车间内设备应排列整齐，同类设备集中布置；管道横平竖直、避免偏置歪斜；建筑物轴线对齐、高低协调；塔群人孔对齐，一致朝向检修通道等。

7. 车间布置应满足用户要求　　在满足规范要求的前提下，对用户提出的要求，应尽量满足，如用户提出的操作通道、建筑物类型、楼梯类型、物料运输方式等。

六、车间布置设计的步骤和方法

在资料齐全的情况下，按照车间布置、设备布置、充分考虑人流物流的情况下，绘制车间布置图。具体可按照7步进行：①准备资料。包括管道及仪表流程图（P&ID）、设备一览表、设备外形图等。②确定车间布置方案，包括生产、辅助设施、生活行政设施的平面和空间位置。确定厂房的建筑结构、形式、朝向、跨度、承重柱和墙的位置。③确定设备布置方案，包括设备的平面和立面布置图。④依据全厂总平面图，进行物流通道和人流通道设计。⑤确定设备安装、操作、维修通道。⑥绘制车间布置草图。⑦绘制车间设备布置图。

七、车间的总体布置

车间布置要考虑车间内部的生产设备、辅助设施、生活设施的协调，同时还要考虑车间与厂内供水、供热、供电、供风及全厂管理的协调，使车间与全厂融合为一个整体。

（一）厂房的形式

厂房的形式有分离式和集中式两种，首先根据厂区面积、厂区地形、地质等条件，再结合生产规模和工艺特点，考虑采用哪种厂房形式。

一般情况下，生产规模较大、车间各工段生产特点有显著差异（如防火等级、防爆等级等）、厂区面积较大、在山区等时，采用分离式厂房，即将车间内各工段及辅助车间分散在单独的厂房。

厂区面积小、地势平坦、车间各个工段差异小，采用集中式厂房，即将车间的一部分或几部分相互分离并分散布置在多栋厂房中。

（二）厂房的结构类型及特点

工业厂房分为单层、多层及多层结合厂房三类。具体采用哪种类型需要结合总体规划、工艺要求、生产特点、占地面积要求、施工条件、投资估算及用户要求等因素，在综合分析的基础上确定。

1. 单层厂房　　单层厂房在工业厂房中较为常见，其结构柱网较大、柱子较少、房间分割灵活、施工简单，有利于工艺设备布置；可以采取水平运输方式，可选择的运输工具较多；车间地面可以承受较大的荷载，对较重设备或物料的运输有很好的适应性。但是，单层厂房具有占地面积大、空间利用率小、管网长等缺点。

单层厂房适用于有大型设备及加工件,有较大的动荷载和大型运输起重设备,需要水平方向组织工艺流程和运输的生产项目,如制曲车间的厂房为单层两跨钢筋框架结构。

2. 多层厂房 两层及以上的厂房为多层厂房,多层厂房占地面积小,外围护面积小,屋顶构造简单,投资效益高,容易满足生产工艺对厂房的要求。但是,多层厂房的柱网尺寸较小,限制了厂房的利用率。另外,除地面层设备外,工艺设备均安装在梁、板上,对荷载大、振动大的设备较难适应。

多层厂房常用于在垂直方向有要求的生产工艺;工艺设备需要布置在不同的标高层面;生产设备重量较轻、原料及产品的重量小、运输作业少的工业厂房。

工艺设备布置在多层厂房时,应预留设备吊装孔、检修孔,以利安装和检修。

例如,酒厂的原料处理间一般采用多层厂房,原料粉碎设备和调浆设备布置在地面层,除杂、除铁、除石、除尘和风送设备布置在相应的楼层上,以便区分不同的工序和利用位差输送物料。酒精厂糊糖化车间一般采用双层厂房布置,糖化罐、液化罐按一字形排在车间地面层。常见厂房的剖面形式见图 8-1。

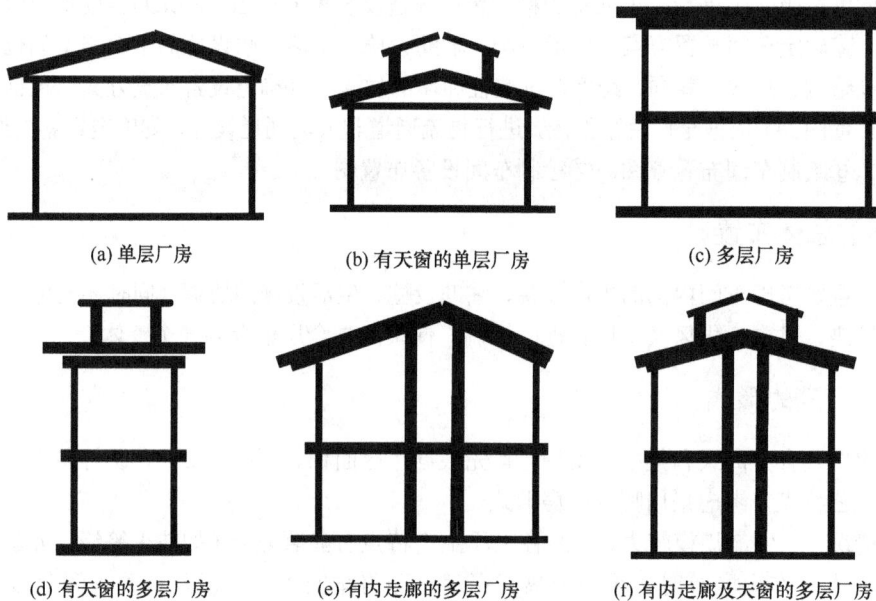

| (a) 单层厂房 | (b) 有天窗的单层厂房 | (c) 多层厂房 |

| (d) 有天窗的多层厂房 | (e) 有内走廊的多层厂房 | (f) 有内走廊及天窗的多层厂房 |

图 8-1　常见厂房的剖面形式

3. 多层结合厂房 多层结合厂房是指由单层和多层混合构成的厂房。

(三)厂房的立面布置

厂房的立面布置遵循经济合理、利于施工的原则,力求简单。厂房的高度由设备高度、设备安装的位置、检修要求和安全卫生要求来决定。例如,高温、有毒有害气体的车间,适当增加厂房高度或设施避风式气楼有利于自然通风和散热。

1. 单层厂房高度 单层厂房高度是指室内地面(一般高出室外地面150mm)至屋顶承重结构下表面(或倾斜屋盖最低点或下沉式屋架下弦底面)的距离。一般为扩大模数3M数列。单层厂房又分为无吊车单层厂房和有吊车单层厂房。

无吊车单层厂房:柱顶标高取决于工艺生产使用的设备高度和其操作、安装、检修时所需的净空，同时综合考虑采光通风的特殊要求，一般单层厂房不低于 3.9m。按照《厂房建筑模数协调标准》（GB/T 50006—2010），单层厂房柱顶标高为 300mm 的整数倍，若采用砖石结构承时，柱顶标高应为 100mm 的整数倍。

有吊车单层厂房：按照《厂房建筑模数协调标准》，自室内地面至支承吊车梁的牛腿面的高度为 3M 数列，当超过 7.2m 时，宜采用 6M 数列。吊车的小车顶面至柱顶之间安全净空应不小于 220mm。单层厂房高度示意图见图 8-2。

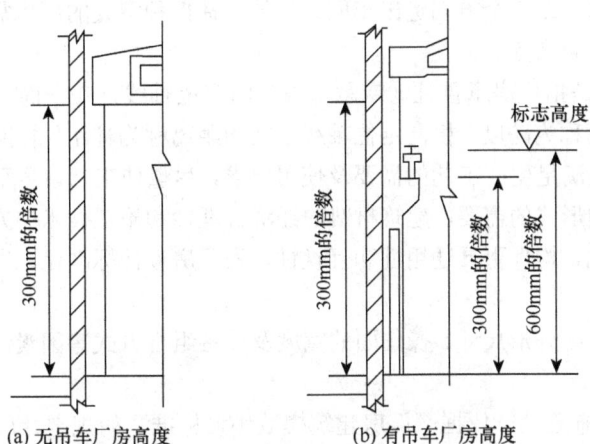

图 8-2 单层厂房高度示意图

2. 多层厂房高度 多层厂房的层高是指地面至上一层楼面的高度。每层的层高取决于工艺设备、运输机械、管道敷设所需空间及厂房采光通风等要求。国内多层厂房高度有 4.2m、4.5m、4.8m、5.1m、5.4m、6.0m 等。多层厂房高度示意图见图 8-3。

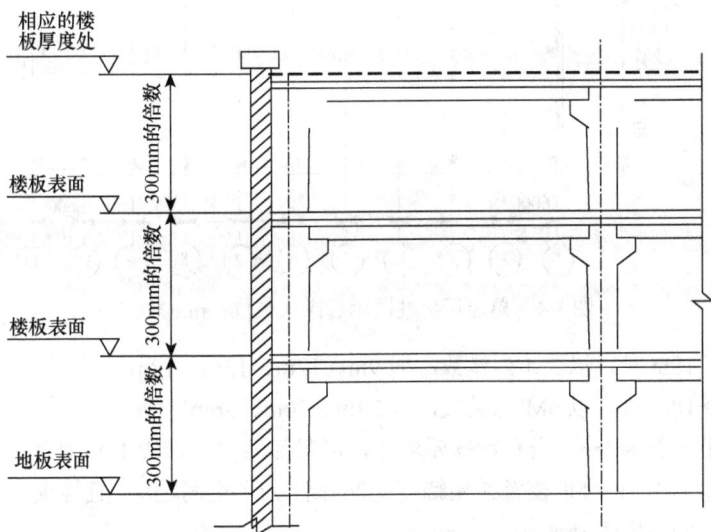

图 8-3 多层厂房高度示意图

（四）厂房的平面布置

厂房的平面布置同样遵循经济合理、外形美观、利于施工的原则，力求简单。厂房的平面布置型式的选择应综合考虑工艺、建筑、结构、采暖、通风、水电、设备等各个专业的技术要求，合理确定厂房的平面型式、柱网尺寸及楼梯间、电梯间、生产辅助用房的位置。

1. 厂房的平面型式   常见的厂房平面型式有长方形、方形、L 型、T 型、E 型等。长方形厂房的主要优点是便于采用统一的结构模数，便于施工、造价少。另外，设备布置空间弹性大，利于设备排列，便于布置物流和人流出入口，对自然采光和通风有利。方形厂房通用性强、有利于抗震，同时具有长方形厂房的特点，应用较多；L 型、T 型、E 型平面厂房适用于比较复杂的车间，其外部管道可由二或三个方向进出车间。具体选择何种型式的厂房需结合车间组成、工艺要求及场地情况进行综合考虑。

2. 柱网   柱网是指厂房承重柱（或承重墙）的定位轴线，在平面上排列形成的网格。纵向定位轴线之间的距离称为跨度，横向定位轴线之间的距离称为柱距。柱网布置就是确定跨度和柱距尺寸。柱网布置应满足生产工艺的需要及使用要求，尽量使工艺设备平面布置与建筑平面形状相一致；应考虑结构形式的需要、建筑材料的经济合理性和施工技术的方便可行性；使厂房结构构件尺寸达到标准化，构件更具通用性和互换性，为厂房设计标准化、生产工厂化和施工机械化创造条件。

厂房柱网应根据设备外形尺寸、操作面的宽度及设备组合方式等因素，结合土建建筑模数合理确定。

1）**单层厂房柱网布置**   依据《厂房建筑模数协调标准》的规定，厂房跨度应满足以下条件（图 8-4）。

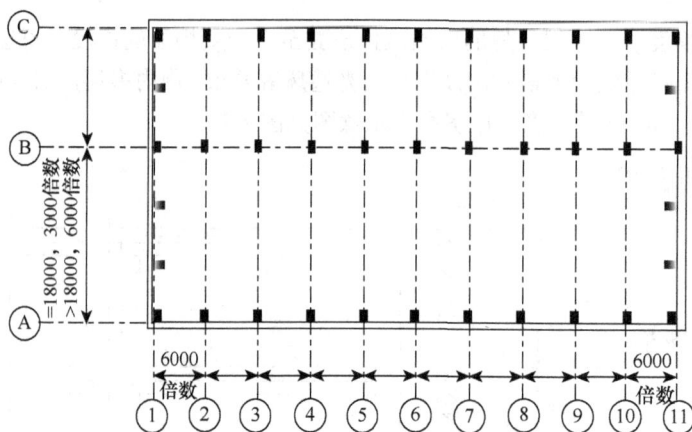

图 8-4   单层厂房柱网示意图（单位：mm）

（1）当跨度≤18m 时，以 3M 为模数，即 9m、12m、15m、18m。

（2）当跨度＞18m 时，以 6M 为模数，即 24m、30m、36m。

（3）厂房柱距一般为 6m，当有特殊要求时，可局部抽柱，形成 12m 柱距。

例如，啤酒厂厂房内最高的麦汁杀菌罐有 7.2m 高，为了空间足够，且柱顶标高为 3m 的倍数，所以选择单层厂房的高度为 9m。

2）**多层厂房柱网布置**   根据《厂房建筑模数协调标准》的规定，多层厂房的跨度应采用扩大模数 15M 数列，常用的有 6.0m、7.5m、9.0m、10.5m、12m（图 8-5）。

（1）柱距应采用扩大模数 6M 数列，常用的有 6.0m、6.6m、6.9m。

（2）走廊的跨度应采用扩大模数 3M 数列，常用的有 2.4m、2.7m、3.0m。

(a) 方格式柱网

(b) 内廊式柱网

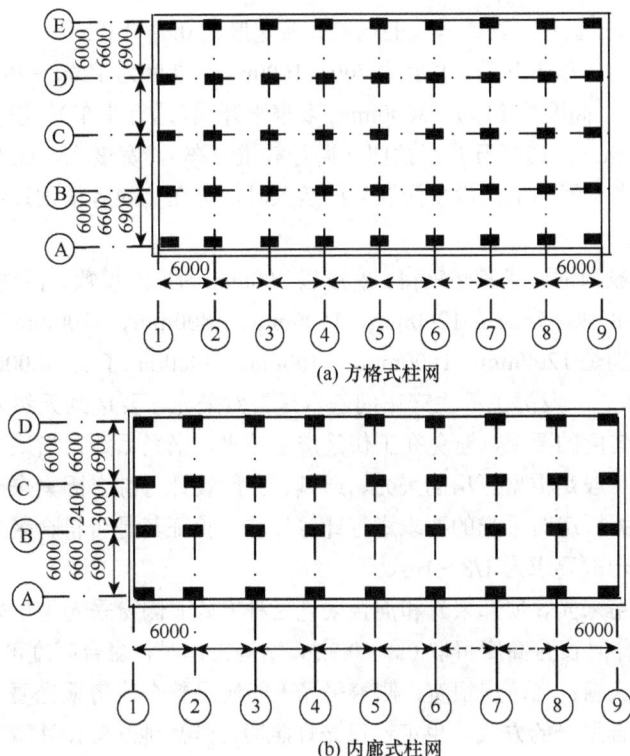

图 8-5 多层厂房柱网示意图（单位：mm）

（五）厂房的建筑结构类型

按承重结构的使用材料划分，有混合结构、钢筋混凝土结构和钢结构 3 种类型。

混合结构的主要承重结构为墙或带壁柱墙，屋架可用钢筋混凝土结构、钢木结构或轻木结构。这种结构造价比较低，一般用于没有很大载荷的车间或储藏条件要求不高的仓库。

钢筋混凝土结构的材料易得，厂房层数、跨度都无严格限制，门窗大小及位置都比较灵活，施工方便、耐火、耐腐蚀，且钢筋混凝土可在建筑工厂预制成各种构件，符合建筑工业统一化的要求。为目前的单层和多层厂房所常用，如食品工厂生产车间和仓库等最常用钢筋混凝土结构。

钢结构中的梁、柱、层架均为钢制，墙用砖或其他材料制成，楼板用钢或钢筋混凝土制成。这种结构的厂房跨度大、强度高、造价昂贵，适用于特殊高大或有振动的厂房。

按其施工方法划分，有装配式和现浇式两种。

按承重结构的形式划分，有排架结构和钢架结构。装配式单层厂房的主要承重结构是层架或屋面梁、柱或基础。当屋架与柱顶为铰接，柱与基础顶面为钢接时，这样组成的结构称为排架。钢架结构也是由横梁、柱和基础组成。制曲厂房的发酵间为钢框架结构。

在不需要重型吊车或大型悬挂运输设备时，还可采用薄壳、网架、悬索等大型空间结构，以扩大柱网，增加灵活性。

（六）车间布置对建筑的要求

1. 对门和窗的要求 为了正确地组织人流、车间运输和设备进出及保证车间的安全疏散，在厂房设计中要布置好出入口。厂房的安全出入口一般不能少于 2 个。一般厂房大门宽度要比所通过的设备宽度大 0.5m 左右，要比满载的运输设备宽度大 0.6～1.0m。

车间的门常用的有单扇平开门，宽度为 700～1000mm，高度为 1800～2000mm；双扇平开门，宽度为 1200～1500mm，高度为 2100～3000mm；双扇平开式（通行小车），宽度为 2100～2400mm，高度为 2100～2700mm；双扇平开式或拉门（通行载重汽车），宽度为 2800～3000mm，高度为 2700～3000mm 等。当车间的工艺设备无法从门运入时，可在墙或者楼顶预留吊装孔，待设备装入后砌死。

工业厂房的窗一般为钢窗或者塑钢窗。宽度以 300mm 为扩大模数、窗高以 600mm 为扩大模数。常见窗的宽度有 8 种，分别是 1200mm、1500mm、1800mm、2100mm 直至 6000mm，常见窗的高度有 7 种，分别是 1200mm、1800mm、2400mm、3000mm 直至 4800mm。

2．对采光的要求　　发酵工厂生产车间基本是自然采光，要达到天然采光，必须满足采光系数最低值、采光均匀度的要求，避免在工作区产生眩光。采光系数是指采光面积和房间地坪面积的比值。采光面积一般是根据厂房的采光、通风、立面设计等综合因素来确定的。首先大致确定窗户面积，然后根据厂房对采光的要求进行计算校核，验证其是否符合采光标准。发酵工厂的一般车间，采光系数一般要求为 1/8～1/6。

采光的方式有侧窗采光、顶部采光和混合采光三种方式。侧窗采光是指采光口布置在厂房的侧墙上，工人坐着工作时窗台高度可取 0.8～0.9m，站着工作时，窗台高度可取 1～1.2m。顶部采光是指在屋顶处设置天窗；当厂房很宽，侧窗采光不能满足整个厂房采光要求时，则须在屋顶上开设天窗，即采用混合采光的方式，也可设日光灯照明，灯离地 2.8m，每隔 2m 安一组。

3．对自然通风的要求　　冷加工车间的自然通风：冷加工车间无大的热源，室内余热较小，利用门窗就可以满足室内通风换气的要求。由于室内外温差小，组织自然通风时可结合工艺与总平面设计进行，尽量使厂房纵向垂直夏季主导风向或不小于 45°倾角，厂房宽度限制在 60m 以内。在外墙上设窗，在纵横贯通的通道端部设门，以便组织穿堂风。为避免气流分散，影响穿堂风的流速，冷加工车间不宜设置通风天窗，但为了排除积聚在屋盖下部的热空气，可以设置通风屋脊。

热加工车间的自然通风：根据热压通风原理，进风口的位置应尽可能低。南方炎热地区低侧窗窗台可低至 0.4～0.6m，或不设窗扇而采用下部敞口进气；寒冷地区侧窗可分为上下两排，夏季将下排窗开启，上排窗关闭；冬季将上排窗开启，下排窗关闭，避免冷风直接吹向人体。侧窗开启方式有上悬、中悬、平开和立转 4 种，其中立转窗通风效果最好。排风口的位置尽可能高，一般设在柱顶处或靠近檐口一带。当设有天窗时，天窗一般设在屋脊处，另外，为了尽快排除热空气，需要缩短通风距离，天窗宜设在散发热量较大的设备上方。外墙中间部分的侧窗，应按采光窗设计，常采用固定窗或中悬窗，一般不采用上悬窗，以免影响下部进风口的进气量和气流速度。

对于高温及有毒气体的厂房，要适当加高建筑物层高，以利通风散热。

根据生产过程中有毒物质、易燃、易爆气体的逸出量及其在空气中允许浓度和爆炸极限，确定厂房每小时通风次数，对产生大量热量的车间，也需进行同样考虑。在厂房楼板上设置中央通风孔，可加强自然对流通风。

4．对地坪的要求　　发酵工厂根据生产车间的不同，对土建提出不同的地坪要求。常用的地坪有石板地坪、高标号混凝土地面、缸砖地面、塑料地面、水磨石地面和无尘地坪。

发酵工厂的生产车间，常有腐蚀性介质的排出或有运输车辆冲击地坪，使地坪受到破坏。所以，设计时要采取适当的措施减轻地坪的受损。例如，在工艺布置中尽量将有腐蚀性介质排出的设备集中布置，以利于局部设防，缩小腐蚀范围。生产车间宜采用 1.5%～2.0% 的地面坡度，并设有明沟或地漏排水，将生产车间的废水和腐蚀性介质及时排出。为了尽量减少运输车辆造成对地坪的冲击,采用输送带或胶轮车。

5. 对内墙面的要求 房屋内的墙面称为内墙面。发酵工厂主厂房对内墙面的要求很高,一般在内墙面的下部做 1.8~2.0m 高的墙裙。材料可用 150mm×150m、300mm×300mm 或其他尺寸规格的白瓷砖或塑料面砖,为提高清洁效果,很多工厂已从地面处一直铺贴到天棚下。其余墙面和天棚可用耐化学腐蚀的、不吸水的、防霉的、可刷洗的涂料。

6. 对楼梯的要求 楼梯是多层建筑中各层上下交通的建筑构件,一般布置在建筑物的出入口附近。为利于车间内交通方便,保证安全疏散,对于大型厂房应设置两个楼梯。根据楼梯使用情况,分主楼梯、辅助楼梯和消防楼梯。主楼梯布置于人流集中的大门附近;辅助楼梯位于厂房两侧。主楼梯宽度一般为 1500~1650mm,坡度为 30°,辅助楼梯为 1000~1200mm,坡度为 45°。安全出入口,楼梯的个数、宽度、坡度、结构形式都需符合安全、防火、疏散和使用的规范要求。

楼梯的形式有单跑、双跑、三跑及双分、双合式楼梯。具体车间内楼梯采用何种形式,应根据车间的结构及需要来确定。

第二节 设备布置设计

一、设备布置的基本要求

1. 满足工艺要求 具体包括:①设备布置首先应满足生产工艺要求,即车间设备布置应与工艺流程顺序一致,并尽可能使物料自流输送,避免中间体和产品的输送过程有交叉往返的现象。故一般将高位槽、计量布置在最高层,主要设备(如反应器等)布置在中层,贮槽及重型设备布置在最底层。②设备布置应尽可能对称,在相同或相似设备应集中布置,并考虑不同设备互为备用的可能性和方便性。③在上下游联系紧密的设备应靠近布置,并保持必要的操作空间。除了要照顾到合理的操作空间、行人的通行、物料的输送外,还应考虑在设备周围留出堆存一定数量原料、半成品、成品的空地,必要时还需考虑一定的设备检修场地。如有经常需要更换的设备,必须考虑设备搬运通道所需的最小宽度和最小净空,同时还应留有车间扩建的位置。④要考虑物料特性对防火、防爆、防毒及控制噪声的要求,如噪声较大的设备采用封闭式间隔等;对产生剧毒物的场所,要和其他部分完全分割。⑤设备与墙壁之间的距离,设备之间的距离标准及运送设备的通道和人行道的标准都有一定规范,设计时应予以遵守,如设备的安全距离见表 8-1,工人操作设备时所需的最小间距见图 8-6。

表 8-1 设备的安全距离(中石化上海工程有限公司,2018)

序号	项目	净安全距离/m
1	泵与泵之间的距离	≥0.7
2	泵与墙之间的距离	≥1.2
3	泵列与泵列之间的距离(双排泵间)	≥2.0
4	计量罐与计量罐之间的距离	0.4~0.6
5	贮罐(槽)与内贮罐(槽)之间的距离	0.4~0.6
6	换热器与换热器之间的距离	≥1.0
7	塔与塔之间的距离	1.0~2.0
8	离心机周围通道	≥1.5
9	过滤机周围通道	1.0~1.8

序号	项目	净安全距离/m
10	反应器盖上传动装置离天花板的距离（如搅拌轴拆装有困难，距离还应加大）	≥0.8
11	反应器底部距人行道的距离	≥1.8~2.0
12	反应器卸料口距离心机的距离	≥1.0~1.5
13	起吊物品距设备最高点的距离	≥0.4
14	往复运动机械的运动部件与墙之间的距离	≥1.5
15	回转机械与墙之间的距离	≥0.8~1.0
16	回转机械与回转机械之间的距离	≥0.8~1.2
17	通廊、操作台通行部分的最小净空高度	≥2.2~2.5
18	不同行的地方（净高）	≥2.2
19	操作台梯子的斜度　一般情况	≤45°
	特殊情况	≤60°
20	散发可燃气体及蒸汽的设备与变配电室、自控仪表室、分析化验室等之间的距离	≥15
21	散发可燃气体及蒸汽的设备与炉子之间的距离	≥18
22	工艺设备与道路道之间的距离	≥1.0

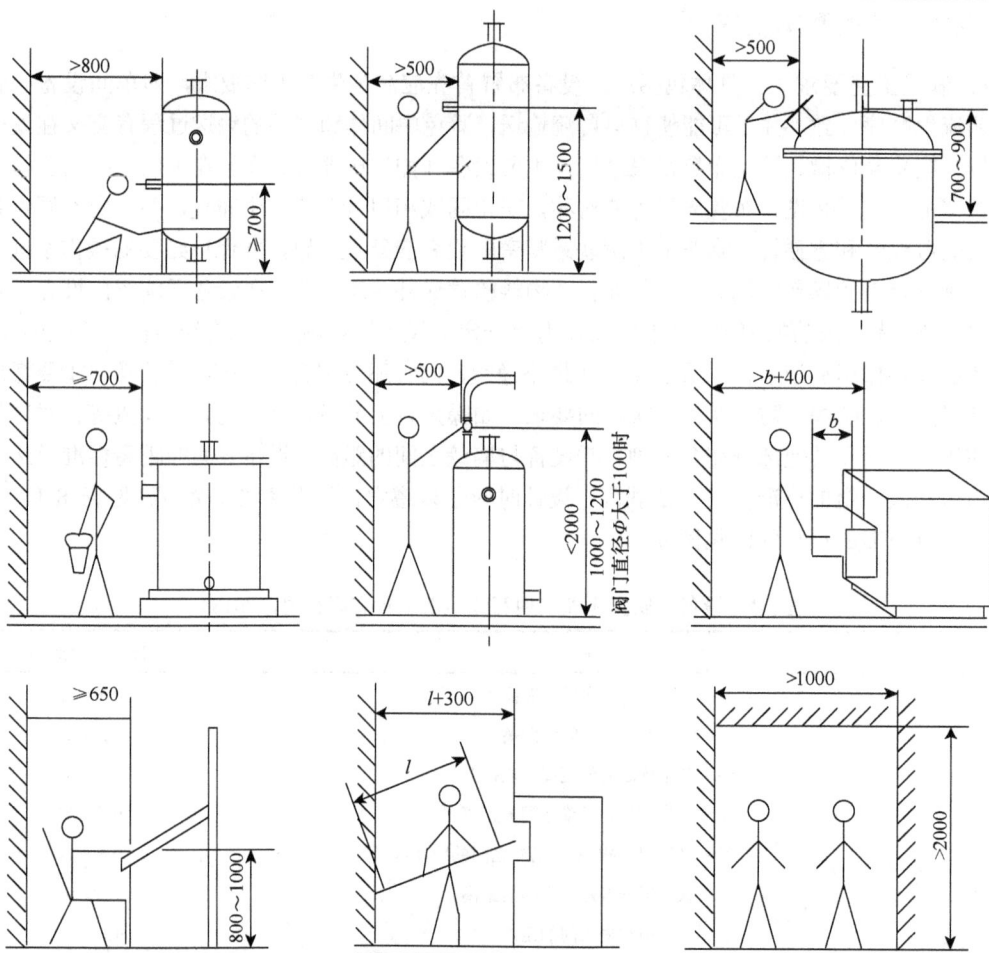

图 8-6　工人操作设备时所需要的最小间距的范例（单位：mm）

b 为设备处操作台的宽度；l 为长度

2. 满足建筑要求　具体包括：①在满足工艺需求前提下，结合当地的自然条件，设备尽量露天布置，这样可节约建筑物的面积和体积，减少设计和施工的工作量，节约基建投资。②在符合工艺流程的原则下，将高大设备集中布置，可简化厂房的立体布置，避免设备高低悬殊造成建筑体积的浪费和操作人员过多地往返于楼层之间。③笨重设备或在生产中能产生很大振动的设备，如压缩机、粉碎机及离心机等尽可能布置在厂房的地面层，设备基础独立设置，以免影响厂房的安全。④设备布置时，应避开建筑物的柱子和主梁。⑤厂房的操作平台统一布置，避免平台支柱林立重复。⑥设备不应布置在建筑物的沉降缝或者伸缩缝处。⑦设备布置应不影响开门和妨碍行人出入。⑧设备布置应不影响采光和开窗，无法避免时，设备与墙间的净距应大于 600mm。⑨设备布置综合考虑运输路线、安装、检修方式以提前确定安全孔、吊钩及设备间距等。⑩可燃易爆设备应与其他工艺设备分开布置，并集中布置在车间一处，以便设置隔爆墙等措施。

3. 满足安装和检修要求　具体包括：①要根据设备大小及结构，考虑设备安装、检修及拆卸所需的空间。②要考虑设备能否顺利进出车间。需要经常更换、检修、拆卸的设备附近设置大门或安装孔、大门宽度比设备宽度大 0.5m。当设备运入厂房后，很少需要再整体搬出时或对体积庞大而又不需经常更换的设备，可在外墙预留孔道，待设备运入后再砌封。③设备通过楼层或安装在二层楼以上时，可在楼板上设置安装孔。安装孔分有盖及无盖两种，后者需沿其四周设置可拆卸的栏杆。对需穿越楼板安装的设备（如反应器、塔设备等），可直接通过楼板上预留的安装孔来吊装。吊装孔不宜开得过大（一般控制在 2.7m 以内）。④必须考虑设备的检修、拆卸及运送物料的超重运输装置，若无永久性起重运输装置，也应该考虑安装临时起重运输装置的位置。设备的起吊运输高度应大于运输过道上最高设备高度 400mm 以上。⑤大型设备（塔、储罐、反应器等）集中布置在车间一侧，靠近通道，周边无障碍物，以方便起重设备的进出及设备的吊装，通道宽度应大于最大起吊设备的宽度。

4. 满足安全和卫生要求　具体包括：①要创造良好的采光条件，设备布置时尽可能做到工人背光操作。高大设备避免靠窗设置，以免影响采光。②要有效利用自然对流通风，车间南北向不宜隔断。对放热量大，有毒害性气体或粉尘的工段，如不能露天布置，需要采用机械通风。③火灾危险性为甲、乙类的生产厂房，必须保证厂房中的易燃气体或粉尘浓度不超过允许极限，送风设备不应布置在同一个通风机室内，且排风设备不应和其他房间的送排风设备布置在一起；必须采取防静电措施，防止产生静电、放电及着火的可能性；产生腐蚀性介质的设备，其基础、设备周围地面、墙、梁、柱都需要采取防护措施。

5. 满足药品生产质量管理规范（GMP）的要求　具体包括：①设备设计、选型、安装应符合生产要求，易于清洗、消毒或灭菌，便于生产操作和维修、保养，并防止差错或减少污染。②设备布置应易于清洗、灭菌和检查、维修。③生产设备应有明显的状态标志，并定期维修、保养和验证。设备安装、维修、保养的操作不得影响产品的质量。不合格的设备如有可能应搬出生产区，未搬出应有明显标志。④防止设备间的物料的交叉污染。⑤生产、检验设备均应有使用、维修、保养记录，并由专人管理。

6. 设备的露天布置　设备露天或半露天布置可以节约建筑面积和土建工程量，缺点是受气候影响大，操作条件差，设备护养要求高，自控要求高。对于发酵工厂的车间，应结合生产工艺的可能和地区的气候条件具体考虑。

1）凡下列情况的设备，可以考虑露天布置　①生产中不需要经常看管的设备，其贮存或处理的物料不会因气温的变化而发生冻结和沸腾的，如吸收塔、地位水流泵、贮槽、气柜、真空缓冲罐、压缩空气贮罐等。②直径较粗，高度很大的塔类设备。③需要大气来调节温度、湿度的设备，如凉水塔、空气冷却器、直接冷却器和喷淋冷却器等。

2）凡下列情况的设备，一般不能露天布置　①不能受大气影响，不允许有显著温度变化的设备（如反应器），特别是间歇操作的反应器和液相过程的反应器；使用冷冻剂的设备。②各种有机械传动的设备和机器，如空压机、冷冻机、往复泵等。③生产控制和操作台。

二、常用设备及容器的布置

（一）发酵设备

发酵罐是发酵工厂的主要设备，一般是指进行微生物深层培养的设备。按微生物生长代谢分类，分为好氧发酵罐（又称通风发酵罐）和厌氧发酵罐（又称嫌气发酵罐）。好氧发酵罐主要应用于氨基酸、柠檬酸、酶制剂、抗生素和单细胞蛋白等，在生产过程中需通入无菌空气，因此其结构要比厌氧发酵罐复杂些。厌氧发酵罐主要应用于酒精、啤酒发酵。因其不需供氧，所以设备和工艺都较好氧发酵简单。

酒精厂的厌氧发酵罐，可以布置在室内或半露天。发酵罐用水泥支座或钢管支座落地安装，罐底有出料阀门，罐底离地面距离应＞800mm。由于发酵时间长，发酵罐数量较多，布置时可以沿车间长度方向呈一条直线或两条、三条直线对称整齐排列。发酵罐间的距离应大于500mm，离墙距离应大于800mm，每两列发酵罐间应留有足够的人行通道和操作面，距离为1.5～2.0m为好。

酒精厂连续发酵的发酵罐宜分为两列露天布置，间歇发酵、罐数太多时，沿车间长度方向为四列露天布置。两列之间设操作廊和操作平台，并设顶盖。发酵罐间距离为1.5m，离墙距离为1.5m，锥底离地面距离大约为1.5m。

啤酒发酵罐是啤酒厂的主要设备之一，大罐发酵工艺的啤酒厂，选用露天发酵，除发酵罐、清酒罐，其他附属设备均置于厂房内。另外，发酵罐虽为露天，但需修筑5m高的围墙将其围住。厂房外发酵罐围墙的长宽都大于18m，所以跨度和柱距都为6000mm。发酵罐一般固定在钢筋混凝土支座上，其锥部应置于室内。考虑锥底要排出酵母和出酒液，因此锥底酒液出口离地高度应控制在1.0～1.5m，罐体的露天部分可设简易操作台，以便于操作。发酵罐一般呈两条以上直线对称整齐排列布置，发酵罐间距大于800mm，每两列发酵罐间的距离为1.5～2.0m。

好氧发酵罐一般布置在室内，可以沿车间长度方向呈一字形排列，位置稍靠墙，或沿车间两侧呈两条直线排列。小型发酵罐用支承式支座直接支撑在地面上，大型发酵罐用裙式支座支撑于地面，以减轻厂房的建筑负荷。发酵罐离墙距离＞1000mm，罐与罐间距离根据设备大小确定，一般＞1000mm，大型罐间距为2000～3000mm，罐底离地面＞500mm。发酵罐前需留有1.5～2.0m的操作面和通道。罐顶人孔离楼面距离800mm为宜。

机械搅拌通风发酵罐一般带有搅拌器，罐顶装有电动机及减速装置，因此，在罐的上部应设置安装及检修用的起吊设备。发酵罐顶端与建筑物间必须留出足够的高度，以便抽出搅拌机。

（二）糊糖化设备

啤酒厂的糊糖化设备主要包括糊化锅、糖化锅、过滤槽（或压滤机）、煮沸锅等，这些设备一般布置在糖化车间的二层，由锅耳与楼面预埋钢板焊接固定。二楼的操作人孔离楼面距离一般应控制在700～900mm。底层安装每个锅搅拌器的减速箱和电机。设备之间的间距一般为3～4m，离墙距离一般为1m左右。

酒精厂的糊糖化间一般为双层厂房，液化罐、糖化罐应按一字形排成一列，置于车间地层。

（三）蒸煮设备

目前，酒精厂的蒸煮器也应按一字形排列，宜露天布置于车间外侧。

（四）粉碎设备

酒精厂的原料粉碎及调浆设备应布置在地面层，除石、除杂、除铁、除尘及风送设备宜布置在相应的楼层上。

（五）塔

白酒厂、酒精厂都设有蒸馏车间，必须考虑塔在车间内的合理布置。塔的布置多采用单排形式，按流程顺序沿管廊或框架一侧中心线对齐。这样既方便安装，又方便配管。对于直径较小、本体较高的塔，可以双排或成三角形布置，利用平台将塔联系在一起，也可以布置在框架内，利用联合平台或框架提高其稳定性。

塔和管廊立柱之间没有布置泵时，塔外壁与管廊立柱之间的距离一般为3～5m，塔和管廊立柱之间布置泵时，按泵的操作，检修和配管要求确定，一般情况下不宜小于2.5m。两塔之间的净距不宜小于2.5m，以便敷设管道和设置平台。塔的操作一侧应考虑塔的吊装设施和运输通道。在塔和吊柱转动范围内，应留有起吊塔盘、填料、安全阀等的空间。

塔的安装高度根据不同的工艺、操作情况及塔底管道的安装和操作要求来确定。对于利用塔的内压或塔内流体重力将物料送往其他设备和管道时，应由其内压和被送往设备或管道的压力和高度来确定；对于靠位差输送液体的塔同被送设备的高度决定；带有立式热虹吸式再沸器或卧式再沸器的塔应按塔和再沸器之间的相互关系和操作要求来确定。

（六）换热器

常用的换热器有沉浸蛇管式换热器、喷淋蛇管式换热器、列管式换热器、螺旋板式换热器和板式换热器等。

1．地面上换热器的布置　　成组布置的换热器应排列整齐，其管箱接管中心线宜在一条直线上；换热器的安装间距要适宜，一般两台换热器外壳之间的距离≥0.6m。换热器的安装高度，如工艺没有特殊要求，则可按其底部接管最低标高（或排液阀下部）与地面（或平台面）的净空不小于150mm考虑。布置在管廊下的换热器，其端头侧应留有足够的检修空间和通道。

2．框架上换热器的布置　　固定管板换热器周围要留有清除管内污垢的空地，浮头式管壳换热器在浮头端距平台边的最小距离为1.2m，在管箱端距平台边的最小距离为1.5m，并应考虑管束抽出所需空间以便检修吊车接近设备。换热器周围平台应留有足够的操作和维修通道，最小通道为0.8m。

（七）过滤机

酒精厂硅藻土过滤机一般布置在室内，以便过滤、清洗、出料操作交替进行。

设备布置所占用的面积，一般在过滤机周围要留出一个过滤机宽度的地方，便于小车通行和操作人员通过。

（八）风机

风机运转会产生较大噪声，一般布置在单独的房间内，以减少噪声对周围的影响。风机布置时应考虑维修空间，并设适当的吊装设备。大型风机的设备基础应与建筑物分开设置，并考虑隔振。风管穿墙时，也要防止风管对建筑物振动的影响。

（九）泵

泵是常用的流体输送设备，小型车间泵多数布置在使用设备附近、分散布置。大中型车间的泵，尽量集中布置。集中布置时，泵有出口中心线对齐、泵端基础面对齐、动力端基础面取齐三种对齐方式。除安装在联合基础上的泵外，两台泵的净距不宜小于 0.7m，泵前方的操作检修通道不应小于 1.25m，多级泵前宽度不应小于 1.8m。泵的检修净空间不宜小于 3m。泵进出口阀门手轮到邻近泵的最突出部分或柱子的净距不应小于 0.75m，电机相对布置时，电机距离为 1.5～2.0m。

三、设备布置图的绘制

设备布置图是在管道及仪表流程图（P&ID）、设备型号、规格、数量确定的基础上绘制的。其是在简化的厂房建筑图上，增加设备信息，用来表示设备之间、设备与建筑物之间的相对位置，并用于指导设备的安装。设备布置图包括分区索引图、设备平面布置图、设备安装详图、管口方位图。

（一）设备布置图的一般规定

1. 分区　　设备布置图是按工艺主项绘制的，当装置界区范围较大且需要布置的设备较多时，设备布置图需要分成若干个小区绘制。各区的相对位置在车间总图中表明，分区范围线用双点画线表示。对各小区的设备布置图（首层），应在图纸的右下方放置缩小的分区索引图，将所在区域用阴影线表示出来。

2. 图幅　　车间设备布置图一般用 A1 幅面，设备较少时，也可采用 A2 幅面，不宜加宽或加长。图纸内框的长边和短边的外侧，以 3mm 长的粗线划分等分，在长边等分的中点自标题栏侧起依次写 A、B、C、D、…，在短边等分的中点自标题栏侧起依次写 1、2、3、4、…。A1 幅面长边分 8 等分，短边分 6 等分，A2 幅面长边分 6 等分，短边分 4 等分（图 8-7）。

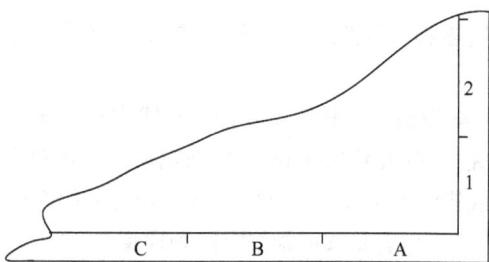

图 8-7　部分图幅

3. 比例　　通常绘图比例采用 1∶100，也可采用 1∶200 或 1∶50，视设备数量情况而定，对于大装置分段绘制进，必须采用同一比例。

4. 线宽　　图线宽度参见《化工工艺设计施工图内容和深度统一规定》（HG/T 20519—2009）。

（二）设备布置图视图的配置

车间布置图中的视图通常包括平面图和剖视图，用来表示厂房建筑的基本结构及设备在厂房内外的布置情况。

1. 平面图　　设备布置图中的平面图，一般是分层绘制，在平面图上，要表示出某层的设备布置情况，同时还要表示厂房建筑的方位、占地大小、内部分隔情况及与设备安装定位有关的建筑物、构筑物的结构形状和相对位置。

一张图纸内绘制几层平面图时，应以 EL±0.000 平面开始画起，由下而上，由左到右顺序排列。在平面图下方各注明其相应的标高和图名，并在图名下画一粗线。如有四个平面，各视图下方标明平面图名称为 EL±0.000 平面、EL+5.000 平面、EL+10.00 平面及 EL+15.00 平面。

2. 剖视图　　剖视图是在厂房建筑的适当位置上，垂直剖切后绘出的立面剖视图，以表达在高度方向设备安装布置情况。在保证充分表达的前提下，剖视图的数量应尽可能少。

在剖视图中要根据剖切位置和剖切方向，表达出厂房建筑的空间大小、内部分隔及与设备安装定位有关的基本结构，如墙、柱、地面、地坑、地沟、安装孔洞、楼板、平台、栏杆、楼梯、吊车、吊装梁及设备基础等。与设备定位关系不大的门、窗等构件，一般只在平面图上画出它们的位置、门的开启方向等，在剖视图上不予表示。

剖视图的剖切位置需在平面图上加以标记，标记方法一般应与机械制图国家标准规定一致 [图 8-8（a）]。有些部门采用接近建筑制图标准的方法 [图 8-8（b）]。

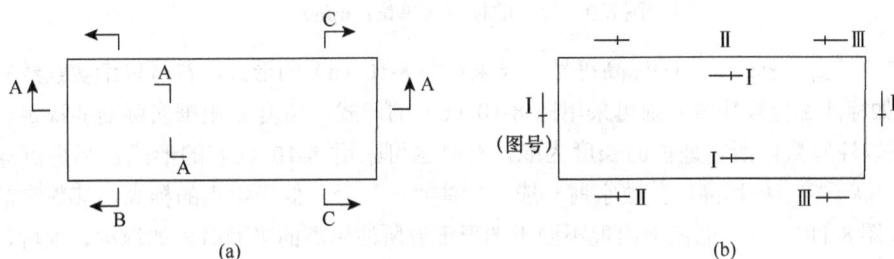

图 8-8　剖视图

图中 A、B、C、Ⅰ、Ⅱ、Ⅲ无特殊意义，表示剖视图方向及编号

（三）设备布置图的画法

设备是车间设备布置图中要表达的内容，设备外形轮廓及其安装基础用中粗实线绘制。对于外形比较复杂的设备，如泵、压缩机，可以只画出基础外形。对同一位号的设备多于三台的情况，在图上可以只画出首末两台设备的外形，中间的可以只画出基础或用双点划线的方框表示。

非定型设备可简化出外形，包括操作平面、梯子、支架。卧式设备，应表示出特征管嘴或固定端支座位置。

当某一设备平面图上局部有设备或操作维修平台时，一般只表示上层的设备外形轮廓，下层的设备外形可用虚线或局部剖视表示出来。若下层平面中设备图形复杂，应单独绘制出局部的平面图。

当一台设备穿越多层建、构筑物时，在每层平面图上均要表示设备的平面位置。

设备布置图的绘制可以参照《化工装置设备布置设计规定》（HG/T 20546—2009）和《化工工艺设计施工图内容和深度统一规定》（HG/T 20519—2009）。

（四）设备布置图的标注

设备布置图中要标的内容有设备与设备之间的定位尺寸，建（构）筑物与设备之间的定位尺寸，建（构）筑物的定位轴线的编号，与设备定位有关的建（构）筑物尺寸，设备的位号、名称及必要的文字说明等。

1. 厂房建筑的标注　　标注尺寸的内容：①厂房的长度、宽度总尺寸。②柱、墙定位轴线的间距尺寸，一般复用建筑专业图纸。③设备预留孔、洞及沟、坑的定位尺寸。④地面、楼板、平台、屋面的主要高度尺寸及其他与设备安装定位有关的建筑结构构件的高度尺寸。

1）平面尺寸　①厂房的平面尺寸应以建筑物定位轴线为基准，其单位为毫米。②因总体数值尺寸较大，精度要求并不很高，因此尺寸允许注成封闭链状［图8-9（a）］。③尺寸界限一般是建筑定位轴线和设备中心线的延长部分。④尺寸线的起止符号可不用箭头而采用45°的中粗斜短线表示［图8-9（b）］。⑤尺寸数字应尽量标注在尺寸线上方的中间，当尺寸界限距离较窄没有位置注定数字时，可按图8-10的形式标注，最外边的尺寸数字可以标注在尺寸界限的外侧，中间部分的尺寸数字可分别在尺寸线上下两边错开标注，必要时也可用引出线引出后再行标注。

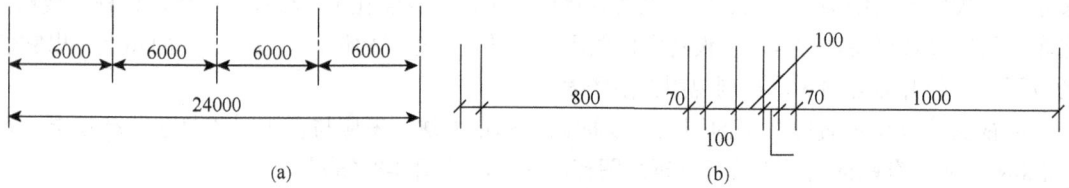

图8-9　尺寸的标注（单位：mm）

2）建筑标高的标注　①标高符号一般采用图8-10（a）的形式，符号以细实线绘制，特殊情况下（如标注部位较狭窄）则可采用图8-10（b）的形式，高度 h 根据实际需要决定，水平线长度 L 就以注写数字所占地位的长度为准，有时也可采用8-10（c）的形式。②零点标高标成"±0.00"，高于零点的标高，其数字前一般不加注"＋"号，低于零点的标高，其数字前必须加"－"号（图8-11）。③平面图上出现不同于图形下方所注标高的平面时，如地沟、地坑、操作台等时，应在相应部位上分别注明其标高。

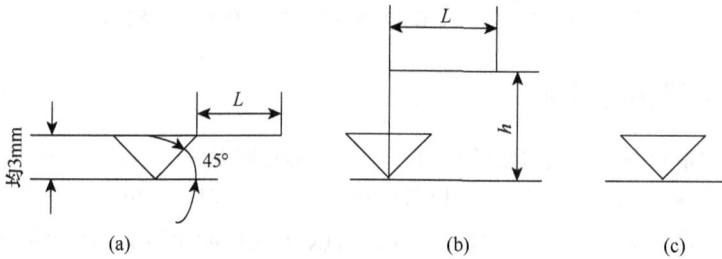

图8-10　标高标注图1

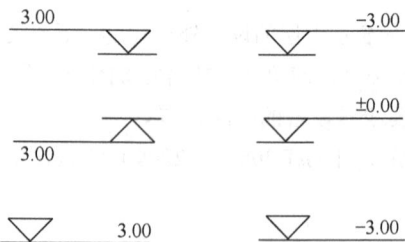

图8-11　标高标注图2（单位：m）

3）建筑定位轴线的标注　在图形与尺寸之外的明显地位，于各轴线的端部画出直线直径为8～10mm的细圆线，使呈水平或垂直方向排列。在水平方向则自左至右顺序注以1、2、3等相应编号，在垂直方向则自下而上顺序注以A、B、C等相应编号（I、O、Z三个字母不用，字母不够使用时，可增加AA，AB，…；BA，BB，…）。两轴线间需附加轴线时，编号可用分数表示，分母表示前一轴线的编号，分子表示附加轴线，可用阿拉伯数字编号。例如，"1/5"表示5号轴线以后附加的第一根轴线，"1/J"表示J号轴线以后附加的第一根轴线。

2. 设备标注　一般不注出设备定型尺寸，只标注其定位尺寸。

1）平面定位尺寸　平面图上应标注设备与建筑物及其构件、设备与设备之间的定位尺寸。

设备在平面图上的定位尺寸一般应以建筑定位轴线为基准注出它与设备中心线或设备支座中心线的距离。悬挂于墙上或柱子上的设备,应以墙内壁或外壁、柱子的边为基准标注定位尺寸。要尽量避免以界区的分界线为基准线标注尺寸。

卧式容器和换热器,标注建筑定位轴线与容器的中心线和建筑定位轴线与靠近柱轴线一端的支座的两个尺寸为定位尺寸(图8-12)。

立式反应器、塔、槽、罐和换热器,标注建筑定位轴线与中心线间的距离为定位尺寸(图8-13)。

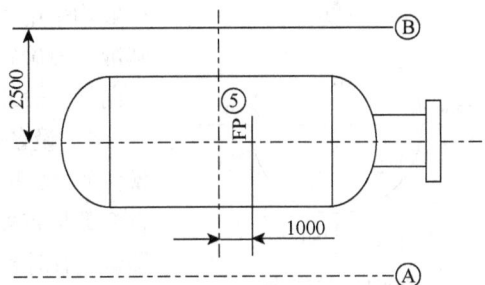

图 8-12　卧式设备定位尺寸(单位:mm)

FP. 支座;Ⓐ、Ⓑ、⑤为柱子编号

板式换热器,标注建筑定位轴线与中心线和建筑定位轴线与某一出口法兰端面的两个尺寸为定位尺寸;离心式泵标注建筑定位轴线与中心线和出口法兰中心线的两个尺寸为定位尺寸(图8-14)。

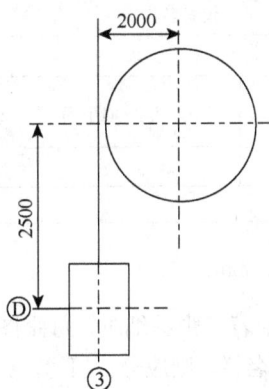

图 8-13　立式设备定位尺寸(单位:mm)

Ⓓ、③为柱子编号

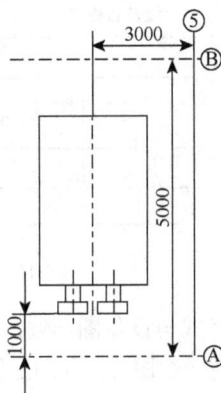

图 8-14　泵定位尺寸(单位:mm)

Ⓐ、Ⓑ、⑤为柱子编号

当某一设备已采用建筑定位轴线为基准标注定位尺寸后,邻近设备可依次以标出的定位尺寸的设备中心线为基准来标注定位尺寸。

传动设备可用确定其轴线和特征管口的尺寸来定位。

2)设备标高的标注　　设备平面布置图中一般要注出设备、设备管口等的标高。标高基准一般以厂房首层室内地面为准,以确定设备基础面或设备中心线的高度尺寸。标高单位为m,取至小数后三位,地面设计标高为EL±0.000。

卧式换热器、槽、罐以中心线标高表示(如 EL+XX.XXX);立式、板式换热器以支承点标高表示(如 POS EL+XX.XXX);反应器、塔和立式槽、罐以支承点标高表示(如 POSEL+XX.XXX);泵、压缩机以主轴中心线标高或以底盘底面标高(即基础顶面标高)表示(如POSEL+XX.XXX);对管廊、管架注出架顶的标高(如 TOS EL+XX.XXX)。

3)设备名称及位号标注　　设备名称及位号在平面图和剖面图上都需标注,一般标注在相应图形的上方或下方,不用指引线,名称在下,位号在上,中间画一粗实线。也有只注位号不标名称的,或者标注在设备图形内不用指引线,标注在图形之外用指引线。

3. 方向标　　方向标是设备安装方位基准的符号,一般位于图纸右上方,方向标以粗实线画出直径为20mm 的圆圈和水平、垂直两轴线,并分别注以 0°、90°、180°、270°等字样(图8-15)。

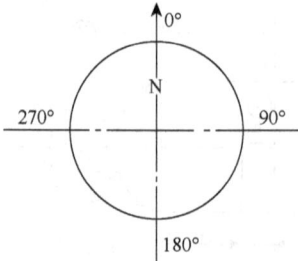

图 8-15 方向标

一般均采用建筑北向为零度方位基准，并注以"N"字样。该方位基准一经确定，设计项目中所有必须标注方向的图样，均应统一。方向标一般北向朝上，不得北向朝下。

4. 设备一览表及标题栏 设备一览表及标题栏图可以将设备位号、名称、设备位号等，在图纸的标题栏上方注明（图 8-16）。设备数量较多时，也可用图纸单独绘制，作为设备布置图中的一张图纸。有时也可不在图上列表，而在设计文件中附设备一览表，此时车间所属设备应分类编号制表格，如非定型设备表，泵类设备表，压缩机、鼓风机类设备表，机电设备表等，以备订货、施工之用。

图 8-16 设备一览表及标题栏（单位：mm）

标题栏的格式与设备图一致，同一主项的设备布置图包括若干张图纸时，每张图纸均应单独编号而不得采用一个图号，并加上第几张、共几张的编法。图名栏，则应分行填写，如有一张图纸时报，则在图名"设备布置图"下方标出"EL±0.00 平面"，或"EL＋XX.XXX 平面"，或"EL±0.00 平面""X—X 剖面"等（数字资源 8-1）。

第三节 管道设计与布置

管道设计是工程设计中的重要环节。发酵工厂由多种化工操作单元组成，管道作为连接各操作单元的纽带，在连接设备、输送工艺物料、公用介质的过程中起着重要作用。管道设计具有规格多、数量大，耗费时间长、投资占比大的特点，合理的管道设计，对工厂的建设投资、生产操作能否正常进行及车间整体美观、通风、采光起着重要作用。

一、管道的基础知识

1. 压力管道的定义 压力管道是利用一定的压力，用于输送气体或者液体的管状设备，其范围规定为最高工作压力大于或者等于 0.1MPa（表压），介质为气体、液化气体、蒸汽或者可燃、易爆、有毒、有腐蚀性、最高工作温度高于或者等于标准沸点的液体，且公称直径大于或者等于 50mm 的管道。公称直径小于 150mm，且其最高工作压力小于或者等于 1.6MPa（表压），输送无毒、不可燃、无腐蚀性气体的管道和设备本体所属管道除外。其中石油天然气管道的安全监督管理还应按照《中华人民共和国安全生产法》《中华人民共和国石油天然气管道保护法》等法律法规实施。

压力管道在发酵工程中常见的为蒸汽管道、酒精管道等，若管理不当、管道泄漏或破裂会造成人员伤亡和经济损失，故《中华人民共和国特种设备安全法》把压力管道列入特种设备范围，压力管道需要具有取得相应资质的单位设计，并受到国家市场监督管理总局特种设备安全监察局监管。

2. 压力管道设计类别、级别划分　依据国家市场监督管理总局 2019 年发布的《特种设备生产和充装单位许可规则》(TSG 07—2019)，压力管道划分为 GA 类（长输管道）、GB 类（公用管道）、GC 类（工业管道）、GD 类（动力管道）。发酵工程设计的压力管道为 GC 类管道。

GC 类（工业管道）是指企业、事业单位所属的用于输送工艺介质的工艺管道、公用工程管道及其他辅助管道，划分为 GC1 级、GC2 级。

1) GC1 级　符合下列条件之一的工业管道为 GC1 级。

(1) 输送《危险化学品目录》(2022 调整版) 中规定的毒性程度为急性毒性类别 1 介质、急性毒性类别 2 气体介质和工作温度高于其标准沸点的急性毒性类别 2 液体介质的工艺管道。

(2) 输送《石油化工企业设计防火标准（2018 年版）》(GB 50160—2008)、《建筑设计防火规范》(GB 50016—2014) 中规定的火灾危险性为甲、乙类可燃气体或者甲类可燃液体（包括液化烃），并且设计压力大于或者等于 4.0MPa 的工艺管道。

(3) 输送流体介质，并且设计压力大于或者等于 10.0MPa，或者设计压力大于或者等于 4.0MPa 且设计温度高于或者等于 400℃的工艺管道。

2) GC2 级　符合下列条件之一的工业管道为 GC2 级。

(1) 除 GC1 级以外的工艺管道。

(2) 制冷管道。

3. 管道的壁厚计算　管道的壁厚通常采用《石油化工管道设计器材选用规范》(SH/T 3059—2012) 中的以下公式计算。

(1) 当 $t < D_0/6$ 时，计算壁厚按式 (8-1) 计算，名义厚度按式 (8-2) 计算。

$$t = \frac{PD_0}{2[\sigma]^t \varphi W + 2PY} \tag{8-1}$$

式中，t 为计算壁厚 (mm)；P 为设计压力 (MPa)；D_0 为管子外径 (mm)；$[\sigma]^t$ 为设计温度下管子材料的许用应力 (MPa)；φ 为焊缝系数，对无缝钢管取 1；W 为焊缝接头强度降低系数，按照焊接方法（锻焊、电阻焊、电弧焊）对应标准取值，对于高于 816℃时，由设计者负责确定强度降低系数（数字资源 8-2）；Y 为温度对计算壁厚公式的修正系数，依据材料及温度选择（数字资源 8-2）。

数字资源 8-2

$$\overline{T} = t + C_1 + C_2 + C_3 + C_4 \tag{8-2}$$

式中，$\overline{T}$ 为名义厚度，标准规定的厚度 (mm)；C_1 为材料厚度负偏差，按材料标准规定 (mm)；C_2 为腐蚀、冲蚀裕量 (mm)；C_3 为机械加工深度 (mm)，对带螺纹的管道组成件，取公称螺纹深度；对未规定公差的机械加工表面或槽，取规定切削深度加 0.5mm；C_4 为厚度圆整值 (mm)。

(2) 当管子的计算壁厚 $t > D_0/6$ 时，或设计压力 P 在设计温度下材料的需用应力 $[\sigma]^t$ 和焊缝系数 ϕ 乘积之比大于 0.385 时，管道的计算壁厚应根据断裂理论、疲劳、热应力及材料特性等因素综合考虑确定。

(3) 管子壁厚不应小于以下三项中的最大值：①按照式 (8-2) 计算值；②按 $D_0/150$ 确定的管子壁厚，D_0 为管子外径，单位为 mm；③最小选用壁厚应大于该材料不同公称直径下的最小壁厚。

（4）焊接钢管的焊缝系数按照标准选取。

（5）焊缝接头强度降低系数，按材料和设计温度选取。当温度高于816℃时，由设计者确定。

（6）温度对计算直管壁厚公式的修正系数，按材料选取。

4. 管道的壁厚计算　　管道材料的标准不同，管道的壁厚表示方法不同，主要有以钢管壁厚尺寸表示壁厚法、采用管子表号表示壁厚法、采用压力等级表示壁厚法、采用管子质量表示壁厚法，国内工程设计中常采用前两种方法。

1）以钢管壁厚尺寸表示壁厚法　　采用钢管壁厚尺寸表示壁厚法的国家或组织有中国、ISO（国际标准化组织）和日本，如国家标准《低压流体输送用焊接钢管》（GB/T 3091—2015）。

2）采用管子表号表示壁厚法　　采用管子表号表示壁厚法是国际通用壁厚系列，最早是《焊接和无缝轧制钢管》（ASME B36.10—2018）规定以管子表号"Sch."表示壁厚，国内的化工行业标准 HG/T 20553Ia 系列（DN6～DN600）和石油化工标准 SH/T 3405 管子标准均是采用"Sch."表示管道壁厚，管子表号是管子设计压力 P 与设计温度下材料许用应力 $[\sigma]^t$ 的比值乘以 1000，并圆整后的数值，即

$$\mathrm{Sch.} = \frac{P}{[\sigma]^t} \times 1000 \tag{8-3}$$

工程设计时，为了简化计算过程，通常可以根据工艺专业确定的公称管径、公称压力、管道材质查阅相关手册（如《化工工艺设计手册》）得到管道壁厚。常用公称压力下不同材质管道壁厚可依据手册选择（数字资源 8-3）。

5. 常用管道选材、类型和用途　　管道选材受到多种因素影响，如输送介质的物料特性、温度、压力、材料价格等。选材在工程设计中是非常重要的一个环节，管道材料的选用原则有满足工艺物料要求、材料的使用性能、材料的加工工艺性能、材料经济性、材料的耐腐蚀性能、材料的使用限制等。相关手册已经对常用的管道材质适用范围和用途做了详细总结，工程设计中可以根据手册选用，《石油化工装置工艺管道安装设计手册》对常用管道类型、选材和用途做了总结，工程设计中可以直接选用（数字资源 8-4）。

6. 阀门的分类、选用　　阀门是管道系统中的一个重要部件，它起着调节流量、压力、防止倒流、混合或分配介质，防止压力超过规定值，保证设备和管道安全运行的作用。阀门的选择通常是根据工作压力、工作温度、物料性质（易燃、易爆、有毒、腐蚀性、黏度、是否含有固体颗粒）和操作要求来进行的。

1）阀门的分类　　按公称压力（PN）可分为：低压阀（公称压力≤1.6MPa 的阀门）；中压阀（公称压力为 2.5MPa、4.0MPa、6.4MPa）；高压阀（公称压力为 10.0～80.0MPa）；超高压阀（公称压力≥100.0MPa）；真空阀，公称压力低于标准大气压的阀门。

按工作温度可分为：超低温阀（介质工作温度 $t<-101℃$ 的阀门）；低温阀（介质工作温度为 $-101℃≤t≤-29℃$ 的阀门）；常温阀（介质工作温度为 $-29℃<t<120℃$ 的阀门）；中温阀（工作温度为 $120℃≤t≤425℃$ 的阀门）；高温阀（工作温度为 $t>425℃$ 的阀门）。

按作用和用途可分为：截断类（闸阀、截止阀、旋塞阀、球阀、蝶阀、针型阀、隔膜阀等）；止回类（止回阀又称为单向阀或逆止阀）；安全类（安全阀、事故阀等）；调节类（调节阀、节流阀和减压阀）；分流类（如分配阀、三通阀、疏水阀）；特殊用途类（清管阀、放空阀、排污阀、排气阀等）。

按照连接方式可分为：螺纹连接阀门、法兰连接阀门、焊接阀门、对夹阀门、卡箍连接阀门、卡套连接阀门。

数字资源
8-3

数字资源
8-4

按照驱动方式可分为：自动阀类（安全阀、减压阀、疏水阀、止回阀等）；动力驱动阀类（电动阀、气动阀、液动阀等）；手动阀类。

按照结构特征可分为：截门形，关闭件沿着阀座中心移动，如截止阀；旋塞和球形，关闭件是柱塞或球，围绕本身的中心线旋转，如旋塞阀、球阀；闸门形，关闭件沿着垂直阀座中心移动，如闸阀、闸门等；旋启形，关闭件围绕阀座外的轴旋转，如旋启式止回阀等；蝶形，关闭件的圆盘围绕阀座内的轴旋转，如蝶阀、蝶形止回阀等；滑阀形，关闭件在垂直于通道的方向滑动，如滑阀。

2）阀门的选用　　工程设计中常用的阀门类型有闸阀、蝶阀、截止阀、止回阀、旋塞阀、球阀、夹套阀、隔膜阀、柱塞阀等。常用介质阀门选择可查询《化工工艺设计手册》（数字资源 8-5）。

7. 常用管件及连接端面的形状　　管件的种类繁多，主要作用是改变管道走向或标高、改变管径、引出支管、封堵等。按照用途分为直管与直管连接（活接头、管箍）；改变走向（弯头、弯管）；分支（三通、四通、加强管嘴等）；变径（异径管、异径短节、异径管箍）；封闭管端（管帽、丝堵等）；其他（螺纹短接、翻边管接头）（图 8-17）。

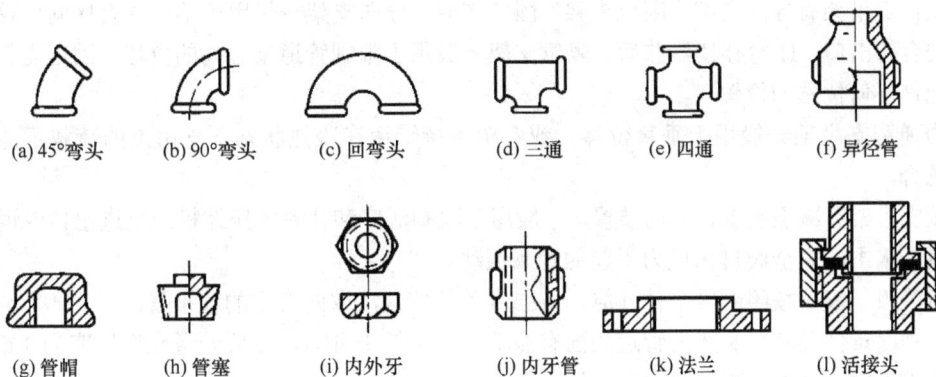

(a) 45°弯头　(b) 90°弯头　(c) 回弯头　(d) 三通　(e) 四通　(f) 异径管

(g) 管帽　(h) 管塞　(i) 内外牙　(j) 内牙管　(k) 法兰　(l) 活接头

图 8-17　常用管件（张珩，2018）

管件的连接有对焊连接、螺纹连接、承插焊连接和法兰连接。

对焊连接通常用于公称直径（DN）≥40mm，输送介质为可燃、有毒、腐蚀性的管道。此密封具有可靠、价廉、无泄漏特点。常用标准有《钢制对焊管件　类型与参数》（GB/T 12459—2017）、《石油化工钢制对焊管件技术规范》（SH/T 3408—2022）、《工厂制造的锻钢对焊管件》（ASME B16.9—2012）、《锻制不锈钢对焊管件》（MSS SP-43—2008）、《通用钢制对焊管件》（JIS B2311—2019）。

螺纹连接分为锥管螺纹和圆柱型管螺纹，通常为锥管螺纹。常用锻钢、铸铁、铸钢、可锻铸铁制作。常用标准有《锻制承插焊和螺纹管件》（GB 14383—2021）、《石油化工锻钢制承插焊和螺纹管件》（SH/T 3410—2012）、《可锻铸铁螺纹管件》（ASME B16.3—2016）及《承插焊、螺纹和对焊端的整体加强式底座》（SP-97—2012）。

承插焊连接常用于公称直径小于等于 40mm，输送介质为无毒、非可燃的管道。常用标准有《石油化工锻钢制承插焊和螺纹管件》（SH/T 3410—2012）、《锻制承插焊和螺纹管件》（GB/T 14383—2021）、《承插焊和螺纹连接的锻造管件》（ANSIB16.11—2011）。

法兰连接管件多用于特殊场合，如衬塑管、铸铁管。常用标准有《钢制法兰管件》（GB/T

数字资源
8-5

17185—2012)、《衬塑钢管和管件选用系列》（HG/T 20538—2016）。

8. 法兰、垫片、紧固件的型式的选用　　依据工艺要求，依据垫片类型、公称压力、密封面型、密封面表面粗糙度等，同时结合法兰、垫片、紧固件的形式进行选择（数字资源 8-6）。

9. 管道支吊架　　管道设计中，支吊架的正确选择可以防止管道摆动、振动，使管道向着预期方向发展，管道支吊架主要承受管道的自重、充水重、保温重、雪荷载、风荷载、地震荷载、推力等，支吊架的选型和设置对管道和设备的安全运行起着重要作用。

管道支吊架的形式众多，根据其用途和作用分为四大类，即承重支吊架、限制性支吊架、恒力弹簧支吊架和减振支吊架。

支吊架的选用需要考虑管道的温度、材质、保温或者保冷情况、支承点的位置、荷载、方向、位移等条件，通常可以按照《管架标准图》（HG/T 21629—2021）选用标准支吊架。特殊情况下，标准支吊架不能满足要求时，可以将支吊架条件提给结构或设备专业设计，如受力超过标准支吊架的支吊架、在设备上生根的支吊架。

承重支吊架有刚性支吊架、可调刚性支吊架、可变弹簧支吊架，管托是常用的刚性支吊架，除经常拆卸检修的管道、非金属管道、不易焊接施工的管道外，一般选用焊接管托。

限制性支吊架有导向支架、限位支架、固定支架。导向支架一般用于不允许有横向位移的场合，如安全阀出口、Π 弯补偿器前后。限位支架一般用于限制管道某方向的位移。固定支架一般用于不允许任何位移的位置。

恒力弹簧支吊架一般用于垂直位移大或希望保持管道在冷热状态下支吊点的荷载不能变化很大的场合。

减振支吊架有减振装置、阻尼装置，一般用于限制活塞和往复式压缩机或泵进出口管道和由地震、风、水击、安全阀排出反力引起的管系振动。

管道跨距一般是按照刚度条件计算，按强度条件校核，取两者中的较小值。

（1）刚度条件要满足装置内管道的固有振动频率不低于 4Hz，相应管道允许挠度为 1.6cm。其跨距 L_1 应按式（8-4）和式（8-5）计算。

$$L_1 = 0.222\sqrt{\frac{E_t I}{q}} \tag{8-4}$$

$$I = \frac{\pi}{64}(D_0^4 - D_1^4) \tag{8-5}$$

式中，L_1 为按刚度条件计算的基本跨距（m）；E_t 为管材在设计温度下的弹性模数（MPa）；I 为管子扣除腐蚀裕度及负偏差后的断面惯性距（cm）；D_0 为管子外径（cm）；D_1 为扣除腐蚀裕度及负偏差后的管子内径（cm）；q 为每米管道的重量（包括按选用壁厚计算的管子重量、隔热层重量、管内物料的重量及其他垂直均布持续载荷）（kg/m）。

（2）强度条件可依据是否考虑内压力的条件分为两个部分。

在不计算内压力条件下其跨距应按式（8-6）和式（8-7）计算。

$$L_2 = \sqrt{\frac{[\sigma]W}{q}} \tag{8-6}$$

$$W = \frac{2I}{D_0} \tag{8-7}$$

式中，L_2 为按强度条件计算的基本跨距（m）；$[\sigma]$ 为管材在重量荷载下的许用应力（MPa）；W 为管子扣除腐蚀裕度及负偏差后的断面抗弯模数（cm³）；q 为每米管道的重量（kg/m）；I 为管子扣除腐蚀裕度及负偏差后的断面惯性距（cm^4）；D_0 为管子外径（cm）。

由于内压产生的轴向应力不超过管材许用应力的 1/2，即尚有余下的不少于 1/2 的许用应力用于承受由重量荷载所产生的轴向应力，故取

$$[\sigma] = 0.5[\sigma_1] \tag{8-8}$$

代入式（8-6）变为式（8-9）：

$$L_2 = 0.707\sqrt{\frac{W[\sigma_1]}{q}} \tag{8-9}$$

式中，$[\sigma_1]$ 为管材在设计温度下的许用应力（MPa）。

工程设计时，管系中的不同管段承受的重量荷载不同，需要按照管道的基本跨距 L（取 L_1 和 L_2 中的较小值）及管段的形状，确定不同管段的最大允许跨距。《化工工艺设计手册》对水平管道跨距、垂直管道间距、水平管道的导向架间距做了总结，工程设计中可以选用。

二、管道布置的条件、内容

管道布置设计开始前，需要接收各专业条件，并满足一定深度才能开展管道设计工作，必须具备的条件或资料有以下几类。

1）管道及仪表流程图（P&ID）　管道及仪表流程图设计深度应能够满足绘制配管图的需要，在管道设计中对 P&ID 进行完善调整，最终深度应满足《化工工艺设计施工图内容和深度统一规定》（HG/T 20519—2009）。

2）管道特性表　管道特性表含有管道编号、输送介质、起止点、火灾危险类别、毒性程度、管径、工作温度、工作压力、设计压力、设计温度、材料等级、试验介质、试验压力、保温伴热要求、检验级别、是否属于压力管道等信息，一般应符合《化工工艺设计施工图内容和深度统一规定》（HG/T 20519—2009）。

3）设备平面和立面布置图　设备布置图应体现管道及仪表流程图（P&ID）中的反应釜、压缩机、泵、塔、缓冲罐、换热器、加热炉等所有设备，并对设备在平面和立面上定位。

4）设备外形图　管道及仪表流程图中的设备外形图应能满足管道专业确定管嘴位置、大小、法兰等级、密封形式的要求。

5）自控仪表设计资料　管道布置需要流量计、温度计、压力表、调节阀的规格、型号、尺寸、连接型式、公称直径，法兰的公称压力和密封形式、安全要求等。

6）管道专业统一规定　管道专业统一规定应包括设计原则、管架设计规定、管道材料等级规定、隔热设计规定、涂漆设计规定、管道材料统计规定及设计文件的编制要求等内容。

7）建筑和结构图　建筑或结构专业应提供以下资料：建筑物、构筑物的平面图、立面图、梁的平面位置尺寸、梁柱等构件的断面尺寸、斜撑位置及形式。

管道设计一般分为初步设计阶段和施工图设计阶段，各阶段完成文件如下。

初步设计文件包括配管设计规定、管道材料等级规定、管道应力设计规定、设备和管道隔热设计规定、设备和管道涂漆设计规定、阀门规格书、综合材料表、主要管道配管研究图、界区交接点图。

施工图设计文件包括管道平面布置图、管段图、管道支吊架图、界区管道节点图、特助管件图、伴热管道系统图、管道综合材料表、管道支吊架汇总表、弹簧支吊架表、阀门规格书、设计说明。

管道设计专业向下游专业提出的条件：车间管道与外界对接图、提出荷载分布图、提出设备管口方位图、提出管道轴侧图、提出地沟尺寸数据。

三、管道布置设计

管道设计分架空敷设和地下敷设。架空敷设通常是集中成排地敷设在管廊、管架、管墩上，架空敷设具有施工方便、便于检查、维修、较为经济的特点。地下敷设分为埋地敷设和管沟敷设，埋地敷设利用地下空间，使地面空间简洁、漂亮，但管道腐蚀严重、检查和检修困难。管沟敷设有地下式和半地下式，一般不考虑人的同行，与埋地敷设相比，检查和维修方便。但与架空敷设相比，地下敷设费用高、占地面积大、易集聚污染物，不易清理，故在可能的情况下均应架空敷设。

1. 常见管道种类 发酵工厂设计中常见管道种类有工艺管道，原料、化学药剂、溶剂、中间产物、成品、酒精、废水、废气管道等工艺管道；公用工程管道，如蒸汽、凝结水、净化风、非净化风、循环水、导热油、氮气、燃料气、新鲜水、软化水等。

2. 管道布置的一般要求 ①满足有关规范、标准和惯例。②满足工艺要求。管道设计的任务是服务于工艺需求，满足工艺要求是最基础的要求，其次管道设计要做到整齐美观、纵横错开，便于操作、检查、维修，如坡道要求、最小连接要求、高度要求、支管引出位置要求。③协调布置。管道设计中要同仪表、电气、暖通专业协商，预留仪表桥架和电气桥架、暖通管道位，避免"打架"。④架空或地上敷设。发酵车间内管道采用架空敷设，施工方便费用低，便于检查。⑤管线最短、管件最小。除消除管线应力需求外，平面上应避免迂回，立面上转弯应合理。⑥便于通行。管道标高不影响车辆和人员通行，管底或者管架梁底距行车道路高度大于4.5m，人行通道最小净空高度为2.2m，车间次要通道最小净空高度为2m，管廊下通道的净空要大于3.2m，有泵时要大于4m。操作通道通常宽800mm。⑦分层布置。对于管道特别多的车间，管道采用分层布置，气体管道、热管道布置在上层，如蒸汽、压缩空气、氮气、燃料气等；液体、腐蚀性、冷管道布置在下层，如溶剂、循环水、液体原料和成品管道等。引出支管时，气体管道从上方引出，液体管道不限。⑧满足操作要求。阀门和就地仪表的安装高度满足操作和检修要求，如阀门阀杆高度一般离操作面800～1500mm，特殊情况不能满足，需要增设移动平台或者加长阀杆。就地仪表的安装高度在1600mm左右。管廊进出装置处设置阀门操作平台。管道布置不应挡门、窗，应避免在配电盘、仪表盘上空、有吊装需求的设备上空布置管道。

3. 管道布置图的绘制 包括常用比例、图幅、视图配置、常用信息的表示方法。

1）常用比例、图幅 管道布置图比例常为1∶25、1∶30和1∶50，也可采用1∶100，但同区或各分层的平面图应采用同一比例。管道布置图图幅分A0、A1、A2，一般采用A0，一般图幅不宜加长或加宽。

2）视图配置 管道布置图的表达方式有平面图、立面图、剖视图、向视图、局部放大图等。

管道平面图的配置可以参考设备平面布置图，多层管道平面布置图应分层绘制，图纸通常是由下至上、由左至右依次排列，并在平面图下注明EL.＋X.XX层管道平面布置图。

立面图、剖视图、向视图常用来表达管道平面布置图不能清楚表达的部分，通常是表达在管道平面布置图边界外的空白处，分别用剖切线、剖视方向、剖视符合（A-A、B-B或I-I、II-II等）表示位置，在同一小区域内符号不得重复。立面图、剖视图、向视图也应按照比例绘制，管道轴测图可不按照比例画，但应标注尺寸。

不同表达类型的管道布置图图形下方应注写："A-A剖视图"±0.000平面等信息。

3）常用信息的表示方法 主要包括建（构）筑物、设备、管道、仪表、方位标和管架等内容。

（1）建（构）筑物：管道平面布置图应按比例用细实线绘出建（构）筑物柱、梁、楼板、门、窗、楼梯、管沟、散水坡、管廊架、围堰、栏杆等。建（构）筑物的轴线号、轴线间的尺寸、地面、楼面、平台面、吊车梁底面的标高及生活间和辅助间的组成也应标注清楚。

（2）设备：设备平面布置图是管道平面布置图的基础，管道平面布置中应按比例表示所有设备的外形和基础尺寸，标出设备中心和设备位号。复杂的设备外形可以适当简化，但设备管嘴、设备支撑及影响管道布置的人孔、手孔、检修孔、仪表口和需要拆卸的法兰要一一画出。检修区或吊装区及换热器抽芯的预留空地用双点划线按比例绘制，但不需要标注尺寸。

（3）管道：管道布置图应根据管道及仪表流程图（P&ID）和公用系统流程图（UID）来绘制，一般先绘制工艺管道，后绘制公用管道。在管道布置图上将管件（弯头、三通、阻火器、视镜、过滤器）、阀门或阀组按比例合理设计。对每台设备、每个接管口做出有利于操作的配管设计，如发现某设备接管口需转动角度或需移动位置时，给予合理调整后，重做配管设计。

管道一般采用粗实线绘制，大直径管道（DN≥350mm）采用双线绘制，地下管道采用虚线绘制。

管道上的检测元件（压力、温度、流量、液面、分析、取样等）、特殊件（视镜、过滤器、消音器、洗眼器、爆破片等）在图上用 ϕ10mm 圆表示。圆内填写检测元件符号与编号，用细实线将检测元件与圆连接。

管道平面图上应标注主管和支管的位置和标高，安装定位尺寸与轴测图尺寸应一致，支吊架的编号、位置也应标注清楚。

当几套同类设备的设备布置图相同时，可以绘制一套设备的管道，其余简化并以方框表示，但在总管上绘出每套支管的接头位置。

管道的连接形式 [图 8-18（a）] 一般不做表示，只需在设计说明中加以说明。若管道只画其中一段时，应在管道中断处画上断裂符号 [图 8-18（b）]。

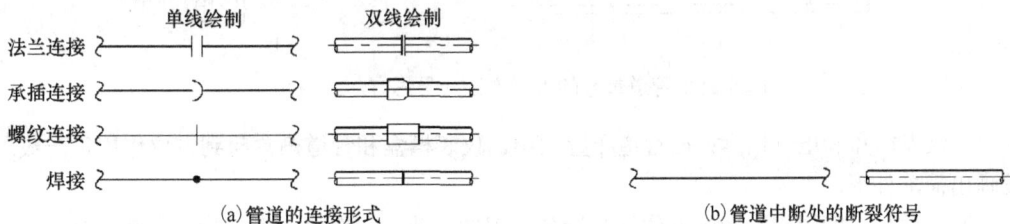

图 8-18　管道的连接形式及断裂符号的画法（张珩，2018）

管道转折角一般是 90°，特殊情况下采用 135°表示方法，管道转折的画法如图 8-19 所示。

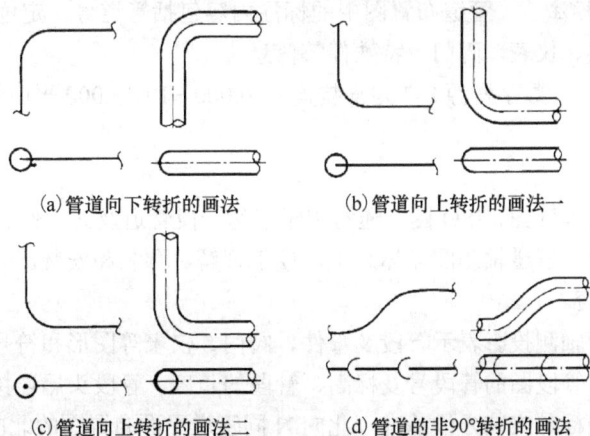

(a)管道向下转折的画法　　(b)管道向上转折的画法一

(c)管道向上转折的画法二　　(d)管道的非90°转折的画法

图 8-19　管道转折的画法（张珩，2018）

管道交叉时,管道平面布置图中下部管道被遮盖,下部管道投影断开或者上面管道投影断裂表示(图 8-20)。

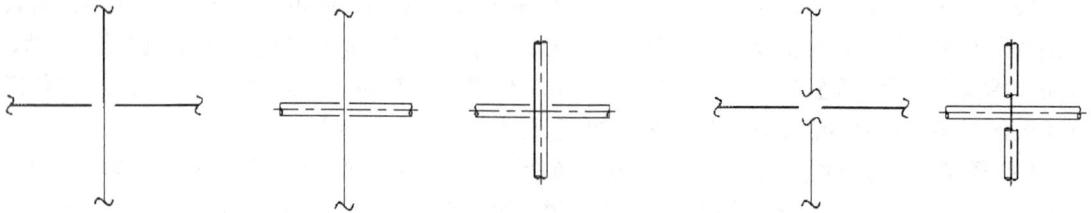

图 8-20 管道交叉的画法(吴思方,2019)

管道重叠时,将上面(或前面)管道的投影断裂表示,下面(或后面)的投影则画至重影处稍留间隙断开 [图 8-21(a)],当多根管道的投影重叠时 [图 8-21(b)]。图中单线绘制的最上一条管道画以"双重断裂"符号。但有时可在管道投影断开处注上 a.a 和 b.b 等小写字母,或者分别注出管道代号以便辨认。但有些图样则不一定画出"双重断裂"等符号 [图 8-21(c)]。管道转折后投影发生重叠时,则下面管子画至重影处间断表示 [图 8-21(d)]。

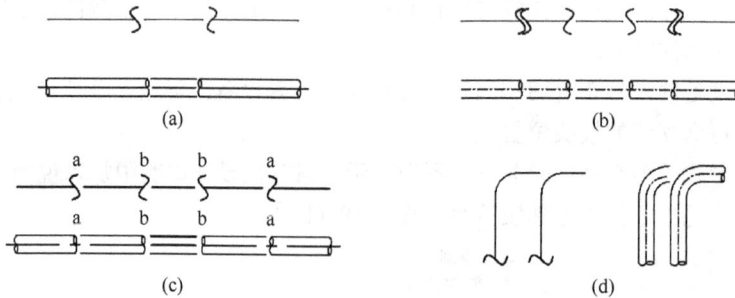

图 8-21 管道重叠的表示方法(吴思方,2019)

(4)仪表槽盒和电气槽盒:在管道布置图中,仪表槽盒和管道槽盒起到占位作用,一般用细实线画出简单外形。

(5)方位标:管道布置图的方位标与设备布置图一致,一般位于图纸的右上角。

(6)管架:管架是管道布置图的重要组成部分,它起到固定管道的作用,挂架的位置、型式应一一在图中标出。

4)管道布置图的标注 管道布置图中的标注内容包括管道号、定位尺寸、标高、物料流向、管道坡度、支吊架、仪表、阀门、特殊件等信息。

4. 管道布置案例 数字资源 8-7 为某装置 EL0.000~EL12.000 平面管道布置图,供参考。

四、管道轴测图

管道轴测图又称为单管图、ISO 图,通常用于表达一段管道及其管件、阀门、仪表、支吊架等布置情况的立体图样。管道轴测图立体感强,便于理解、预制和安装。

1. 管道轴测图内容

(1)图形:用正等轴测投影表示管段及管件、阀门、仪表等图形和符号。

(2)标注:标注有管段图的管段号及标高、管段的长度、管段头尾连接设备的位号和名称。

(3)方向标:方向标是安装方位基准,北向 N 同管道平面布置图的北向一致。

(4)管段材料表:材料表列出了该管段的材料类型、规格、数量等。

（5）标题栏：图号、设计单位、项目名称、装置名称、设计阶段、日期、页数、签名栏等。

2. 管道轴测图的画法　目前，三维制图软件如 PDMS、SP3D、ZWPD 等均具有自动出具管道轴测图的功能，但一般需要提前对该功能进行设置。管道轴测图可以不按照比例绘制，但阀门、仪表、管件、支吊架、标注信息比例要相互协调。

管段图中所有管子、管件、阀门的图例按照《化工工艺设计施工图设计内容和深度统一规定》（HG/T 20519—2009）绘制，在管道的适当位置标注流向箭头、管段号、管径等信息。

管段图中的管道采用 0.6~0.9mm 宽实线绘制，法兰、阀门、承插焊、螺纹连接的管件用 0.3~0.5mm 宽实线绘制，其他用 0.15~0.25mm 宽实线绘制。

除标高以米计外，其余所有尺寸均以毫米为单位（其他单位的要注明），只注数字，不注单位，可略去小数。

标注水平管道的有关尺寸的尺寸线应与管道相平行。水平管道要标注的尺寸有：从所定基准点到等径支管、管道改变走向处、图形的接续分界线的尺寸、从最邻近的主要基准点到各个独立的管道元件如孔板法兰、异径管、拆卸用的法兰、仪表接口、不等径支管的尺寸。

为标注与容器或设备管口相接的管道的尺寸，对水平管口应画出管口和它的中心线，在管口近旁注出管口符号（按管道布置图上的管口表），在中心线上方注出设备的位号，同时注出中心线的标高"EL"；对垂直管口应画出管口和它的中心线，注出设备位号和管口符号，再注出管口的法兰面或端面的标高"EL"。

要标示出管道穿过的墙、楼板、屋顶、平台。对墙应注出它与管道的关系尺寸；对楼板、屋顶、平台，则应注出它们各自的标高。

一般垂直管道不注长度尺寸，而以水平管道的标高"EL"表示。但安装在垂直或水平管道上的孔板、插板、8 字形盲板，均需注出它们并包括垫片在内的厚度尺寸。

数字资源 8-8

3. 管道轴线图案例　数字资源 8-8 为某设计公司施工图阶段的管道轴线图案例，供参考。

<h1 style="text-align:center">小　结</h1>

车间布置设计分为初步设计和施工图设计两个阶段，每个阶段都有其特定的资料需求和表达深度。车间布置需要基于工艺流程图、设备需求和建筑结构等多方面因素，同时遵循工艺、安全、卫生等原则。车间布置内容涵盖厂房设计、设备摆放、附属设施配置等，遵循工艺流程合理、设备操作便捷、安全卫生、经济实用等原则。布置设计步骤从资料准备到方案确定，再到图纸绘制，为施工和维护提供明确指导。管道设计是车间设计的重要组成部分，涉及压力管道定义、类别划分、壁厚计算和材料选择。管道布局需满足安全、经济、便于操作和维护的要求，合理布置对生产效率和安全至关重要。设备布置图和管道布置图是施工的重要依据，需准确反映设备和管道的空间位置、连接方式和尺寸信息。

<h2 style="text-align:center">复习思考题</h2>

1. 管道设计和管道布置设计各自的任务是什么？它们之间有什么联系？
2. 管道有哪些分类方法？
3. 管道工程尺寸与管道外径、内径有什么联系？
4. 如何在设备布置图中标注设备的水平和竖向尺寸？
5. 设备布置图有哪几项的基本内容？
6. 设备布置图主要有哪几个阶段？

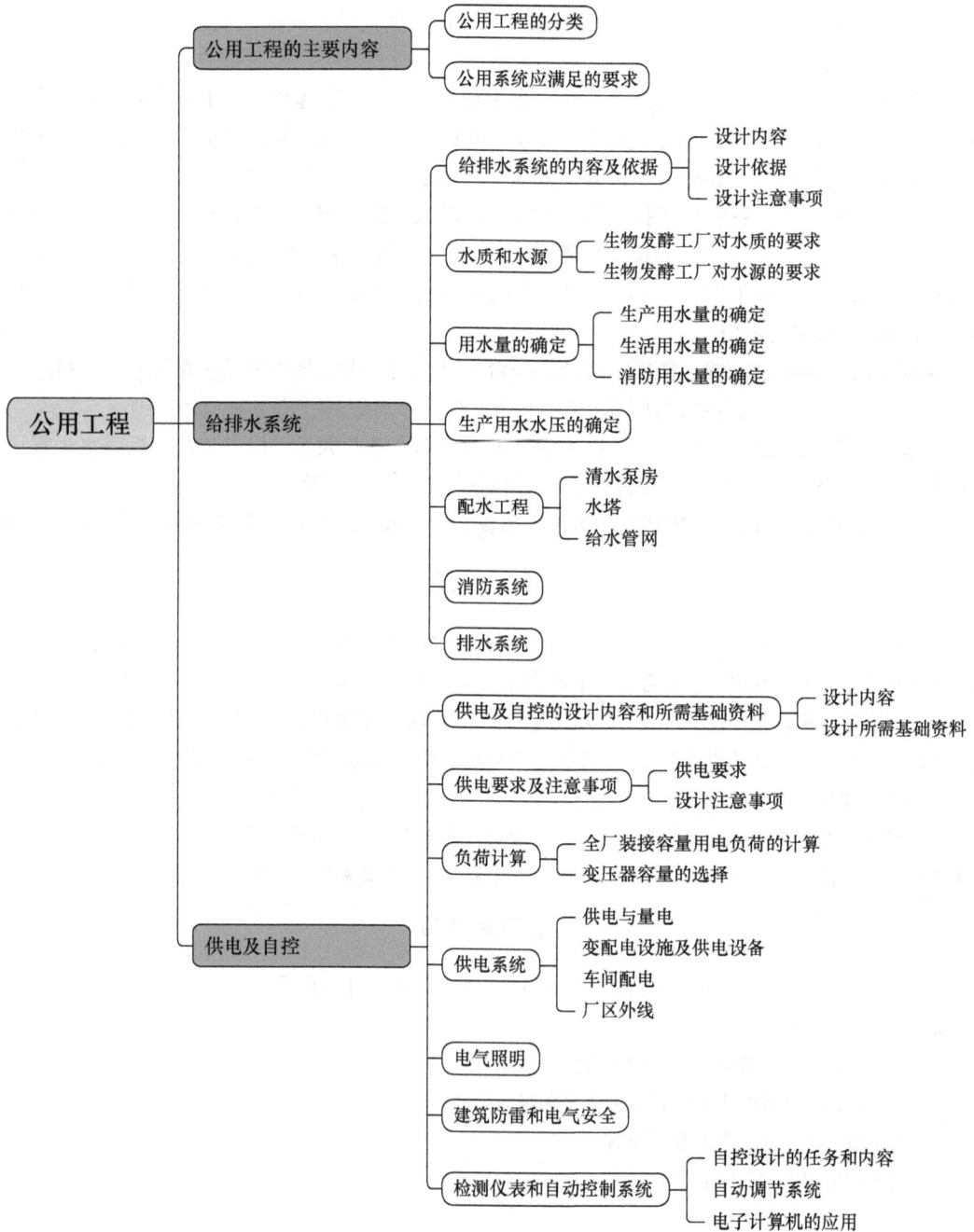

第九章
公用工程

- 公用工程
  - 公用工程的主要内容
    - 公用工程的分类
    - 公用系统应满足的要求
  - 给排水系统
    - 给排水系统的内容及依据
      - 设计内容
      - 设计依据
      - 设计注意事项
    - 水质和水源
      - 生物发酵工厂对水质的要求
      - 生物发酵工厂对水源的要求
    - 用水量的确定
      - 生产用水量的确定
      - 生活用水量的确定
      - 消防用水量的确定
    - 生产用水水压的确定
    - 配水工程
      - 清水泵房
      - 水塔
      - 给水管网
    - 消防系统
    - 排水系统
  - 供电及自控
    - 供电及自控的设计内容和所需基础资料
      - 设计内容
      - 设计所需基础资料
    - 供电要求及注意事项
      - 供电要求
      - 设计注意事项
    - 负荷计算
      - 全厂装接容量用电负荷的计算
      - 变压器容量的选择
    - 供电系统
      - 供电与量电
      - 变配电设施及供电设备
      - 车间配电
      - 厂区外线
    - 电气照明
    - 建筑防雷和电气安全
    - 检测仪表和自动控制系统
      - 自控设计的任务和内容
      - 自动调节系统
      - 电子计算机的应用

公用工程
├─ 供汽系统
│ ├─ 锅炉容量的确定
│ ├─ 锅炉工作压力的确定
│ ├─ 锅炉的选择
│ ├─ 锅炉房位置的确定
│ ├─ 锅炉房的布置及对土建的要求
│ ├─ 烟囱及烟道除尘
│ ├─ 锅炉的给水处理
│ └─ 煤和灰渣的贮运
├─ 采暖与通风
│ ├─ 采暖
│ │ ├─ 采暖标准
│ │ ├─ 采暖系统热负荷计算
│ │ └─ 采暖方式
│ ├─ 通风
│ │ ├─ 通风系统的分类
│ │ ├─ 通风的基本要求
│ │ ├─ 通风量及通风机的确定
│ │ └─ 局部排风
│ ├─ 空调
│ │ ├─ 空调系统的分类
│ │ ├─ 车间空气调节的基本要求和土建要求
│ │ └─ 空调系统的选择
│ └─ 空气净化
│   ├─ 空气洁净度的级别
│   ├─ 洁净空调系统的布置原则
│   └─ 洁净空调设计计算的一般步骤
└─ 制冷系统
   ├─ 制冷系统的选择
   │ ├─ 制冷系统的类型
   │ └─ 生物发酵工厂制冷系统举例
   ├─ 制冷剂和载冷剂
   │ ├─ 制冷剂
   │ └─ 载冷剂
   ├─ 冷库建筑的特点
   ├─ 冷库的设计
   ├─ 耗冷量的计算
   └─ 制冷设备的选型

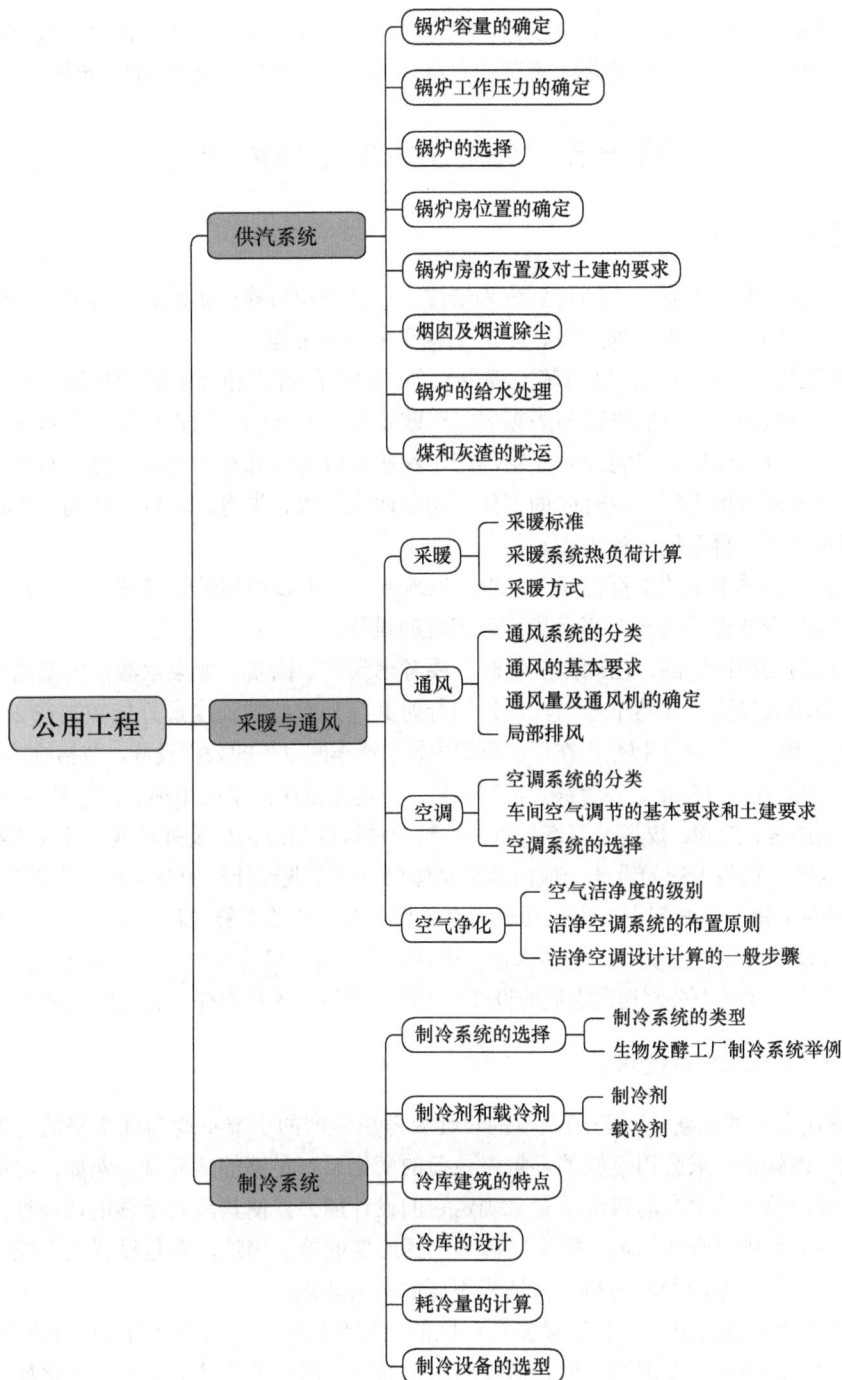

公用设施是指与全厂各部门、车间、工段有密切关系的，且为这些部门所共有的一类动力辅助设施的总称。它是与生产工艺工程相辅相成、密切相关的辅助工程设施，是保证工厂正常生产不可缺少的重要组成部分。公用设施一般包括给排水、供电和自控、供汽、采暖与通风、制冷5 项工程。工厂设计中，这 5 项工程分别由 5 个专业工种的设计人员承担。当然，不一定每个整体项目设计都包括上述 5 项工程，还需根据工厂的规模、生产产品类型、经济状况而定。在一般情况下，给排水、供电和自控、供汽这三者均得具备，而制冷、采暖与通风则要根据实际需要和

当地气候去确定。公用工程的专业性较强,各有其内在深度。本章仅从工艺设计人员需要掌握的有关公用工程设计的基本原理及基本规范的角度,对公用工程的设计做简单介绍。

第一节 公用工程的主要内容

一、公用工程的分类

公用工程根据专业性质的不同可划分为给排水、供电和自控、供汽、采暖通风、制冷等;根据区域位置的不同可划分为厂外工程、厂区工程和车间内工程。

1. 厂外工程 给排水、供电等工程中水源、电源的落实和外管线的敷设,牵涉的外界因素较多,如与供电公司、自然资源与规划局、市政工程管理部门、生态环境局、自来水公司、消防部门、市场监督管理局、疾病预防控制部门、农业农村局等都有一定的关系。与这些部门的联系,最好先由筹建单位进行一段时间的工作,初步达成供水、供电、环保等意向性协议,在这些问题初步落实之后,再开展设计工作。

由于厂外工程属于市政工程性质,一般由当地专门的市政规划设计或施工部门负责设计比较切合当地实际,专业设计院一般不承担厂外工程的设计。

厂外工程的费用比较高,在确定厂址时,要考虑到这一因素。如果水源、电源离所选定的厂址较远,必会增大投资,显然不合理,厂址选择时其厂外管线的长度最好能控制在 2～3km。

2. 厂区工程 厂区工程是指在厂区范围内、生产车间以外的公用设施,包括给排水系统中的水池、水塔、水泵房、冷却塔、外管线、消防设施;供电系统中的变配电所、厂区外线及路灯照明;供热系统的锅炉房、烟囱、煤场及蒸汽外管线;制冷系统的制冷机房及外管线;环保工程的污水处理站及外管线等。这些工程的设计一般由负责整体项目的专业设计院的有关设计小组分别承担。

3. 车间内工程 车间内工程主要是指有关设备及管线的安装工程,如风机、水泵、空调机组、电气设备及制冷设备的安装,包括水管、汽管、冷冻管、风管、电线、照明等。其中水管和汽管由于和生产设备关系十分密切,它们的设计一般由工艺设计人员担任,其他仍归属专业工种承担。

二、公用系统应满足的要求

1. 要满足生产的需要 公用系统的设计要考虑生产的季节不均匀性带来的公用设施的负荷变化问题,也就是要求公用设施的容量对负荷的变化要有足够的适应性。例如,对供水系统来说,须按高峰季节产品生产的需水总量来确定它的设计能力,使其具备足够的适应性。对供电和供汽设施,则需考虑组合式结构,即不要搞单一变压器或单一锅炉,而是设置两台或两台以上变压器或锅炉,以便有不同的能力组合,适应不同的负荷要求。

2. 符合卫生安全要求 公用设施在厂区的位置是影响工厂环境卫生的重要因素,如锅炉房的位置、锅炉的型号、烟囱的高度、运煤出灰的通道、污水处理站的位置、污水处理的工艺流程等,都必须设计合理,符合生物发酵制品的卫生要求。此外,生物发酵制品生产中,原料或半成品不可避免地要和水、蒸汽等直接或间接接触。因此,要求生产用水的水质必须符合有关部门规定的生活饮用水卫生标准。直接用于生产产品的蒸汽应不含有危害健康或引起污染产品的物质。制冷系统中的制冷剂对产品卫生及安全是有害的,要严防泄漏。

3. 经济合理、运行可靠 所谓经济合理,就是要求设计人员在进行设计时,要根据生产需要,从实际出发,正确收集和整理设计原始资料,进行多方案比较,并注意处理好一次性投资和长期的经常性费用的关系，选择投资最少，经济效益最好的设计。且给水、供电、供汽、供暖及制冷等系统的设备及其所供应的水、电、汽、制冷的数量和质量都能达到可靠而稳定的技术参数要求，以保证生产的正常安全运行。例如，供水的设计要考虑到水质随水源及环境的变化而变化，要采取相应措施，使最后供到生产车间的水质始终符合生产用水要求。又如供电，要考虑到地方电网供电不稳定，可能经常出现局部停电现象，是否应该自备电源自行发电，以保证正常生产。

第二节　给排水系统

给排水工程在工业生产和人民生活的各个方面，都是十分重要和必不可少的。为了保证生产的正常进行和职工的身体健康，必须对给排水工程设计予以足够的重视。在生物发酵工厂中水具有与所用生产原料同样重要的地位，且用水量大，用水质量要求高，排水量大，排出的废水对环境污染较严重，因此，给排水工程的设计在生物发酵工厂的设计中占有非常重要的地位。给排水工程设计的质量好坏，将直接影响到生物发酵工厂的基建投资、生产经营管理、产品质量、成本核算等方面。

一、给排水系统的内容及依据

1．设计内容　生物发酵工厂整体项目的给排水系统设计内容通常包括以下几个方面：取水及净化工程；厂区及生活区的给排水管网；车间内外给排水管网；室内卫生工程；冷却循环水系统；消防系统；污水处理系统。

2．设计依据　在进行给排水系统设计时要收集并依据以下资料进行。

（1）建厂所在地的气象、水文、地质资料，特别是取水河、湖的详细水文资料。

（2）厂区和厂区周围地质、地形资料。

（3）引水、排水路线的现状及有关协议或拟接进厂区的市政自来水管网状况。

（4）各用水部门对水量、水质、水温的要求及负荷的时间曲线。

（5）当地废水排放和公安消防的有关规定。

（6）当地管材供应情况。

3．设计注意事项

（1）在具有城市自来水供应的地方应优先考虑采用。

（2）自备水源时，水质应符合卫生部门规定的生活饮用水卫生标准及本厂的特定要求。

（3）消防、生产、生活给水管网尽可能用同一管路系统。

（4）排放的生活、生产废水应进行相应处理，达到国家规定的排放标准。

（5）雨水溢流周期建议采用 $P=1$。

（6）冷却水应循环使用，以节约用水量和能源消耗。

（7）凡用于增压（如消防、冷却循环等）的水泵应尽可能集中布置，以利于统一管理和使用。

（8）主厂房或车间的给排水管网设计应满足生产工艺和生活安排的需要。

二、水质和水源

（一）生物发酵工厂对水质的要求

生物发酵工厂的用水范围主要包括生产用水、生活用水和消防用水。不同的用途，有不同的水质要求。

1. 生产用水水质要求 生产用水质量的好坏，对产品质量有直接影响。不同的生产用水，对其水质要求也不同。

1）工艺用水 这些水直接进入产品构成产品组分，水质的好坏将直接影响到半成品和成品的质量。不同的产品有不同的水质要求。一般要求符合生活饮用水水质标准，特殊用水要在生活饮用水水质标准的基础上，给予进一步处理，使其在总硬度、pH、微生物含量等方面达到相应的要求。

2）冷却用水 冷却用水水质要求可低于生活饮用水标准。由于冷却水要循环使用，一般要求水温低，硬度低，水中不宜含有有机物或其他悬浮混浊物质，以免黏附于传热壁面上影响传热效果，增加清理难度，甚至堵塞管道。

3）洗涤用水 洗涤用水的基本要求是清洁卫生。

4）锅炉用水 锅炉用水根据锅炉用水处理方式的不同及用途的不同对水质有不同的要求，基本要求是水的硬度要低于一定值，具体要求参见最新的国家标准《工业锅炉水质》（GB/T 1576—2018）。

2. 生活用水水质要求 生活用水包括清洁用水、饮食用水和卫生用水，一般按饮用水的质量标准进行设计。

3. 消防用水 消防用水对水质没有特殊要求，但水量必须充足，无腐蚀性，没有较大的杂质，消防储水设备的任何部位均不得结冰，保证不堵塞喷淋头，不影响泵组运行、湿式报警阀组的正常工作即可。

（二）生物发酵工厂对水源的要求

生物发酵工厂由于用水量大，水质要求较高，所以水源的选择是确定厂址的关键因素之一。选择既经济又合理，水质符合要求，水量又能确保供应的水源，在生物发酵工厂的设计工作中显得尤为重要。

建造工厂时可利用的水源主要有自来水、地下水和地表水。不同水源的优缺点比较见表9-1。

表9-1 不同水源的优缺点比较

水源类型	优点	缺点
自来水	装接技术简单，一次性投资少，水质可靠	水价较高，经常性费用大
地下水	可就地取用，水质稳定，且不易受外部污染；深井水一般不需处理即能达到生产和生活用水需求；水温低，且基本恒定；取水构筑物简单，一次投资不大，经常性费用小	水中往往含有多种矿物质，水的硬度可能比较高；可能含有某些有害物质；使用量大可能会引起地面下沉
地表水	水中溶解物少，经常性费用低	净水系统技术管理复杂；取水构筑物多；一次性投资大；水质水温随气候变化大；易受环境污染

生物发酵工厂水源的选择，应根据当地的具体情况进行技术经济比较后确定。如果当地的地下水比较丰富，则应优先考虑采用地下水作为主要水源。目前生物发酵工厂取用深层地下水的较多，其原因一是水质、水温均比较稳定，二是水量较大，可长期满足生产的需要。当地下水源比较缺乏时，则可采用江河、湖泊及泉水等地面水，但是需要设置专门的取水构筑物取水供给生产。有些地区，可以考虑地表水和地下水兼用，以两个水源供给不同的使用工段，如冷却用水可用地下水源。有些在大城市或城镇的工厂，离地表水距离较远，地表水水质又差，则可采用城市自来

水作为生产用水水源或采用自来水和深井水相结合的给水系统。

三、用水量的确定

用水量的确定是工艺设计人员在给水工程设计中的一个重要任务。要根据工艺和生活及消防的要求，确定出单位产品的用水量和每天总用水量的最大值。

1. 生产用水量的确定 确定生产用水量，可以根据工艺计算中的物料衡算、热量衡算和水平衡计算介绍的方法计算出单位时间的用水量，也可以参照各生产厂的实际用水定额计算。例如，以淀粉为原料的酒精工厂每吨酒精产品用水量在 80～120t；啤酒工厂每吨啤酒用水量在 6～10t；味精工厂每吨味精产品用水量在 1000～1500t。

锅炉用水量可按式（9-1）估算：

$$q_m = K_1 K_2 Q \tag{9-1}$$

式中，q_m 为锅炉房最大小时用水量（t/h）；K_1 为蒸发量系数，一般取 1.15；K_2 为锅炉房的其他用水系数，一般取 1.25～1.35；Q 为锅炉蒸发量（t/h）。

冷却塔循环用水量可按式（9-2）计算：

$$q_{m,L} = \eta \frac{Q_1}{4.2 \times 1000 (t_2 - t_1)} \tag{9-2}$$

式中，$q_{m,L}$ 为冷却塔循环用水量（t/h）；η 为使用系数，一般取 1.1～1.15；Q_1 为冷凝器负荷（kJ/h）；t_1 为冷凝器出水温度（冷却塔进水温度）（℃）；t_2 为冷却器进水温度（冷却塔出水温度）（℃）。

制冷机的冷却水循环量取决于热负荷和进出水温差，一般情况下取 $t_2 \leq 36℃$，$t_1 \leq 32℃$。

2. 生活用水量的确定 生活用水量的多少与当地气候、人们的生活习惯及卫生设备的完备程度、生产的卫生要求等有关。一般是按最大班次的工人总数来计算。

生活最大小时用水量＝（最大班次人数×70）/1000（m³/h）

3. 消防用水量的确定 由于消防设备一般均附有加压装置，所以消防用水对水压的要求不太严格，但必须根据工厂面积、防火等级、厂房体积和厂房建筑消防标准而保证供水量的要求。一般消防用水的供水量，要保证在 5～40L/s 的流量。但在计算全厂总的用水量时，消防用水量可以不计，当发生火警时，可调整生产和生活用水量加以解决。

四、生产用水水压的确定

生产用水水压因车间不同、用途不同而有不同的要求。水压确定时要符合实际，过分提高水压，不但增加动力消耗，而且对管件的耐压强度也高，从而增加建设费用。如果水压太低，则不能满足生产要求，将影响正常生产。确定水压的一般原则是进车间的水压通常为 0.2～0.25MPa；供水的水压应为使用水的最高点加 0.1～0.15MPa；如果最高点的用水量不大，车间内可另设加压泵。

五、配水工程

配水工程一般包括清水泵房、水塔、给水管网等。

1. 清水泵房 清水泵房也叫作二级水泵房，是从清水池吸水，增压送到各车间，以完成输送水量和满足水压要求。水泵的组合根据生产设备用水规律而确定，并配置备用水泵，以保证不间断供水。

2. 水塔 水塔是用于储水和配水的高耸结构，用来保持和调节给水管网中的水量和水压。水塔主要由水柜、基础和连接两者的支筒或支架组成。按建筑材料的不同可分为钢筋混凝土水塔、钢水塔、砖石支筒与钢筋混凝土水柜组合的水塔。不锈钢水塔是一些医药和酒厂等生产企业常用的水塔类型。

3. 给水管网 工厂区域的室内、外给水管网的任务是把符合水质标准的水由城市干管或净化构筑物送至各用水点，以保证所需水量和水压。

室外给水管网主要由输水干管、支管和配水管网、闸门及消防栓等组成。布置形式有环状和树枝状两种。小型工厂的配水系统一般采用树枝状，大中型生产车间进水管往往分为几路接入，故多采用环状管网，以确保供水正常。输水干管一般采用铸铁管或预应力钢筋混凝土管。生活饮用水的管网不得和非生活饮用水的管网直接连接，在以生活饮用水作为生产备用水源时，应在两种管道连接处设两个闸阀，并在中间加排水口等防止污染生活饮用水的措施。在输水管道和配水管网间设置分段检修用阀门，并在必要位置上装设排气阀、进气阀或泄水阀。有消防给水任务的管道直径不小于100mm，消防栓间距不大于120m。

室内管网由进户管、水表接点、干管、支管和配水设备等组成。为供水可靠和水压稳定，有的系统配有水箱和水泵。室内给水管网布置形式有上行式、下行式和分区式三种，布置方式与建筑物的性质、几何形状、结构类型、生产设备的布置和用水点的位置有关。

六、消防系统

消防给水一般与生产、生活给水管合并，采用合流给水系统。室外消防给水管网应为环形，水量按15L/s考虑。当采用高压给水系统消防时，管道内压力应保证消防用水量达到最大，且水枪布置在任何位置的最高处时水枪充实水柱仍不小于10m，当采用低压给水系统消防时，管道内压力应保证在灭火时不小于10m水柱。室内消防的配置，应保证两股水柱水量不小于2.5L/s，保证同时到达室内任何部位，管道内压力应保证水枪出口充实水柱不小于7m。

七、排水系统

生物发酵工厂用水量大，排出的工业废水量也大。有许多废水含固体悬浮物多，生化需氧量（BOD）和化学需氧量（COD）很高，将废水或废糟排入江河会污染水体。现在国家已颁布了《中华人民共和国环境保护法》《建设项目环境保护管理条例》及相应的环境标准。对于新建工厂必须贯彻"三废"治理和综合利用工程与项目同时设计、同时施工、同时投入使用的"三同时"方针，所以废水处理在新建或扩建生物发酵工厂的设计中占有相当重要的地位。一定要在发展生产的同时保护环境，为子孙后代造福。

排水系统按照所在区域的不同可分为室内排水系统和室外排水系统两大部分。室内排水系统包括生产设备或卫生器具的受水器、水封器、支管、立管、干管、出户管、通气管等。室外排水系统包括支管、干管、检查井、雨水口及污水处理构造物等。

生物发酵工厂的排水主要包括生产废水、生活污水和雨水。生产废水、生活污水需经过处理达到排放标准后才能排放，排放量可按式（9-3）计算：

$$q_v = K \times q_{v,1} \tag{9-3}$$

式中，q_v 为污水排水量（L/s）；$q_{v,1}$ 为生产、生活最大小时给水量（m³/h）；K 为系数，一般取0.85～0.9。

雨水排水量按式（9-4）计算：

$$q_v = q \times \varphi \times A \tag{9-4}$$

式中，q_v 为雨水排水量（L/s）；q 为暴雨强度 [L/（s·m²）]（可查阅当地有关气象水文资料）；φ

为径流系数，一般取 0.5～0.6；A 为厂区面积（m²）。

排水系统的设计可从两个方面考虑，即排水管网和污水处理及利用。排水管网汇集各车间排出的生产污水、冷却废水、卫生间污水和生活区排出的生活污水，送到相应的污水处理设施处理后，再经预制混凝土管引流至厂外城市下水道总管或直接排入河流。雨水也是排水系统中的重要部分之一，统一由厂区道路边明沟集中后，排至厂外总下水道或附近河流。部分冷却废水可回收循环使用，采用有盖明渠或管道自流至热水池循环使用。

污水处理是为使污水达到排入某一水体或再次使用的水质要求，对其进行净化的过程。目前常用的污水处理方法有沉淀法、厌氧产沼气法、活性污泥法、生物接触氧化法及氧化塘法等。无论采用哪一种处理方法，最终排出的工业废水都必须达到国家排放标准。

第三节　供电及自控

一、供电及自控的设计内容和所需基础资料

1. 设计内容　整体项目的供电及自控设计包括以下内容：厂区的外线供电系统；全厂的变配电系统；车间内设备的配电系统；厂区及室内的照明系统；生产线、工段或单机的自动控制系统；弱电通信系统；防雷接地和电气安全；电器及仪表的防护维修等服务部门。

2. 设计所需基础资料

（1）全厂用电设备清单和用电要求。

（2）供用电协议和有关资料，包括供电电源及其有关技术数据，供电线路进户方位和方式，量电方式及量电器材划分，厂外供电器材供应的划分，供电部门要求及供电费用等。

（3）自控对象的系统流程图及工艺要求。

二、供电要求及注意事项

1. 供电要求　对于生物发酵工厂来说，啤酒厂、酒精厂、酶制剂厂、抗生素厂等的生产具有高度的连续性，对供电的可靠性有较高要求，电源中断时间过长会造成产品质量下降，甚至报废。因此，这些工厂的主要生产车间均为二级负荷。白酒厂及上述发酵工厂的原料粉碎、输送等工序为三级负荷。一般动力车间的锅炉上水泵停电后锅炉缺水将造成事故，为一级负荷，如果在设计中采取某些措施，如备用蒸汽往复泵，负荷等级可以降低。

2. 设计注意事项

（1）针对部分工厂生产季节性强，用电负荷变化比较大的特点，设计时宜多增设 1～2 台变压器供电，以适应负荷的剧烈变化。

（2）要考虑到企业的发展、生产规模的不断扩大、机械化和自动化水平的不断提高等对供电要求的变化，变配电设施的容量或面积要留有一定的发展余地。

（3）为减少电能损耗和改善供电质量，厂内变电所应接近或毗邻负荷高度集中的部门；如果厂区范围较大，必要时可设置主变电所及分变电所。

（4）部分生物发酵工厂水多、汽多、湿度大，供电管线及电气设备应考虑防潮。

三、负荷计算

为了合理设计选择变配电设备及供电系统中各组成元件，需要根据用电设备的容量对有关电

力负荷进行统计计算。

1. 全厂装接容量用电负荷的计算 生物发酵工厂变配电系统及全厂用电负荷计算一般采用需要系数法，具体计算如下。

1）最大计算有功负荷 P_j（kW）

$$P_j = K_x P_e \tag{9-5}$$

式中，K_x 为用电设备需要系数；P_e 为用电设备装接容量之和（kW）。

2）最大计算无功负荷 Q_j（kV·A）

$$Q_j = P_j \tan\varphi \tag{9-6}$$

式中，P_j 为最大计算有功负荷（kW）；$\tan\varphi$ 为 φ 的正切值。

3）最大计算视在负荷 S_j（kV·A）

$$S_j = \frac{P_j}{\cos\varphi} = \sqrt{(P_j)^2 + (Q_j)^2} \tag{9-7}$$

式中，$\cos\varphi$ 为用电负荷平均自然功率因数。

根据全厂装接设备容量的需要系数，可粗略算出全厂用电负荷。部分生物发酵工厂车间或设备的用电参数如表 9-2 所示。

表 9-2 部分生物发酵工厂车间或设备的用电参数

车间或用电设备	需要系数	平均自然功率因数	
		$\cos\varphi$	$\tan\varphi$
啤酒车间	0.60	0.70	1.02
麦芽车间	0.70	0.76	0.88
空压机站	0.70~0.85	0.75	0.88
木工车间	0.28~0.35	0.60	1.33
冷冻机房	0.50~0.60	0.75~0.80	0.75~0.88
冷库、仓库	0.40	0.70	1.0
锅炉房	0.65~0.75	0.80	0.75
照明	0.80	0.60	1.33
生产用通风机	0.70	0.80	0.75
搅拌机、压榨机	0.70	0.80	0.75
离心泵、均质机	0.70	0.80	0.75

2. 变压器容量的选择 变压器的容量可根据全厂或其供电范围内的总计算负荷选择，一般留有 20% 左右的富裕量。计算公式如下：

$$S_e \approx 1.2 S_{j\sum} \tag{9-8}$$

式中，S_e 为变压器额定容量（kV·A）；$S_{j\sum}$ 为全厂总视在负荷（kV·A）。

变压器的选择应结合额定容量再按产品规范进行；对一些季节性强的工厂应根据生产规模的大小和负荷的变化情况，合理地选择变压器的台数及相对应的容量，以节约运行成本。

四、供电系统

1. 供电与量电 供电系统要和当地供电部门一起商议确定，要符合国家有关规程，安全可靠，运行方便，经济节约。

按照供电部门的规定,变压器的容量在 180kV·A 以下或装接容量在 250kW 以下,可以采用 380/220V 低压供电,低压量电;变压器的容量在 180~560kV·A 采用高压供电,低压量电;变压器的容量在 560kV·A 以上采用高压供电,高压量电。如有特殊情况,应具体商议。

2. 变配电设施及供电设备 为适应生产的发展变配电设施的土建应适当留有余地,变压器室的面积可按变压器放大 1~2 级考虑,高、低压配电间应留有备用柜、屏的位置。

变配电设施位置的确定要全面考虑、统筹安排,并征得当地供电部门的同意。变电、配电中心应尽量靠近负荷中心,如冷冻机房,并偏于电源侧方向,使进出线和运输方便,符合安全防火要求。变压器常安装在室内,若安装在室外应有防护设施,确保其安全运转,变压器间应有变压器室、高压配电室、低压配电室等,电修间也应设在一起。

变压器的外壳与变压器室四壁的间距,当变压器的容量小于等于 315kV·A 时,间距最小应为 0.6m;变压器的容量在 400~1000kV·A 时,最小间距应在 0.6~0.8m。

变配电设施对土建的要求见表 9-3。

表 9-3 变配电设施对土建的要求

项目	低压配电间	变压器室	高压配电间
耐火等级	三级	一级	二级
采光	自然	不需要采光窗	自然
通风	自然	自然或机械	自然
门	允许木质	难燃材料	允许木质
窗	允许木质	难燃材料	允许木质
墙壁	抹灰刷白	刷白	抹灰刷白
地坪	水泥	抬高地坪,采用下进风	水泥
面积	留备用屏位	宜放大 1~2 级	留备用柜位
层高/m	>3.5	4.2~6.3	架空线时≥5

注:高压电容器原则上单间设置,数量较少时,允许装在高压配电间;低压电容器原则上装在低压配电间

常用供电设备主要有配电变压器、高压开关柜、低压配电屏、静电电容柜等。

3. 车间配电 大多数生物发酵工厂的生产车间温度较高、湿度较大,有的还有酸、碱、盐等腐蚀介质,电气设备和器材应按湿热条件选择。车间的总配电装置最好设在一个单独的小房间内,车间的分配电装置和自动控制设备要能防水汽和酸、碱腐蚀,并尽可能集中于车间较干燥的某一部分。

对于一些生产车间,如蒸馏车间、溶剂抽提车间、粉碎间、以氨作为制冷剂的冷冻机房等均有防爆要求,电器设备、器材应选用防爆型,供电应按防爆要求设计,所有机械设备均应接地保护。

此外,车间配电线路布置要求整齐美观,最好采用暗管沿墙或隔板上部敷设,某些走地板的电线要用套管,并注意安全防护。

4. 厂区外线 厂区外线一般采用低压架空线,也有采用低压电缆线路的。架空线路具有成本低、运行灵活、易于维护的优点,而电力电缆则有运行可靠、供电安全、维护工作量小的好处。线路的布置应做到路程最短,不迂回供电,与道路和构筑物交叉最少,兼顾厂区道路照明。架空导线一般采用 LJ 型铝绞线,建筑物较密集的厂区或沿墙布线应采用绝缘线。导线截面要根据机械强度、允许电流和电压损失酌情选择。电杆一般采用水泥杆,埋深一般为 1/6 杆长,电杆杆距 30m 左右,距路边 0.5~1.0m,是否采用混凝土底盘要视当地土质而定。

五、电气照明

车间和其他建筑物的照明电源必须和动力线分开，并应留有备用回路。生产车间的照明主要采用日光灯和白炽灯；潮湿车间的灯具还应考虑防潮，低温、潮湿、水雾多的工段应采用防潮灯；防爆车间的灯具还应考虑采用防爆灯具；安装检修使用的移动灯具及操作人员容易接触到的照明灯具应采用低压（36V 或 24V）照明。当车间的空间净高超过 6m 时，可采用高压水银灯或碘钨灯，当采用高压水银灯时，必须与至少相同容量的白炽灯混用。路灯一般采用 80～125W 的高压水银灯或 110W 的高压钠灯，且宜集中在传达室控制。大面积车间的照明灯具的开关宜分批集中控制。

按照我国现行能源消费水平，生物发酵工厂各类车间或工段的最低照明度均有一定要求，如表 9-4 所示。

表 9-4　生物发酵工厂各类车间或工段的最低照明度要求

部门名称		光源	最低照明度/lx
主要生产车间	一般	日光灯	100～120
	精细操作工段	日光灯	150～180
包装车间	一般	日光灯	100
	精细操作工段	日光灯	150
原料库、成品库		白炽灯或日光灯	50
冷库		防潮灯	10
其他仓库		白炽灯	10
锅炉房、水泵房		白炽灯	50
办公室		日光灯	60
生活辅助间		日光灯	30

六、建筑防雷和电气安全

生物发酵工厂的烟囱、水塔和高层厂房等均需防雷，防雷等级多属于第三类。建筑物防雷参考高度见表 9-5。

表 9-5　建筑物防雷参考高度

分区	年雷电日数/d	建筑物需要考虑防雷的高度/m
轻雷区	<30	高于 24
中雷区	30～70	平原高于 20，山区高于 15
强雷区	>70	平原高于 16，山区高于 12

电气设备的工作接地、保持接地和保护接零的接地电阻应不大于 4Ω，接零系统重复接地电阻不大于 10Ω。三类建筑防雷的接地装置与电气设备的接地装置可以共用（接地电阻不大于 30Ω）。自来水管路或钢筋混凝土基础也可作为接地装置（接地电阻不大于 5Ω）。

七、检测仪表和自动控制系统

随着经济的发展和科技的进步，生物发酵工厂机械化、自动化水平的提高，生产中要求进行自动控制的场合已经很普遍。需要控制和调节的参数或对象主要有温度、压力、液位、流量、浓度、相对密度、称量、计数及速度调节等。例如，温度自控、压力自控、物料浓度的自控、产品水分含量的自控、灌装量的自控，以及供汽、制冷系统的控制和调节等。

检测仪表和自控设计一般是由自控专业设计人员或部门完成，但工艺设计人员必须将生产工艺过程需要计量、检测的参数和自动控制的要求，向自控设计人员提供必要的资料和条件。因此，工艺设计人员对自控仪表设计的有关知识应有所了解。

1. 自控设计的任务和内容　　生物发酵工厂自控设计的任务是根据工艺要求及对象的特点，正确选择监测仪表和自控系统，确立检测点、位置和安装方式，对每个仪表和调节器进行检验和参数鉴定，对整个系统按"全部手动控制→局部自动控制→全部自动控制"的步骤运行，实现生产过程的计量、检测和自动控制，以使生产过程稳定，保证产品质量，节约原料，降低消耗，增加产量并达到改善劳动条件的目的。

生物发酵工厂自控设计的主要内容有：检测参数和自动化水平的确定；主要参数调节系统的设计；必要的信号和联锁保护系统；仪表选择及计算机选型；控制室、仪表盘、模拟盘的布置设计；仪表维护修理室的设计。

2. 自动调节系统

1）自动调节系统的组成　　自动调节系统是人们设计、制造的一种自动化设备和装置，它能在没有人直接参与的情况下，对生产过程中的一些参数进行自动调节，使之保持定值或者按照预先确定的规律变化。

一个简单的自动调节系统由调节对象、测量和变送元件、调节器和调节机构 4 个相互联系的部分组成。它们构成一个闭环负反馈系统，能够有效地克服干扰的影响，保持被调参数的稳定。

2）自动调节系统的选择　　在确定自动调节系统之前，首先要选择和确定被调参数，必须根据工艺条件要求和国内仪表生产现状及操作者的技术水平选择调节参数，一般对主要参数或人工调节难以满足要求的参数，进行自动调节。

确定被调参数后，根据调节对象的特性和调节质量要求，选择合理的调节系统，要遵循先进、可靠、经济、实用的原则，在满足控制要求的条件下尽可能选用简单调节系统。这不但可以节省投资，而且便于投运和维护。自动化水平的高低关键不在于选用仪表的型式、数量和系统的复杂程度，而在于生产过程控制的实际效果和工作的可靠性。对小型生物发酵工厂，应尽可能选用简单调节系统，对于大中型生物发酵工厂，可考虑选用计算机控制。

3）自动调节设备的选择　　一个自动调节系统的功能装置主要有三大类，即参数测量和变送装置（一次仪表）、显示和调节装置（二次仪表）、执行调节装置（执行机构）。参数测量和变送装置主要是一些敏感元件和传感器，它们直接响应工艺变量并转化成一个与之成对应关系的输出信号。显示和调节装置是指一些显示仪表和调控设备，用于指示和记录工艺变量，并将信号送往控制器对被控变量进行控制。执行机构主要是指一些与工艺关系较为密切的调节阀，常用的有气动薄膜调节阀、气动薄膜隔膜调节阀、电动调节阀、电磁阀等。

在自动调节系统中，检测传感器、显示和调节装置根据被监测的具体工艺参数类型选择。而调节阀除了选定通径、流量能力及特性曲线外，还要根据工艺特性和要求，决定采用电动还是气动，气开式还是气闭式，并要满足工作压力、温度、防腐及清洗方面的要求。调节阀的选择，还要注意在特殊情况下如停电、停气时的安全性。例如，电动调节阀，在停电时，只能停在此位；而气动调节阀，在停气时，能靠弹簧恢复原位。气开阀在无气时为关闭状态，气闭阀在无气时为开启状态。因此，对不同的工艺管道，要选择不同的阀门。例如，锅炉进水，就只能选气闭式或电动式，而对于连续浓缩设备的蒸汽调节阀，只能选用气开式。

4）生物发酵工厂自动调节系统举例　图 9-1 为自动调节罐温、罐压的调节系统简图。其中的给定单元、变送单元、调节单元、计算单元等均选用 DDZ-III 型（或 II 型）电动单元组合仪表，而调节机构则选用气动调节阀。选用气动调节阀是因为调节机构安装在环境条件较差的现场，气动调节阀具有抗干扰能力强、维护简单的优点，可提高系统的运行可靠性。调节器与调节阀之间的电-气阀门定位器则起到电-气转换器和气动阀门定位器两个作用，组成了电动、气动两类仪表的混合系统，以发挥各自的优势。根据需要，可以在这些基本回路的基础上增加显示、记录、计算等辅助回路。

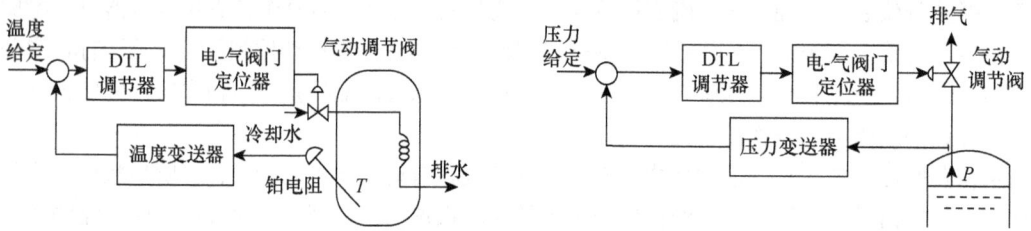

图 9-1　自动调节罐温、罐压的调节系统

DTL. 数据终端设备逻辑层；*T*. 温度；*P*. 压力

3．电子计算机的应用　　电子计算机具有运算速度快、精度高、信息存贮量大、逻辑判断能力强等特点，从而成为实现生产过程自动控制的强有力工具。采用电子计算机控制发酵生产过程，不但可以在线监测和控制更多的过程参数，达到更高的控制精度，而且能随时把所测得的参数加以归纳计算，连续提供反映生产过程本质的一系列参数，为实现最优化控制创造条件。

近年来，电子计算机在我国的一些大中型生物发酵工厂中逐渐得到了推广应用。例如，啤酒厂大罐发酵的计算机控制，味精厂发酵工段和结晶工段的计算机控制，酒精厂蒸馏工段的计算机控制，白酒厂计算机勾兑应用等。在稳定工艺条件、提高产品产量和质量等方面都取得了较好的效果。

1）电子计算机控制系统的组成　　电子计算机控制系统由计算机和生产过程对象两大部分组成，其中包括硬件和软件。硬件是计算机本身及其外围设备，软件是指管理计算机的程序及过程控制应用程序。硬件是计算机控制的基础，软件是计算机控制系统的灵魂。电子计算机控制系统本身是通过各种接口及外部设备与生产过程发生关系，并对生产过程进行数据处理及控制。用于生产过程控制的电子计算机控制系统一般包括电子计算机主机、常规外部设备、过程输入输出通道、测量变送仪表、调节阀或执行机构及运行操作台等几个部分。它们通过主机的系统总线和接口电路相互联系，构成一个完整的系统，电子计算机控制系统简图见图 9-2。

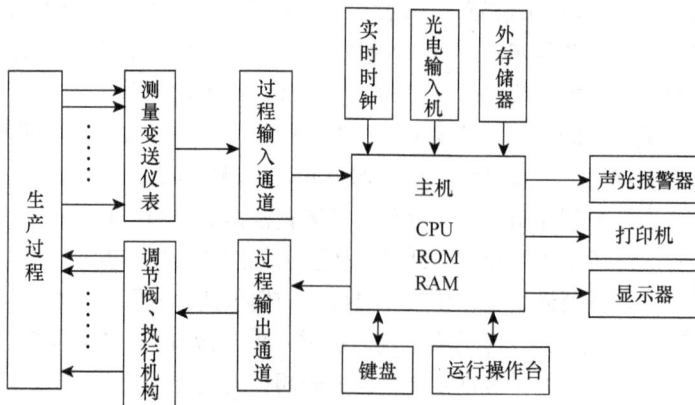

图 9-2　电子计算机控制系统简图

CPU. 计算机的中央处理器；ROM. 只读存储器；RAM. 随机存取存储器

2）直接数字控制　　目前，电子计算机在生物工程生产中应用较多的为直接数字控制（direct digital control，DDC）系统。DDC系统由一台微型计算机配以相应的输入、输出设备及检测仪表和执行机构等组成，见图9-3。

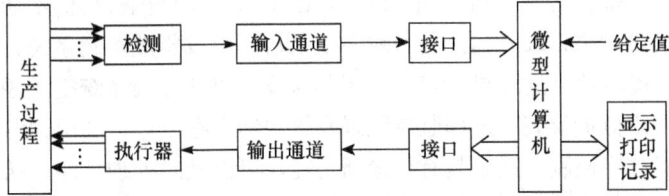

图9-3　DDC系统组成简图

系统中微型计算机直接参加闭环控制，它通过过程通道对多个过程参数进行巡回检测，并根据程序规定的调节规律进行调节运算，然后发出控制信号，通过输出通道直接控制调节阀等执行机构。

DDC系统是在常规仪表调节系统的基础上发展起来的，它将常规调节系统中各回路中的模拟式调节器的作用集中由一台微型计算机来完成，对每一回路分时地（断续地）进行调节。微机不仅能完全替代模拟调节器，实现多回路的PID（比例积分微分）控制，而且不需改变硬件，只通过改变顺序就能有效地实现较复杂的控制，如前馈控制、串级控制等。

3）计算机监督控制（SCC）系统（最优化控制）　　在计算机监督控制（supervisory computer control，SCC）系统中，计算机根据过程参数信息和其他数据，按照描述生产过程的数学模型进行计算，得出最优控制条件，并自动改变系统中模拟调节器或以DDC方式工作的微机的给定值，从而使生产过程始终处于最优工况。从这个角度上说，它的作用是改变给定值，所以又称为设定值控制（SPC）。

SCC系统有两种不同的结构形式，一种是由SCC微机直接控制模拟调节器，如图9-4（a）所示；另一种是SCC加上DDC的分级控制系统，如图9-4（b）所示。SCC加上DDC的分级控制系统实际上是一个二级控制系统，SCC级完成最优化控制的分析和计算，给出最优给定值，送给DDC级执行过程控制，SCC级采用高档次的微机。

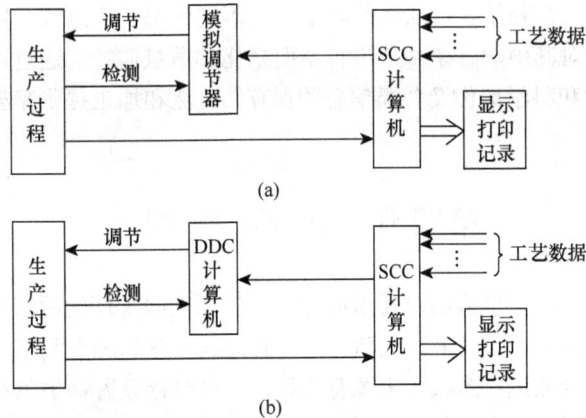

(a)

(b)

图9-4　SCC系统组成简图

（a）SCC＋模拟调节器；（b）SCC＋DDC系统

由于发酵过程具有复杂性和随机性，建立能正确反映发酵过程变化的动态数学模型困难较大，从而限制了监督控制系统在发酵生产上的应用。但随着科学技术的进步，监督控制一定能在生物发酵生产上得到应用。

4）集散控制系统（DCS） 在一个大型企业里，大量信息靠一台大型计算机集中完成过程控制及生产管理的全部任务是不恰当的。同时，由于微型计算机价格的不断下降，人们就将集中控制和分散控制协调起来，取各自之长，避各自之短，组成集散控制系统。这样既能对各个过程实施分散控制，又能对整个过程进行集中监视与操作。集散控制系统把顺序控制装置、数据采集装置、过程控制的模拟量仪表、过程监控装置有机地结合在一起，利用网络通信技术可以方便地扩展和延伸，组成分级控制。系统具有自诊断功能，可以及时处理故障，从而使其可靠性和维护性大大提高。图 9-5 为集散控制系统基本结构，它由面向被控过程的现场 I/O 控制站、面向操作人员的操作站、面向管理员的工程师站及连接这三种类型站点的系统网络所组成，各组成部分的功能和作用在此就不再赘述，具体参见相关自控书籍。

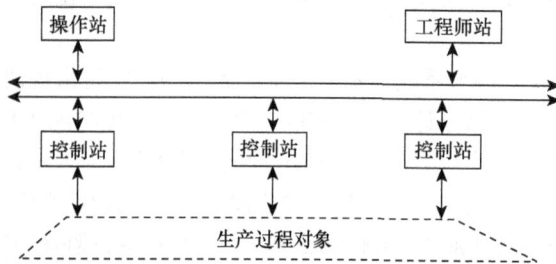

图 9-5　集散控制系统基本结构图

5）质量体系实时监测的 ERP 系统 企业资源规划（enterprise resource planning，ERP）建立在信息技术的基础上，利用现代企业先进管理思想，全面地集成企业的资源信息，为企业提供决策、计划、经营、控制和业绩评估的全方位、系统化的管理平台。在重视质量安全的今天，结合质量体系思想的实时监测的企业 ERP 系统的核心是质量管理科学、计算机技术、传感器与检测技术结合的产物，是一种软硬件结合的网络化管理系统。它除了自动监测、实时误差报警提示、转换、计算、分析、描绘、存储、打印等单机功能外，还将面向对象、信息集成、专家系统、关系数据库管理系统、图形系统等结合在一起，并以科学的质量管理的思想内涵、标准数据处理方法，与产品生产和检验工艺相结合，从而使质量控制落实到每一个过程，协调一个产品生产或检测过程的多个环节，并对其中的各个环节进行全面量化和质量监控。通过这个管理平台，可以为生产与检验过程的高效和科学运作及各类信息的保存、交流和加工提供平台，更好地促进用户的贯标工作。

第四节　供　汽　系　统

蒸汽是生物发酵工厂动力供应的重要组成部分，生物发酵工厂的用汽部门主要有生产车间，包括原料处理、配料、热加工、发酵、灭菌等，另外还有一些如综合利用、浴室、洗衣房、食堂等辅助生产车间也要用到蒸汽。蒸汽的来源有两种，一是自行设置锅炉供汽；二是由附属电站或供汽中心供汽，其中以后者较为理想，这样可以节省锅炉设备的投资，热效率高，能节约能源，降低蒸汽的成本。同时能满足工厂要求又靠近热电站或供汽中心有时是很困难的，因此大多数生物发酵工厂需要自行设置锅炉供汽。供汽系统的设计应了解工厂的最大用汽量、蒸汽负荷的波动情况，结合工厂的生产规模和用汽特点，正确选择锅炉并进行合理的布置。

一、锅炉容量的确定

锅炉的额定容量是全厂各用汽量的总和，并考虑 15% 的富裕量。可按式（9-9）计算。

$$Q=1.15(0.8Q_c+Q_s+Q_z+Q_g) \tag{9-9}$$

式中，Q 为锅炉额定容量（t/h）；Q_c 为全厂生产用的最大蒸汽耗量（t/h）；Q_s 为全厂生活用的最大蒸汽耗量（t/h）；Q_z 为锅炉房自用蒸汽量（t/h），一般取 Q 的 5%～8%；Q_g 为管网热损失（t/h），一般取 Q 的 5%～10%。

用式（9-9）计算时，要注意各个车间或部门的生产和生活用汽最大量不一定在同一时间出现，用汽高峰可能互相交错，计算锅炉额定容量时要根据全厂热负荷的具体情况进行精打细算，有时要比较不同用汽量调度下的最大、最小用汽量的方案，做出合理锅炉总容量及锅炉台数、每个锅炉容量的选择，避免锅炉及配套设施规模过大。

二、锅炉工作压力的确定

锅炉蒸汽可分为饱和蒸汽和过热蒸汽。饱和蒸汽的压力和温度有对应的关系，而过热蒸汽则在同一压力下，由于过热度的不同，温度也不同。目前，我国绝大多数生物发酵工厂采用饱和蒸汽，用汽压力最高的一般就是蒸煮工段，而且根据所用原料不同，所需的最高压力也不同。锅炉工作压力的确定，应根据使用部门的最大工作压力和用汽量、管线压力降及受压容器的安全来确定。通常锅炉的工作压力比使用部门的最大工作压力高 0.29～0.49MPa（3～5kg/cm²）较为适合。所以，生物发酵工厂一般使用低压锅炉，其蒸汽压力一般不超过 1.27MPa（13kg/cm²）。实际生产时还应根据使用部门的用汽参数和要求，适当调整蒸汽的温度和压力，以确保用汽安全。

三、锅炉的选择

选择锅炉时应根据全厂最大小时用汽量、全年蒸汽用量的变化情况、生产上要求提供的蒸汽压力和温度、当地能提供的燃料种类和品质，结合工厂生产用汽调度数及卫生管理等特点，选用热效率较高、基建投资较低、运行管理费用较少、适应性强、操作和维修方便的锅炉。生物发酵工厂不宜采用煤粉炉和沸腾炉，建在城市的生物发酵工厂一般要求使用燃油或燃气锅炉，减轻对环境的污染。生物发酵工厂通常采用水管式锅炉。水管式锅炉热效率高，省燃料，火筒锅炉已被淘汰。水管锅炉的造型及台数确定，需综合考虑以下因素。

（1）锅炉类型的选择除满足蒸汽用量和压力要求外，还要考虑工厂所在地供应的燃料种类，即根据工厂所用燃料的特点来选择锅炉的类型。

（2）同一锅炉房中，应尽量选择型号、容量、参数相同的锅炉。

（3）全部锅炉在额定蒸发量下运行时，应能满足全厂实际最大用汽量和热负荷的变化。

（4）新建锅炉房安装的锅炉台数应根据热负荷调度、锅炉的检修和扩建可能而定，采用机械加煤的锅炉，一般不超过 4 台，采用手工加煤的锅炉，一般不超过 3 台。对于连续生产的工厂，一般设置备用锅炉一台。

四、锅炉房位置的确定

近年来，为了解决大气污染的问题，减少锅炉燃煤对环境的影响，我国锅炉用燃料正在由烧煤逐步转向烧油。但目前仍有不少工厂的锅炉在烧煤，因此，以烧煤锅炉为基准介绍锅炉房的相关设计要求。烧煤锅炉烟囱排出的气体中，含有大量的灰尘和煤屑，这些尘屑排入大气以后，由于速度减慢而散落下来，会造成环境污染。同时，煤堆场也容易对环境带来污染。所以，从工厂的角度考虑，锅炉房在厂区的位置应选在对生产车间影响最小的地方，具体要满足以下几个方面的要求。

（1）应设在生产车间污染系数最小的上侧或全年主导风向的下风向。

（2）锅炉房要尽可能靠近用汽负荷中心。

（3）要有足够的煤和灰渣堆场。

（4）与相邻建筑物的间距应符合防火规程安全和卫生标准。

（5）锅炉房的朝向应考虑通风、采光、防晒等方面的要求。

五、锅炉房的布置及对土建的要求

锅炉机组原则上应采用单元布置，即每只锅炉单独配置鼓风机、引风机、水泵等附属设备。烟囱及烟道的布置应力求使每只锅炉的抽力均匀并且阻力最小。烟囱离开建筑物的距离，应考虑到烟囱基础下沉时，不致影响锅炉房基础。锅炉房采用楼层布置时，操作层楼面标高不宜低于 4m，以便出渣和进行附属设备的操作。

锅炉房大多数为独立建筑物，不宜和生产厂房或宿舍连接在一起。在总体布置上，锅炉房不宜布置在厂前区或主要干道旁，以免影响厂容整洁，锅炉房属于丁类生产厂房，其耐火等级为 1～2 级。锅炉房应结合门窗位置，设有通过最大搬运体的安装孔。锅炉房操作层楼面荷重一般为 $1.2t/m^2$，辅助间楼面荷重一般为 $0.5t/m^2$，载荷系数取 1.2。在安装振动较大的设备时，其门向外开。锅炉房的建筑不采用砖木结构，而采用钢筋混凝土结构，当屋面自重大于 $120kg/m^2$ 时，应设汽楼。

六、烟囱及烟道除尘

锅炉烟囱的口径和高度首先应满足锅炉的通风，即烟囱的抽力应大于锅炉及烟道的总阻力。另外，烟囱的高度还应满足大气环境保护及卫生的要求。烟尘及 SO_2 在烟囱出口处的允许排放量与烟囱的高度相关，见表 9-6。

表 9-6　烟囱高度与烟尘及 SO_2 的允许排放量

烟囱高度/m		30	35	40	45	50
允许排放量/(kg/h)	烟尘	16	25	35	50	100
	SO_2	82	100	130	170	230

烟囱的材料以砖砌为多，它取材容易，造价较低，使用期限长，不需要经常维修。但若高度超过 50m 或在震级 7 级以上的地震区，最好采用钢筋混凝土烟囱。

锅炉烟气中带有飞灰及部分未燃尽的燃料和二氧化硫，这不但给锅炉机组受热面及引风机造成磨损，而且增加大气环境污染。因此，在锅炉出口与引风机之间应装设烟囱气体除尘装置。一般情况下，可采用锅炉厂配套供应的除尘器。但要注意，当采用湿式除尘器时，应避免由于产生废水而导致公害转移的现象。

七、锅炉的给水处理

锅炉属于特殊的压力容器。水在锅炉中受热蒸发形成蒸汽，原水中的矿物质则留在锅炉中形成水垢。当水垢严重时，不仅影响到锅炉的热效率，而且将严重地影响到锅炉的安全运行。因此，锅炉制造工厂一般都结合生产锅炉的特点，提出了给水水质要求，见表9-7。

表9-7 锅炉给水水质要求

	锅炉类型	锅壳锅炉		自然循环水管炉及有冷水壁的火管炉			
项目	蒸汽压力/MPa	≤1.3		≤1.3		1.4~2.5	
	平均蒸发率/[kg/(m²·h)]	<30	>30				
	有否过滤器			无	有	无	有
给水	总硬度/mmol	<0.5	<0.35	0.1	<0.035	0.035	<0.035
	含氧量/(mg/L)			0.1	<0.05	0.05	<0.05
	含油量/(mg/L)	<5	<5	<5	<2	<2	<2
	pH	>7	>7	>7	>7	>7	>7

注：空白处的含义为该类型锅炉不进行该指标评价

　　一般自来水均达不到上述要求，需要因地制宜地进行软化处理。处理的方法有多种，所选择的方法必须保证锅炉的安全运行，同时又保证蒸汽的品质符合食品卫生要求。水管一般采用炉外化学处理法。炉内水处理法（防垢剂法）在国内外也有采用。炉外化学处理法以离子交换软化法用得最广，并可以买到现成设备——离子交换器。离子交换器使水中的钙、镁离子被置换，从而使水得到软化。对于不同的水质，可以分别采用不同形式的离子交换器。

八、煤和灰渣的贮运

　　煤场存煤量可按25~30d的煤耗量考虑，粗略估算1t煤可产6t蒸汽，煤堆高度为1.2~1.5m，宽度为10~15m，煤堆间距为6~8m。煤场一般为露天堆场，也可建一部分干煤棚。

　　煤场中的转运设备，小型锅炉房一般采用手推车，运煤量较大时可用铲车或移动式皮带输送机。锅炉的炉渣用人工或机械排送到灰渣场，渣场的贮量一般按不少于5d的最大渣量考虑。

<h2 style="text-align:center">第五节 采暖与通风</h2>

　　为了改善工人的工作环境条件、满足某些产品的生产工艺要求、防止建筑物的发霉及改善工厂卫生条件等，生物发酵工厂设计过程中要进行采暖与通风等辅助工程设计。采暖与通风工程设计的主要内容包括车间和辅助室的冬季采暖、夏季空调降温，某些产品生产过程中的干燥或保温，设备或工段的排气与通风，洁净车间的空气净化等。

一、采暖

　　1. 采暖标准 根据国家相关标准规定，凡日平均温度≤5℃的天数历年平均为90d以上的地区，为集中采暖地区。我国日平均温度≤5℃的天数为90d的等温值线基本上是以淮河为界的，在等值线以北的地区为集中采暖地区。生物发酵工厂的供暖也按此标准执行，设计时可查阅当地室外气候资料作为参考。但在工厂设计时不能一概而论，而是要根据具体情况分别对待，如有的车间热加工较多，车间温度比室外温度高得多，即使在等值线以北的地区也可以不再考虑人工采暖。反之，有些生产车间或辅助室，即使在等值线以南地区，由于使用或卫生方面的要求，也需考虑采暖，如浴室、更衣室、医务室、女工卫生室、烘衣房等。

　　按照《工业企业设计卫生标准》（GBZ 1—2010）的规定，设计集中供暖时，当生产没有特殊要求时，冬季室内工作点的计算温度即通过采暖应达到的室内温度应符合表9-8的要求。辅助用室的冬季室内气温应符合表 9-9 的要求。采暖地区非工作时间，均按 5℃设计车间值勤采暖，以免设备冻裂。当生产工艺有特殊要求时，采暖温度则应按工艺要求来确定。

表 9-8　冬季生产车间内的气温要求

分类		空气温度/℃	备注
轻作业（能耗≤140W）	每人占用面积<50m²	≥15	部分比较潮湿的车间，采暖温度要略高于该表数值 1～2℃
	每人占用面积 50～100m²	≥10	
中作业（能耗 140～200W）	每人占用面积<50m²	≥12	
	每人占用面积 50～100m²	≥7	

表 9-9　辅助用室的冬季室内气温要求

辅助用室	室内温度/℃	辅助用室	室内温度/℃
食堂	14	哺乳室	20
办公室、休息室	16～18	淋浴室	25
厕所、盥洗室	12	淋浴间更衣室	23
女工卫生室	23	烘衣房	40～60

2. 采暖系统热负荷计算　精确计算采暖系统热负荷的公式比较繁杂，在此不再赘述。概略计算采暖系统耗热量可采用式（9-10）：

$$Q=PV(T_n-T_w) \tag{9-10}$$

式中，Q 为采暖系统耗热量（kJ/h）；P 为热指标［kJ/（m²·h·K）］（有通风车间 $P≈1.0$，无通风车间 $P=0.8$）；V 为房间体积（m³）；T_n 为室内计算温度（K）；T_w 为室外计算温度（K）。

3. 采暖方式　采暖方式通常有热风采暖、散热器采暖和辐射采暖等几种。具体采暖方式的确定一般根据车间单元体积大小来定。当单元体积大于 3000m³ 时，以热风采暖为好；当单元体积较小时，多数采用散热器采暖。热风采暖时，工作区域风速宜为 0.15～0.3m/s，热风温度 30～50℃，送风口高度一般不要低于 3.5m。生物发酵工厂采暖用热媒一般为蒸汽或热水。如生产工艺用汽量远远超过采暖用汽量时，主车间采暖一般选择蒸汽作为热媒，蒸汽的工作压力要求在 200kPa 左右。如采用热水作为热媒时，热水温度则有 90℃和 135℃两种。

二、通风

生产过程中常常会产生大量废蒸汽、余热、余湿、有害气体、粉尘等有害物质，这些有害物质会污染空气、恶化工作环境、危害人体健康、影响产品质量、降低劳动生产率。同时工作人员身体也不断向周围散热、散湿、呼出二氧化碳，也会使室内环境变劣。通风是改善室内空气环境的有效措施之一。通过通风可以有效控制有害物质和因素对环境的影响和破坏，保障生产人员的身体健康，通风对保证产品质量、提高经济效益具有重要意义。

通风过程就是将含有有害物质的污浊空气，经过处理达到排放标准，从室内排至室外，再将符合卫生要求的新鲜空气送入室内，以达到改善生产和生活环境的目的。

1. 通风系统的分类

（1）根据空气流动的动力不同通风系统可分为自然通风和机械通风两大类。

自然通风是依靠室内外空气温度差所造成的热压和室外风力造成的风压使室内空气流动进行换气，从而改善室内空气环境。它不需要专门动力装置，对于产生大量余热的车间是一种经济有效的通风方法。选用自然通风时，生产车间的建筑结构应按照夏季有利的通风方向布置，并保证有足够的通风窗户面积。自然通风的不足之处是自然进入室内的空气无法进行预处理；从室内排出的空气中如果含有粉尘或有害气体，由于没有进行净化处理，可能会对环境造成污染；自然通风还会受到气候条件的限制和影响，通风效果不稳定。

机械通风是依靠通风机产生的压力差使空气流动进行换气。风机的压力和风量可根据需要选择，可以确保通风量，还可以控制空气的流动方向和速度，满足各种通风的需要，在生物发酵工厂中的应用越来越广泛。

（2）根据通风的作用范围不同，通风系统可分为局部通风和全面通风两大类。

局部通风是在有害物产生的地点直接将它们捕集起来，经过净化处理，排至室外，以控制有害物向室内其他地方扩散；或将新鲜空气送向局部地点。局部通风有局部送风和局部排风两种形式。局部通风需要特定的机械装置，是排热、排湿、排尘、防毒最有效的方法，可以用最小的风量获得最好的通风效果。

全面通风就是对整个车间或房间进行通风换气，目的在于稀释（或冲淡）室内有害物质的浓度，消除余热、余湿，使空气达到卫生标准和满足生产要求。全面通风可以利用自然通风方法或机械通风方法实现，这些通风方法在解决实际通风问题时，应该根据具体情况加以选择，有时需要几种方法联合使用才能获得良好的效果。

2．通风的基本要求

（1）地下室通风、车间温度超过规定值的通风降温、小容积工作室的换气等，应全面或局部采用机械通风换气，使车间温度降到规定值以内，有害气体稀释到最高允许浓度以内。

（2）散发有害气体的工段应采取通风换气措施，确保室内有害气体含量控制在安全限度以内。

（3）生产过程及设备的散热通风、除尘通风及高温作业岗位的空气淋浴可采用局部机械通风。车间生产人员应有新鲜空气量标准参见表 9-10。

表 9-10 车间生产人员应有新鲜空气量标准

平均每人所占车间容积/（m³/人）	应有新鲜空气量/［m³/（人·h）］
<20	≥30
20~40	≥20
>40	可由门窗渗入的空气换气满足需求

3．通风量及通风机的确定

1）全面通风换气量的确定　　单位时间进入房间空气中的有害物的数量，是确定全面通风换气量的原始资料。

假设房间内每小时散发的有害物数量为 X（mg/h），这些有害物是稳定而均匀地扩散到整个房间，利用全面通风从室内排出污染空气的有害物浓度为 C_2（mg/m³）（这个值应该维持在不超过国家卫生标准规定的有害物最高浓度），送入室内的空气中含有该有害物浓度为 C_1（mg/m³），根据有害物量平衡的原则，房间内所需全面通风换气量 L（m³/h）可用式（9-11）计算。

$$L=\frac{X}{C_2-C_1} \tag{9-11}$$

当房间内产生的有害物为余热时，所需全面通风换气量 L（m³/h）可用式（9-12）计算。

$$L=\frac{Q}{c\gamma(t_p-t_i)} \tag{9-12}$$

式中，Q 为室内显热余热量（kW）；t_p 为排出空气的温度（℃）；t_i 为进入空气的温度（℃）；c 为

空气的比热容 [kJ/ (kg·℃)]；γ 为进气状态下空气的容重 (kg/m³)。

当房间内产生的有害物为余湿时，所需全面通风换气量 L (m³/h) 可用式 (9-13) 计算。

$$L=\frac{W}{\gamma(d_p-d_i)} \tag{9-13}$$

式中，W 为散湿量 (g/h)；d_p 为排出空气的含湿量 (g/kg 干空气)；d_i 为进入空气的含湿量 (g/kg 干空气)；γ 为进气状态下空气的容重 (kg/m³)。

当房间内同时散发有害气体、余热和余湿时，应分别计算所需通风换气量，然后取其中的一个最大值作为整个房间的全面通风换气量。如果散入室内的有害物无法具体计算，全面通风换气量可以根据类似房间的实测资料或经验的换气次数来确定。

$$L=nV \tag{9-14}$$

式中，V 为房间体积 (m³)；n 为单位时间内的换气次数 (次/h)。

2）通风机的选择　　通风机主要有离心式、轴流式、惯流式、混流式四大类。选择通风机类型时要根据输送气体的性质来确定。型号规格主要根据计算风量和计算风压进行选择。选择效率高、体积小、噪声低、质优价廉的通风机，同时还要确定通风机的出风口位置、旋转方向、转速、电动机型号、功率、传动方式、皮带轮规格及配件等。

4. 局部排风　　实际生产过程中的热加工工段，有大量的余热和水蒸气散发，易造成车间温度升高，湿度增加，并引起建筑物的内表面滴水、发霉，严重影响劳动环境和卫生。因此，对这些工段需要采取局部排风措施，以改善车间环境条件。

小范围的局部排风一般采用排气风扇，但排气风扇的电动机是在湿热气流下工作的，易出故障。故较大面积的工段或温度湿度较高的工段，常采用离心风扇排风。有些设备如发酵房、烘房、排汽箱、预煮机等，可设专门的封闭排风管直接排出室外；有些设备开口面积大，不能接封闭的风管，可加设伞形排风罩，然后接风管排出室外。但对于易造成大气污染的油烟气或其他化学性有害气体，宜设立油烟过滤器等装置，进行处理后，再排入大气。

三、空调

空气调节就是利用人工的方法使车间或封闭空间的空气温度、湿度、洁净度和气流速度等状态参数达到特定要求的技术过程。空气调节系统是指以空气调节为目的，对空气进行处理、输送、分配并控制其参数的所有设备、管道及附件、仪器仪表的总称。生物发酵工厂的空气调节通常按《工业建筑供暖通风与空气调节设计规范》（GB 50019－2015）规定进行，同时要满足不同生物发酵工厂及不同车间的环境要求。

1. 空调系统的分类　　空调系统按照负荷的介质、设备的集中程度、空气来源、系统的用途不同有多种分类方法。根据设备的集中程度不同，空调系统可分为集中式、半集中式、分散式三种。根据空气来源的不同，空调系统可分为封闭式、直流式、混合式三种。其他具体分类及相互之间的区别从略，详细内容请参见相关书籍。

2. 车间空气调节的基本要求和土建要求

（1）要满足生产车间或辅助室如谷物发芽间、发酵间、恒温保养室等恒温恒湿的基本要求。

（2）需要空调的车间尽可能集中，以减少邻室对空调车间的影响。

（3）车间建筑需满足气流组织、风管布置等方面的要求。

（4）车间屋顶、墙、地坪等的导热系数值要到达空调车间的要求。

（5）空调车间尽量避免东西向窗，尽可能减少窗面积，外窗应设双层窗，南向窗户还应有遮阳措施。

（6）空调车间内部装饰的整洁度较高时，可设吊平顶，平顶材料应不易吸潮和长霉，墙面要求不易积灰，要保持清洁。

3. 空调系统的选择　选择空调系统时，要根据建筑物的用途、规模、使用特点、室外气象条件、冷湿负荷变化情况和参数要求等因素，通过多方面的比较来确定。在满足使用要求的前提下，尽量做到一次投资省、系统运行经济和能耗小。

四、空气净化

（一）空气洁净度的级别

空气洁净度是指环境中空气含尘（微粒）量多少的程度，这些微粒主要包括微尘和细菌两大类。空气含尘浓度越高，洁净度越低；含尘浓度越低，洁净度越高。

《洁净厂房设计规范》（GB 50073－2013）中规定的洁净室（区）内空气中悬浮粒子洁净度等级等效采用国际标准化组织（ISO）的 ISO 14664-1 中的有关规定，具体规定见表 9-11。生产洁净室（区）空气洁净度等级还可参照《药品生产质量管理规范》中的规定，具体见表 9-12。在发酵工业中，要求进入发酵罐的空气达到 100 级净化标准，其他生产工段，如部分产品的包装间、粉碎间及某些产品的无菌包装间等的空气都要进行净化处理，达到生产环境空气洁净度的相关要求。

表 9-11　洁净室（区）内空气中悬浮粒子洁净度等级

空气洁净度等级（N）	大于或等于所标粒径的粒子最大浓度限值/（pc/m³）					
	0.1μm	0.2μm	0.3μm	0.5μm	1μm	5μm
1	10	2				
2	100	24	10	4		
3	1 000	237	102	35	8	
4	10 000	2 370	1 020	352	83	
5	100 000	23 700	10 200	3 520	832	29
6	1 000 000	237 000	102 000	35 200	8 320	293
7				352 000	83 200	2 930
8				3 520 000	832 000	29 300
9				35 200 000	8 320 000	293 000

注：pc/m³ 为单位体积空气中悬浮粒子的颗粒数

表 9-12　洁净室（区）空气洁净度等级

洁净度等级	尘粒最大允许数/（pc/m³）		微生物最大允许数	
	≥0.5μm	≥5μm	浮游菌/（个/m³）	沉降菌/（个/皿）
100 级	3 500	0	5	1
10 000 级	350 000	2 000	100	3
100 000 级	3 500 000	20 000	500	10
300 000 级	10 500 000	60 000	—	15

（二）洁净空调系统的布置原则

洁净空调系统应按其所生产产品的工艺要求确定，一般不应按区域或简单地按空气洁净度等级划分。洁净空调系统的布置原则如下。

（1）一般空调系统、两级过滤的送风系统与洁净空调系统要分开设置。

（2）运行班次、运行规律或使用时间不同的洁净空调系统要分开设置。

（3）产品生产工艺中某一工序或某一房间散发的有毒、有害、易燃易爆物质可能会对其他工序或房间产生有害影响，或危害人员健康或产生交叉污染等，应分别设置洁净空调系统。

（4）温度、湿度的控制要求或精度要求差别较大的系统宜分别设置。

（5）单向流系统与非单向流系统要分开设置。

（6）洁净空调系统的划分宜照顾送、回风和排风管道的布置，尽量做到布置合理、使用方便，力求减少各种风管管道交叉重叠；必要时，对系统中个别房间可按要求配置温度、湿度调节装置。

（三）洁净空调设计计算的一般步骤

（1）根据工艺要求确定洁净室的洁净度等级，选择气流流型，并决定采用全室空气净化还是局部空气净化。从经济上考虑，非单向流更为经济，应尽量少用全室空气净化。设置空气净化范围的原则如下。

A. 全室空气净化是以集中净化空调系统，在整个房间内造成具有相同洁净度环境的净化处理方式。这种方式适用于工艺设备高大、数量多，且室内要求相同洁净度的场所。但这种方式投资大、运行管理复杂、建设周期长。因此，采用这种方式必须谨慎，尽量避免采用。

B. 局部空气净化是以净化空调器或局部净化设备，如洁净工作台、棚式垂直层流单元、层流罩等，在一般空调环境中造成局部区域具有一定洁净度环境的净化处理方式。这种方式适用于生产批量较小或利用原有厂房进行技术改造的场合。

C. 采用全室净化与局部净化相结合的净化处理方式，既能保证室内具有一定的洁净度，又能在局部区域实现高洁净度环境，从而达到既满足生产对高洁净度环境的要求，又节约能源的双重目的。

（2）计算新风量，取下列两项中的大者：①补偿室内排风量和保持室内正压值所需新鲜空气量之和；②保证供给洁净室内的新鲜空气量不小于 $40 \text{m}^3/ (\text{h} \cdot \text{人})$。

（3）计算洁净室的冷、热负荷。

（4）计算送风量，取下列三项中的最大值：①为保证空气洁净度等级的送风量；②根据热、湿负荷计算确定的送风量；③向洁净室内供给的新风量。

（5）根据送风量、冷热负荷和选择的气流组织形式，计算气流组织各参数。

（6）确定空气加热、冷却、加湿、减湿等处理方案，用一次回风还是二次回风。

（7）根据工艺要求或气流组织计算时确定的送风温差及室内外计算参数，在 I-d 图（湿焓图）上确定各状态点，计算空调器处理风量及洁净室循环风量。

（8）计算总的冷、热负荷，选择空气处理设备。

（9）校核洁净室内的微粒浓度和细菌浓度。

具体的设计计算内容和公式繁多，在此就不再赘述，详细内容参见空气洁净技术及洁净室设计等相关书籍和标准。

第六节　制　冷　系　统

制冷系统是生物发酵工厂的一个重要组成部分。生产过程中原辅料、成品的贮存保鲜，产品加工时的冷却降温、冷冻、速冻，以及车间的空气调节等均离不开制冷系统。制冷系统包含的内容繁多，较为复杂，应由专业的制冷设计人员负责完成设计。但是，工艺设计人员要按照生产工艺的要求，对制冷系统的设计提出工艺上的具体要求，并为制冷系统设计人员提供用冷场所、冷负荷、温度要求等具体参数和资料，以作为制冷系统设计的依据。

一、制冷系统的选择

1．制冷系统的类型　　目前实现人工制冷的方法很多，按照不同的标准和特点，制冷系统有不同的分类。按照制冷剂的种类不同可分为氨制冷系统、氟利昂制冷系统等；按照装置形式的不同可分为蒸汽压缩式、吸收式、蒸汽喷射式、吸附式、热电式、膨胀式等制冷系统，其中蒸汽压缩式制冷系统又可分为活塞式、离心式、螺杆式、滑片式等；按照压缩比形式可分为单级压缩制冷系统、双级压缩制冷系统、多级压缩制冷系统和复叠式制冷系统等；按照冷却方式的不同可分为直接制冷系统、间接制冷系统等。

生物发酵工厂生产过程中通常对制冷温度要求不是很低，如啤酒发酵的温度都在 0℃ 以上，啤酒过冷却温度为 -1℃，味精厂冷冻等电点法的发酵液降温要求也在 0℃ 以上。因此，生物发酵工厂多采用一般冷冻，温度多在 -15℃ 以内，压缩机压缩比都小于 8，多采用单级压缩式制冷系统。

啤酒厂酵母间、酒花库，露天发酵罐操作室和滤酒间的室温调节，果酒贮酒间常采用直接蒸发式冷却。而啤酒厂麦芽车间空调系统冷却水的生产，酿酒车间露天发酵罐的冷却，啤酒过冷却，麦汁冷却，包装前冷却，味精厂等电点桶发酵液降温，柠檬酸厂结晶液降温等均采用间接制冷。

2．生物发酵工厂制冷系统举例　　啤酒厂制冷系统主要包括三个部分，即冷风系统、乙醇溶液冷却系统、空调用冷水系统。

冷风系统通常采用氨直接蒸发式制冷，由冷冻总调节站出来的氨液送到空调室内，经节流至氨液分离器后，向立式空气冷却器供冷，吸热后的低压氨气被压缩机吸回。

乙醇溶液冷却系统由蒸发器冷却后的乙醇溶液通过泵分两路向糖化工段麦汁冷却器和露天发酵罐等冷却设备供冷，乙醇溶液吸热升温后，回流入蒸发器内再冷却，循环使用。

空调用冷水系统是由总调节站出来的氨液送至麦芽车间水泵间蒸发器内，由蒸发器冷却后的冷水用泵送至空调室喷淋空气，吸热后的低压氨气，由压缩机吸回。

啤酒厂各系统冷却方式及冷却设备见表 9-13。

表 9-13　啤酒厂各系统冷却方式及冷却设备

设备名称	冷却方式	冷却设备名称
发酵罐	直接蒸发式，氨	蜂窝板夹套
发酵罐	间接式，乙醇-水，-8℃	半圆管
洗涤酵母无菌水罐	间接式，乙醇-水，-8℃	薄板换热器
酵母培养罐	间接式，乙醇-水，-8℃	冷却夹套
麦汁冷却器	间接式，乙醇-水，-8℃	薄板换热器
清酒罐	间接式，乙醇-水，-8℃	半圆管

二、制冷剂和载冷剂

1．制冷剂　　制冷系统常用的制冷剂有氨、氟利昂、碳氢化合物和水等。其中应用最为广泛的是氨和氟利昂。氨在 100 多年前就已被用作制冷剂。氨具有良好的热力学性质，制造容易，价廉易得，是一种适用于大中型制冷机的中温制冷剂。氟利昂是一类由甲烷或乙烷的衍生物组成的制冷剂，目前使用较为广泛的氟利昂制冷剂有 R22、R134a、R152a 等。

2．载冷剂 载冷剂又称为冷媒，是被用来将制冷系统所产生的冷量传递给被冷却物体的媒介物质或中间介质。生产中如果被冷却对象离蒸发器较远，或者在用冷场所不便于安装蒸发器，可以用载冷剂来传递冷量。载冷剂先在蒸发器与制冷剂发生热交换获得冷量，然后用泵将被冷却了的载冷剂输送到各个用冷场所，用载冷剂去使被冷却对象降温。

目前常用的载冷剂有水、无机盐水溶液、有机载冷剂等。水作为载冷剂具有来源充分、价格低廉、不燃烧、不爆炸、无毒无味、化学性能稳定、比热容大、密度较小等优点。无机盐水溶液常用的有 $CaCl_2$ 或 $NaCl$ 溶液。有机载冷剂很多，常用的有甲醇、乙醇及它们的水溶液，乙二醇、丙二醇和丙三醇水溶液，纯有机液体如二氯甲烷 R30（CH_2Cl_2）、三氯乙烯 R1120（C_2HCl_3）和其他氟利昂液体等。

三、冷库建筑的特点

冷库建筑属于仓储类的工业建筑，由于其功能是提供冷却、冻结及贮藏各类加工产品的空间，所以冷库建筑不同于一般的工业建筑，有其自身的特点。

（1）作为冷加工场所，冷库建筑受生产工艺流程和运输条件的制约，并应能满足设备布置的要求。

（2）作为一种仓储手段，冷库建筑内要堆放大量的货物，又要装置或通行各种装卸运输设备，所以要求冷库的结构坚固并具有较大的承载力。为考虑制冷设备的安装，多采用无梁楼板。

（3）为了避免库温波动，确保冷藏间要求的温度和湿度条件，除了通过制冷方法获得冷量外，还必须尽可能减少库内冷量的损耗。为此要在冷库的围护结构（如地坪、屋顶、墙壁等）中合理地设置隔热保温层和隔汽防潮层，同时减少门窗的数量。

（4）冷库建筑的结构物大都处于低温潮湿的环境中，有时还经受着周期性的冻融循环，这就要求冷库建筑材料和各种构件要有足够的强度和抗冻能力。

（5）为了防止地基和地坪的冻鼓而导致上部建筑物的变形和破坏，还需采用相应的防冻措施，以保证冷库建筑在低温高湿使用条件下的安全性和耐久性。

四、冷库的设计

生物发酵工厂配套冷库的设计在满足冷库建筑基本要求的前提下必须根据生产工艺流程合理布置，保证生产工艺流程的连续性；应将所有的建筑物、道路、管线等按生产流程进行联系和组合，尽量避免作业线的交叉和迂回运输；冷库设计时要经过多方案比较，充分论证，确定最佳设计方案；冷藏间的数量和分隔，应根据资源量和商品的不同要求确定合理的间隔面积。

五、耗冷量的计算

冷库库房的外部和内部存在着各种热源，各用冷场所及工艺环节也存在各种热源，这些热源向冷分配设备传热。进行耗冷量计算的目的，就是求出各种热源传给冷分配设备的热量，来确定各个库房及工业环节冷分配设备及制冷压缩机的负荷，使之与各环节耗冷量相适应。

耗冷量的计算应从以下几个方面考虑。

（1）由于库内外温差及受太阳辐射的作用，通过库房的墙体、楼地板、地面、屋面传入热量，这部分热量进入库房后所引起的冷量损耗称为围护结构的耗冷量。

（2）原辅料、半成品及产品在冷藏和加工过程中引起的耗冷量，以及水果、蔬菜在贮藏过程中代谢释放的热量而引起的耗冷量，也叫作货物的冷却耗冷量。

（3）通风换气和开门操作时，室外空气的侵入所引起的耗冷量。

（4）冷库内的电动机运行产生的热量所引起的耗冷量。

（5）冷库内的照明等及操作管理人员产生的热量所引起的耗冷量。

具体耗冷量的计算涉及内容繁多，公式复杂，在此就不再赘述，详细内容请查阅制冷技术相关书籍和资料。

六、制冷设备的选型

制冷设备包括压缩机、冷凝器、节流阀、蒸发器、制冷辅助设备及一些控制器件。在为冷库配套设备时要经过相应的计算，进行设备的选型。制冷设备的选型包括的内容很多，具体选型计算方法和选型原则参见制冷技术相关书籍和手册，在此仅介绍一下活塞式制冷压缩机选型的一般原则。

（1）压缩机的制冷量应能满足冷库或生产工艺旺季高峰负荷的要求。一般在选择压缩机时，按一年中最热季节的冷却水温度确定冷凝温度，由冷凝温度和蒸发温度确定压缩机的运行工况。但是，冷库生产的高峰负荷并不一定恰好就在大气温度最高的季节，秋、冬、春三季冷却水温比较低（深井水除外），冷凝温度也随之降低，压缩机的制冷量有所提高。因此，选择压缩机应考虑季节修正系数。

（2）对于生活服务性小冷库，压缩机可选用单台。对于较大容量的冷库，较大冷加工能力的冻结间或车间，压缩机台数不宜少于两台，总的制冷量以满足生产要求为准，一般情况下可不考虑备用。

（3）尽可能采用相同系列的压缩机，以利于机械零件的互换和操作管理的方便。

（4）为不同蒸发温度系统配备的压缩机，应适当考虑机组之间有互相备用的可能性。

（5）新系列压缩机带有能量调节装置，可以对单机制冷量进行较大幅度的调节。但只适宜于用作运行中负荷波动的调节，不宜用作季节性负荷变化的调节，季节性负荷或生产能力变化的负荷调节应另行配置制冷能力相适应的机器，才能取得较好的节能效果。

（6）在制冷系统压力比的选择和运用时，氨制冷系统的冷凝压力 P_K 与蒸发压力 P_0 的比值>8 或 $P_K - P_0 > 1.4\text{MPa}$ 时用双级压缩；氟利昂制冷系统用 R12 为制冷剂时，压力比>10 或差值$>1.2\text{MPa}$，用 R22 为制冷剂时，压力比>10 或差值$>1.4\text{MPa}$ 则采用双级压缩。

小 结

公用系统是指与全厂各部门、车间、工段有密切关系的，且为这些部门所共有的一类动力辅助设施的总称。它是与生产工艺工程相辅相成、密切相关的辅助工程设施，是保证工厂正常生产不可缺少的重要组成部分。公用设施一般包括给排水、供电和自控、供汽、采暖与通风、制冷 5 项工程。因公用工程的专业性较强，各有其内在深度，工艺设计人员需要掌握给排水系统、供电和自控、供汽、采暖与通风、制冷等有关公用工程设计的基本原理及基本规范，在工厂设计过程中能够整体考虑和合理规划。

复习思考题

1. 什么是公用系统？公用系统有何作用？

2. 公用工程按区域可划分为哪些工程?

3. 简述公用系统应满足哪些要求。

4. 给排水设计包括哪些内容?

5. 简述生物发酵工厂对水质的要求有哪些。

6. 简述生物发酵工厂的供电要求及注意事项。

7. 简述锅炉房的布置及对土建的要求。

8. 简述通风的基本要求。

9. 简述洁净空调系统的布置原则。

10. 冷库耗冷量的计算主要考虑哪些方面?

第十章
环境保护与综合利用

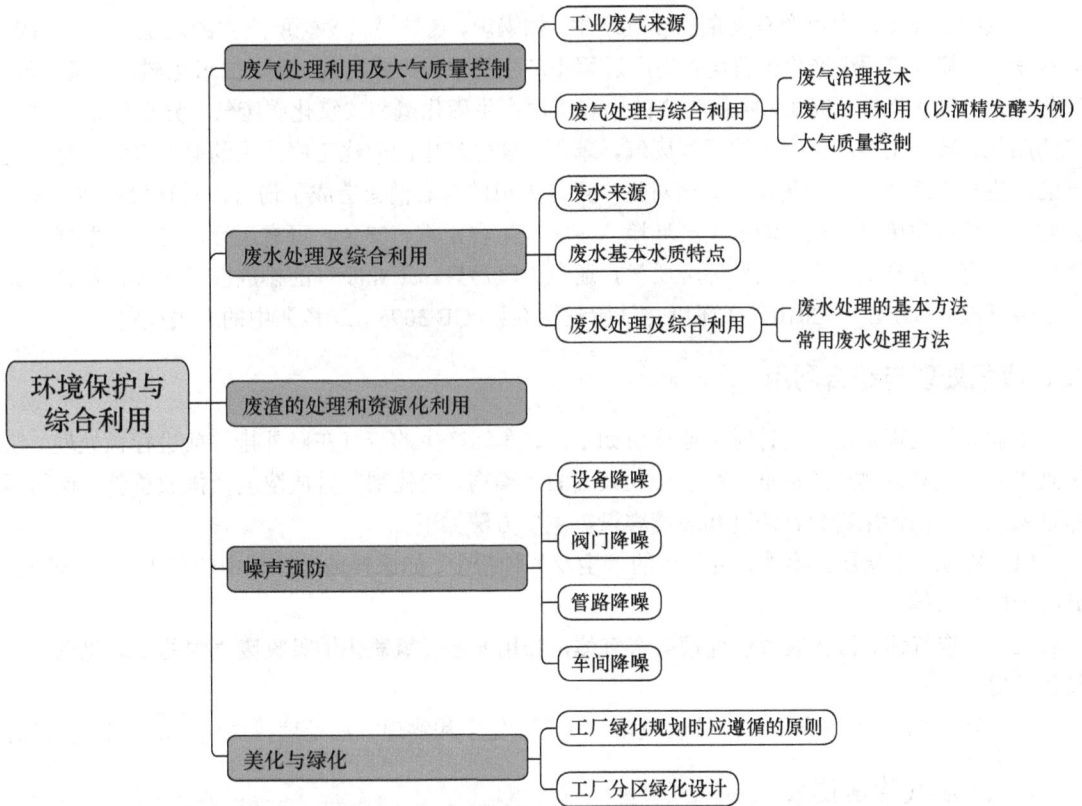

在全球经济快速发展的背景下，环境保护已成为各国共同关注的重大议题。环境污染不仅对生态系统造成破坏，还对人类健康和可持续发展构成威胁。发酵工业作为我国国民经济的重要组成部分，其发展与环境保护之间的平衡显得尤为重要。同时，随着现代生物技术的融合，发酵工业迅速崛起，却也带来了一系列环境问题，亟需有效的治理措施。因此，需要分析发酵工业在发展过程中面临的环境挑战，并提出实现清洁生产和可持续发展的策略。

第一节 废气处理利用及大气质量控制

一、工业废气来源

工业废气是指企业厂区内燃料燃烧和生产工艺过程中产生的各种排入空气的含有污染物气体的总称，通常将其分为有机废气和无机废气两种。有机废气主要包括各种烃类、醇类、醛类、酸类、酮类和胺类等，如苯乙烯、总挥发性有机物（TVOC）等。这些有机废气会对环境和人类健康产生危害，如引发头痛、恶心、呕吐、呼吸困难等症状，长期接触还会对皮肤和眼睛造成刺激和损伤。无机废气主要包括硫氧化物、氮氧化物、碳氧化物、卤素及其化合物等，如二氧化硫、氮氧化物等。这些无机废气也会对环境和人类健康产生危害，如引发酸雨、臭氧层破坏、农作物损害等。同时，有些无机废气还会对设备和建筑物造成腐蚀和损坏。此外，工业废气中还可能含有放射性物质，如放射性废气。这些放射性废气中的放射性物质会对人体产生辐射危害，如导致细胞损伤、突变和致癌等。对于工业废气的治理和管控非常重要，可以采用各种不同的处理方法和措施来减少或消除这些有害气体，以保护环境和人类健康。

在发酵工业生产中也会有大量的废气产生，如锅炉、焦炉燃料燃烧所产生的烟尘、一氧化碳；原料粉碎、筛分过程中产生的粉尘；生产过程中产生的甲醇、挥发酸、醛、二氧化碳、二氧化硫、硫化氢、二氧化氮等。例如，味精生产的中和工序产生硫化氢和二氧化碳废气，异维生素C钠生产的酯化、转化工序产生大量的甲醇废气，苯丙氨酸生产中的酸化工序产生的氨废气等。这些废气的产生严重恶化了生产条件，甚至对生产操作人员的身心健康造成了伤害，对环境造成污染。因此，有效治理废气污染，清洁生产环境，对保证生产正常、安全、可靠运行，对企业发展、环境保护具有重要意义。为了保护环境质量，避免大气污染，工业废气的排放应遵守《工业企业设计卫生标准》（GBZ 1—2010）、《环境空气质量标准》（GB 3095—2012）中的有关规定。

二、废气处理与综合利用

工业废气处理是指专门针对工业场所如工厂、车间产生的废气在对外排放前进行预处理，以达到国家废气对外排放的标准。对于排入大气的污染物，应控制其排放浓度及排放总量，使其不超过所在地区的污染物允许浓度和环境容量，主要方法如下。

（1）利用除尘装置去除排放废气中的烟尘及各种粉尘，如原料风送过程中的吸尘塔、袋滤器、离心或除尘器等。

（2）采取气体、液体吸收法处理有害气体，如用氨水、氢氧化钠吸收废气中的二氧化碳、二氧化硫等。

（3）应用冷凝、催化转化、活性炭吸附等原理、化学和物理方法处理排放废气的主要污染物。

（一）废气治理技术

1. 液体吸收技术　　液体吸收技术以液体为吸收剂，通过洗涤吸收装置利用液体吸收液与有机废气的相似相溶性原理使废气中的有害成分被液体吸收，从而达到净化废气的目的。此技术一般处理 $200\sim5000\mathrm{mg/cm^3}$ 的有机废气，其去除率为 $90\%\sim98\%$。通常为强化吸收效果，用液体石油类物质、表面活性剂和水组成的混合液作为吸收液。

2. 吸附处理技术　　该法处理有机废气效率的关键取决于吸附剂，其中已经广泛商业化的吸附剂主要有粒状活性炭和活性炭纤维两种。将有机废气由排气风机送入吸附床，在吸附床被活性炭吸附剂吸附而使气体得到净化，净化后的气体排向大气即完成净化过程。此技术主要用于低浓度、高通量可挥发性有机物（VOC）的处理。常见的工艺流程有吸附—热再生—催化燃烧净化工艺、吸附—水蒸气再生—溶剂回收净化工艺等。

3. 深冷凝结技术　　深冷凝结技术是通过建立超低温环境，将气体冷凝为液体从而实现气态有机物分离和去除的技术。其是一种有效降低排放量并实现污染物回收再利用的技术，是一种绿色可循环的处理方法，其处理量较大，处理效果较好。但是该技术存在着设备投资费用大、运行成本高、受限于气体污染物种类等缺点。

4. 膜分离技术　　膜分离技术基于气体中各组分透过膜的速度不同，每种组分透过膜的速度与该气体的性质、膜的特性与膜两边的气体分压有关。膜分离技术净化有机废气是根据有机蒸气和空气透过膜的能力不同，而将二者分开的。该技术最适合处理有机物浓度较高的废气，回收效率可以达到97%以上。该技术具有处理效率高、操作简单等优点，但成本较高。

5. 热氧化技术　　热氧化技术也叫作热力焚烧，是采用燃料（油或气）助燃的方式于600℃以上将废气中的有机物烧掉。该技术适合于高浓度并稳定排放的有机废气治理。热氧化技术分为三种：热力燃烧式、间壁式和蓄热式。它们的主要区别在于热量回收方式的不同。该技术处理效率高，但成本较高。

6. 催化氧化技术　　催化氧化技术是有机物在气流中被加热，在催化床层作用下，加快有机物化学反应，催化剂的存在使有机物在热破坏时比直接燃烧法需要更少的保留时间和更低的温度。其作用原理是：有机气体中的碳氢化合物在较低的温度下（250~300℃），通过催化剂的作用，被氧化分解成无害气体并释放热量。

7. 生物处理技术　　利用微生物将废气中的有害物质降解为无害物质，如利用生物滤池处理废气中的氨气，生物处理技术的核心是生物反应器。处理过程一般可分为以下3步：①污染物由气相到液相的传质过程；②通过扩散和对流，污染物从液膜表面扩散到生物膜中；③微生物将污染物转化为生物量、新陈代谢副产物或二氧化碳和水。现阶段主要工艺包括生物过滤床、生物滴滤床及生物洗涤床。该技术处理效率高，但需要较长的处理时间。

8. 光催化降解技术　　光催化降解挥发性有机污染物的工作原理是让特定波长的光照射纳米 TiO_2 半导体材料，可以激发出电子-空穴对（一种高能粒子），这种电子-空穴对和周围的水、氧气发生反应后，就产生了具有极强氧化能力的自由基活性物质，可将气体中的甲醛、苯、氨气、硫化氢等有害污染物氧化、分解成 CO_2、H_2O 等无毒无味的物质。

9. 等离子体分解技术　　等离子体分解技术的原理是低温等离子体作用于有机废气，生成许多自由基，这些自由基与有机废气的分子相互吸引，通过化学碰撞，自由基吸附到分子上，这时有机废气的分子将变得很不稳定，最终它将分解成无毒的分子。

10. 微波催化氧化技术　　微波催化氧化技术是由填料吸附-解吸技术发展而来的，是将传统解吸方式转变为微波解吸，微波能的应用大大减少了能量的消耗，解吸原理都可以用"容器加热理论"和"体积加热理论"加以解释。国内外在水处理中均有此方面的成功应用，而在空气净化中的应用，国外已有小规模的成功范例，国内尚处于起步阶段。

11. 紫外线法　　紫外线法是利用特制的高能高臭氧紫外线光束照射废气，改变废气的分子结构，使有机或无机高分子废气化合物分子链在高能紫外线光束照射下，降解转化成低分子化合物的方法。

随着科技进步，环保行业内涌现出多种新技术，如超临界水氧化技术、电化学氧化技术及纳米技术等，这些新技术的涌现为环保行业注入新的活力，推动了废气处理效率的提升和成本的降低，对于解决工厂废气污染问题具有重要意义。

（二）废气的再利用（以酒精发酵为例）

伴随着社会化工业发展速度的加快，废气排放量不断增加，但是很多废气具有较高的利用价值，可以选择合适的回收利用技术，提高气体回收效率，然后将其应用到各个领域中，不但可以解决环境影响问题，同时也可以提高资源利用效率。例如，二氧化碳是发酵工厂的一项重要的副产物，其纯度一般在97%～98.71%，而经过回收处理后的二氧化碳纯度可达到95%～99%。采用最经济、最现代的工艺，尽可能回收二氧化碳和提高其纯度，以满足国民经济各部门和人们的日常生产需要有着重要意义。

酒精发酵过程中产生的二氧化碳纯度很高，如果发酵是在密闭式发酵罐内进行的，则二氧化碳的纯度可达 99%～99.5%及以上。二氧化碳中以气态存在的杂质有乙醇、酯及酸等，其组分相应为（以 CO_2 重量为准）：乙醇0.4%～0.8%、酯0.03%～0.40%、酸0.08%～0.09%。酒精发酵过程中所产生二氧化碳的纯度相当高，只要经过简单的提纯处理，便可以得到几乎纯粹的二氧化碳。利用酒精发酵过程中产生的二氧化碳，可以用来生产液态二氧化碳、干冰、纯碱、轻质碳酸钙及其他许多有价值的化工产品，其开发前景和应用前景都是十分广阔的。下面简要介绍二氧化碳在农业、化工及医学方面的利用。

1. 农业利用　　二氧化碳为一种廉价的原料，通过对其进行分离回收，可以将其应用到蔬菜、瓜果的保鲜，以及粮食的贮藏等。例如，将二氧化碳注入现代化仓库内，可以有效避免粮食、蔬菜腐烂，延长其保存期限。二氧化碳在此方面的应用，原理即二氧化碳浓度高，蔬菜、粮食处于缺氧状态，再加上二氧化碳具有抑制作用，可以有效防止食品中细菌、虫子及霉菌的生长，减少过氧化物的含量，提高食品的健康性。另外，还可以直接将适量的二氧化碳通入温室内，将其作为气体废料，植物通过根部吸收，提高其光合作用效率，加快植物生长速度，一定程度上缩短植物生长周期，并增加产量。同时，二氧化碳还可以用于人工降雨，解决农作物干旱问题，即利用飞机在高空中喷洒固态二氧化碳，使得空气中水蒸气迅速冷凝，最终形成人工降雨，满足农作物灌溉要求。

2. 化工利用　　二氧化碳在化工业的利用技术已经比较成熟，如合成尿素、阿司匹林及制造脂肪酸等，通过各项新型技术工艺的研究，具有更大的应用前景。现在二氧化碳在化工生产中的应用，可以合成天然气、丙烯等低级烃类，以及合成高分子单体与二元、三元共聚高分子材料等。例如，二氧化碳与甲烷反应就可以生产富含一氧化碳的合成气体，即 $CO_2 + CH_4 = CO + 2H_2$，对天然气蒸汽转化法制合成与存在的氢过剩问题进行优化。另外，二氧化碳与甲醇反应可生成碳酸二甲酯，其已经成为现在绿色化工原料，被广泛地应用到工业生产中。

3. 医学利用　　二氧化碳同时也是人体呼吸的有效刺激因素，通过刺激人体外化学感受器，可以促使呼吸中枢兴奋。人长时间吸入纯氧，导致身体内二氧化碳浓度过低，会出现呼吸停止。从临床医学角度分析，可以选择利用 5%二氧化碳+95%氧气混合气体，治疗一氧化碳中毒、休克及碱中毒。同时，二氧化碳也被广泛地应用到低温手术中。

（三）大气质量控制

以习近平新时代中国特色社会主义思想为指导，全面贯彻党的二十大精神，深入贯彻习近平生态文明思想，落实全国生态环境保护大会部署，坚持稳中求进工作总基调，协同推进降碳、减污、扩绿、增长，以改善空气质量为核心，以减少重污染天气和解决人民群众身边的突出大气环境问题为重点，以降低细颗粒物（$PM_{2.5}$）浓度为主线，大力推动氮氧化物和挥发性有机物（VOC）减排；开展区域协同治理，突出精准、科学、依法治污，完善大气环境管理体系，提升污染防治能力；远近结合研究谋划大气污染防治路径，扎实推进产业、能源、交通绿色低碳转型，强化面源污染治理，加强源头防控，加快形成绿色低碳生产生活方式，实现环境效益、经济效益和社会效益多赢。为持续深入打好蓝天保卫战，切实保障人民群众身体健康，大气质量控制任务重大。

大气质量控制的根本出发点也是提倡清洁生产、改革工艺技术和改造生产设备，尽可能地削减污染物的排放量。同样，在污染物排放前也应该充分考虑资源和能源的回收利用，如废气或烟尘中有用物质的收集和回收利用、废热的回收利用、酸性废气作为碱性废水的中和药剂等。与水污染控制不同，大气污染控制具有许多独特之处，表现在：污染物成分的特殊性；许多废气或烟尘的温度较高；污染物在大气中扩散稀释过程较在水体中复杂，同时受气象因素的影响更为显著；废气或烟尘的处理、净化技术及设备的选择、设计和制造也与水污染控制有一定的差异。另外，交通运输大气污染的移动性也是大气污染控制特殊性的一个方面。从防止大气污染的角度考虑，理想的建厂位置是污染物背景浓度小、大气扩散稀释能力强、排放的污染物被输送到城市或居民区的可能性很小的地方。

在必须排放时，要采取相应的措施减少污染的危害性，具体方法有：污染源位于居民区的下风向；合理利用大气的环境容量和自净能力，建造烟囱（如同污水的排放口）实行高空排放；在污染源进行废气及烟尘的处理，使其达到一定要求后再排放等。就技术原理来说，废气或烟尘的处理与净化过程中会广泛使用到物理方法（如扩散稀释、沉淀、离心、阻隔、吸收）、化学方法（如燃烧、催化氧化）、物理化学方法（如吸附）和生化方法（如生物滤池对废气的净化）及尘渣和污泥的妥善处置。这些处理方法和净化设备在工程应用中可以单独使用，但往往是有机地组合成一个完整的处理工艺系统，这些方面与污水处理具有很大的共性。

（1）在背景浓度已经超过《环境空气质量标准》规定的浓度限值的地区，显然不宜建设新厂，有时背景浓度虽未超标，但建设新厂后将超标，因此也不宜建设新厂。

（2）风向、风速：污染严重的工业企业应远离城市或居民区，并布置在下风侧。

（3）温度层结：正常情况下，大气温度随着高度的增加而下降。每升高 100m，气温下降 0.6℃。由于下暖上寒，污染物容易垂直上升并向高空扩散。离地面几百米的温度层结对污染物的扩散稀释影响很大。最不利于扩散的是近地面逆温（主要是辐射逆温）和上部逆温。因此应收集逆温层的高度、厚度、强度、出现频率和持续时间等资料。近地层 300m 以下的逆温层对地面源的影响很大，因为逆温层的存在会减弱湍流运动，地面排放的污染物无法向上或向下扩散，只能在水平方向逐渐散开，因此加重地面污染。当烟囱排出口位于逆温层中时，由于垂直扩散微弱，污染源近距离的地面浓度较低，但较远距离的地面浓度可能比没有逆温时的高，有时会造成漫烟。当排放口位于逆温层以上时，将产生爬升型扩散，最为有利。

（4）降水和云雾：降水会冲洗和溶解大气中部分污染物；低云和雾会加重污染。

（5）地形：地形对污染物扩散的影响是显著的，特别是在山谷地区，山谷较深、走向与盛行风向交角 45°～135°时，会显著降低谷内风速，不利于污染物的扩散，容易在谷内形成污染物的累积和加重污染情况，因此高山围绕的深谷内不宜建厂。

（6）减少污染物的排放量：改变生产工艺，采取无害化工艺将污染消灭在生产之中；改变能源结构（采用无污染或污染小的能源，如太阳能、水电、地热、天然气等）；严格选择原料和燃料（使用低硫少灰的煤或对煤或油进行脱硫预处理）；集中供热（将分散的小锅炉合并为大锅炉，提高热效率，减少污染）。

第二节　废水处理及综合利用

工业废水（industrial wastewater）包括生产废水和生产污水，是指工业生产过程中产生的废水和废液，其中含有随水流失的工业生产用料、中间产物、副产品及生产过程中产生的污染物。发酵工业是以粮食和农副产品为主要原料的加工工业。它主要包括酒精、味精、淀粉、白酒、柠檬酸、葡萄糖等行业。农作物和经济作物的深加工与产业化是促进农业经济可持续发展,实现国家经济均衡发展的核心手段。但发酵行业耗水量大、排放废水污染严重等问题制约着其可持续发展。发酵工业年耗粮食、糖料、农副产品达 8000 多万 t,其中玉米、大米等原料耗量为 2500 万 t 左右。若原料按平均淀粉含量 60% 计,则上述行业全年将有 1000 万 t 原料尚未被很好利用,其中有相当部分随冲洗涤水排入生产厂周围水系,不但严重污染环境,而且大量地浪费了粮食资源。因此,开发高效、节能并适合我国发酵行业实际的废水处理与资源化工艺技术是解决上述问题的关键环节之一。

一、废水来源

发酵行业所排放的废水主要包括以下三类:①分离与提取产品后的废母液与废糟液,占废水排放量的 90%,属高浓度有机废液,其中含有丰富的蛋白质、氨基酸、维生素、糖类及多种微量元素,具有高浓度、高悬浮物、高黏度、疏水性差、难降解的特性,使得该类废水处理难度很大。②加工和生产工程中各种冲洗水、洗涤剂,其为中浓度有机水。③冷却水,可直接冷却后利用。

二、废水基本水质特点

发酵工业主要利用原料中的淀粉,其他成分(蛋白质、脂肪、纤维等)未被很好利用,大部分随水流失进入发酵工业废水。食品与发酵工业的行业繁多、原料广泛、产品种类多,排出的废水水质差异大,其主要特点是有机物和悬浮物含量较高、易腐败,一般无毒,但会导致受纳水体富营养化,造成水体缺氧,水质恶化。从上述水质可以看出,发酵行业废水水质具有高浓度、高黏度、高温度、难降解等特点。

1. 生化需氧量　　生化需氧量(BOD)是指在一定时期内微生物分解一定体积水中的某些可被氧化物质,特别是有机物质,所消耗的溶解氧的数量,以毫克/升或百分率表示,它是反映水中有机污染物含量的一个综合指标。如果进行生物氧化的时间为 5d 就称为五日生化需氧量(BOD_5),相应的还有 BOD_{10}、BOD_{20}。

BOD 是确定废水处理系统规模的主要依据,也是确定工业废水排入市政系统时征收排污费的一个主要依据。

2. 化学需氧量　　化学需氧量(COD)是以化学方法测量水样中需要被氧化的还原性物质的量。废水、废水处理厂出水和受污染的水中,能被强氧化剂氧化的物质(一般为有机物)的氧当量。在河流污染和工业废水性质的研究及废水处理厂的运行管理中,它是一个重要的而且能较快测定的有机物污染参数。

COD 在数值上一般高于 BOD,两者的差值可粗略地表示出不能被微生物降解的有机物。

3. 总悬浮固体(TSS)　　TSS 是指漂浮在废水表面和悬浮在废水中的总固体。废水中大部分 TSS 可采用过滤法去除。通过 TSS 可以计算出处理过程中所产生的废固形物的量,也可用作排放到市政系统时征收排污费的依据。

此外,废水检测项目还包括酸度、碱度、营养物、有毒物等。

三、废水处理及综合利用

(一)废水处理的基本方法

废水处理的目的是通过某种方法将废水中的污染物分离出来,或者将其分解转化为无害稳定物质，从而使污水得到净化。一般要达到防止毒物和病菌的传染；避免有异嗅和恶感的可见物的目的，以满足不同用途的要求。

1. 按照水质状况及处理后出水去向　按照水质状况及处理后出水去向确定其处理程度，废水处理一般可分为一级、二级和三级处理。

一级处理采用物理处理方法，即用格栅、筛网、沉砂池、沉淀池、隔油池等构筑物，去除废水中的固体悬浮物、浮油，初步调整 pH，减轻废水的腐化程度。废水经一级处理后，一般达不到排放标准（BOD 去除率仅 25%～40%），故通常为预处理阶段，以减轻后续处理工序的负荷和提高处理效果。

二级处理是采用生物处理方法及某些化学方法来去除废水中的可降解有机物和部分胶体污染物。经过二级处理后，废水中 BOD 的去除率可达 80%～90%，即 BOD 含量可低于 30mg/L。经过二级处理后的水，一般可达到农灌标准和废水排放标准，故二级处理是废水处理的主体。但经过二级处理的水中还存留一定量的悬浮物、生物不能分解的溶解性有机物、溶解性无机物和氮、磷等藻类增殖营养物，并含有病毒和细菌。因而不能满足要求较高的排放标准，如处理后排入流量较小、稀释能力较差的河流就可能引起污染，也不能直接用作自来水、工业用水和地下水的补给水源。

三级处理是进一步去除二级处理未能去除的污染物，如磷、氮及微生物难以降解的有机污染物、无机污染物、病原体等。废水的三级处理是在二级处理的基础上，进一步采用化学法（化学氧化、化学沉淀等）、物理化学法（吸附、离子交换、膜分离技术等）以除去某些特定污染物的一种"深度处理"方法。显然，废水的三级处理耗资巨大，但能充分利用水资源。

废水处理相当复杂，处理方法的选择必须根据废水的水质和数量，排放到的接纳水体或水的用途来考虑。同时还要考虑废水处理过程中产生的污泥、残渣的处理利用和可能产生的二次污染问题，以及絮凝剂的回收利用等。

2. 按照废水处理的方法和技术　按照废水处理的方法和技术来分，常用的废水处理基本方法可以分为以下几种。

1）物理法　利用物理作用处理、分离和回收废水中的污染物。例如，用沉淀法除去水中相对密度大于 1 的悬浮颗粒的同时回收这些颗粒物；浮选法（或气浮法）可除去乳状油滴或相对密度近于 1 的悬浮物；过滤法可除去水中的悬浮颗粒；蒸发法用于浓缩废水中不挥发性的可溶性物质等。

2）化学法　利用化学反应或物理化学作用回收可溶性废物或胶体物质，例如，中和法用于中和酸性或碱性废水；萃取法利用可溶性废物在两相中溶解度不同的"分配"，回收酚类、重金属等；氧化还原法用来除去废水中还原性或氧化性污染物，杀灭天然水体中的病原菌等。

3）生物法　利用微生物的生化作用处理废水中的有机物。例如，生物过滤法和活性污泥法用来处理生活污水或有机生产废水，使有机物转化降解成无机盐而得到净化。

以上方法各有其适应范围，必须取长补短、相互补充，往往很难用一种方法就能达到良好的治理效果。一种废水究竟采用哪种方法处理，首先是根据废水的水质和水量、水排放时对水的要求、废物回收的经济价值、处理方法的特点等，然后通过调查研究，进行科学试验，并按照废水排放的指标、地区的情况和技术可行性而确定。

（二）常用废水处理方法

以发酵工业中啤酒厂废水为例，啤酒厂主要工艺流程如图 10-1 所示。由工艺流程可知，啤酒厂废水主要来源有：麦芽生产过程的洗麦水、浸麦水、发芽降温喷雾水、麦糟水、洗涤水、凝固物洗涤水；糖化过程的糖化、过滤洗涤水；发酵过程的发酵罐洗涤、过滤洗涤水；罐装过程洗瓶、灭菌破瓶啤酒及冷却水和成品车间洗涤水等。啤酒厂废水的特点是水量大、无毒无害，属于高浓度有机废水。因此，国内外普遍采用生化法处理啤酒厂污水。根据处理过程中是否需要曝气，可把生物处理法分为好氧生物处理和厌氧生物处理两大类（数字资源10-1）。

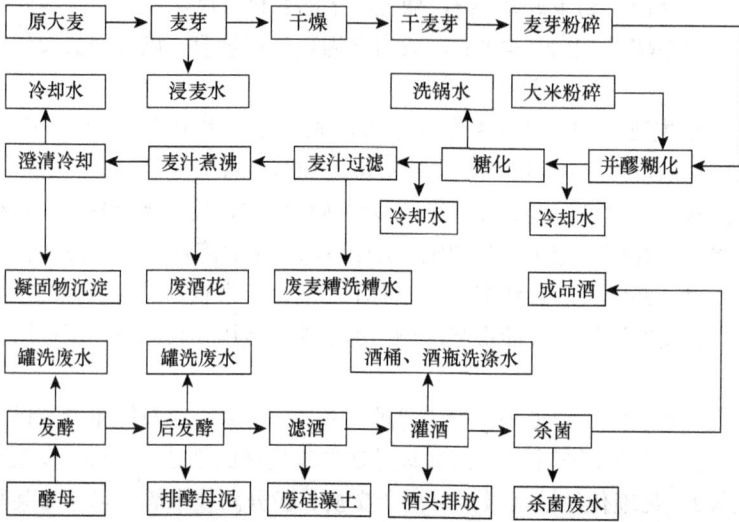

图 10-1　啤酒厂主要工艺流程

1. 好氧生物处理　　好氧生物处理是在氧气充足的条件下，利用好氧微生物的生命活动氧化啤酒污水中的有机物，其产物是二氧化碳、水及能量（释放于水中）。这类方法没有考虑到污水中有机物的利用问题，因此处理成本较高。活性污泥法、生物膜法、深井曝气法是较有代表性的好氧生物处理方法。

活性污泥法是中、低浓度有机污水处理中使用最多、运行最可靠的方法，具有投资省、处理效果好等优点。该处理工艺的主要部分是曝气池和沉淀池。污水进入曝气池后，与活性污泥（含大量的好氧微生物）混合，在人工充氧的条件下，活性污泥吸附并氧化分解污水中的有机物，而污泥和水的分离则由沉淀池来完成（图 10-2）。我国的珠江啤酒厂、烟台啤酒厂、上海益民啤酒厂、广州啤酒厂和长春啤酒厂等厂家均采用此法处理啤酒厂污水。

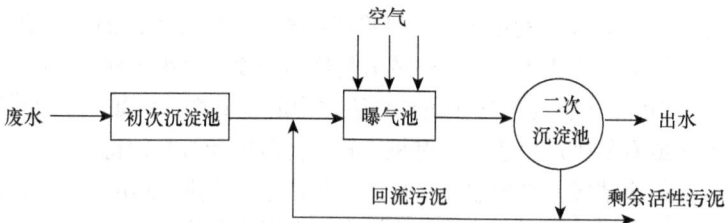

图 10-2　活性污泥法处理废水

生物膜法与活性污泥法不同，生物膜法是在处理池内加入软性填料，利用固着生长于填料表面的微生物对污水进行处理，不会出现污泥膨胀的问题。生物接触氧化池和生物转盘是这类方法的代表，在啤酒污水治理中均被采用，主要是降低啤酒污水中的 BOD_5。

生物接触氧化池是在微生物固着生长的同时，加以人工曝气。这种方法可以得到很高的生物固体浓度和较高的有机负荷，因此处理效率高，占地面积也小于活性污泥法。国内的淄博啤酒厂、青岛啤酒厂、渤海啤酒厂等厂家的污水治理中采用了这种技术。

深井曝气法实际上是以地下深井作为曝气池的活性污泥法，曝气池由下降管及上升管组成。将污水和污泥引入下降管，在井内循环，空气注入下降管或同时注入两管中，混合液则由上升管排至固液分离装置，即污水循环是靠上升管和下降管的静水压力差进行的（图 10-3）。加拿大安大略省的巴利啤酒厂、我国的青岛（上海）啤酒厂和北京五星啤酒厂均采用深井曝气法（超深水曝气）处理啤酒污水。其优点是：占地面积少，效能高，对氧的利用率大，无恶臭产生等。当然，深井曝气法也有不足之处，如施工难度大、造价高、防渗漏技术不过关等。

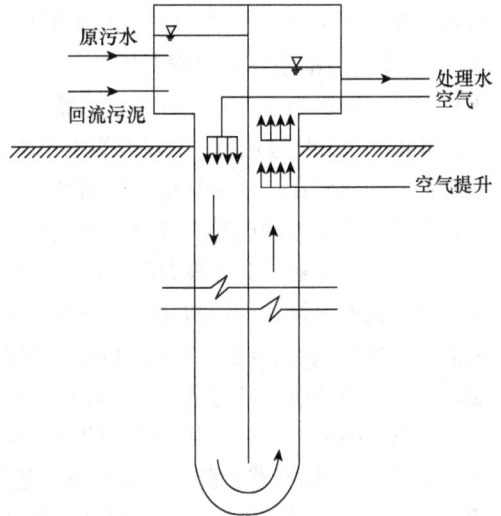

图 10-3　深井曝气法

2. 厌氧生物处理　厌氧生物处理适用于高浓度有机污水（$COD_{cr}>2000mg/L$，$BOD_5>1000mg/L$）。它是在无氧条件下，靠厌氧细菌的作用分解有机物。在这一过程中，参加生物降解的有机基质有 50%～90%转化为沼气（甲烷），而发酵后的剩余物又可作为优质肥料和饲料。因此，啤酒污水的厌氧生物处理受到了越来越多的关注。

第三节　废渣的处理和资源化利用

工业废渣是指在工业生产中，排放出的有毒、易燃、有腐蚀性、传染疾病、有化学反应性及其他有害的固体废物。工业废渣的主要去向：一是在工厂附近堆放造成环境污染；二是用于制煤渣、建筑材料；三是与垃圾一道运出市区。

随着现代工业迅猛发展，废渣的排放量也与日俱增，废渣不仅占用大量土地，投入大量的运行和维护费用，更重要的是会对环境造成极大的危害。但随着科学技术的发展，人们逐渐认识到废渣不是完全不可以利用的，通过各种加工处理可以把废渣变为有用的物质或能量。

发酵工业的废弃资源开发潜力较大，如制糖后的米渣、味精废水、啤酒酵母泥、黄酒糟、酒精糟和麦糟等。此外，还有其他一些食品加工厂排放的废渣、废液。发酵工业废渣液中总蛋白质数量非常高，这些排放物中一般无毒性物质，并含有供禽畜饲用或供微生物培养用的有效养分，有的可直接干燥制成饲料，有的可进一步发酵生产饲料酵母，增加饲用价值和扩大蛋白质饲料的产量。可以将废弃原料进行适当配比，接种优良的多酶系复合菌株进行固态发酵。

随着近些年世界人口的增加，耕地面积的不断减少，粮食危机更加凸显。动物的饲料、一些食品添加剂的发酵，甚至是能源燃料都在和人类争抢粮食，这是一个亟须解决的问题。在酿造酒的过程中，酒糟是主要副产物（占副产物的 80%以上），其蛋白质的质量分数为 23%～27%（干计），是一种优良的蛋白质资源。啤酒糟中不但含有丰富的蛋白质和 18 种氨基酸，还含有丰富的磷、钾等无机元素及戊糖、总糖和脂肪等成分。此外，还可能存在由微生物菌体产生的核糖核酸及嘌呤等微量有益成分。而我们对于酒糟的利用却很不合理，仅仅是直接用作饲料，甚至是直接排放，这样不仅造成了酒糟的浪费，也对环境造成了破坏。随着生物技术的发展，对于酒糟的利用也变得深入和充分起来。粮食酒糟的处理和综合利用有以下几种。

1. 混合发酵酒糟生产蛋白饲料 利用啤酒糟为基本原料进行混合菌种发酵，可得到菌体蛋白饲料。这样不仅可以变废为宝、减少污染，而且可以将原本作为粗饲料添加的啤酒糟变为精料，即高营养含量添加剂，饲喂效果也比较成功。目前用于生产菌体蛋白的微生物主要有曲霉菌、根霉菌、假丝酵母、乳酸杆菌、乳酸链球菌、枯草杆菌、赖氨酸产生菌、拟内孢霉、白地霉等，选育出用于啤酒糟的菌种有酵母、放线菌、霉菌、担子真菌等。相比而言，采用微生物发酵的方法，既可防止污染，又能最大限度地利用资源，生产条件也比较简单。啤酒糟经过微生物发酵作为饲料与直接干燥作为饲料相比，其中的蛋白质含量由 8.8%提高到 19.5%～25.8%，能量值从原来的 10 504kJ/kg 提高到 17 786kJ/kg，动物消化率为 55%～66%。另外，混合菌发酵的效果更明显，在不添加其他辅料的条件下，可将啤酒糟中的粗蛋白提高到 35%，其中真蛋白提高 11%，粗纤维降低 2.05%，氨基酸占粗蛋白的 94.1%。

2. 利用酒糟酿造食醋 白酒的酿造是以高粱、玉米等粮食为原料进行发酵的，因此白酒酒糟中残存淀粉量、蛋白质量等很高，而这些成分恰好是酿造食醋所需的重要成分和前体。酿酒过程中的菌体经过蒸馏被杀死后，将作为新菌体生化反应的氮源，最终产生食醋中不可缺少的氨基酸态氮，提高食醋的风味。

将刚出的酒糟降温至 25～28℃，加入麸曲 3%拌匀，加入酒母入缸进行发酵，在淀粉变酒的过程中温度控制在 30℃左右，4～5d 开始生成酒精，将热醋母与稻糠拌匀装缸进行发酵。发酵期间，每天需翻缸一次。这样重复翻缸 6～8 次醋醅成熟。按比例加入冷开水，浸泡 2～3d 后进行过滤。采用酒糟酿醋生产工艺比原工艺生产能力提高 25%。

3. 酒糟发酵生产燃料 我国是一个能源消耗的大国，能源紧缺逐渐成为阻碍经济发展的主要因素，人们都在寻找新型的燃料、能源及廉价的原料。酒糟虽然经常被遗弃掉，但它却是生产燃料的廉价原料。目前对于酒糟生产燃料的研究主要集中在酒糟发酵产沼气和燃料酒精。

利用厌氧发酵的方法，在 50～55℃的高温下，对酒糟进行发酵，滞留时间为 10～12d，每立方米酒糟可以产沼气 20～23m³，悬浮物去除率达 85%以上，BOD 去除率为 70%左右。这样每日可产沼气 1000m³，可供 4000～5000 户居民作优质气体燃料，每年可节约燃煤 4000～5000t，不仅治理了环境污染，又增加了城市能源。另外，有科学家对利用酒糟生物质生产燃料酒精进行了试验研究，酒糟生物质的燃料酒精产率可达 4.03%以上。

4. 酒糟作为微生物的培养基 酒糟作为微生物的培养基依然是因为它含有大量的营养物质。随着食用菌生产规模的发展和栽培原料价格的不断上涨，食用菌生产成本提高，而利用酒糟进行食用菌的培养，既可以提高酒糟的利用价值，又可以降低食用菌的生产成本，并且能够大规模地进行生产。它的营养成分适合平菇、鸡腿菇、金针菇等菌丝生长。

5. 酒糟生产酶制剂 利用啤酒糟为原料，改进固体发酵，可以生产低成本饲用酶制剂。啤酒糟是培养微生物的优质原料，以选择获得的高产蛋白菌株和里氏木霉为菌种、啤酒糟为主要原料，通过添加适当辅料为培养基，采用三级培养固体浅层发酵生产的酶制剂，经固态发酵后基质中蛋白质含量达 41.8%（干物质基础）、纤维素酶活性 12 483U/g。

第四节　噪　声　预　防

工业噪声是指工厂在生产过程中由于机械振动、摩擦撞击及气流扰动产生的噪声。例如，化工厂的空气压缩机、鼓风机和锅炉排气放空时产生的噪声，都是由于空气振动而产生的气流噪声。

球磨机、粉碎机等产生的噪声，是由于固体零件机械振动或摩擦撞击产生的机械噪声。由于工业噪声声源多而分散，噪声类型比较复杂，因生产的连续性声源也较难识别，治理起来相当困难。工业噪声一般具有稳定的噪声源，作业人员和工地现场的施工人员是直接受害者，附近的居民也深受其害。长期在强噪声环境下会诱发各种慢性疾病，如会引起人体的紧张反应，肾上腺素分泌增加，心率加快，血压升高，使高血压病、动脉硬化和冠心病的发病率提高 2~3 倍。电子仪器在有噪声情况下，会出现连续部位错动，引线抖动，微调元件偏移的现象，使仪器发生故障而失效。建筑物会出现门窗变形、墙面开裂、屋顶掀起、烟囱倒塌等破坏。

生物发酵过程中风机（离心机、罗茨鼓风机和空压机）及所用的压缩空气在压缩和释放过程会产生较大机械噪声和气流噪声，频谱范围较宽，其中以中、高频为主。噪声较高的设备主要有非正常运行的振动输送机、高速卷接包机组、空压机、真空泵、高转速的风机等。从对加工企业噪声调查结果来看，不少加工厂超过 85dB，均已超出国家允许标准。

控制噪声一般应从声源、传声途径和人耳这三个环节采取技术措施。第一，控制和消除噪声源是一项根本性措施。通过工艺改革以无声或产生低声的设备和工艺代替高声设备，加强机器维修或减掉不必要的部件，消除机器摩擦、碰撞等引起的噪声；机器碰撞处用弹性材料代替金属材料以缓冲撞击力，如球磨机内以橡胶衬板代替钢板，机械撞击处加橡胶衬垫或加铜锰合金及加工轧制件落地，可改为落入水池等。第二，合理进行厂区规划和厂房设计。生产强噪声车间与非噪声车间及居民区间应有一定的距离或设防护带；噪声车间的窗户应与非噪声车间及居住区呈 90°设计；噪声车间内应尽可能将噪声源集中并采取隔声措施，室内装设吸声材料，墙壁表面装设或涂抹吸声材料以降低车间内的反射噪声。第三，对局部噪声源采取防噪声措施。采用消声装置以隔离和封闭噪声源；采用隔振装置以防止噪声通过固体向外传播；采用环氧树脂充填电机的转子槽和定子之间的空隙，降低电磁性噪声。第四，控制噪声的传播和反射。

发酵工厂中噪声的消除主要包括设备降噪、阀门降噪、管路降噪、车间降噪等。

一、设备降噪

（1）在设计过程中，泵房的选址相当重要，尽量不将设备用房安置在楼宇内，如果避免不了，尽量安置在地下 2 层或地下 3 层，避免直接对楼上居民造成影响。

（2）设备用房墙面用隔声材料和隔声结构隔离或阻挡声能的传播，把噪声源引起的吵闹环境限制在局部范围内，隔离出一个安静的场所，使声波在传播过程中，一部分声能被反射，一部分声能则透过结构物向外传播。

（3）设备选型应选用振动小、噪声低的水泵，如选用屏蔽泵。

（4）设备规格避免大马拉小车，即流量大，扬程高，满足设计要求即可。

（5）风机选用消音风机，从振源治理。

（6）设备出口及入口加装耐高温双球体橡胶软接头、帆布接头，降低设备振动沿管路传播。

（7）设备基础与设备间放置专用隔振器，且隔振器的选用应经计算确定，在水泵隔振设计时，应选用标准产品或定型产品，当不能满足设计要求时，可另行设计，以减少振动通过基础，沿墙体、楼板传播，向四周辐射固体传声。隔振器应符合下列要求：弹性性能优良，固有频率合适；承载力大，强度高，阻尼比适当；性能稳定，耐久性好；抗酸、碱、油的侵蚀能力较好；维修、更换方便。

（8）管道支吊架用专用弹性支吊架，支吊架具有固定架设管道及隔振双重功能，支架隔振元件应根据管道的直径、重量、数量、隔振要求和楼板或地面的距离，可选用弹性支架和弹性托架或弹性吊架。穿越墙体处做隔振处理，以减小或降低结构噪声。

二、阀门降噪

具有节流或限压作用的阀门，是液体传输管道中最大的噪声源。当管道内流体面足够高时，若阀门部分关闭，则在阀门入口处形成大面积扼流，在扼流区域液体流速提高而内部静压降低，当流速大于或等于介质的临界速度时，静压低于或等于介质的蒸发压力，则在流体中形成气泡。气泡随液体流动，在阀门扼流区下游流速降低，静压升高，气泡相继被挤破，引起流体中无规则压力波动，这种特殊的湍化现象称为空化，由此产生的噪声叫作空化噪声。在流量大、压力高的管路中，几乎所有的节流阀门均能产生空化噪声，空化噪声顺流而下可沿管道传播很远。这种无规则噪声频谱呈宽带，它能激发阀门或管道中可动部件的固有振动，并通过这些部件作用于其他相邻部件传至管道表面，由此产生的噪声类似金属相撞产生的有调声音。空化噪声的声功率与流速的七次方或八次方成正比。

三、管路降噪

水系统的泵体噪声和阀门噪声主要沿管体传播并通过管壁辐射出去。管道越长越粗，这种辐射也越强。液体流经管道时，由于湍流和摩擦激发的压强扰动也会产生噪声。决定流体流动状态的重要参量是雷诺数 R。当 $R<1200$ 时，流体呈层流状态；当 $R>2400$ 时，流体呈湍流状态。实际上，绝大多数管路中的液体流均处于 $R>2400$ 的湍流状态。这种含有大量不规则的微小漩涡的湍流，可以说是自身就处于"吵"的状态。当湍流液体流经管道中具有不规则形状或不光滑的表面时，尤其流经节流或降压阀门、截面突变的管道或急骤拐弯的弯头时，湍流与这些阻碍流体通过的部分相互作用产生涡流噪声。

四、车间降噪

为了降低工人接触噪声的作业危害等级，并使其尽可能达到国家职业卫生要求（8h 等效声级），企业根据该生产区内的设备布置及工人的工作状况，采取隔声措施，隔声罩采用单腔式隔音层结构，结构剖面为内部表面吸音层＋吸音材料保护层＋吸音材料＋外面板，总厚度为150mm；隔声罩内面板采用 10mm 穿镀锌孔板，孔径 6mm，穿孔率为 25%。穿孔板与无碱玻璃布直接粘连，保证内表面平整、透气性好，使噪声能充分接触吸声材料而提高吸声效果。吸音材料：采用平均吸声系数为 0.9，容重为 60kg/m³ 的离心纤维棉吸音板。隔声罩采用全模块拼装结构。模块与管道连接处采用隔声棉与阻尼材料进行密封，以保证良好的隔声效果。为防止振动对隔声罩的影响，在隔声罩模块下部安装密封减振垫。为方便现场人员进出和对设备的维护，隔声罩上合理配置门。在进、排汽口安装进、排风消声器，消声器设计消声量为噪声源和轴流风机综合噪声与设计的标准噪声值之差。隔声罩制作为空压机隔声罩 1 套外形尺寸：长×宽×高为 17 800mm×9000mm×4900mm，厚 120mm。增压机隔声罩 1 套外形尺寸：长×宽×高为 15 000mm×7000mm×3900mm，厚 120mm。氮压机隔声罩 2 套外形尺寸：长×宽×高为 12 000mm×7000mm×4900mm，厚 120mm。

第五节　美化与绿化

美化与绿化是防治环境污染必不可少的、最经济有效的重要措施，它对改善城市和厂区的环境有着极其重要的作用。厂区绿化不但能减弱生产中所散发出来的有害气体和烟尘，而且能调节小气候，减弱或消除噪声，防火防爆。此外，绿化有助于美化环境，改善厂区和城市容貌。发达国家和发展中国家对工厂建设的绿化设施较为重视，不少国家制定了相应的法规予以贯彻执行。欧美、日本及大洋洲的工厂企业的厂区绿化效果都比较好。这些工厂的绿化大都是有组织、有计划、分步骤来实现的，优美、宁静的绿化环境给访问者留下了美好的印象。评价一个工厂企业环境质量，除了按国家规定的"三废"排放标准外，还有厂区总平面布置，建（构）筑物的立面造型及外装修厂内道路系统，各类管网走向厂内外卫生状况。厂区绿化与美化都是评价的主要因素。而工厂绿化对改善工厂环境的生态平衡发挥的作用尤为突出。要使一个工厂企业取得高质量的环境效果，往往不是靠多花钱就可以奏效的，而必须根据工厂的性质在总体规划中予以充分考虑，详细进行绿化设计，科学地分清主次和先后，逐一加以解决才能实现。只有这样才能避免盲目性，增强计划性，以合理的绿化资金收到最佳的环境质量效果。

随着人们对环境变化及工业发展变化的认识，工业环境作为一个重要的环境类型，其设计思路也在发生变化，它不仅重视自身与周围环境的关系，而且也注重自身环境的营造。工业自诞生以来，给人类带来便利和财富，但负面影响也是不容忽视的，如工业排放大量的有毒气体、粉尘等。改善现状的重要方法就是对厂区进行绿化设计。搞好厂区的绿化建设，不仅能美化厂容，吸收有害气体，改善环境条件，还能为职工创造一个舒适健康的生产环境，而且可以有效提高劳动效率。同时，厂区绿化可以反映企业的文明程度。

一、工厂绿化规划时应遵循的原则

工厂绿化是一项综合性很强、十分复杂的工作，它关系到全厂各区、各车间内外环境的好坏，所以规划时应遵循以下原则。

1）注重调查、因地制宜的原则　　在规划设计前要对工厂的自然条件、生产性质、规模、污染状况等进行充分的调查。

2）工厂的自然性质　　首先考虑的是工厂的自然条件，对厂区的气候、地理纬度、温度、风向等一系列问题进行多方面考虑，最终达到适地适树，节省投资。

3）工厂的生产性质　　充分了解工厂的生产特点，使绿化适应生产，有利于生产。例如，化学合成工业中丁二烯、丙烯氰等很容易发生自聚现象，自聚物甚至在无火源的情况下也很有可能爆炸。因此这类企业的原料贮罐区、装卸区和生产装置区内一般不进行绿化，或仅在控制室附近局部地段铺设草坪或种植花草，不宜种植绿篱及茂密的灌木，以免相对密度大于 0.7 的可燃气体聚集。

4）工厂的规模　　工厂绿化应根据工厂的规模，庭院的使用对象、布置的风格和意境，表现出新时代的精神风貌，体现出当代工人阶级奋发向上、勇于进取的高尚情操，衬托出厂区的整齐、宏伟，使厂容厂貌面目一新，格调高雅。工厂建筑密度大，用地紧张，绿化用地有限。因此要优先发展垂直绿化，多布置藤蔓植物，扩大立体覆盖面积，丰富绿化的层次和景观。

5）工厂的污染　　工厂的污染程度可分为许多种：有的工厂对周围的环境不产生污染；有的工厂对周围的环境污染很严重，主要有二氧化硫、硫化氢、苯、粉尘、尘烟、污水等排泄污染和噪声污染（车间中的空气压缩机、汽锤等），要充分处理好工厂的"三废"问题，对症下药，这样污染所带来的问题才迎刃而解。

6）工厂的绿化规划与总体规划相适宜的原则　　工厂的绿化规划是总体规划的有机组成部分，要在工厂建设总规划的同时进行绿化规划。要本着统一安排、统一布局的原则进行，规划时既要有长远考虑，又要有近期安排，要与全厂的分期建设协调一致。一般工厂的建设规划可分为厂前区、生产区、露天堆料场、仓库区及绿化美化区。在对工厂建设规划时，同时要考虑到绿化规划，以便达到所期待的景观效果。

7）绿地规划设计与周围环境相协调的原则　绿地规划设计要与建筑主体相协调。在视线集中的主体建筑四周重点绿化，用园林小品、雕塑等形成丰富景观，起到烘托主体的作用，要将园林绿化纳入工厂总平面布置中，做到全面规划、合理布局，形成点线面相结合，自成系统的绿化布局，从厂前区到生产区，从作业场到仓库堆场，到处是绿树、青草、红花，充分发挥绿地的卫生防护和美化环境作用，工厂掩映于绿茵之中。

8）绿化规划设计布局合理、保证安全生产的原则　绿化时不能影响地面上下管线和车间生产的采光。当厂区平面绿化达到预期效果时，还要考虑到厂区空中及地下所带来的不便，具体有以下几条：①架空线。要充分掌握所栽的树木特性，以避免影响景观的长期效应；在架空线下不种植物或种植一些低矮灌木和草本植物。②树影。在合理的搭配下，树影会使景观更添新姿。但是在处理不当的情况下，则会影响到厂区的通风透光问题。由于树影会使办公楼和生产车间采光受阻，不仅影响一些地被植物的生长，还影响到每个职工的工作心情，使工作热情低落，进而影响到工厂的效益。③地下管线。地下主要考虑到地下管线的问题，如排水管、给水管、电力管、热力管、电信管等。进行植物搭配，要不影响管线正常而简洁的铺设。

二、工厂分区绿化设计

1. 厂前区的绿化规划　厂前区代表着工厂的形象，体现工厂的面貌，也是工厂文明生产的象征。厂前区的规划主要分为两个部位：厂区大门的环境设计。大门环境及围墙绿化工厂大门是对内对外联系的纽带，也是工人上下班的必经之处。大门周围的绿化要与大门的建筑相协调，并有利于车辆及行人出入。门前广场两旁绿化应与道路绿化相协调，可种植高大乔木，引导人流通往厂区。门前广场中间可布置花坛或花台，但要注意高度，不能遮挡车辆和行人的视线。围墙绿化设计要充分体现防火、防风、抗污染和减弱噪声的功能，并与周围的景观协调一致。

2. 办公区的绿化规划　办公区在工厂中的位置一般在上风方向，离污染源较远，受污染的程度较小，工程管网也比较少。这些都为办公区的绿化布置提供了有利条件，同时也对园林绿化布置提出较高的要求。绿化的形式应与建筑形式相协调，办公楼附近一般采用规则式布局，可设计花坛、雕塑等。远离大楼的地方则可根据地形变化采用自然式布局，设计草坪、树丛等。为使冬季仍不失良好的绿化效果，厂前区绿化时常绿树一般占总体树的1/2。

3. 厂内道路的绿化　厂内道路的绿化同样至关重要，一般分为公路和铁路的绿化。道路绿化主干道两侧行道树多采用行列式布置，创造林荫道的效果。以道路绿化为骨架，将厂前区的绿化、车间周围的绿化、车间之间的绿化、辅助设施的绿化、小游园水体等联系起来，形成厂内自成格局的绿化系统。若主干道较宽，中间也可设立分车绿带，以保证行车安全。厂内一般道路、人行道两侧可种植三季有花、季相变化丰富的花灌木。道路与建筑物之间的绿化要有利于室内采光，防止污染，减弱噪声。道路两侧通常以等距行列式栽植布置，在道路两侧各种 2 行乔木，如路面较窄，则可在一侧栽植行道树，南北向道路可栽在西侧，东西向道路可在南侧种植，以利庇荫。

大型厂矿除一般道路外，还有铁路运输，如大型钢厂、石油化工厂、重型机械厂等。工厂内铁路除了标准轨外还有轻便的窄轨道。铁路绿化要起到有利于消减噪声、防止水土冲刷、稳固路基的作用，还可以阻止人流，防止行人乱穿铁路而发生事故。

4. 生产区的绿化　生产区是厂区绿化的重点部位，在进行设计时应充分利用园林植物净化空气、杀菌、减噪等作用，有针对性地选择对有害气体抗性较强及吸附粉尘、隔音效果较好的树种。对于污染较大的化工车间，不宜在其四周密植成片的树林，而应多种植低矮的花卉或草坪，以利于通风，便于有害气体扩散，减少对人的危害。工厂生产车间周围的绿化比较复杂，可供绿化面积的大小因车间内生产特点不同而异。一般生产车间大致有以下几种类型。

1）对环境有污染的车间

（1）在有严重污染车间周围的绿化布置，首先要了解其污染源及其污染程度。在化工生产中，同一产品由于所用原料和生产方式不同，对空气的污染也不同，在绿化时就不能一概而论，而要针对工厂的生产性质区别对待。例如，乙烯车间周围种植棕榈、夹竹桃、凤尾兰、罗汉松、龙柏、鸡冠花、百日草、金盏菊等；在散发二氧化硫气体车间附近种植蚊母树、大叶黄杨、夹竹桃、海桐、石楠、臭椿、广玉兰等。

（2）高温车间温度高，工人容易疲劳，要为职工开辟有良好绿化环境的休息场所。树种选择要注意，不宜栽植针叶树和其他油脂较多的松、柏植物，栽植符合防火要求、有阻燃作用的，如厚皮香、珊瑚树、冬青、银杏、枸骨、海桐等，布置冠大荫浓的乔木，色彩雅淡轻松凉爽的花木，设置藤蔓攀缘的棚架形成浓荫之地、凉爽洁净的工间休息场所。

（3）在发生强烈的噪声车间周围，要选择枝叶茂密、树冠矮、分枝低的乔灌木，密集栽植形成障声带，以降低噪声的影响，如大叶黄杨、珊瑚树、石楠、椤木、小叶女贞、杨梅等。

（4）粉尘的车间周围，应密植滞尘、抗尘力强、叶面粗糙、有黏着力的树木，如榉树、楝树、石楠、凤尾兰、臭椿、无花果、枸骨等。

2）一般车间　一般车间指本身既无有害物质污染、在卫生防护方面对周围环境也没有特殊要求的车间。其车间周围的绿化比较自由，限制性不大。①防尘的车间：要求防尘的车间，如食品、胶片、精密仪器等，空气要求非常清洁。空气质量直接影响到产品的质量和设备的寿命。在绿化布置时栽植茂密的乔木、灌木，阻挡灰尘的侵入，地面用草皮和藤本植物覆盖。②光学、精密仪器制造车间：这类车间一方面要求有空气清洁的环境；另一方面还要有充足的自然光，使车间内明朗。车间四周布置草皮、用低矮的植物和宿根花卉作基础栽植，如丁香、榆叶梅、贴梗海棠、棣棠美人蕉等。③需求要环境优美的车间：有的车间由于生产过程，设计、制作、生产具优美图案的产品，如刺绣、工艺美术、地毯等车间。因此要特别注意观赏植物、水池、假山、小品等的布置，形成一个优美的花园环境。可选择姿态优美、色彩丰富的花木。

5. 仓库的绿化　地下仓库的上面，根据覆土厚度，种植草皮、藤本植物和乔灌木，可以起到装饰、隐蔽、降低地表温度和防止尘土飞扬的作用。装有易燃物的贮罐周围，应以草坪为主；为减少地面的辐射热，防护堤外只能种植不高于堤的灌木，而防护堤内不种植物。露天堆场进行绿化时，首先不能影响堆场的操作。在堆场的周围栽植生长健壮、防火隔尘效果好的落叶树种，使其与周围很好地隔离。

6. 工厂小游园　工厂小游园是工人工作之余休息、娱乐及进行文体活动的场所。小游园内可栽植一些观赏价值较高的园林植物来丰富景点，有条件的工厂可在小游园内开辟集体活动的场地，配置石桌、花架等设施。设计时可充分利用现有的自然条件，因地制宜，并配以假山、人工湖、喷泉等，使职工在休闲、娱乐的同时，还能欣赏园中的美景。游园的布局形式可分为规则式、自由式和混合式，根据游园所在的位置和使用性质、场地形状、职工爱好等灵活应用。

小　结

环境保护是发酵工业中不可或缺的基础性工作，对于"三废"处理，旨在减少生产活动对环境的负面影响。工业环保措施可分为污染预防、废物处理与资源回收、环境美化与绿化等关键环节。污染预防着重于生产过程中的资源节约和清洁生产技术，以减少污染物的生成。废物处理技术包括废气净化、废水处理和废渣资源化，这些技术通过物理、化学和生物方法将工业废弃物转化为可再利用的资源。环境美化与绿化环节不仅美化了工厂环境，还通过降低噪声、减少粉尘和调节气候等作用，增强工业区域的生态功能和美学价值，促进工业与自然环境的和谐共生。

复习思考题

1. 怎样理解可持续发展的定义及其内涵？
2. 请说明工业废气的主要来源及其综合利用方法。
3. 请列出发酵工业废水的主要特点。
4. 请简述啤酒厂废水达到排放标准的技术途径。
5. 发酵工业固体废物废渣一般包含哪些成分？
6. 试简述工厂美化与绿化设计时应遵循的原则。

第十一章
项目概算与技术经济

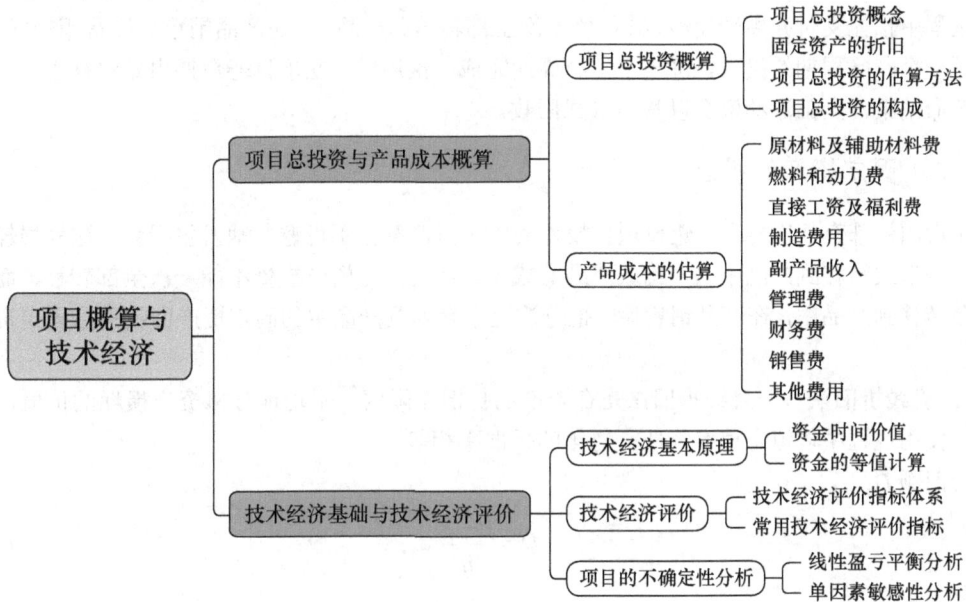

```
                                            ┌─ 项目总投资概念
                                            ├─ 固定资产的折旧
                              ┌─ 项目总投资概算 ─┤
                              │                 ├─ 项目总投资的估算方法
                              │                 └─ 项目总投资的构成
              ┌─ 项目总投资与产品成本概算 ─┤
              │                            │                 ┌─ 原材料及辅助材料费
              │                            │                 ├─ 燃料和动力费
              │                            │                 ├─ 直接工资及福利费
              │                            │                 ├─ 制造费用
项目概算与 ─┤                            └─ 产品成本的估算 ─┤── 副产品收入
技术经济    │                                              ├─ 管理费
              │                                              ├─ 财务费
              │                                              ├─ 销售费
              │                                              └─ 其他费用
              │
              │                            ┌─ 技术经济基本原理 ─┬─ 资金时间价值
              │                            │                   └─ 资金的等值计算
              └─ 技术经济基础与技术经济评价 ─┤── 技术经济评价 ─┬─ 技术经济评价指标体系
                                           │                └─ 常用技术经济评价指标
                                           └─ 项目的不确定性分析 ─┬─ 线性盈亏平衡分析
                                                                └─ 单因素敏感性分析
```

对一个新项目进行技术经济评价或者几个项目进行选优,项目总投资与产品成本是技术经济评价的基础,在这个阶段,需要深入理解项目总投资与产品成本的主要构成部分,对每一个部分进行准确的核算。本章的第一小节重点介绍了项目总投资与产品成本的组成及计算方法,为技术经济评价打好基础。

在本章中,主要围绕项目的技术经济评价开展,后面又学习了技术经济分析的基本原理:资金的时间价值,资金的等值计算,利息的计算方法,可以方便快速理解技术经济评价方法。技术经济评价方法学习中,列举了常用的总投资收益率、静态投资回收期、动态投资回收期、净现值、内部收益率评价方法。针对项目的不确定性,主要学习的是线性的盈亏平衡分析和单因素敏感性分析。请注意,技术经济分析是基于严谨的财务分析和科学的方法论,以确保决策是基于充分的事实和数据。

第一节　项目总投资与产品成本概算

一、项目总投资概算

(一)项目总投资概念

建设一个工程项目或者一个生产装置,需要投入一定的资金,以获取所期望的回报,这种建设项目投入生产并连续运行所需要的全部资金叫作工程项目总投资。工程项目总投资主要包括固定资产投资、固定资产投资方向调节税、流动资金等。

1. 固定资产投资 固定资产投资主要包括设备与工器具购置费、建设工程安装费、工程项目设计费、项目可行性研究费用、土地征用费、生产准备和职工培训等。

2. 固定资产投资方向调节税 国家为了引导和控制社会投资方向和规模，使其符合国民经济和社会发展规划而设置的税收杠杆，对于不符合发展规划的项目将征收调节税。

3. 流动资金 流动资金是维持项目生产经济活动正常运转必要投入，主要包括购买原料、燃料动力、备品备件、支付工资等，还有垫付在半成品、制成品所占用的资金。流动资金在产品生产过程中预先支付并周转使用，其价值一次全部转移到产品中，在产品销售后以货币形式返回，用于下一个产品周期的投入，每一个生产周期完成一次周转，在项目寿命期内始终被占用，直到项目寿命结束，全部流动资金以货币形式回收。

（二）固定资产的折旧

建设项目都有使用寿命，建设项目投入的固定资产都会不可避免地发生损耗，这种损耗的价值以一种形式转移到产品中去，构成成品的成本。但是固定资产投资不能一次全部转移，而是分次逐渐转移到产品中，在产品销售后，把分次逐渐转移到产品中的固定资产回收称为固定资产的折旧。

1. 直线折旧法 直线折旧法是在资产的折旧年限内，平均地分摊资产损耗的价值，资产价值在使用过程中以恒定速率降低，每年的折旧率相等。

折旧额 D：

$$D=\frac{P-S}{n} \tag{11-1}$$

折旧率 r：

$$r=\frac{P-S}{nP} \tag{11-2}$$

式中，P 为设备原值；S 为设备残值；n 为折旧年数。

2. 年数总和法 年数总和法是一种加速折旧法，前期收回的固定资产较多，后期收回的固定资产较少，折旧额随着使用年数的增加而递减。

第 t 年的折旧率 r_t：

$$r_t=\frac{(n+1-t)}{[0.5(n+1)n]} \tag{11-3}$$

式中，n 为折旧年数；t 为已使用年数。

第 t 年的折旧额 D_t：

$$D_t=(P-S)\times r_t \tag{11-4}$$

3. 双倍余额递减法 按固定折旧率与各年资产的净值之乘积来确定该年的折旧额，该折旧方法也是一种加速折旧法。

折旧率 r：

$$r=\frac{2}{n} \tag{11-5}$$

第一年折旧额：

$$D_1 = rP \tag{11-6}$$

第二年折旧额：

$$D_2 = r(1-r)P \tag{11-7}$$

第三年折旧额：

$$D_3 = r(1-r)^2 P \tag{11-8}$$

第 t 年折旧额：

$$D_t = r(1-r)^{(t-1)}P \tag{11-9}$$

注意实行双倍余额递减法的，应在折旧年限到期前两年内，将固定资产净值扣除净残值后的净额平均摊销。

（三）项目总投资的估算方法

1. 经验估算法或专家调查法　当信息不全面，无法进行详细估算时，采取经验型方法可以快速地给出大概的数额。

2. 类比估算法　以过去类似项目的投资额作为依据，根据新旧项目的规模、物价变化或其他差异进行适当调整，以旧项目的投资额来估算新项目的投资。这种方法有一定的依据，用于项目机会研究或项目初步可行性研究。

3. 基于工作包的估算法　根据项目工作分解结构，把项目分解成若干个分部工程和分项工程，然后把分部工程和分项工程再分解成若干个工作包，自下而上对每一个工作包进行投资估算，然后汇总得到项目的总投资，该方法工作量较大，但计息结果相对准确。

4. 工程量清单法　根据详细施工图中确定的工作量，按照各个专业进行划分，有工艺、设备、仪电、土建等，得到各个专业的需求量，获得每项资源的单价，形成工程量清单，从而获得施工总价格的估算。

（四）项目总投资的构成

建设项目总投资包括以下方面：建设投资、建设期借款利息、流动资金。其中建设投资又包括固定资产、无形资产、递延资产、预备费用。

1. 固定资产　固定资产费用主要由工程费用和固定资产其他费用组成。

1）设备购置费　建设工程项目设备购置费根据项目的不同，需要的设备类型不同，如化工项目一般包括反应器、换热器、储罐、泵、压缩机、气液分离器等设备，以及工艺管道及防腐保温工程、仪表自控系统费，电气设备费用，生产工具配置费等。

2）建筑工程费　直接费用包括建筑物工程、构筑物工程和大型土石方、设备基础、场地平整及厂区绿化等，主要包括施工机械和人工材料等。间接费用主要包括管理费、保险费等，以直接费用为基础，占比建设工程费的 10%~20%。

3）安装工程费　一般情况下，安装工程费有工程量清单，按专业进行详细计算。在信息不明确时，可以按设备费用的 20%~30% 进行估算。

4）税金　营业税以建筑工程的直接费、间接费之和为基数，按照费率的 3% 计征；城市建设维护税按营业税的 5%~7% 计征；教育附加税按营业税的 3% 计征。

2. 无形资产　无形资产主要由土地使用费、专利使用费、商标费用、著作权使用费等构成。

3. 递延资产　递延资产主要由建设单位管理费、生产准备费、装置联合启动调试费等构成。

1）建设单位管理费　可以按以下方式计算：费用 1000 万以下，管理费率 1.5%；费用 1001

万～5000 万，管理费率 1.2%；5001 万～10 000 万，管理费率 1%。

2）生产准备费　　包括人员入场费、人员培训费、工程手续费和其他准备费用。生产准备费估算根据不同的建设规模，进场费按新增定员每人 5000～10 000 元估算；培训费按新增定员每人 2000～6000 元估算。

3）装置联合启动调试费　　以工程费用为基础按 0.3%～2.0%计算。

4）办公及生活家具购置费　　办公及生活家具购置费是指新建项目为保证初期正常生产、生活和管理所必需的或改扩建和技术项目需补充的办公、生活家具、用具等费用。新建项目以定员人数为计算基础，每人按 1000～1200 元计。

5）研究试验费　　包括自行或委托其他部门研究实验所需工人费、材料费、实验设备及仪器使用费等。

4. 预备费用　　预备费用主要由基本预备费和涨价预备费构成。

1）基本预备费　　取固定资产、无形资产和递延资产的 9%～15%估算。

2）涨价预备费　　如果工期较短，可以忽略，工期较长的，根据人工、设备、施工机械上涨或者费率、利率等变化进行适当的预留，以应对可能的风险和变化。

5. 建设期利息　　根据项目贷款额度和相应的利率进行利息计算。

6. 流动资金估算　　流动资金是指企业全部的流动资产，包括现金、存货（材料、在制品及成品）、应收账款、有价证券、预付款等项目，流动资金是项目总投资的重要组成部分，是维持项目运转和产品流通必不可少的周转资金。

1）按经营成本进行估算

$$流动资金额＝经营成本流动资金率×年经营成本$$

经营成本流动资金率是企业的流动资金额与年经营成本的比值，对于我国的矿山类项目和其他部分项目，流动资金与经营成本的比例为 25%左右。

2）按建设投资估算

$$流动资金额＝建设投资流动资金率×建设投资额$$

国内的大多数的化工项目的固定资产投资流动资金率为 12%～20%。

3）按销售收入估算

$$流动资金额＝销售收入流动资金率×年销售收入$$

国内化工行业的销售收入流动资金率可取 14%～25%。

4）按生产成本估算

$$流动资金额＝生产成本流动资金率×年生产成本$$

一般生产型项目，可以取 2～3 个月的生产成本当作项目的流动资金。

二、产品成本的估算

（一）原料及辅助材料费

工艺过程中所涉及的所有原料均以开工时期的预期价格定价，根据具体的使用量来计算原料费用。

$$C_M = \sum_i^n Q_i P_i \tag{11-10}$$

式中，C_M 为原料总费用；Q_i 为原料消耗定额；P_i 为第 i 种原料单价；n 为原料种类。

（二）燃料和动力费

燃料和动力费主要涉及项目使用的公用工程，如电、蒸汽、循环水、仪表空气等。计算方式与原料及辅助材料费用计算类似。

$$C_P = \sum_{i}^{n} Q_i P_i \qquad (11\text{-}11)$$

式中，C_P 为燃料及动力总费用；Q_i 为燃料动力消耗定额；P_i 为第 i 种燃料及动力的单价；n 为原料种类。

其中，燃料动力单价可能会因燃料动力的品质不同而有差异，如蒸汽分为高压蒸汽、中压蒸汽和低压蒸汽，需要根据具体工艺需要进行选择。

（三）直接工资及福利费

工程项目建设完工前，需要对工程项目生产运营进行定员，从而根据生产人员的工资、津贴、奖金和福利来计算。直接工资计算见式（11-12）：

$$C_W = \frac{C}{Q} N \qquad (11\text{-}12)$$

式中，C_W 为单位产品生产工人工资；C 为生产工人年平均工资和附加费；Q 为产品年产量；N 为工人定员。

除了发放工资之外，还会对各级员工发放福利，如节日礼品等，福利费还包括"五险一金"，即基本养老保险、失业保险、基本医疗保险、生育保险、工伤保险及住房公积金。福利费用可以按工资总额的 14%进行估算。

$$C_F = C_W \times 14\% \qquad (11\text{-}13)$$

（四）制造费用

制造费用主要包括设备折旧费、维修费和车间管理费。

1．设备折旧费　　在本章第一节中介绍了设备折旧费的计算方法。对于内资企业固定资产的净残值率一般为 5%，厂区建筑设施折旧年限为 20 年，生产设备折旧年限为 10 年，车辆折旧年限为 5 年，生产器具折旧年限为 5 年，电气设备折旧年限为 5 年。

2．维修费　　维修费是指用于设备设施维护及故障修理的材料费、施工费、劳务费，其中包括日常维护修理、设备大检修及检修维护单位的运保费。维修费可以按设备总投资额的 2%～4%计算。

3．车间管理费　　车间管理费作为车间经费的一部分，可以按照基本折旧额的一定比例计取。车间经费可以按照直接材料费、直接工资和其他直接支出的 15%～20%进行估算。

（五）副产品收入

副产品收入应在生产成本中扣除，其净收入可以按式（11-14）估算：

副产品收入 S_F＝副产品产量×副产品价格－销售费用－税金 　　（11-14）

通过以上各式，可得到产品的生产成本为原料和辅助材料费、燃料和动力费、直接工资及福利费、制造费用之和与副产品收入额差。

（六）管理费

管理费是指企业行政管理部门为管理和组织经营活动发生的各项费用，包括公用经费（总部管理人员工资、职工福利费、差旅费、办公费、折旧费、修理费、物料消耗、低值易耗品摊销及其他公司经费）、工会经费、职工教育经费、劳动保险费、董事会费、咨询费、顾问费、交际应酬费、税金（房产税、车船使用税、土地使用税、印花税等）、开办费摊销、研究发展费及其他管理费等。管理费与企业的管理形式、水平有关，对于一般的生产企业，管理费可以按直接工资和福利总额的30%～40%估算。

（七）财务费

财务费主要是贷款利息，根据贷款额度和贷款利率进行计算。

（八）销售费

企业为销售产品和促销产品而发生的费用支出，包括运输费、包装费、广告费、保险费、委托代销费、展览费，以及专设销售部门的经费，如销售部门职工工资、福利费、办公费、修理费等。对于大多数生产企业，其销售费用可以按销售收入的一定比例进行估算。

$$销售费用＝销售收入×（1\%～3\%） \tag{11-15}$$

（九）其他费用

根据项目产生一定量的废气、废水与废渣。使用不同的处理方法，产生的三废处理费用计入产品成本。

综上所述，分别计算以上费用后，产品的总成本费用可表示为

$$总成本费用＝生产成本＋管理费＋财务费＋销售费 \tag{11-16}$$

在对项目进行技术经济计算和分析时，总成本费用可以按式（11-17）简便计算（数字资源11-1）：

$$总成本费用＝原料及辅助材料费＋燃料和动力费＋直接工资及福利费$$
$$＋设备折旧费＋维修费＋摊销费用＋利息支出 \tag{11-17}$$
$$＋其他费用－副产品收入$$

技术经济分析中的经营成本可计算如参见式（11-18）：

$$经营成本＝总成本费用－折旧费－摊销费－财务费 \tag{11-18}$$

第二节　技术经济基础与技术经济评价

一、技术经济基本原理

（一）资金时间价值

将一笔资金作为存款存入银行或作为投资成功地用于扩大再生产或商业循环周转，随着时间的推移，将产生增值现象，这些增值就是资金的时间价值。资金时间价值最常见的表现形式，是借款或贷款利息和投资所得到的纯利润。

资金时间价值充分体现了时间因素对经济效益的影响，提高决策的质量；树立时间就是金钱

数字资源
11-1

的观念，提高资金的利用效率和投资效益；有利于资源的优化配置，使资源向效益高（增殖快）的地方流动，提高国民经济的整体实力；用于缩短项目建设周期，早日发挥投资效益。

1．利息与利率　　利息、纯利润或纯收益是体现资金时间价值的基本形式，利息是指占用资金所付的代价，如果将一笔资金存入银行或贷出，这笔资金就叫作本金，经过一段时间后，储户或出贷者可在本金之外再得到一笔金额，这多出的部分称为利息。可表示为

$$F=P+I \tag{11-19}$$

式中，F 为第 n 个周期的本利和；P 为本金；I 为利息。

利率是在一个计算周期内所得到的利息与本金之比，一般以百分数表示，其表示为

$$i=\frac{I}{P}\times100\% \tag{11-20}$$

式中，i 为利率，其表示单位本金经过一个计息周期后的增值额；利息的多少通常要使用利率来计算。

2．单利与复利　　单利是只用本金计算利息，上一期的利息在下一个计息周期不累加到本金中，不计利息，我国银行存款利息实行单利，其计算公式为

$$F=P(1+ni) \tag{11-21}$$

式中，F 为 n 个周期后的本利和；n 为计算周期；i 为利率；P 为本金。

复利是另外一种计息方式，不仅本金要计算利息，而且在下一个计息周期，先前周期已获得的利息要累加到本金中计算利息，也就是说利息也要产生利息，所以这种计息方式叫作复利，计算公式为

$$F=P(1+i)^n \tag{11-22}$$

从表 11-1 可以得到复利的计算公式。一般情况下，银行的贷款利息为复利，在技术经济分析与评价中，也用复利的方式较多，这种方式比较符合资金在生产活动中的运转规律。

表 11-1　复利的计算表

年份	年初本金 P	当年利息	年末本利和 F
1	P	$P\cdot i$	$P(1+i)$
2	$P(1+i)$	$P(1+i)\cdot i$	$P(1+i)^2$
…	…	…	…
$n-1$	$P(1+i)^{n-2}$	$P(1+i)^{n-2}\cdot i$	$P(1+i)^{n-1}$
n	$P(1+i)^{n-1}$	$P(1+i)^{n-1}\cdot i$	$P(1+i)^n$

3．名义利率与实际利率　　在技术经济活动中，一般情况下，利率是按年进行计息，但是，在实际经营活动中，利率的计息周期可能是多种多样，可能有一个季度的，也可能有一个月的，这样一年对应的计息周期可能是 4 次，也可能是 12 次，在复利的条件下，每计息一次，都要产生一部分新的利息，因此，在利率相同的情况下，不同的计息周期就会产生不同的本利和。一年中计息周期越短，产生的利息就会越快产生新的利息，这就是名义利率和实际利率的问题。

名义利率是计息周期的利率与一年内计息次数的乘积。通常是央行或借贷机构所公布的未调整通货膨胀因素的利率，一般以年为计息周期的利率。

实际利率是一年内按复利计息的利息总额与本金的比例，计息周期可能多种，有年、季、月、周、日等，当计息周期小于 1 年时，实际利率与名义利率的关系为

$$i=\left(1+\frac{r}{m}\right)^{m}-1 \qquad\qquad (11\text{-}23)$$

式中，i 为实际利率；r 为名义利率；m 为年计息次数。

（二）资金的等值计算

某一时点的资金，可按一定的利率换算至另一时点（复利方法），换算后其绝对值虽然不等，但其价值是相等的。资金等值有三个要素：金额；金额发生的时间；利率/折现率。这里的等值，是指具有相同的时间价值，目的是对方案进行经济分析，并不表示两个投资方案相同或可以相互替换。

折现：把将来某一时点的资金金额换算成现在时点的等值金额称为"折现"或"贴现"。

现值：将来时点上的资金折现后的资金金额称为"现值"。

终值：与现值等价的将来某时点的资金金额称为"终值"或"将来值"。

折现率：进行资金等值计算中使用的反映资金时间价值的参数叫作折现率。

1）一次支付终值公式

$$F=P(1+i)n=P\times(F/P,i,n) \qquad\qquad (11\text{-}24)$$

式中，$(F/P,i,n)$ 为一次支付终值系数。

2）一次支付现值公式

$$P=F(1+i)^{-n}=F\times(P/F,i,n) \qquad\qquad (11\text{-}25)$$

式中，$(P/F,i,n)$ 为一次支付现值系数。

3）等额分付系列终值公式

$$F=A\times\frac{(1+i)^{n}-1}{i}=F\times(F/A,i,n) \qquad\qquad (11\text{-}26)$$

式中，$(F/A,i,n)$ 为等额分付终值系数。

4）等额分付系列偿债基金公式

$$A=F\times\frac{i}{(1+i)^{n}-1}=F\times(A/F,i,n) \qquad\qquad (11\text{-}27)$$

式中，$(A/F,i,n)$ 为等额分付偿债基金系数。

5）等额分付系列资金回收公式

$$A=P\times\frac{i(1+i)^{n}}{(1+i)^{n}-1}=P\times(A/P,i,n) \qquad\qquad (11\text{-}28)$$

式中，$(A/P,i,n)$ 为等额分付资金回收系数。

6）等额分付系列现值公式

$$P=A\times\frac{(1+i)^{n}-1}{i(1+i)^{n}}=P\times(P/A,i,n) \qquad\qquad (11\text{-}29)$$

式中，$(P/A,i,n)$ 为等额分付现值系数。

式（11-24）～式（11-29）中，P 为现值；F 为将来值；i 为年利率；n 为计息期数；A 为年金（年值）计息期末等额发生的现金流量。

二、技术经济评价

技术经济评价是指对评价方案计算期内各种技术经济因素和方案投入与产出的有关财务、经济资料数据进行调查、分析、预测，对方案的经济效果进行计算、评价，分析比较各方案的优劣，从而确定和推荐最佳方案的过程。技术经济评价确保投资决策的科学性和正确性；避免或最大限度减小风险；明确建设方案投资的盈利水平；最大限度地提高工程投资项目的综合经济效益，技术经济的评价是工程经济分析的核心内容。

（一）技术经济评价指标体系

1. 按是否考虑资金时间价值分类　静态评价指标有总投资收益率、资本金净利润率、静态投资回收期、利息备付率、资产负债率、偿债备付率；动态评价指标有内部收益率、净现值、净现值率、净年值、费用现值与费用年值、动态投资回收期。

2. 按经济评价内容分类　盈利能力指标有净现值、内部收益率、投资回收期、总投资收益率；偿债能力指标有利息备付率、偿债备付率、资产负债率；财务生存能力指标有经营净现金流量、累计盈余资金。

3. 按评价指标的性质分类　时间性指标有投资回收期、借款偿还期；价值性指标有净现值、净年值、费用现值、费用年值；效率性指标有总投资收益率，资本金净利润率、资产负债率、利息备付率、偿债备付率、内部收益率、净现值率。

（二）常用技术经济评价指标

1. 总投资收益率　总投资收益率又称为总投资利润率，是指投资方案在达到设计生产能力后一个正常年份的年净收益总额与方案投资总额的比例。

$$总投资收益率（ROI）=\frac{EBIT}{TI} \tag{11-30}$$

式中，ROI 为总投资收益率；EBIT 为项目正常年份的年息税前利润或运营期内年平均息税前利润，年息税前利润（EBIT）＝年净收益＋年利息支出＋年营业税金及附加；TI 为项目总投资。

总投资收益率是评价投资方案盈利能力的静态指标，表明投资方案正常生产年份中，单位投资每年所创造的年净收益额。对运营期内各年的净收益额变化幅度较大的方案，可计算运营期年均净收益额与投资总额的比例。把项目的总投资收益率与行业平均投资利润率进行比较，以判断项目的可行性和是否值得投资。

2. 静态投资回收期　在不考虑资金时间价值的条件下，以项目的净收益回收项目总投资（包括建设投资和流动资金）所需要的时间。其理论计算公式如下：

$$\sum_{t=0}^{P_t}(CI-CO)_t=0 \tag{11-31}$$

式中，P_t 为以年表示的静态投资回收期；CI 为项目的现金流入量；CO 为项目的现金流出量；t 为计算期的年数。

投资回收期的起点，一般从建设开始年份算起，其理论公式也表明了项目流入资金抵消流出资金需要的时间，投资回收期是反映项目清偿投资能力的重要指标，投资回收期越短，项目回收投资的速度越快。

静态投资回收期的实用计算公式：

$$P_t=T-1+\frac{上年累计净现金流量绝对值}{当年净现金流量} \tag{11-32}$$

式中，T 为累计净现金流量开始出现正值的年数。

优点：经济含义明确，计算简单，在一定程度上显示了资本的周转速度，对于技术更新迅速的项目进行分析特别有用。

缺点：没有对项目整个生命周期经济效益进行评价，没有考虑资金时间价值。

案例 11-1　某投资项目的现金流量如表 11-2 所示，试求该项目的静态投资回收期。

表 11-2　项目现金流量表

项目	年份								
	1	2	3	4	5	6	7	8	9
营业收入				250	300	370	370	370	370
经营成本				96	120	150	150	150	150
投资	180	250	150						

解：第一步计算项目净现金流量，第二步计算累计净现金流量，第三步带入实用计算公式计算静态投资回收期，计算结果见表 11-3。

表 11-3　累计净现金流量计算表

项目	年份								
	1	2	3	4	5	6	7	8	9
净现金流量	−180	−250	−150	154	180	220	220	220	220
累计净现金流量	−180	−430	−580	−426	−246	−26	194	414	634

$$P_t=[T-1]+\left[\frac{\text{上年累计净现金流量绝对值}}{\text{当年净现金流量}}\right]=[7-1]+\left[\frac{|-26|}{220}\right]=6.12\text{年}$$

3. 动态投资回收期　在考虑资金时间价值的条件下，以方案的净收益回收项目全部投入资金所需要的时间（数字资源 11-2），其理论计算公式如下：

$$\sum_{t=0}^{P'_t}(\text{CI}-\text{CO})_t(1+i)^{-t}=0 \tag{11-33}$$

式中，P'_t 为以年表示的动态投资回收期；CI 为项目的现金流入量；CO 为项目的现金流出量；t 为计算期的年数；i 为基准折现率。

动态投资回收期的实用计算公式：

$$P_t'=[T'-1]+\left[\frac{\text{上年净现金流量现值累计值绝对值}}{\text{当年净现金流量现值}}\right] \tag{11-34}$$

式中，T' 为净现金流量现值累计值开始出现正值的年数。

案例 11-2　某投资项目的现金流量如表 11-2 所示，试求该项目的动态投资回收期，基准折现率为 8%。

解：第一步计算项目净现金流量，现金流入减去现金流出。

第二步对净现金流量进行折现，把将来的资金换算成现在时刻的等值资金，利用资金等值计算公式 $P=F(1+i)^{-n}$，如第 1 年的折现现金流量 $P_1=-180(1+8\%)^{-1}=-166.67$，第 6 年的折现现金流量 $P_6=220(1+8\%)^{-6}=138.64$。

第三步计算净现金流量现值累计值。

第四步代入实用计算公式计算动态投资回收期，计算结果见表 11-4。

数字资源 11-2

表 11-4　净现金流量折现、累计值计算表

项目	年份								
	1	2	3	4	5	6	7	8	9
净现金流量	−180	−250	−150	154	180	220	220	220	220
净现金流量折现	−166.67	−214.33	−119.07	113.19	122.50	138.64	128.37	118.86	110.05
累计折现净现金流量	−166.67	−381.00	−500.08	−386.88	−264.38	−125.74	2.63	121.49	231.54

$$P_t' = [T'-1] + \left[\frac{上年净现金流量现值累计值绝对值}{当年净现金流量现值} \right]$$

$$= [7-1] + \left[\frac{|-125.74|}{128.37} \right] = 6.98年$$

动态投资回收期一般从项目建设开始年算起，如果从项目投产开始年计算，应予以特别注明。通过对比例 11-1 和例 11-2，发现动态投资回收期克服了静态投资回收期没有计算资金时间价值的缺点，考虑了资金时间价值，评价结果更加科学、准确。动态投资回收期与折现率有关，若折现率不同，其反映的投资回收年限就不同，当折现率为零时，动态投资回收期就等于静态投资回收期。

4. 净现值法　　前面讲到的静态和动态投资回收期法计算方便，结果直观，但是它们只研究了资金回收前项目的经济效果，没有计算投资收回后的经济效果。净现值法是动态评价最重要的方法之一，它不仅考虑了资金的时间价值，也考虑了项目在整个寿命周期内收回投资后的经济效益状况，从而弥补了投资回收期法的缺陷，是更为全面、科学的技术经济评价方法。

净现值是指技术方案在整个寿命周期内，对每年发生的净现金流量，用一个规定的基准折现率 i_0 折算为基准时刻的现值，其总和称为该方案的净现值（NPV）。

$$\text{NPV} = \sum_{t=0}^{n} (\text{CI}-\text{CO})_t (1+i_0)^{-t} \tag{11-35}$$

式中，CI 为项目的现金流入量；CO 为项目的现金流出量；t 为计算期的年数；i_0 为基准折现率。

净现值的计算一般以投资开始为基准，通常按以下步骤进行计算。

列表或作图标明整个寿命周期内逐年现金的流入和现金的流出，从而算出逐年的净现金流量；将各年的净现金流量乘以对应年份的折现因子 $(1+i_0)^{-t}$，得出逐年的净现金流量的现值；将各年的净现金流量现值加和，即得该项目的净现值。

净现值是反映技术方案在整个寿命周期内获利能力的动态绝对值评价指标，直观、明确地体现了投资的期望，是表示项目经济效益最重要的综合指标之一。净现值大于零时，表明该方案的投资不仅能获得基准收益率所预定的经济效益，还能获得超过基准收益率的现值收益，说明该方案在经济上是可取的。净现值等于零时，表明技术方案的经济收益刚好达到基准收益水平，说明在经济上是合理的，一般可取。净现值小于零时，表明方案的经济效益没有达到基准收益水平，说明方案一般不可取。

从净现值计算式知，在项目现金流量一定的条件下，净现值的大小与基准折现率密切相关。用净现值指标评价和选择方案时，正确选择和确定折现率很重要，这关系到方案评价的正确性和合理确定项目的盈利水平。目前常用的折现率主要有行业财务基准收益率和社会折现率。行业财务基准收益率，是项目财务评价时计算财务净现值的折现率，以此折现率计算的净现值，称为行业评价的财务净现值。行业财务基准收益率体现了行业内投资应获得的最低财务盈利水平。

5．内部收益率法 在技术经济评价方法中，除净现值法以外，内部收益率法也是一种常用的动态评价方法，对于任何一个工程项目，其净现值通常是随着折现率的增大而减小，当基准折现率增到某一个特定的数值 $i_0=$ IRR 时，项目对应的净现值 NPV$=0$，这种使技术方案净现值等于零时的折现率 IRR，我们称之为该项目的内部收益率，其理论公式为

$$\sum_{t=0}^{n}(CI-CO)_t(1+IRR)^{-t}=0 \tag{11-36}$$

计算得到的内部收益率与基准收益率相比较，当 IRR$\geqslant i_0$，说明投资方案在满足基准收益率要求的盈利外，还能得到超额收益，方案可行；当 IRR$<i_0$，说明投资方案未达到设定的基准收益，方案不可行。

内部收益率反映技术方案在该收益率的条件下，整个寿命周期内的净收益刚够补偿全部投资，因而，内部收益率的大小也表示了该技术方案所能承受的最高贷款利率。

由于内部收益率的理论计算式是一个高次方程，一般采用试差法进行计算。给一定初值 i_1 和 i_2，且 i_1 和 i_2 对应的净现值 NPV$_1$ 和 NPV$_2$ 分别为正和负，如果达不到要求，就调整 i_1 和 i_2 的值，直到达到要求，选取的 i_1 和 i_2 之差一般不超过 5%。

可以用下述插值公式计算：

$$\frac{IRR-i_1}{i_2-i_1}=\frac{NPV_1}{NPV_1+NPV_2} \tag{11-37}$$

即

$$IRR=i_1+\frac{NPV_1}{NPV_1+NPV_2}\times(i_2-i_1) \tag{11-38}$$

三、项目的不确定性分析

（一）线性盈亏平衡分析

项目的经济效益受销售量、成本、产品价格等影响，这些因素发生变化，技术方案的可行性评价也会有相应的变化。当这些不确定因素达到某一个临界值时，就会影响方案的取舍。盈亏平衡分析是通过确定方案的平衡状态，判断某些不确定因素的变化对技术方案经济效益的影响，根据达到设计生产能力时的成本费用与收入数据，求取盈亏平衡点，研究分析成本费用与收入平衡关系的一种方法。盈亏平衡点即项目盈利与亏损的平衡点，即保本点。

通过盈亏平衡分析，考察项目对市场导致的产量变化的适应能力和抗风险能力，通过计算盈亏平衡产量和盈亏平衡价格，方便决策者确定商品的实际产量和实际价格。

盈亏平衡分析实际上是用来研究产量、成本和盈利三者关系的，当它们之间的关系是线性时，称为线性盈亏平衡分析，反之称为非线性盈亏平衡分析。线性盈亏平衡分析建立在以下几个假设下：产量等于销售量，即当年生产的产品当年销售出去；产量变化，单位可变成本不变，从而总成本费用是产量的线性函数；产量变化，产品售价不变，从而销售收入是销售量的线性函数；按单一产品计算，当生产多种产品，可以换算成单一产品，不同产品的生产负荷率的变化应一致。

建立成本与产量、销售收入与销售量之间的函数关系，通过对这两个函数及其图形的分析，找出用产量和生产能力利用率等表示的盈亏平衡点，进一步确定项目对减产、降低售价、单位产品可变成本上升等因素变化所引起的风险的承受能力。

项目年销售收入函数：

$$R=(P-T)Q=P(1-t)Q \tag{11-39}$$

项目年总成本费用函数：

$$C=F+V=F+vQ \tag{11-40}$$

项目年利润总额函数：

$$B=R-C=(P-T-v)Q-F \tag{11-41}$$

式中，R 为正常生产年总销售收入；P 为单位产品销售价格；Q 为年销售量或年产量；T 为单位产品销售税金；C 为正常生产年总成本费用；V 为总成本费用中的可变成本；t 为销售税金及附加税率；F 为总成本费用中的固定成本；v 为单位产品可变成本。

1. 用产量表示的盈亏平衡　用产量表示的盈亏平衡是指当价格不变的条件下，须至少生产或销售多少产品，才能使收入和支出达到平衡，即利润总额 $B=R-C=(P-T-v)Q_{BEP}-F=0$，那么盈亏平衡产量可表示为

$$Q_{BEP}=\frac{F}{P-T-v} \tag{11-42}$$

经济意义：项目不发生亏损时所必须达到产量，此产量越小，表明项目适应市场需求变化的能力越大，抗风险能力越强。

2. 以生产能力利用率表示的盈亏平衡　盈亏平衡时的生产能力利用率可表示为

$$f_{BEP}=\frac{Q_{BEP}}{Q}\times100\% \tag{11-43}$$

经济意义：项目不发生亏损时所必须达到最低生产能力，此值越小，表明项目适应市场需求变化的能力越大，抗风险能力越强。

3. 以销售价格表示的盈亏平衡　在项目达到额定总产量时，这时销售收入与总成本达到平衡时的产品售价，称为盈亏平衡价格。此时利润函数 $B=R-C=(P_{BEP}-T-v)Q-F=0$，用销售价格表示的盈亏平衡可表示为

$$P_{BEP}=v+T+\frac{F}{Q} \tag{11-44}$$

经济意义：项目不发生亏损时所必须达到最低销售价格，此值越小，表明项目适应销售价格变化的能力越大，抗风险能力越强。

（二）单因素敏感性分析

工程项目中不同的经营指标发生变化对项目的经济效益产生的影响不同，这些指标主要有产品产量、产品价格、固定成本、可变成本、总投资、项目建设工期等，敏感性分析是考察项目所涉及的各种不确定性因素的变化，对项目基本方案经济评价指标的影响，从中找出敏感因素，确定其敏感程度，据此预测项目可能承担的风险的一种分析方法。这里面受影响的经济效益指标通常选择净现值、内部收益率、投资回收期等。

敏感性分析的步骤如下。

1. 选择需要分析的不确定性因素　选择对项目经济效果影响较大且数据较为可靠的指标作为研究对象。对于制造费，企业一般选取投资额、折现率、产品产量、产品价格、经营成本、项目建设期限等作为不确定因素。

2. 确定不确定性因素变化程度　敏感性分析一般选择不确定因素的变化百分率为±5%、±10%、±15%、±20%等。

3. 选取敏感性分析指标并计算　例如，NPV、IRR 分别计算不确定因素按设定的变化百

分率变化后的经济效益指标。

4. 编制敏感性分析表，绘制敏感性分析图　　将不确定性因素按设定变化百分率变化后的敏感性分析指标列表，并绘制敏感性分析图，敏感性分析图横轴为选择的变化百分率，纵轴为选择的敏感性分析指标计算结果，如 NPV 值，一个不确定因素对应一条直线，有几个不确定因素就有几条线段。

5. 决策与建议　　在敏感性分析中，不同因素变化相同的比例，所引起的评价指标的变化却不相同，敏感性分析就是找出不确定因素数据变化对项目评价指标有显著影响的因素或影响最大的因素。判断一个不确定因素的敏感性大小可以用敏感度系数来计算，其表达式为

$$S_{AF} = \frac{\dfrac{\Delta A}{A}}{\dfrac{\Delta F}{F}} \tag{11-45}$$

式中，S_{AF} 为评价指标 A 对于不确定因素 F 的敏感系数；$\Delta F/F$ 为设定的不确定性的变化率；$\Delta A/A$ 为不确定因素 F 发生 ΔF 变化率时，评价指标 A 的相应变化率。S_{AF} 较大者，敏感度较高。

另外，判别方案能否接受是看选取的经济评价指标是否达到临界值，如净现值是否出现符号变化，内部收益率是否大于或等于基准折现率等。临界点是指不确定性因素的变化使项目由可行变为不可行的临界数值，是项目允许不确定因素向不利方向变化的极限值。如果一个不确定因素在设定的最大变化幅度下，通过选取的评价指标来判断，使项目由可行变为不可行，那么该因素一定是项目的敏感因素。

通过绘制敏感性分析图和敏感度的计算，可以找到项目的敏感性因素，并且能找到最敏感因素，使决策者在生产经营中，着重关注敏感性因素的变化，尽力避免敏感性因素向不利方向发展。在几个因素都发生不利变化时，资源倾向于阻止最敏感因素的变化。

小　　结

项目总投资涉及项目开始到结束所需要投入的全部资金、直接成本、间接成本、固定成本、变动成本等。产品成本则主要涉及直接材料、直接人工、制造费用等，用于衡量生产一个产品所需要的全部成本。这些内容对于企业来说至关重要，因为它们直接关系到项目的可行性和产品的竞争力，可帮助企业了解生产费用的经济用途，并进行成本治理和核算。经济评价是对技术项目或产品的经济效益进行评估，包括成本效益分析、投资回报率分析等，涉及对项目或产品的成本效益、风险、可行性等方面的。不确定分析则是指在决策过程中考虑不确定性和风险的一种方法，如敏感性分析、盈亏平衡分析等。这些分析方法可以帮助企业更好地理解项目的经济性和风险，从而做出更明智的决策。

总的来说，本章内容涵盖了项目投资与成本管理、技术经济评价和不确定性分析等方面，为企业决策提供了重要的理论支持和实践指导。

复习思考题

1. 简述项目的总投资组成及计算方法。
2. 简述产品成本的计算方法。
3. 什么是净现值？简述其计算方法。
4. 静态投资回收期的经济含义是什么？有何优点和不足？
5. 什么是项目的敏感性分析？简述敏感性分析的步骤。

第十二章
企业组织与全厂定员

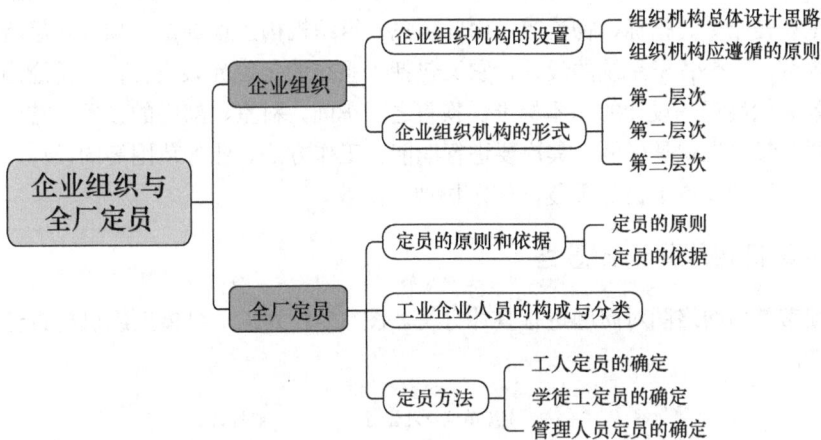

```
                                              ┌─ 组织机构总体设计思路
                              ┌─ 企业组织机构的设置 ─┤
                              │                  └─ 组织机构应遵循的原则
                   ┌─ 企业组织 ─┤
                   │          │                  ┌─ 第一层次
                   │          └─ 企业组织机构的形式 ─┼─ 第二层次
                   │                             └─ 第三层次
   企业组织与 ──────┤
     全厂定员        │                  ┌─ 定员的原则
                   │          ┌─ 定员的原则和依据 ─┤
                   │          │                └─ 定员的依据
                   └─ 全厂定员 ─┼─ 工业企业人员的构成与分类
                              │                  ┌─ 工人定员的确定
                              └─ 定员方法 ────────┼─ 学徒工定员的确定
                                                └─ 管理人员定员的确定
```

在现代工业企业的生产经营活动中，管理技术和水平已越来越显示出其重要作用，已开始成为推动制约企业经济效益的主要因素。现代企业管理技术本身也日趋科学化、系统化、完善化。在我国，发酵工厂的生产手段已处于传统技术与现代技术并存且现代技术在不断取代传统技术的历史时期，技术手段的进步对管理方法提出了新的要求。

随着社会主义市场经济的建立和国家有关企业法规的实施，社会环境也对传统企业模式提出了转换企业运行机制的严峻要求。

因此，企业管理已经不单纯是一个行政管理或对人在生产活动中的行为规范的管理，它已经发展到充分地利用技术经济的评价标准，对生产经营活动的组织、形式、人员编制、行为规范等实施科学合理的设计和操作，并不断对企业管理模式进行动态调控的先进管理方法。

第一节 企业组织

企业组织是由人群组成的"有机体"，是一个"力量协调系统"，并具有共同目标、相关结构和共同规范等特征。而组织按照其目标和性质不同，又可分为若干类别。

一、企业组织机构的设置

在商品的生产经营活动中，不可能只存在着一种性质的劳动。例如，在啤酒的生产过程中，包括采购，转运原料，对原料采用不同的设备、不同的方法，经过多道工序进行处理，需要如配电、生产准备、维修等多种工种的配合，最后还需要通过一定的渠道和劳动使之进入市场。因此，一项商品的生产经营活动是很复杂的，要组织好它的生产和经营绝不是一件容易的事。

组织机构就是企业组织生产经营活动的一种相对稳定的模式，它必须具备秩序性、合理性、协调性、简练、高效等特点，它的设置需根据一个复杂的系统工程的理论进行设计。

按照系统工程理论的观点，把企业的个人或同类工作性质的部分人的群体划分为不同的单元。根据不同的业务目标再对各个单元进行组合，各个组合体放入基本的层次上。就企业整体作为一个系统来说，企业的外界环境是一个大系统，企业内的组合体就形成了多个系统。一般来说，企业的结构层次可分为三层，即决策、操作、执行。企业的全部子系统都被放入这三个基本层次中，通俗地讲，子系统就是企业内的基层单位（即车间、科室和部门）。大系统、系统、子系统之间存在着许多通道，有平行的、有垂直的。通道有大有小，通道内塞满了信息、指令、物流等。垂直的通道主要是指令、指标、物流等。由此可见，组织机构的设置是一项技术经济设计。它包括两方面的内容，一是各子系统的设计，它又包括子系统的定位界限设计；二是通道的设计。目标值和经济效果始终都是设计的基本标准。换言之，车间、科室、部门的设置，首先应明确它们的任务、性质及量，也就是标值，其次要进行职能、工作方法、业务范围等的设计，并综合理顺它们之间的关系，在渠道上消除重复，使之协调并高效。

（一）组织机构总体设计思路

系统工程常常用网络图对问题进行具体分析。图 12-1 为工厂总体组织机构设计原则的网络图，以供参考。

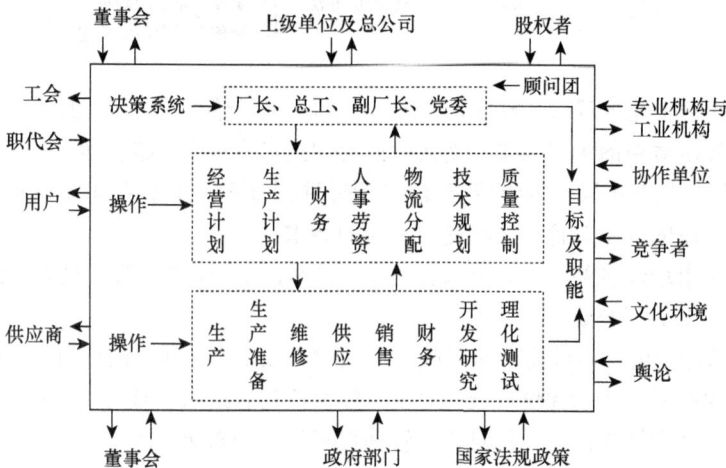

图 12-1 工厂总体组织机构设计原则的网络图

该网络图为我们组织机构设置提供了依据和思路。因此，组织机构总体设计至少具备 4 个方面的作用：①确定工厂决策权的位置；②找出经常的相互影响关系；③有关平行的和垂直的信息及物流的流程设计；④内部组织的全面协调。应当注意，对网络图要经常进行调整和修改，它是组织机构不断调整的动因。

（二）组织机构应遵循的原则

在组织机构的设置中，同时还应遵循以下的原则，它是从组织机构的职能作用能够充分发挥的这个意义上提出的。

1）目标原则　　每一个组织和这个组织中每一部分，必须与特定的目标有关，否则它的存在是毫无意义的。

2）专业化原则　　组织中的每一个成员必须有明确的工作职责。

3）协调原则　　组织的分布应该是一个协调的整体。

4）权利原则　　组织中各层次的权利应有充分的权威和明确的划分界限。

5）责任原则　　上级能够对下属的工作行为负全部的责任。

6）定义原则　　职员应知道每一职位的内容与责任。

7）相应原则　　每一职位的责任与权利应相符。

8）控制范围原则　　各级领导所管辖的职能部门应控制在一定的数目以内。

9）平衡原则　　组织机构之间的责、权、利应有一个能够协调的标准和方法。

10）连续性原则　　改组和调整都应保持目标的完成。

二、企业组织机构的形式

（一）第一层次

企业常用工厂或公司、总厂或总公司等名称，一般它应具备法人资格，相对社会和市场是一个独立的系统。根据法人代表的责任权限，它又被分为有限的和无限的，根据所有制形式它又被分为国有、私营、合资和股份制等。发酵工厂常用名称如××白酒厂（公司）、××啤酒厂（公司），××酶制剂厂（公司）等。

（二）第二层次

常用分厂、分公司、处、部、科等名称，一般它是专职的法人代理，可对社会或市场承担部分职能范围内的责任，如生产科（部）、人事劳资科（部）、技术科（部）、厂办（部）、企管办（部）、计划科（部）、计算机中心、质管科（部）。

（三）第三层次

常用车间、科、室、工段、部门等名称，向法人及法人代表负责，一般不向社会或市场承担责任，如技术科（室）、财务科（室）、销售科、供应科、教育科、实验室、原料预处理车间、原料处理车间、糖化车间、发酵车间、提取车间、维修车间、三废处理车间等。

第二节　全 厂 定 员

全厂定员是指根据工厂既定的产品方向和生产规模，在一定时期内和一定的技术、组织条件下，规定工厂应配备的各类人员的数量标准。合理定员能为工厂编制劳动计划、调配劳动力提供可靠的依据；能促进企业改进工作，克服人浮于事、工作散漫、纪律松懈的现象，以提高效率。

一、定员的原则和依据

（一）定员的原则

工厂定员的原则是合理合法。所谓合理，就是采用科学的定员方法，获取目标值的最佳经济效果；所谓合法，就是定员编制必须符合国家的有关劳动保护法规。劳动生产率是考察定员合理与否的重要经济指标。

（二）定员的依据

（1）工厂或车间的经营生产目标值或经营生产计划，包括品种、产量、产值等经济指标。

（2）劳动定额（包括时间定额）、产量定额、设备看管定额及服务定额等。

（3）工作制度与轮班制度（连续再生产或间断生产，每日轮班数和每班的工作时数）。

（4）操作人员的工时平稳表（确定平均一个人全年日历天数，扣除法定例假，节日，并考虑病事假等缺勤因素以后的有效天数，乘上每轮班工作小时，即全年有效工作小时数）。

（5）劳动法规及请假制度。

（6）同类工厂及车间的定员状况资料。

（7）市场劳动力价值资料。

（8）技术方法及相应的成本资料。

（9）管理方法及相应的成本资料等。

二、工业企业人员的构成与分类

总体来讲，现代工业企业都由从事生产经营活动的人员构成。为了编制定员，必须把全厂的职工按一定的标准和要求进行分类。各职能部门分别按本部门职责的定位、界限及工作量的大小、重要程度（经济价值标准）进行定员；各车间按工种从小组、工段到车间分别定员，然后汇总成工厂总定员。

职工按其生产过程中的地位和职责的不同，大体可分为生产工人、学徒工、管理人员、服务人员和其他人员。

三、定员方法

定员方法是指确定工厂不同岗位上的人员相对数量的方法。现代的定员方法要求工厂定员应纳入工厂技术经济研究的系统设计，并且随着市场化的要求，岗位人员的动态性和不稳定性越来越强，一种固定的定员方法是不可能完全解决工厂定员问题的。以下介绍的主要是传统要求为基础的定员方法，有一定的适用性和合理性，但毕竟存在着许多行政岗位编制方法的痕迹，对劳动保护性的编制要求过大，对劳动力经济价值及效果的综合衡量较少，从时间上来说，以稳定性条件为基础，缺乏动态设计的方法。总之，定员编制的管理基础是传统模式。这些情况在学习中应该引起我们的注意。

（一）工人定员的确定

确定工人定员的方法视工种或工作性质的不同而异。一般是先按基本工种单元即生产班组或工段定，然后再逐级汇总。

对于能明确规定时间定额或者产量定额的工种，当生产的目标值确定后，即生产量已知，可根据一个工人在计划期（如一年）内所能完成的工作任务计算出该工种所用人数。例如，原料的筛选、成品的包装、按件计算的产品及以体力劳动为主的搬运等定员，均可按此法计算。

对于一条机械化的生产线（或自动流水线），可按查定的工种岗位线，并考虑每日生产的班次、出勤率及每年开工生产等因素来确定所需人数。

例如，看管一条日产 200t 的啤酒包装生产线，岗位定员可用下面的方法计算：

卸瓶＋洗瓶＋验瓶＋装酒压盖＋杀菌＋验酒＋贴标＋洗箱＋装箱＋出箱入库

　　如果该包装工段有同类生产线两条，三班连续生产，工人每6天轮休一天，工人的计划出勤率为95%，则该工段的两条生产线所需定员人数可用下式计算：

$$1 人+2 人+2 人+2 人+2 人+2 人+2 人+1 人+1 人+6 人=21 人$$

　　对于一个工人同时看管多台设备（如泵、通风机、粉碎机等），或对若干工作对象服务的工作（如对车间设备的检查、维修、清扫等），可按实践经验确定的定额和有关工作制度设计所需定员人数。

　　此外，技术方法的特点是确定每天工人工作人数的主要依据。因此，需要根据方法、手段、设备、目标要求的系统配套来合理安排人员。非连续性工作工种不一定非要安排三班倒的形式，可分别针对不同的工种安排一班、二班、三班。同时所有的定额标准都是根据技术方法来确定的，技术方法的改变必须相对应人员的安排进行调整，如果包装生产线是一条自动化程度极高的生产线，班编制人员可以减少许多，甚至1~2人就可以看管。

（二）学徒工定员的确定

　　学徒工定员的编制主要是根据工厂的发展计划对新工人的需要量，并考虑老工人的退休、各不同工种对新工人的可能来源及培训期的长短来规定。对于一些技术素质要求较高的工种，如糖化、发酵、提取、检验等，一般培训期为2~3年，这些工种所需的新工人，最好是经工厂附设的技工学校培养，在暂时不具备条件的工厂可由师傅带徒弟的方式在工作中培养。对非技术工种的新工人一般可不经长期培训，招收普通工人短期训练即可上岗接替生产。

（三）管理人员定员的确定

　　工厂管理人员的定员数，一般根据企业性质、规模、技术方法、生产结构等的制订和经上级管理部门批准的同型工厂及车间的管理组织系统、责任制对职务分工的要求及干部来源、业务的熟练程度等来确定。通常是按照全场职工（或工人人数）的百分比来确定。

　　在发酵类工厂，工人一般应占全场职工人数的60%~80%，管理人员应在20%以下。

　　对于管理人员不同岗位上编员数，应根据岗位目标值和工作量，平衡考虑各岗位之间的关系，通过相对比例法来确定。一般技术人员的定员应比行政人员稍宽松一些。

　　对于服务类人员，现代企业已逐步不把他们列入常设编制，已经步入社会化。

小　　结

　　发酵工厂应实行以厂长为责任人的人员编制，各部门及各科室各负其责，团结协作又互相监督，以提高生产效率，促进工厂又好又快发展为原则，充分调动工作人员的积极性。

复习思考题

1. 组织机构应遵循哪些原则？
2. 工厂定员的主要依据是什么？
3. 简述如何进行工厂定员。

第十三章
消防与安全

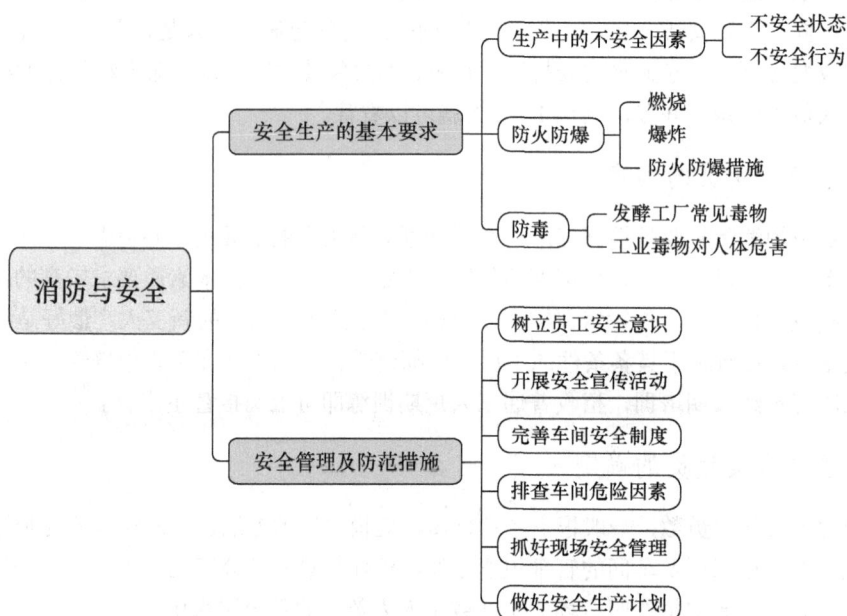

安全生产是指在劳动生产过程中，要努力改善劳动条件，克服不安全因素，防止伤亡事故的发生，使劳动生产在保证劳动者安全健康和国家财产安全的前提下顺利进行。安全与生产的关系可以用"生产必须安全，安全促进生产"这句话来概括。两者相辅相成，没有安全条件，生产就无法进行。不安全，生产就受阻碍、遭挫折；安全，生产才会顺利，才会发展。而生产的发展，又为进一步改善劳动条件和搞好安全工作奠定了更好的物质基础。因此，生产与安全是一个统一的整体，在生产中应提倡树立安全第一、预防为主的思想。

第一节 安全生产的基本要求

一、生产中的不安全因素

（一）不安全状态

不安全状态是指导致事故发生的物质条件，包括以下几种情况。

（1）防护、保险、信号等装置缺乏或有缺陷。

（2）设备、设施、工具、附件有缺陷。

（3）个人防护用品、用具缺少或缺陷。

（4）生产场地环境不良。

（二）不安全行为

不安全行为是指造成事故的人为因素，包括以下几种。

（1）操作错误、忽视安全、忽视警告。

（2）造成安全装置失效。

（3）使用不安全设备。

（4）成品、半成品、材料存放不当。

（5）冒险进入危险场所。

（6）攀坐平台、护栏、吊车、吊勾等不安全位置。

（7）在起重物下作业、停留。

（8）机器工作时检修、调整、清扫。

（9）有分散注意力的行为。

（10）在必须使用个人防护用品用具的作业场合，忽视其使用。

（11）不安全装束。

（12）对易燃易爆危险品处理错误。

二、防火防爆

（一）燃烧

燃烧是可燃物质与空气（氧）或其他氧化剂进行反应而产生放热发光的现象。燃烧必须同时具备下列三个基本条件。

1. 有可燃物　凡能与空气中的氧或其他氧化剂起反应的物质为可燃物，有固体、液体、气体，如木材、纸盒、谷壳、乙醇等。

2. 有助燃物　一般指氧和氧化剂。因为空气中含有 21%左右（体积分数）的氧，所以可燃物质燃烧能够在空气中持续进行。

3. 有火源　火源是指能引起可燃物质燃烧的热源，包括明火、聚集的日光、电火花、高温灼热体等。

（二）爆炸

爆炸是指物质由一种状态迅速地转化为另一种状态，并在极短的时间内以机械功的形式放出很大能量的现象；或是气体（蒸汽）在极短的时间内发生剧烈膨胀，压力迅速下降到常压的现象。

（1）化学性爆炸是指物质由于发生化学反应，产生大量的气体和热量而形成的爆炸，这种爆炸能直接造成火灾。

（2）物理性爆炸通常是指锅炉、压力容器内的介质，受热温度升高，气体膨胀，压力急剧升高，超过了设备所能承受的限度而发生爆炸。

（三）防火防爆措施

主要从思想上、组织管理和技术等方面采取预防措施，必须贯彻"以防为主，消防结合"的方针。

（1）建立健全群众性义务消防组织和防火安全制度；经常开展防火宣传及安全教育；开展经常性防火安全监察，并根据生产场所的性质，配备适用和足够的消防器材。

（2）认真执行建筑防火设计规范，根据生产的性质，厂房和库房必须符合防火等级要求，厂房、库房应有安全距离，并布置消防用水和消防通道。

（3）合理布置生产工艺。根据产品、原料的火灾危险性质，安排选用符合安全要求的设备和工艺流程；性质不同又相互作用的物品分开存放；具有火灾、爆炸位点的厂房，要采取局部通风或全面通风，降低易燃易爆气体、蒸汽在厂房中的浓度；易燃易爆物质的生产，应在密闭设备中进行。

（4）万一发生火灾事故，要迅速组织灭火，防止火灾蔓延扩大，以减少损失。扑灭火灾的方法有窒息法、隔离法、冷却法和中断化学反应法。火灾中使用的灭火剂就具有这些不同的作用，可以破坏继续燃烧的条件。

三、防毒

（一）发酵工厂常见毒物

发酵工厂常见毒物是指在生产过程中使用或产生的有毒物质，也叫作工业毒物或生产性毒物。其在生产过程中可能是原料、辅助材料、半成品、成品，也可能是废产品或废弃物、夹杂物，或其中含有有毒成分，可能是气体、液体或固体。常以气体、蒸汽、烟雾、粉尘等形式存在于生产环境中，污染空气，对人造成危害。发酵工程常见工业毒物有如下几种。

（1）酸类，如硫酸、硝酸、乙酸、盐酸。

（2）成酸氧化物，如二氧化硫、二氧化碳、二氧化氮。

（3）成酸氰化物，如氟化氢、氯化氢、硫化氢。

（4）碱类，如氢氧化钠、氢氧化钾。

（5）成碱化物，如氨。

（6）醇类，如甲醇、乙二醇。

（7）酯类，如甲酸、甲酯、乙酸乙酯。

（8）醛类，如甲醛、乙醛。

（9）强氧化剂，如重铬酸钾等。

（二）工业毒物对人体危害

工业毒物对人体的作用可分为局部作用和全身作用。当皮肤受污染时，首先引起局部刺激作用或过敏反应。当毒物被皮肤吸收或经呼吸道吸入后，可能引起全身中毒，可损害神经系统、消化系统、呼吸系统、血液系统、泌尿系统、心血管系统、生殖系统及内分泌系统等。某些毒物对人体产生远期影响，具有致突变作用、致畸作用和致癌作用。当妇女在孕期接触某些化学毒物时，毒物可以通过胎盘影响胎儿的发育，引起胎儿畸形、智力发育不良、流产或死胎等。

工人在接触某些化学毒物时，癌瘤的发病率增高，这种化学物质称为化学致癌物。国际上现已查明的化学致癌物，大致可分为三类：第一类是人体致癌物，有充分的流行病学证据和可靠的动物实验资料，如砷、苯、氯乙烯、联苯胺、铬酸盐和重铬酸盐等30余种；第二类是可疑人体致癌物，有个别人体致癌的病例而未经流行病学肯定，但动物资料证实致癌，如环磷酰胺、丙烯脂等；第三类是动物致癌物，仅在实验动物中获得阳性而缺乏人群致癌资料。某些化学物质还具有促进肿瘤生长的能力，称为促癌物。

根据工业毒物的作用特点,可分为神经毒物、肝毒物、遗传毒物、刺激毒物及窒息毒物等。这些毒物可选择性地损害某个器官或引起某一毒性反应。例如,神经毒物中毒时,首先引起神经系统的中毒症状。由于毒物作用的方式不同,对人体所致损害也有所不同。例如,过量接触苯蒸气,急性中毒时可引起中枢神经损害,出现麻醉、昏迷、呼吸抑制而死亡;慢性中毒时主要损害血液系统,可引起白细胞、血小板减少,贫血,严重时发现再生障碍性贫血;铅可以引起多个系统和器官的损害,首先影响造血系统,然后引起中枢神经系统和周围神经的损害,严重时出现中毒性脑病;汞、锰可引起严重的中枢神经损害;氯乙烯可使肝脾肿大出现肝血管瘤;二硫化碳会损害生殖系统等。

当缺乏行之有效的预防措施时,工业毒物可以引起各种各样的损害,不仅损害工人自己,还可影响下一代,轻者引起功能性障碍,重者可造成病残,甚至影响寿命,导致死亡。毒物的危害是众所周知的,关键在于必须认识其危害并采取有效的防治措施,减少或消除这些危害。

第二节　安全管理及防范措施

安全是管出来的,安全管理的加强和制度的完善是十分重要的工作。职工上岗前必须进行安全教育,包括安全法规、安全制度、工伤案例等。还需要定期进行岗位安全操作规程、劳动安全防护用品的正确使用方法等的教育。管理者任职期间,也需接受安全教育。同时,要加强职工培训,并让所有职工意识到这些安全操作要求不是硬性的管理规定,更是每个职工的切身利益的保障,是维护个人安全的需要。

一、树立员工安全意识

通过对员工进行安全培训增强员工的安全意识,坚持不懈抓好安全教育培训,多种形式营造安全文化氛围,构建安全长效机制。安全工作重在防范,而只有通过安全生产教育,提高员工的安全技能和意识,才能防止员工的不安全行为,减少乃至杜绝人为失误的发生。为此,应注重对员工的安全教育培训工作,结合车间的具体生产情况及工艺流程的变化和员工各阶段的安全需求,利用班组讨论、事故应急演讲及分析事故案例等多种形式开展安全教育培训工作。通过考试使员工对岗位操作标准的相关技能、内容、危险辨识和风险评价及安全生产常识得到进一步的学习和巩固,提高安全防范意识。

二、开展安全宣传活动

紧紧围绕安全活动月主题开展安全宣传活动。各项目部举行各种形式的安全宣传活动,张贴安全标语、书写安全墙报、制作安全标志牌和警示牌,开展班组安全教育会议,营造安全氛围,达到提高安全意识的目的。

三、完善车间安全制度

对车间存在的现有安全制度进行评估,加强和完善安全制度,宣传《中华人民共和国安全生产法》,在全车间形成强大的舆论氛围和宣传声势。为检验规程学用情况,车间组织抽查考试,举办安全生产理论与管理知识培训班,通过培训不断提高安全管理水平。及时修改、完善安全操作规程、安全管理规章制度,以及车间设备的操作规程,促进安全生产。

四、排查车间危险因素

日常排查、专项治理、风险评价有效结合，持续优化现场管理。以车间周检、工序日检和班组自检相结合的形式，在做好日常安全隐患的排查和员工作业行为规范工作的基础上，针对车间工艺流程、设备改造及挖潜改造项目实施投用的状况，及时开展全员性的风险辨识、评价和控制工作。

五、抓好现场安全管理

持续加强作业人员的集中排查，减少、杜绝违章操作、违章指挥、违反劳动纪律现象的发生。此外，通过各大班、小班之间的互排互查，边找边改，确保对检查中的不合格项和安全隐患问题进行及时整改，提高个人的防护技能，以及集体的安全配合意识。对每一位员工严格要求，使其形成良好的习惯，为后面的生产打下坚实的基础。车间在加强劳动纪律管理的同时，监督职工是否认真执行安全操作规程，检修时是否执行挂牌制度，高温作业时劳保用品是否穿戴齐全等。总之，在现场管理中，一方面督查人的安全行为，另一方面排查现场环境及生产设备是否给人带来不安全因素或隐患，以及检查安全防范措施的落实情况。对于违反劳纪行为的，发现后，首先批评教育，予以纠正，再对其进行考核的同时给予曝光处理，以点带面，教育他人。

六、做好安全生产计划

对于存在的问题早发现早解决，做到防微杜渐，每日零安全事故，发现重大问题及时上报，不得私自解决或隐瞒，避免造成负面影响。一些新入厂人员及劳务工被安排到各个岗位，在接受三级教育后与师傅签订师徒合同及联保护保协议，由师傅负责"传、帮、带"工作，并与老员工一起，车间积极安排其参加分厂及车间组织的各项安全活动，使之及时掌握生产工艺技术、设备维护、安全技术操作规程，了解安全生产责任制和劳动纪律制度等。通过落实联保互保和师徒关系的建立，为车间安全生产增添了一道保护屏障。

小　结

我们应坚持"安全高于一切"，抓牢抓实安全生产工作，确保人民群众生命财产安全和社会大局稳定。持续把牢安全防护这道关，不断夯实安全基础，降低事故发生概率；紧盯重点领域、重点场所、重点部位和重点人员，全面开展排查整治，确保风险第一时间发现、第一时间整改、第一时间处置到位；坚持"责任重于泰山"，坚决守住安全发展这条底线，严格落实安全生产责任制，扎实做好督导服务、值班值守工作，更好统筹高质量发展和高水平安全。

复习思考题

1. 生产中的不安全状态和不安全行为主要有哪些？
2. 简述安全管理及防范措施。

第十四章
工艺设计应提交的设计条件

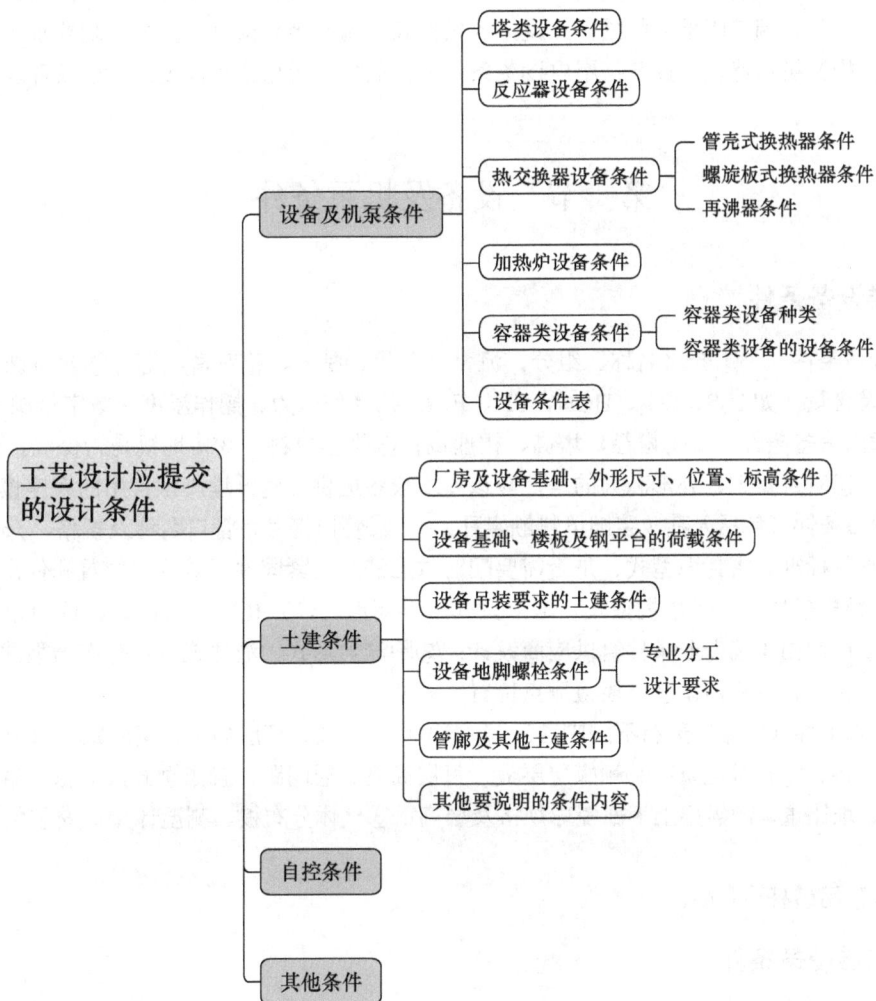

```
                                              ┌─ 塔类设备条件
                                              ├─ 反应器设备条件
                                              │                      ┌─ 管壳式换热器条件
                                              ├─ 热交换器设备条件 ────┤─ 螺旋板式换热器条件
                              ┌─ 设备及机泵条件 ┤                      └─ 再沸器条件
                              │               ├─ 加热炉设备条件
                              │               │                      ┌─ 容器类设备种类
                              │               ├─ 容器类设备条件 ──────┤
                              │               │                      └─ 容器类设备的设备条件
                              │               └─ 设备条件表
                              │
                              │               ┌─ 厂房及设备基础、外形尺寸、位置、标高条件
 工艺设计应提交               │               ├─ 设备基础、楼板及钢平台的荷载条件
 的设计条件    ───────────────┤               ├─ 设备吊装要求的土建条件
                              ├─ 土建条件 ─────┤                      ┌─ 专业分工
                              │               ├─ 设备地脚螺栓条件 ────┤
                              │               │                      └─ 设计要求
                              │               ├─ 管廊及其他土建条件
                              │               └─ 其他要说明的条件内容
                              │
                              ├─ 自控条件
                              │
                              └─ 其他条件
```

　　设计工作开展的依据是设计条件,各专业能否准确、及时地提出条件是关系到设计效率、设计质量、设计水平的重要因素,因此,各专业在项目开始前,应充分做好调查及资料收集工作,必要时可以寻求接受条件专业的帮助,提出条件专业对条件的准确性负责。

　　设计条件根据来源不同分为外部条件和内部条件。

　　外部条件一般来源于甲方或者相关政府部门。按照设计阶段不同又分为基础工程设计条件和详细工程设计条件。

　　(1)基础工程设计阶段条件:①可行性研究报告和上级主管部门对可行性研究报告的批复文

件；②各级主管部门对投资来源的批文；③原料供应落实的有关部门的批复或协议书；④水、蒸汽、电等供应协议书或批复；⑤环境影响报告书及其批文、消防部门的批文；⑥安全、卫生评价及批文；⑦交通运输条件；⑧基础工程设计委托书；⑨主要的设备表及操作规程。

（2）详细工程设计阶段条件：①详细工程设计委托书；②基础工程设计文件和相关批文；③主要设备订货清单及其有关技术资料；④基础工程设计阶段提供的资料。

内部条件来源于参与设计的各专业之间。按照设计阶段不同也分为基础工程设计条件和详细工程设计条件。设计条件主要是工艺专业提出，其余专业配合，工程设计中工艺专业提出的条件有：管道及仪表流程图（P&ID）；设备一览表；管道特性一览表；特殊管件、阀门数据表；机泵数据表；安全阀、调节阀推力数据；三废排放条件表；调节阀数据表；复杂控制要求、连锁程控要求；建（构）筑物特征条件表；用电设备条件表；危险场所划分条件表；仪表条件表；界区条件表等。

第一节　设备及机泵条件

一、塔类设备条件

1. 介质条件　①介质名称、组分、流量、总量、黏度、相对密度等；②含特殊腐蚀性介质的组分及含量（如 H_2S、SO_2、HCN、Cl^-、F^-）；③操作压力、操作温度（数字资源 14-1）。

2. 通用设备条件　①塔径、塔高、裙座高；②推荐材料；③接地板是否保温，保温层厚度及重量；④对重量大、外形高大的塔，应该要求设备提供土建预埋脚螺栓用的底座模板规格。

3. 管口条件（包括入孔、装卸填料触媒孔）　①管口符号、管口名称及规格、介质名称及用途；②法兰标准、密封面型式、是否需要配对供应法兰及紧固件；③管口位置和伸出长度。

4. 塔结构条件　①塔板型式、泡罩型式、浮阀形式、开孔率、塔板数、板间距、检修手孔位置和规格或由工艺专业条件给供应商设计；②除沫器形式、液体或气体分布器型式、位置、防冲板、防溢口、取样口；③自控检测点位置、规格。

5. 特殊条件（根据塔形有不同内容）　①填料层层数、每层高度、层间距。填料型式及规格、填料材料、填料堆比重；②触媒层层数、每层高度、层间距，触媒型式及规格、触媒型号、颗粒大小、堆比重，触媒层上下部瓷球规格及层高；③气体分布板、测温计接口安装位置及安装形式。

6. 塔顶吊装杆　略。

二、反应器设备条件

1. 介质条件　①介质名称、组分、流量；②操作温度、操作压力（数字资源 14-2）。

2. 通用条件　①反应器直径、高度（直筒段）、裙座高；②推荐材料、接地板、吊装杆；③保温层厚度；④气体进口防冲板。

3. 管口条件　①管口符号、管口名称、规格（PN、DN）及用途；②管口法兰标准、密封面型式、伸出长度。

4. 特殊条件　①触媒层层数、每层高度、层间距；②触媒型号、颗粒大小、堆比重；③触媒层上、下部瓷球规格、层高；④测温计安装位置及安装形式。

数字资源 14-1

数字资源 14-2

三、热交换器设备条件

（一）管壳式换热器条件

1. 介质条件　①冷侧（管程或壳程）：介质名称、组分、流量、进出口温度、压力。②热侧（管程或壳程）：介质名称、组分、流量、进出口温度、压力（数字资源 14-3）。

2. 通用条件　①型式、直径、直管段管长、总长、列管规格；②换热面积、热负荷（GJ/h）、壳程隔板间距、高度；③保温层厚度、鞍座位置（卧式）、支耳位置（立式）。

3. 管口条件　①管口符号、管口位置、管程及壳程介质进出管口规格（DN）、压力等级（PN）；②法兰型式、规格、密封面型式、伸出长度、法兰标准号；③导淋及放空口、防冲板。

4. 附表　①管壳式换热器形式代号表；②管壳式换热器及冷却器条件表；③管壳式冷凝器条件表；④管壳式再沸器（蒸发器）条件表。

（二）螺旋板式换热器条件

1. 介质条件　①冷侧（管程或壳程）：介质名称、组分、流量，进出口温度、压力。②热侧（管程或壳程）：介质名称、组分、流量，进出口温度、压力。

2. 通用条件　①型式和规格；②螺旋通道的厚度、高度、圈数、通道长度、材料、换热面积、热负荷（GJ/h）；③保温层厚度。

3. 管口条件（需附图）　①管口符号、管口位置及伸长长度、管口规格；②法兰压力等级、规格、密封面型式、法兰标准号；③导淋及放空口、位置与规格。

（三）再沸器条件

1. 介质条件　①冷侧：介质名称、组分、进出口温度、压力。②热侧：加热蒸汽的压力、流量。

2. 通用条件（需附图）　①型式和规格：立式还是卧式，立式与列管换热器相同，卧式则要提加热釜直径切线长和总长，换热管规格与换热面积，热负荷（GJ/h）。②保温层厚度。

3. 管口条件（需附图）　冷侧进出料管口，热侧蒸汽进口与冷凝液出口，再沸器、加热釜头放气管及导淋，压力温度表接管，液位计安全阀接口，也有热工艺加热或产生蒸汽的类似再沸器的设备。

四、加热炉设备条件

加热炉主要有圆筒炉、方箱炉，属于管式炉类型。圆筒炉壳体为钢制，圆筒内衬耐火材料，下部有燃烧喷嘴，上部有烟囱。大型方箱炉炉体以型钢作梁柱加固。在加热侧设有炉墙，上面安装有燃烧喷嘴及看火孔。相对的一侧则是烟道，它直接连接到烟囱（数字资源 14-4）。

被加热的介质用泵提压通过炉内盘管提高温度后送往下游设备。

目前广泛采用的圆筒炉已系列化，设计人员可根据下列条件进行选用：①被加热介质的名称、组分、流量、是否含腐蚀的介质；②进出加热炉的介质温度及要求加热炉的热负荷、加热面积、对流段、辐射段；③进出加热炉加热盘管内介质的压力；④可供使用的燃料种类、热值；⑤加热炉保温要求；⑥推荐的炉管材料、是否翅片管。

选用热媒（导热油）炉时，设计条件和上述相似。

数字资源 14-3

数字资源 14-4

五、容器类设备条件

（一）容器类设备种类

容器类设备可分为：①储存液体物料所用的储槽（罐）为立式、卧式，有的设盘管加热器或加热夹套，有的带搅拌器；②有一定功能的容器，如过滤器、除沫器、分离器、沉降槽、混合气和缓冲罐；③以混凝土为主结构、设有钢盖板的大型容器类设备。

（二）容器类设备的设备条件

1．通用条件　介质名称、组分、浓度、密度、压力、温度、有效容积、规格尺寸、含颗粒度情况（数字资源 14-5）。

2．管口条件　①管口符号、名称、位置、规格、连接法兰规格（DN，PN）型式、标准号、自控检测点接管位置、规格、人孔、备用口等；②设备材料，衬里层材料、厚度，防腐保温要求，设备支架。

3．特别要求　例如，过滤部分的开孔率、孔大小，套不锈钢钢丝网的目数，除沫器的型式、规格，搅拌器，加热盘管或加热夹套条件。

六、设备条件表

常用设备条件表包括：①塔类设备条件表；②反应器来设备条件表；③管壳式换热器设备条件表；④加热炉设备条件表；⑤容器类设备条件表。

第二节　土建条件

土建条件包括建筑物条件和构筑物条件，一般是在设备平面布置图、设备总图或外购设备资料返回后提出。

一、厂房及设备基础、外形尺寸、位置、标高条件

厂房主要有框架结构、排架结构及钢结构、混合结构等型式。土建位置条件以设备布置图为基础，标注出下列内容。

（1）轴线及轴线间距。

（2）层数及楼层标高。

（3）设备基础直径或外形尺寸及标高（以室内地平为±0.00 或 EL100.00 的相对标高），按设备制造厂提供的基础条件进行标注。

（4）管道的公称直径大于 250mm 的穿楼预留孔、设备吊装孔，穿楼板的设备安装孔。

（5）建筑门窗、梯子、平台位置及尺寸等。

（6）地面坡度、地坑、地沟管沟的位置、尺寸泵区、罐区的围堰要求；基础表面、墙面、地面建筑要求及基础的防腐要求泵区、罐区的围堰要求。

（7）落地的钢平台及梯子的位置、尺寸、标高条件。

（8）为满足设备吊装或安装要求而设置的吊车轨道、活动梁及后砌墙、预埋吊钩等内容。

（9）北向为 0°的方向标志。

二、设备基础、楼板及钢平台的荷载条件

（1）设备空重（净重）。

（2）设备充水重或充满物料重，这是因为考虑到水压试验时对基础的荷重，但不应包括填料、催化剂、触媒筐等。

（3）高塔设备及烟囱、排气筒等，提供塔径×塔高，以便土建计算风压对基础的要求。

（4）动设备荷重按制造厂或样本提供的荷重，并增加动载荷因素（×1.25）。

（5）楼板及钢平台（落地的）荷重：①一般操作区域为 $200\sim250kg/m^2$；②一般检修区域为 $250\sim300kg/m^2$；③大机泵检修区域，按照放最大零部件总量计算；④堆放触媒、化学品、金属或陶瓷填料，根据物料的密度计算。

（6）保温材料重。

（7）其他外加荷重，如管道、管架等（估重）：①管道荷载，一次条件限于 1t 及以上的荷重，二次条件为 200kg 以上、1t 以下的荷重；②管件阀门等集中载荷；③风载荷、地震载荷等由土建专业考虑。

三、设备吊装要求的土建条件

（1）设备穿楼板孔：除了设备外径外，还要考虑管口、吊耳也能穿过楼板预留孔，且设备穿楼孔四周沿边应有 $H=50\sim80mm$ 的堰（起挡水作用）。

（2）靠边梁布置的高塔，可请土建设计活动边梁（钢梁），等高塔安装就位后，再安装活动边梁将框架封闭。

（3）大机泵厂房需设起重行车，起吊重量大于机泵或最大单体重量，起吊高度要保证吊起一台机泵能跨过另一台机泵。大机泵厂房在靠近道路的边跨应设吊装孔，吊装孔上铺设活动钢格栅及护栏杆。

（4）为装置设备维修或更换的方便，应在设备上方及适当位置埋设吊钩（荷重满足要求）。

（5）小型机泵厂房可在机泵排列中心线上方设置单轨吊车或猫头吊（电动或手动）。

（6）需后封墙的应予说明。

四、设备地脚螺栓条件

（一）专业分工

（1）非定型设备地脚螺栓的型式、材料、尺寸和伸出的长度、总长应由设备专业安装要求确定，提给工艺设计人员，供土建结构专业进行设备基础设计时标明。

（2）定型设备和转动设备的地脚螺栓一般应由设备制造厂配套供应，设备地脚螺栓表中注明"配套"即可。

（二）设计要求

（1）大型塔类设备应采用带模板的直埋地脚螺栓，以保证在打设备土建基础的同时准确地埋设设备地脚螺栓。地脚螺栓的埋入长度宜 $\geq30D$。

（2）其他静止设备及小型机泵地脚螺栓埋入长度为 $(20\sim30)D$，一般在土建基础上预留孔（$80\sim100mm$ 方孔），预留孔深度大于地脚螺栓埋入深度，待设备及地脚螺栓就位后，在预留孔内

二次灌浆将地脚螺栓固定（注意预留孔边距基础边尺寸应大于 75mm）。

（3）提地脚螺栓土建条件时要认真与设备图及设备布置图核对设备安装的位置及标高、螺栓伸出基础面的高度及螺纹长度，确保一次成功，不能有任何差错，以免造成土建返工。

五、管廊及其他土建条件

1. 装置内的管廊需提交内容　包括管廊跨度及跨距，管廊层数及标高，以及对管廊基础的荷重。其中荷重包括：①管廊横梁上管道（DN≥200mm）的集中荷载；②DN＜200 mm 管道布置区的均匀荷载；③蒸汽管道及热管道固定管架的水平推力。

2. 独立管架　包括独立管架位置、宽度、荷载、标高条件。

3. 管沟、地下池　包括管沟、地下池土建设计条件。

4. 土建基础及构筑物　包括土建基础及构筑物的防腐防火要求。

六、其他要说明的条件内容

（1）对于地震区域的大型立式设备，应由设备专业提出该设备的重心位置。

（2）对卧式高温设备鞍座基础应标明固定鞍座与滑动鞍座（对管程、壳程有膨胀结构的除外）。

（3）对几个有温差的高塔联合钢平台，应将各塔高层平台间做成一端铰接一端搭接，以适应各塔不同的热膨胀高度差。

（4）设备基础，框架楼板的防腐条件，框架梁柱的耐火要求、防火墙、爆炸区域厂房、防爆轻质墙轻型屋顶等要求。

（5）管道穿墙穿楼板等开孔条件，管径 DN＞250mm 的开孔属一次条件内容；管径 DN＜250mm 的开孔属二次条件内容。

开孔的孔径：①无保温的管道，不通过法兰，按管外径加 40mm；②无保温的管道通过法兰，按法兰外径加 30mm；③保温管道不通过法兰，按保温层外径加 40mm；④保温管道通过法兰，按上述①、②中大者；⑤多根管并排且相距很近，可合并成长方形大孔。

第三节　自控条件

1. 自控条件的依据　自控条件在管道及仪表流程图（P&ID）完成后进行。P&ID 上用各种自控符号及连线表示工艺对自控的要求。

2. 监测部分条件内容　①监测对象：介质组分、物性参数、操作状态（气、液、固）、操作条件（温度、压力）及监测参数（温度、压力、液位、流量等）。②监测地点：分现场、机房、控制室、计算机中心等。③监测目的：指示、记录、累计、控制、报警、连锁等。

3. 控制部分条件内容　①控制参数：温度、压力、液位、位移等。②控制方式：调节、报警、连锁等。③控制方案：定值控制、串级控制、比例控制、分程控制、报警、连锁等。

4. 在线分析项目条件主要内容　①在线分析项目名称；②在线分析项目测量及监测介质的名称、组分、物性；③在线分析项目测量及监测内容的正常值、最大值、最小值；④是否根据在线分析项目测得的数据进行生产最佳调节（ACS 系统）；⑤在线分析仪表房的有关土建、风道、仪器安装等条件，由自控专业为主导专业提出。

5. 设备与管道上有关仪表的安装条件　①设备上自控点接管规格、材料、压力等级、安装状态（水平或垂直）；②管道上自控点的管长、管道规格、材料、安装状态（水平或垂直）。

6. 常见自控条件表　自控条件表、流量条件表、化验分析条件表示例见数字资源 14-6。

第四节　其他条件

1. 电气条件　①工艺用电设备（如电机、电加热器）的动力电条件［附图（表）、设备布置图、设备一览表］；②厂房各楼层及室外装置区照明条件；③仪表及操作区局部照明条件或特殊照明要求，可按管道布置图上设备窥镜、阀门、仪表、视盘、取样点等位置确定后，再向电气专业提出（数字资源 14-7-1）；④工艺专业人员需要掌握易燃易爆介质管道的布置和规格要求，并应将需要进行静电接地的设备布置及接地板的位置信息提供给电气专业人员；⑤装置、厂房的防雷要求条件；⑥爆炸危险区划分的条件，由工艺专业提供工艺介质的特性，并由工艺专业在设备布置图上标出可能逸出危险介质的设备位号及释放源位置，提交给电气专业，划分细则参见《爆炸危险环境电力装置设计规范》（GB 50058—2014）（数字资源 14-7-2）。

2. 外管条件　工艺专业向外管专业提出与界外管廊相连的管道条件（管线号、管径及壁厚、材料、位置、标高），装置与管廊相连的管道边界为距管廊中心线 1m 处。需要安装在管廊管道上的阀门、调节阀、流量计、减压阀等条件也需向外管专业提出（数字资源 14-8）。

3. 给排水条件　①全厂生产、生活用水给水量、排水量；②各产车间及公用工程、辅助设施生产、生活用水给水量、排水量，以及给水管、排水管进出车间位置、管径、标高等条件；③循环冷却水条件包括循环冷却水水量、水质、温度、压力要求，建、构筑物型式，设备的主要设计参数及选型建议（数字资源 14-9-1）；④消防条件，提交给排水专业各防火对象（建构筑物/设备）危险物种类、特性、数量（数字资源 14-9-2）。

4. 暖通条件

（1）采暖通风空调条件。各房间名称，防爆等级，生产类别，操作班数，每班操作人数，要求室温（冬季、夏季）、要求湿度（冬季、夏季），设备发热情况（表面积、表面温度、用电功率），散出有害气体或粉尘的数量（kg/h），事故排风设备位号及建议排风形式，正负压要求，洁净度要求，照度要求（数字资源 14-10-1）。

需要附图（表）：设备布置图、采暖通风空调条件表。

（2）局部通风条件。设备位号、名称，有害物及粉尘粒度、排放量、温度、发散部位，设备接管直径或敞口尺寸，要求通风方式（送风或排风、间断或连续、固定或移动），特殊要求（风量、维持压力、温度、湿度）（数字资源 14-10-2）。

5. 空冷条件

（1）压缩空气（或氮气、氧气）条件。用气设备位号、名称，用气量（最大、正常、最小），用气压力（最大、正常、最小），用气质量要求（含油量，露点温度，N_2、O_2 纯度指标），备用气源要求或最大储气量（数字资源 14-11）。

需要附表：压缩空气（或氮气、氧气）条件表。

（2）冷冻条件。用冷设备位号、名称，冷量（最大、正常、最小），冷媒介质，冷媒温度（进、出），冷媒压力（进、出）。

6. 总图条件　总平面布置图方案（生产车间、公用工程及辅助设施才相对位置、外形尺寸、层数、高度等）。

7. 其他条件　例如，视频监控的特殊要求，阀门位置的特殊要求等。

数字资源 14-6
数字资源 14-7
数字资源 14-8
数字资源 14-9
数字资源 14-10
数字资源 14-11

小　结

准确及时提交设计条件对保证设计效率、质量和水平有极为重要的作用。设计条件分为外部条件和内部条件，外部条件主要来自甲方或政府部门，而内部条件则由设计团队各专业提供。工艺专业在提出设计条件时起主导作用，设计人员需要掌握设备及机泵、土建、自控及其他专业如电气、外管、给排水等的设计条件，以便与其他专业进行协调，确保设计条件的准确性和完整性，为后续施工和生产运行提供坚实基础。

复习思考题

1. 描述设计条件的分类，并举例说明外部条件和内部条件的不同来源及其重要性。

2. 在工艺设计中，工艺专业承担哪些关键职责？讨论工艺专业与其他专业如何协作以确保设计条件的准确性。

3. 在塔类设备和反应器设备的设计条件中，哪些参数是必须考虑的？

4. 在土建设计中，需要考虑哪些关键因素以确保设备的基础和结构安全？

5. 请讨论工艺专业人员如何与电气专业人员协作以确保静电接地和防雷要求得到满足。

6. 解释自控条件在管道及仪表流程图中的作用，并讨论其对工艺流程控制的重要性。

第十五章
计算机辅助设计

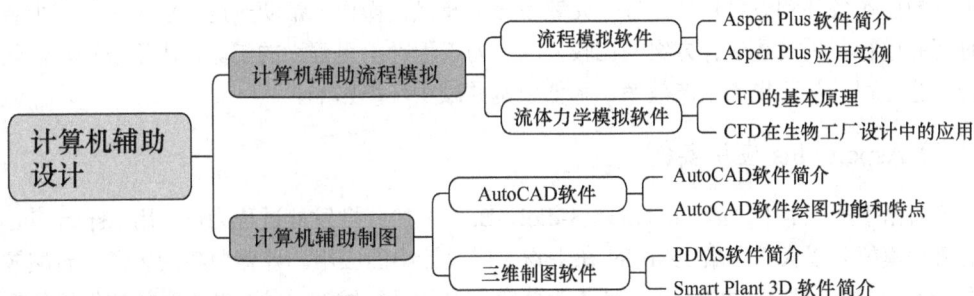

```
                              ┌─ 流程模拟软件 ──┬─ Aspen Plus软件简介
                ┌─ 计算机辅助流程模拟 ─┤              └─ Aspen Plus应用实例
                │             └─ 流体力学模拟软件 ─┬─ CFD的基本原理
计算机辅助 ──────┤                            └─ CFD在生物工厂设计中的应用
设计            │             ┌─ AutoCAD软件 ──┬─ AutoCAD软件简介
                └─ 计算机辅助制图 ─┤             └─ AutoCAD软件绘图功能和特点
                              └─ 三维制图软件 ──┬─ PDMS软件简介
                                              └─ Smart Plant 3D 软件简介
```

计算机辅助设计是指设计人员利用计算机及其连接的图形设备等进行设计工作，设计人员可将工艺流程图、设备装配图、管道布置图等繁重的绘图工作交给计算机完成，并完成一些手工绘图难以完成的图形数据加工工作。生物产品生产过程多是连续的和复杂的，涉及许多原料、辅料、中间产品、成品和副产品，往往经过许多设备和机器，有时还有若干物流在系统中循环。在手工设计计算时要经过多次迭代计算，十分烦琐、费时，而计算机的介入使设计计算更方便、高效。目前，所有设计图纸和资料及原始条件均可用电子资料保存，从而实现全过程"无图纸"设计。随着我国国际项目合作和竞标日趋广泛，设计软件的应用可能起到关键性甚至决定性的作用。本章主要介绍生物工厂设计中，常见的流程模拟软件及制图软件。

第一节　计算机辅助流程模拟

在发酵工厂设计中，通常首选要确定装置的基本工艺流程，该流程对设计非常重要，它是后续设计的基础，是装置能否达到预期设计能力和产品质量的前提。工程技术人员利用计算机强大的运算能力完成单元操作计算和多组分体系平衡计算，进行多种方案设计计算，选择最适宜的工艺流程。计算机辅助流程模拟是利用计算机强大的运算能力完成单元操作计算和多组分体系平衡计算，进行多种方案设计计算，选择最适宜的工艺流程。相比手工计算，用计算机进行流程模拟可以节约大量时间，在有限时间内提供更多可供选择的技术方案。

一、流程模拟软件

（一）Aspen Plus 软件简介

Aspen Plus 是一款由 Aspen Technology 公司开发的大型通用流程模拟系统，它源于美国能源部于 20 世纪 70 年代后期在麻省理工学院（MIT）组织的会战——开发新型第三代流程模拟软件。该项目称为"过程工程的先进系统"（Advanced System for Process Engineering，ASPEN），并于1981 年底完成。该软件经过 20 多年来的不断改进、扩充和完善，已先后推出十几个版本，成为公认的标准大型流程模拟软件，用户遍布世界各地。

Aspen Plus 具备十分完备的物性系统，用户只需输入物质的分子结构式，系统便自动计算出该物质的所有相关物性参数，省却了用户自行查找、输入物性数据的烦琐过程，这使得 Aspen Plus 在工程上应用时，可以大大节省工作时间，提高工作效率。Aspen Plus 数据库包括近 6000 种纯物质的物性数据，包括约 900 种离子和分子溶质估算电解质物性所需的参数，包括约 3314 种固体的固体模型参数，包括水溶液中 61 种化合物的 Henry 常数参数。

Aspen Plus 还提供了丰富的化工组件库和数学模型，可以模拟各种传质、传热和反应动力学过程。例如，可以依据工艺过程进行质量和能量平衡计算，预测出口物流的流率、组成和性质，设计可行的操作条件和设备尺寸，进行灵敏度分析及优化操作，帮助改进当前工艺，减少装置的设计时间并进行各种装置设计方案的比较。已成为工程师手里强大的工具，用于设计、优化和分析各种工艺过程，从而提高生产效率、降低成本并减少环境影响。

（二）Aspen Plus 应用实例

以葡萄糖生产 1,4-丁二醇（butane-1,4-diol，BDO）的分批发酵过程为例，用 Aspen Plus 进行简单的流程模拟，以大致了解 ASPEN 在生物工厂设计中的应用。以葡萄糖为碳源，硫酸铵为氮源，用 KOH 来调节发酵过程的 pH，通入无菌空气进行好氧发酵，发酵过程释放的气体包括氧气和二氧化碳，主产物为 BDO，副产物包括乙酸酯、乙醇、γ-羟基丁酸、γ-丁内酯，以及一种胞外蛋白。采用流加操作方式，物流温度为 20℃，压力为 35psi①，初始培养基总流率为 170kmol/h，葡萄糖浓度为 20g/L，溶解氧浓度为 0.013 03g/L，硫酸铵浓度为 5.829 28g/L，菌体浓度为 1.6g/L。补糖物流温度为 45℃，压力为 35psi，总流率为 3247.06kg/h，葡萄糖浓度为 607.679g/L。补氮物流温度为 15℃，压力为 35psi，总流率为 140.529kg/h，硫酸铵浓度为 349.017g/L。无菌空气物流温度为 33℃，压力为 72psi，氮气和氧气流率分别为 5503.39kg/h 和 1671.05kg/h。pH 调节物流温度为 25℃，压力为 35psi，总流率为 89.106kg/h，KOH 浓度为 254.225g/L。

1. 启动 Aspen Plus　启动 Aspen Plus V14 版，系统提示新建模拟，在类别中选择"特殊化学品和制药"，选择"生物过程模拟公制单位"模板，打开所选模板。

2. 输入组分信息　生物过程模拟模板自带一些生物质原料信息，根据给定工艺对原料组分进行删除和添加。在"物性"菜单栏里，对每一个组分进行设置，组分必须有唯一的 ID，组分可用英文或分子式输入，利用弹出的对话框区别同分异构体，也可直接使用 CAS 号进行精确定位（图 15-1）。其中 DCM 和 PROTEIN 分别代表生物组分和胞外蛋白组分，都可通过自定义设置，同时对生物组分和蛋白质组分分别设置其一碳摩尔元素化学式（$CH_aO_bN_c$）和其灰分（图 15-2）。

在 Propeties 环境下，进行物性计算方法和模型的设置。在"Method filter"（方法类型）里选用 PHARMA，在"Base method"（基本方法）里选用 BIOIDEAL。创建方法名称 BIOREACT。Henry 组分设置 HC-1（图 15-3）。在亨利组分中将氧气、二氧化碳和氮气添加至难溶气体。

3. 流程设置与动力学设置　当选定了合适的单元模块，就可以放到流程区中去，在画好流程的基本单元后，打开物流区，用物流将各个单元设备连接起来，进行物流连接的时候，系统会提示在设备的哪些地方需要物流连接，在图中以红色的标记显示，在红色标记处，确定所需要连接的物流，当整个流程结构确定以后，红色标记消失。采用间歇模式画出流程图，并连接各个流股（图 15-4）。本例中需要对碳源，氮源，氧气等物料分别进行设置，输入每种物流的压力、温度和总流率等信息（表 15-1）。

---

① 1psi＝6.894 76×10³Pa

图 15-1　Aspen Plus 中物流组分

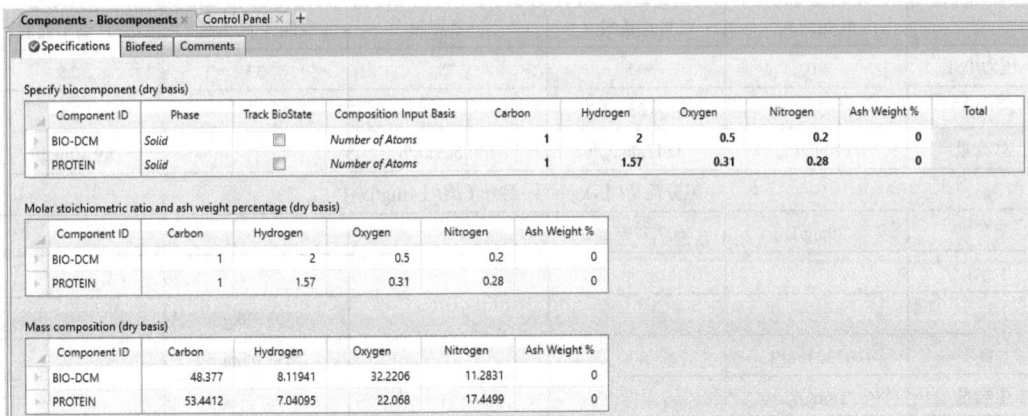

图 15-2　Aspen Plus 中生物组分和蛋白质组分的原子分析

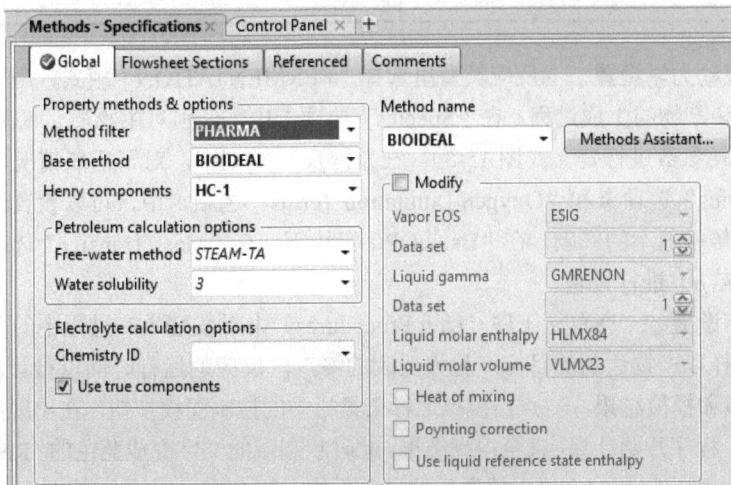

图 15-3　Aspen Plus 中的方法选择

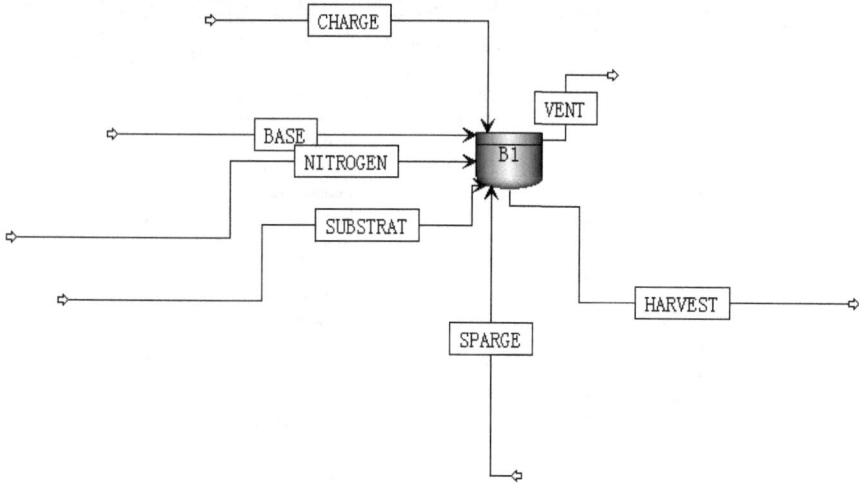

图 15-4　Aspen Plus 中的流程图

表 15-1　各输入流股数据

	初始流股	补糖流股	补氮流股	无菌空气流股	pH 调节流股
压力/PSI	20	45	15	33	25
温度/℃	35	35	35	72	35
总流量	170mol/h	3247.06kg/h	140.529kg/h		89.106kg/h
组分流量/[(kg/h)]/组分浓度/[(mg/L)]					
葡萄糖	20mg/L	`607.779mg/L			
水					
N_2				5503.39kg/h	
O_2	0.01303mg/L			1671.05kg/h	
生物量	16mg/L				
$(NH_4)_2SO_4$			349.017mg/L		
KOH					254.225mg/L

　　4. 生物反应动力学设置　　反应类型里选择"FERMENTATION"模式,用于描述生物量的增长,底物消耗和产物的生成过程。在"Species"选项卡中,分别对生物质、氧源、氮源、底物、产物的生成及消耗参数进行定义(图 15-5)。在发酵反应类型中,对于需氧情况,会包含氧气限制项。在"Kinetics"选项卡和"Oxygen Limitation Terms"选项卡中,可以设置这些参数的值。同时氧气也受到传质速率的影响,在"BatchOP"模块下,在"Mass Transfer"选项卡中对氧气的体积传质系数(K_La)进行设置。

　　5. 单元工序设置　　在单元工序(Unit Procedures)中对发酵生产过程中的单元操作进行设置。操作变量选择以产物达到的目标产量为反应的终点,反应的运行时间以秒计。

　　6. 运行模拟和模拟结果　　点击模拟运行工具栏中的控制面板按钮,在出现的窗口的工具栏中点击开始按钮,程序开始计算,直至得到结果,此时状态域的文字变成蓝色的"Results Available"。若为红色或黄色,则表示程序有错误或警告信息,系统一般会指出原因,可以据此查错。

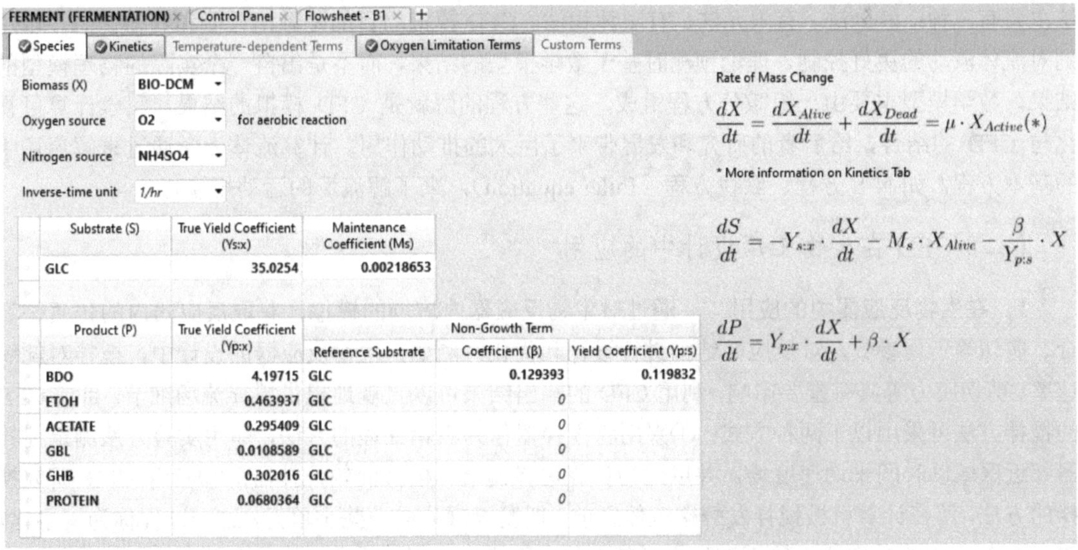

图 15-5 发酵动力学参数设置

点击模拟运行工具栏中的结果浏览按钮，查看运行结果。对于所有物流在/Data/Result Summary/Streams 中可看到结果，对于单个物流在 Data Browser 中打开物流文件夹程选择 Results 表可看到结果。同样模块结果也可以从 Data Browser 看到。

二、流体力学模拟软件

计算流体力学（computational fluid dynamics，CFD）是流体力学的一个分支，用于求解固定几何形状空间内的流体的动量、热量和质量方程及相关的其他方程，并通过计算机模拟获得某种流体在特定条件下的有关数据，相对于实验研究，CFD 计算具有成本低、速度快、资料完备、可以模拟真实及理想条件等优点，从而成为研究各种流体现象、设计、操作和研究各种流动系统和流动过程的有力工具。

CFD 可用于生物工程设备的模拟、分析及预测，如对生物反应器搅拌器的设计、放大；可以预测流体流动过程中的传质、传热，如模拟加热器中的传热效果、蒸馏塔中的两相传质流动状态；可以描述化学反应及反应速率，进行反应器模拟，如模拟出生物反应器中的反应速率；还可有效模拟分离、过滤及干燥等设备及装置内流体的流动。

Fluent 是通用 CFD 软件包，用来模拟从不可压缩到高度可压缩范围的复杂流动。由于采用了多种求解方法和多重网格加速收敛技术，因而 Fluent 能达到最佳的收敛速度和求解精度。灵活的非结构化网格和基于解的自适应网格技术及成熟的物理模型，使 Fluent 在湍流、传热与相变、化学反应与燃烧、多相流、旋转机械、动/变形网格、噪声、材料加工、燃料电池等方面有广泛应用。Fluent 软件采用基于完全非结构化网格的有限体积法，而且具有基于网格节点和网格单元的梯度算法，Fluent 软件中的动/变形网格技术主要解决边界运动的问题，用户只需指定初始网格和运动壁面的边界条件，余下的网格变化完全由解算器自动生成。

（一）CFD 的基本原理

CFD 以动量、能量、质量守恒方程为基础，用数值计算方法直接求解流动主控方程 [纳维-斯托克斯方程（Navier-Stokes equations，N-S 方程）]，以发现各种流动现象规律。CFD 的计算方法主要有三种：差分法、有限元法、有限体积法。CFD 模拟的目的是做出预测和获得信息，以达到对流体流动的更好控制。理论预测时基于数学模型的结果，而不是出自一个实际的物理模型的结果。数学模型主要由一组微分方程组成，这些方程的解就是 CFD 模拟的结果。科学计算可视化与 CFD 的结合，给后者的研究和发展带来了巨大的推动作用。计算流体力学通过求解流场中的基本方程，如 N-S 方程、欧拉方程（Euler equation），来了解流场的运动规律。

（二）CFD 在生物工厂设计中的应用

1. 在生物反应器中的应用　通过对生物反应器内流场的模拟，获取反应器内的传质、混合、剪切等工程参数，对反应器结构进行设计和优化。例如，生物反应器的设计中，搅拌对耗氧速率、剪切应力等具有重要影响，利用 CFD 的输出结果可以直观地提供搅拌流场细节。目前 CFD 的搅拌方法可采用以下两种方式：①采用将搅拌器作为黑箱处理的方法，即用实验方法测定搅拌器邻近区域以时间平均速度场，并以此为计算边界调节，模拟涡轮搅拌器；②应用 CFD 研究搅拌的方法，即在计算机械搅拌发酵罐流体之前，把发酵罐分成一些小单元，这一过程称为网格化。CFD 模拟能否成功取决于能否产生合适的网格。网格生成后，质量、能量和动量守恒方程，以及表示湍流作用和发生化学反应而产生后消耗的物质的变量，都可以通过数值计算解得。计算的一个重要部分就是满足方程的边界调节，一般把壁面的流体速度设为零。

2. 生物过程动力学中的应用　将 CFD 基本模型与生物过程的动力学相结合，建立计算流体力学与细胞代谢网络相耦合的模型，从而实现生物过程的模拟。例如，生物反应过程中，反应器内的均一性环境，可以有效提高细胞与外界环境的物质交换效率，那么通过计算反应器内物质传递与混合情况，同时根据生物反应动力学计算生物反应过程，即可考察非均匀环境对生物过程的影响，从而对生物过程发大进行优化及预测其运行效果。

第二节　计算机辅助制图

一、AutoCAD 软件

（一）AutoCAD 软件简介

生物工厂设计中需要提供的图纸最主要的是工艺流程图、管路布置图、设备布置图和非标设备装配图。目前最常用的化工制图软件是 AutoCAD，它在绘图质量、效率、图样管理等方面，有着独到的优势，为多数企业所采用。AutoCAD 是由美国 Autodesk 公司开发的通用计算机辅助设计软件，是目前世界上应用最广的 CAD 软件。AutoCAD 已由原先的侧重于二维绘图技术为主，发展到二维、三维绘图技术兼备，且具有网上设计的多功能 CAD 软件系统。AutoCAD 具有良好的用户界面，通过交互菜单或命令行方式便可以进行各种操作。AutoCAD 软件具有如下特点：①完善的图形绘制功能；②强大的图形编辑功能；③二次开发或用户定制功能；④多种图形格式的转换，较强的数据交换能力；⑤支持多种硬件设备；⑥支持多种操作平台；⑦通用性、易用性好。

Autodesk 公司成立于 1982 年 1 月，经过 40 多年的发展，不断丰富和完善了 AutoCAD 系统，并陆续推出了多个新版本。这使得 AutoCAD 从一个功能有限的绘图软件发展成为功能强大、性能稳定、市场占有率领先的 CAD 系统，在城市规划、建筑、测绘、机械、电子、造船、汽车等众多行业得到了广泛应用。AutoCAD 软件采用.dwg 文件格式，已成为二维绘图的常用技术标准。

　　AutoCAD 软件的图形编辑功能能够快速绘制图形，大大提高了工作效率，相较于传统的手工绘图方式更为高效。软件中的丰富命令群使得在计算机上能够迅速实现各种操作，如复制、剪切、移动、镜像、增加、合并、删除、缩放、旋转等，可以随时对设计图进行修改。整体图块处理技术和外部引用功能使得可以将重复使用的图形保存为一个整体，方便建立如螺栓、螺钉、门窗等零部件图库，减少了不必要的重复性工作，提高了制图速度和质量。AutoCAD 软件绘制的图形精确度高，设计精度较高，能够方便绘制精密配合的图形。同时，AutoCAD 具有人性化的界面，易于上手。

（二）AutoCAD 软件绘图功能和特点

　　1. 基本界面　　AutoCAD 软件操作界面包括菜单栏、工具栏、绘图窗口、文本窗口与命令行、状态栏等元素（图 15-6）。

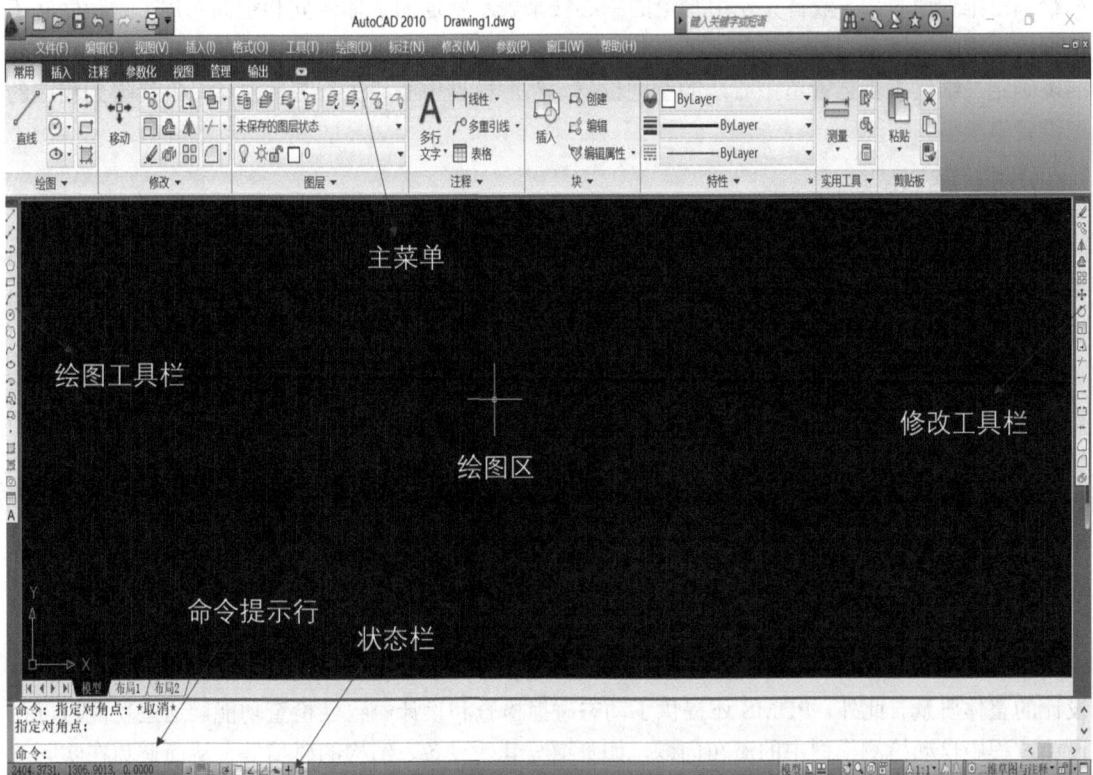

图 15-6　AutoCAD 2010 操作界面

　　2. AutoCAD 软件特点　　拥有友好的用户界面、方便的坐标输入功能、强大的图形编辑功能。拥有强大的三维造型建模功能；提供了线框造型、表面造型、实体造型功能。不仅能建立和编辑规则的三维图形，还能处理空间自由曲线和自由曲面，以及进行着色渲染。

　　其具有自动测量和标注尺寸功能与强有力的视图显示和图层控制功能，能自动测量和标注各种类型的尺寸、尺寸公差、形位公差，以及表面粗糙度等工程信息；操作者可从不同的位置和角度观察、处理所建立的实体，简化图形绘制和编辑。其还具有数据交换功能和便于协同工作的外部引用功能，从事同一工程项目的任何成员的子设计图发生变化的信息可在总设计图上反映出来并自动更新。另外，其还有可见即可得的图形输出功能和系统的网络技术发布技术，可超级链接和发布到网络，能让 CAD 部门的人迅速共享最新设计信息。

对于生物工程设计而言，AutoCAD 主要用于绘制实验流程图、零件图、设备装配图、工厂管线配置图、带控制点流程图等各种图形。

二、三维制图软件

在生物发酵工厂设计中，三维设计的优势主要体现在管道设计、设备布置和整体厂区布局方面，尤其在管道设计方面。化工工艺管道结构的复杂性及位置的隐蔽性客观上对二维管道绘制造成了巨大的困难。相比之下，三维工艺管道图能更好地展现化工管道的空间结构，提升工作人员对具体工艺管道空间结构的把握能力。大型化工装置通常涉及数百台设备、成千上万条管道，以及数以万计的管子和管件材料。这些管道的设计、材料采购、车间预制及现场安装都依赖于计算机辅助设计，以绘制准确的管段轴测图和完善的管道材料清单。由于大多数管道由圆柱体组成，在绘制三维管道时，一般首先使用管道的中心线来表示管道的具体走向和空间布局。这种做法不仅可以更清晰地展示二维管道的空间结构，还可以提高显示和处理三维管道的效率。因此，需要准确确定二维化工工艺管道中心线的空间位置，然后根据中心线进行三维重构，最终得到相应的三维管道模型。

（一）PDMS 软件简介

PDMS 全称 Plant Design Management System，是一款由英国 AVEVA 公司（原 CAD centre 公司）开发的旗舰产品，自 1977 年第一个商业版本发布以来，它便以其卓越的性能和广泛的应用领域，成为大型、复杂工厂设计项目的首选设计软件系统。

PDMS 软件集成了工厂三维布置设计的众多功能，包括设备布置、钢结构布置和设计、管道布置和设计、电缆桥架、采暖通风管道等方面的三维设计。用户可以利用 PDMS 进行三维模型的创建和编辑，使设计出的三维装置模型非常逼真、直观。

PDMS 软件的主要功能特点体现在以下几个方面：首先，PDMS 具有强大的三维建模能力。用户可以利用其丰富的绘图标准功能，高效完成各种三维模型的创建，包括全彩色、真三维实体模型。这使得设计师能够更直观地进行设计，提高设计的准确性和效率。其次，PDMS 具备强大的数据传送和校验功能。它可以通过与其他软件（如 Diagrams）的协同工作，实现数据的快速传输和对比检查。这有助于设计师在三维模型建立过程中，及时发现并纠正可能存在的问题，保证设计的整体质量。此外，PDMS 还提供了动态碰撞检查和设计一致性检查功能。这些功能可以在设计过程中自动检测模型中的潜在问题，如管道与其他设备、结构的碰撞等，从而避免在实际施工中出现返工和损失。

PDMS 软件的操作界面简单直观，易于学习和使用。无论是初学者还是有经验的设计师，都能快速上手并充分利用其各项功能。同时，PDMS 可以处理大规模的工程项目，适用于能源、化工、造船、建筑等多个领域。

（二）Smart Plant 3D 软件简介

Smart Plant 3D 是一款由 INTERGRAPH 公司开发的三维工厂设计软件系统，该系统以其面向数据、规则驱动的设计理念，在近 20 年来成为工厂设计领域的翘楚。它的出现极大地简化了工程设计过程，并提高了现有数据的利用效率和复用性。

Smart Plant 3D 作为 INTERGRAPH Smart Plant 软件家族的重要成员，具备两大核心功能。首

先，它是一个完整的工厂设计软件系统，能够实现工厂从规划、设计到施工、维护等全生命周期的精细化管理。其次，通过高度集成的数据管理和规则驱动技术，Smart Plant 3D 能够确保设计数据的一致性和准确性，进而提升工厂的整体运行效率和安全性。

在功能方面，Smart Plant 3D 提供了丰富的设计工具，Smart Plant 3D 提供了主要功能模块：①通用模块（Common Task），为所有的 Smart Plant 3D 用户环境提供通用功能，包括复制、粘贴、移动等一些常用功能及一些特殊功能。②管路（Piping），支持管道设计和放置管件及特殊件仪表。③设备模块（Equipment），用所提供的工具可方便地建立一个由基本三维体组合而成的设备模型和从 Catalog 中自动地创建模型。该模块还可以与机械设计软件 Solid Edge 共同工作，使得设备建模更加灵活和逼真。④结构模块（Structural），设计人员用此模块可建立一个由钢结构，楼板和墙组成的模型，可以非常便捷地在结构中加入支撑、墙体、平台、楼梯等设施。使用 PKPM、STAAD-III 等应用系统，可对此模型进行应力分析和数据共享。⑤暖通模块（HVAC），布置和模拟 HVAC 的管道。该模块配备了很多暖通专业标准间，支持任意方式的管道布置。⑥电缆桥架（Electrical），布置和模拟电缆托架，线槽，地下电缆槽和管沟。在已有的模型基础上布置电缆，支持导入外部电缆数据，可以大大提高设计效率。该模块还配备了多排桥架同时敷设的命令。这些工具不仅支持用户进行高效的设计工作，还能够自动检查设计冲突，确保设计的可行性。此外，Smart Plant 3D 还具备强大的数据管理能力，可以方便地管理和查询设计数据，为设计团队提供有力的数据支持。

小　　结

本章重点介绍了计算机辅助设计在生物工厂设计中的应用，特别是流程模拟和制图两个方面。在流程模拟方面，Aspen Plus 等软件的应用极大地提高了设计计算的效率和准确性，为生物产品生产的连续复杂过程提供了便捷的工具。在制图方面，AutoCAD 和三维制图软件如 PDMS、Smart Plant 3D 等的应用，使得绘图工作更加高效，并能够实现复杂图形的精确绘制。计算机辅助设计不仅实现了设计过程的电子化，还推动了设计资料的数字化保存，为"无图纸"设计提供了可能。随着国际项目合作和竞标的增多，这些设计软件的应用在提升我国工程设计水平方面发挥着越来越重要的作用。

复习思考题

1. 查阅资料说明目前国内外在生物工程生产中利用 Aspen Plus 技术的现状，指出不足之处。
2. 举例说明计算流体力学在生物工厂设计中的应用。
3. 结合最新文献资料说明某种生物发酵产品生产中计算机辅助设计的应用。
4. 查阅相关文献，依据书中示例，利用 Aspen Plus 14 尝试燃料乙醇的生物过程模拟。

主要参考文献

蔡功禄．2000．发酵工厂设计概论．北京：中国轻工业出版社．

柴诚敬．2005．化工原理．北京：高等教育出版社．

陈砺，王红林，严宗诚．2017．化工设计．北京：化学工业出版社．

程社力，冯湘屏．2022．企业"组织结构型变"理论的研究及应用．天津科技，49（S1）：49-53．

邓详元．2019．生物工厂工艺设计．北京：化学工业出版社．

董大勤．2002．化工设备机械基础．北京：化学工业出版社．

郭年祥．2003．化工过程及设备．北京：冶金工业出版社．

何潮洪．2007．化工原理．北京：科学出版社．

洪雨成．2024-01-30．全面紧起来动起来实起来 打好安全生产和消防工作攻坚战．台州日报，001．

黄学群．2011．运输机械选型设计手册（下册）．北京：化学工业出版社．

黄英．2011．化工设计．北京：科学出版社．

黎润钟．2006．发酵工厂设备．北京：中国轻工业出版社．

李国庭．2008．化工设计概论．北京：化学工业出版社．

李国庭，陈焕章，黄文焕，等．2014．化工设计概论．2版．北京：化学工业出版社．

李国庭，胡永琪．2016．化工设计及案例分析．北京：化学工业出版社．

李浪．2022．多学科交叉融合设计：面向生物工程及生物制药工厂设计．北京：清华大学出版社．

李淑芬，白鹏．2010．制药分离工程．北京：化学工业出版社．

李晓丽，李瑞英．2011．理论力学．北京：中国水利水电出版社．

梁志武，陈声宗．2015．化工设计．4版．北京：化学工业出版社．

刘国诠．2012．生物工程下游技术．2版．北京：化学工业出版社．

刘杰．2024-01-29．抓牢抓实安全生产工作 守护好人民群众生命线．定州日报，001．

罗汉奎．1984．企业组织形式与结构．管理现代化，（3）：42-45．

马赞华．2003．酒精高效清洁生产新工艺．北京：化学工业出版社．

毛忠贵．2013．生物工程下游技术（案例版）．北京：科学出版社．

戚以政．2009．生物反应工程．北京：化学工业出版社．

邱树毅．2009．生物工艺学．北京：化学工业出版社．

申向东．2012．理论力学．北京：中国水利水电出版社．

宋航，杜开峰，李子元，等．2018．化工技术经济．4版．北京：化学工业出版社．

孙彦编．2005．生物分离工程．北京：化学工业出版社．

谭天恩，窦梅．2013．化工原理．4版．北京：化学工业出版社．

田瑞华．2008．生物分离工程．北京：科学出版社．

王静康．2006．化工过程设计．北京：化学工业出版社．

王荣祥．2002．流体输送设备．北京：冶金工业出版社．

王志魁．2008．化工原理．北京：化学工业出版社．

吴德荣．2009．化工工艺设计手册．4版．北京：化学工业出版社．

吴思方．2006．发酵工厂工艺设计概论．北京：中国轻工业出版社．

吴思方．2007a．生物工程工厂设计概论．北京：中国轻工业出版社．

吴思方．2007b．制药工程工艺设计．3版．北京：中国轻工业出版社．

吴思方．2019．生物工程工厂设计概论．北京：中国轻工业出版社．

吴卫，陈瑞珍．2010．化工设计概论．北京：科学出版社．

熊万斌．2008．通风除尘与气力输送．北京：化学工业出版社．

许赣荣，胡鹏刚．2013．发酵工程（案例版）．北京：科学出版社．

姚玉英．2006．化工原理（下册）．天津：天津科学技术出版社．

余龙江．2008．生物制药工厂工艺设计．北京：化学工业出版社．

张珩．2018．制药工程工艺设计．3版．北京：化学工业出版社．

张裕中．2007．食品加工技术装备．北京：中国轻工业出版社．

郑裕国．2021．生物工程设备．2版．北京：化学工业出版社．

中石化上海工程有限公司．2018．化工工艺设计手册．5版．北京：化学工业出版社．

朱培，张建斌，陈代杰．2013．抗生素菌渣处理的研究现状和建议．中国抗生素杂志，（9）：647-651．

附　　录

一、有关数据表

附表 1　饱和水蒸气表（根据乌卡洛维奇的测定）

绝对压力/ MPa	饱和温度/℃	水在饱和压力下 的比容/（m³/kg）	蒸汽比容/ （m³/kg）	蒸汽密度/ （m³/kg）	热含量/（kJ/kg）		汽化热/ （kJ/kg）
					液体	蒸汽	
0.001 0	6.698	0.001 000 1	131.60	0.007 599	28.17	2 512.44	2 484.4
0.001 5	12.737	0.001 000 6	89.63	0.011 16	53.50	2 523.74	2 470.2
0.002 0	17.204	0.001 001 3	68.25	0.014 65	72.21	2 532.11	2 459.7
0.002 5	20.776	0.001 002 0	55.27	0.018 09	87.15	2 538.39	2 451.3
0.003 0	23.772	0.001 002 7	46.52	0.021 50	99.67	2 544.25	2 444.6
0.003 5	26.359	0.001 003 4	40.22	0.024 86	110.47	2 548.86	2 438.3
0.004 0	28.641	0.001 004 0	35.46	0.028 20	120.01	2 552.62	2 432.5
0.004 5	30.69	0.001 004 6	31.71	0.031 54	128.55	2 556.39	2 427.9
0.005 0	32.55	0.001 005 2	28.72	0.034 82	136.34	2 559.74	2 423.3
0.005 5	34.25	0.001 005 8	26.26	0.038 08	143.45	2 563.09	2 419.5
0.006 0	35.82	0.001 006 3	24.19	0.041 34	149.98	2 565.60	2 415.7
0.006 5	37.29	0.001 006 9	22.43	0.044 58	156.14	2 568.53	2 412.4
0.007 0	38.66	0.001 007 4	20.91	0.047 82	161.87	2 570.62	2 408.6
0.007 5	39.95	0.001 007 9	19.59	0.051 05	167.27	2 573.13	2 405.7
0.008 0	41.16	0.001 008 4	18.45	0.054 20	172.30	2 575.23	2 402.8
0.008 5	42.32	0.001 008 8	17.41	0.057 44	177.15	2 577.32	2 400.3
0.009 0	43.41	0.001 009 3	16.50	0.060 61	181.71	2 578.99	2 397.3
0.009 5	44.46	0.001 009 7	15.68	0.063 78	186.11	2 581.09	2 394.8
0.010	45.45	0.001 010 1	14.95	0.066 89	190.25	2 582.76	2 392.7
0.011	47.33	0.001 010 9	13.66	0.073 21	198.08	2 586.11	2 388.1
0.012	49.06	0.001 010 7	12.59	0.079 43	205.32	2 589.46	2 383.9
0.013	50.67	0.001 012 4	11.67	0.085 62	212.06	2 592.39	2 380.2
0.014	52.18	0.001 013 1	10.89	0.091 83	218.38	2 594.90	2 376.4
0.015	53.60	0.001 013 8	10.20	0.098 04	224.32	2 697.41	2 373
0.016	54.94	0.001 014 5	9.603	0.104 0	229.93	2 599.92	2 370.1
0.017	56.21	0.001 015 1	9.073	0.110 2	235.21	2 606.02	2 366.8
0.018	57.41	0.001 015 7	8.601	0.116 3	240.23	2 604.11	2 363.8

续表

绝对压力/MPa	饱和温度	水在饱和压力下的比容/（m³/kg）	蒸汽比容/（m³/kg）	蒸汽密度/（m³/kg）	热含量/（kJ/kg）		汽化热/（kJ/kg）
					液体	蒸汽	
0.019	58.57	0.001 016 3	8.172	0.122 4	245.09	2 606.20	2 360.9
0.020	59.67	0.001 016 9	7.798	0.128 4	249.69	2 608.30	2 358.4
0.021	60.72	0.001 017 5	7.442	0.134 4	254.09	2 609.97	2 355.9
0.022	61.74	0.001 018 1	7.122	0.140 4	258.36	2 611.65	2 352.4
0.023	62.71	0.001 018 6	6.833	0.146 4	262.42	2 613.12	2 350.9
0.024	63.65	0.001 019 1	6.565	0.153 2	266.36	2 614.58	2 348.3
0.025	64.56	0.001 019 6	6.318	0.158 3	270.16	2 616.25	2 346.3
0.026	65.44	0.001 020 2	6.088	0.164 3	273.85	2 617.92	2 344.2
0.027	66.29	0.001 020 6	5.876	0.170 2	277.41	2 619.18	2 341.6
0.028	67.11	0.001 021 1	5.679	0.176 1	280.84	2 620.85	2 340
0.029	67.91	0.001 021 6	5.495	0.182 0	284.19	2 622.11	2 337.9
0.030	68.68	0.001 022 0	5.324	0.187 8	287.41	2 623.78	2 336.2
0.032	70.16	0.001 022 9	5.013	0.199 5	293.61	2 626.30	2 332.9
0.034	71.57	0.001 023 7	4.736	0.211 2	299.55	2 628.39	2 328.7
0.036	72.91	0.001 024 5	4.489	0.222 8	305.16	2 630.90	2 325.7
0.038	74.19	0.001 025 3	4.267	0.234 4	310.52	2 632.99	2 322.4
0.040	75.42	0.001 026 1	4.066	0.245 9	315.67	2 635.09	2 319.5
0.045	78.27	0.001 027 9	3.641	0.274 6	327.64	2 639.69	2 311.9
0.050	80.86	0.001 029 6	3.299	0.303 1	338.48	2 643.88	2 305.2
0.055	83.25	0.001 031 2	3.017	0.331 5	348.53	2 648.06	2 299.4
0.060	85.45	0.001 032 7	2.782	0.359 5	357.78	2 651.83	2 293.9
0.065	87.51	0.001 034 1	2.581	0.387 5	366.44	2 655.18	2 288.9
0.070	89.45	0.001 035 5	2.408	0.415 3	474.61	2 658.53	2 283.9
0.075	91.27	0.001 036 8	2.257	0.443 1	382.27	2 661.46	2 279.3
0.080	92.99	0.001 038 1	2.125	0.470 6	389.51	2 663.97	2 274.25
0.085	94.62	0.001 039 3	2.003	0.498 0	396.37	2 666.48	2 270.07
0.090	96.18	0.001 040 5	1.903	0.525 5	402.94	2 668.99	2 265.88
0.095	97.66	0.001 041 7	1.810	0.552 5	409.18	2 671.51	2 262.53
0.10	99.09	0.001 042 8	1.725	0.579 7	415.22	2 674.02	2 258.77
0.11	101.76	0.001 044 8	1.578	0.633 7	426.43	2 678.20	2 251.65
0.12	104.25	0.001 046 8	1.455	0.687 3	436.93	2 681.97	2 244.95
0.13	106.56	0.001 048 7	1.350	0.740 7	446.73	2 685.74	2 239.09
0.14	108.74	0.001 050 5	1.259	0.794 3	455.94	2 688.71	2 232.81
0.15	110.79	0.001 052 2	1.1810	0.846 7	464.604	2 692.02	2 227.37
0.16	112.73	0.001 053 8	1.1110	0.900 1	472.81	2 694.95	2 221.33
0.17	114.57	0.001 055 4	1.0500	0.952 4	480.59	2 697.88	2 217.32
0.18	116.33	0.001 057 0	0.9954	1.004 6	488.09	2 760.39	2 212.30
0.19	118.01	0.001 058 5	0.9462	1.057	495.20	2 702.90	2 207.70

续表

绝对压力/ MPa	饱和温度	水在饱和压力下的比容/ (m³/kg)	蒸汽比容/ (m³/kg)	蒸汽密度/ (m³/kg)	热含量/ (kJ/kg)		汽化热/ (kJ/kg)
					液体	蒸汽	
0.20	119.62	0.001 060 0	0.901 8	1.109	502.07	2 705.41	2 203.51
0.21	121.16	0.001 061 4	0.861 6	1.161	508.60	2 707.50	2 198.91
0.22	122.65	0.001 062 7	0.824 8	1.212	514.88	2 709.60	2 194.72
0.23	124.08	0.001 064 0	0.791 2	1.264	512.16	2 711.70	2 190.53
0.24	125.46	0.001 065 3	0.760 3	1.315	527.02	2 713.78	2 186.77
0.25	126.79	0.001 066 6	0.731 8	1.367	532.46	2 715.46	2 182.99
0.26	128.08	0.001 067 8	0.705 5	1.417	537.90	2 717.55	2 179.65
0.27	129.34	0.001 069 1	0.680 8	1.469	543.34	2 719.23	2 175.88
0.28	130.55	0.001 070 3	0.658 1	1.520	548.78	2 720.90	2 172.12
0.29	131.73	0.001 071 4	0.636 8	1.570	553.81	2 722.16	2 168.35
0.30	132.88	0.001 072 6	0.616 9	1.621	558.41	2 723.83	2 165.42
0.31	134.00	0.001 073 7	0.598 2	1.672	563.44	2 725.50	2 162.07
0.32	135.08	0.001 074 8	0.580 7	1.722	568.04	2 726.76	2 158.72
0.33	136.14	0.001 075 8	0.564 5	1.722	572.64	2 728.43	2 155.79
0.34	137.18	0.001 076 9	0.548 6	1.823	576.83	2 729.69	2 152.86
0.35	138.19	0.001 077 9	0.533 2	1.873	581.44	2 730.95	2 149.51
0.36	139.18	0.001 078 9	0.519 9	1.923	585.62	2 732.62	2 146.99
0.37	140.15	0.001 080 0	0.506 6	1.974	589.81	2 733.46	2 143.65
0.38	141.09	0.001 080 9	0.494 2	2.024	593.57	2 734.71	2 141.14
0.39	142.02	0.001 081 9	0.482 2	2.074	597.76	2 735.97	2 138.21
0.40	142.92	0.001 082 9	0.490 7	2.124	601.53	2 737.23	2 135.70
0.41	143.81	0.001 083 8	0.460 1	1.173	605.30	2 738.06	2 132.71
0.42	144.68	0.001 084 7	0.449 8	2.223	609.66	2 739.32	2 130.26
0.43	145.54	0.001 085 7	0.439 9	2.273	612.83	2 740.57	2 127.74
0.44	146.38	0.001 086 6	0.430 5	2.323	616.60	2 741.41	2 124.81
0.45	147.20	0.001 087 5	0.421 5	2.373	619.95	2 742.67	2 122.72
0.46	148.01	0.001 088 4	0.412 0	2.422	623.71	2 743.50	2 120.21
0.47	148.81	0.001 089 3	0.404 5	2.472	627.06	2 744.34	2 117.28
0.48	149.59	0.001 090 2	0.396 6	2.521	530.41	2 475.60	2 115.19
0.49	150.36	0.001 091 0	0.389 0	2.571	633.76	2 746.43	2 112.67
0.50	151.11	0.001 091 8	0.381 7	2.620	636.69	2 747.27	2 110.58
0.52	152.59	0.001 093 5	0.367 9	2.718	643.39	2 748.95	2 165.56
0.54	154.02	0.001 095 1	0.355 0	2.817	649.25	2 750.62	2 101.37
0.56	155.41	0.001 096 7	0.343 1	2.915	655.53	2 752.30	2 096.77
0.58	156.76	0.001 098 3	0.331 9	3.013	661.39	2 753.97	2 092.58
0.60	158.08	0.001 099 8	0.321 4	3.111	666.83	2 755.64	2 088.40
0.62	159.36	0.001 101 3	0.311 6	3.209	672.69	2 756.90	2 084.21
0.64	160.61	0.001 102 8	0.302 4	3.307	678.13	2 758.57	2 080.44

续表

绝对压力/ MPa	饱和温度	水在饱和压力下 的比容/（m³/kg）	蒸汽比容/ （m³/kg）	蒸汽密度/ （m³/kg）	热含量/（kJ/kg）		汽化热/ （kJ/kg）
					液体	蒸汽	
0.66	161.82	0.001 104 3	0.293 8	3.404	683.16	2 759.83	2 076.67
0.68	163.01	0.001 105 7	0.285 6	3.501	688.60	2 761.09	2 072.49
0.70	164.17	0.001 107 1	0.277 8	3.600	693.62	2 762.34	2 068.72
0.72	165.31	0.001 108 5	0.270 5	3.697	698.64	2 763.60	2 064.95
0.74	166.42	0.001 109 9	0.263 6	3.794	703.25	2 764.43	2 061.19
0.76	167.51	0.001 111 3	0.257 0	3.891	708.27	2 765.69	2 057.42
0.78	168.57	0.001 112 6	0.250 7	3.989	712.88	2 766.95	2 054.07
0.80	169.61	0.001 113 9	0.244 8	4.085	717.48	2 767.78	2 050.30
0.82	170.63	0.001 115 2	0.239 1	4.182	721.67	2 768.62	2 046.95
0.84	171.63	0.001 116 5	0.233 7	4.279	725.85	2 769.88	2 044.02
0.86	172.61	0.001 117 7	0.228 6	4.375	730.46	2 770.71	2 040.26
0.88	173.58	0.001 118 9	0.223 6	4.472	734.64	2 771.56	2 036.91
0.90	174.53	0.001 120 2	0.218 9	4.586	738.83	2 772.39	2 033.56
0.92	175.46	0.001 121 4	0.214 4	4.664	743.02	2 772.23	2 030.21
0.94	176.38	0.001 122 6	0.210 0	4.762	747.20	2 774.06	2 026.86
0.96	177.28	0.001 123 8	0.205 8	4.859	750.97	2 774.90	2 023.95
0.98	178.16	0.001 125 0	0.201 9	4.953	754.74	2 775.74	2 021.00
1.00	179.04	0.001 126 2	0.198 0	5.051	758.91	2 776.57	2 018.07
1.05	181.16	0.001 129 1	0.189 0	5.291	968.13	2 778.25	2 010.12
1.10	183.20	0.001 131 9	0.180 8	5.531	777.34	2 779.92	2 002.58
1.15	185.17	0.001 134 6	0.173 3	5.770	785.71	2 781.60	1 995.88
1.20	187.08	0.001 137 3	0.166 3	6.013	794.50	2 783.27	1 988.77
1.25	188.92	0.001 139 9	0.159 9	6.254	802.46	2 784.95	1 982.49
1.30	190.71	0.001 142 6	0.154 0	6.494	810.41	2 786.20	1 975.79
1.35	192.45	0.001 145 1	0.148 5	6.734	818.36	2 787.46	1 969.09
1.40	194.13	0.001 147 6	0.143 4	6.974	825.90	2 778.71	1 962.82
1.45	195.77	0.001 150 1	0.138 7	7.210	833.43	2 789.56	1 956.54
1.50	197.36	0.001 152 5	0.134 2	7.452	840.13	2 790.81	1 950.26
1.55	198.91	0.001 154 8	0.130 0	7.692	847.25	2 791.64	1 944.40
1.60	200.43	0.001 157 2	0.126 1	7.930	853.94	2 792.48	1 928.54
1.65	201.91	0.001 159 5	0.122 4	8.170	860.63	2 793.31	1 932.68
1.70	203.35	0.001 161 8	0.118 9	8.410	867.34	2 794.16	1 926.82
1.75	204.76	0.001 164 0	0.115 6	8.451	873.64	2 794.99	1 921.37
1.80	206.14	0.001 166 2	0.112 5	8.889	879.90	2 795.41	1 915.51
1.85	207.49	0.001 168 4	0.109 5	9.132	886.18	2 796.25	1 910.07
1.90	208.81	0.001 170 6	0.106 7	9.372	892.04	2 797.09	1 905.05
1.95	210.11	0.001 172 8	0.104 0	9.615	897.90	2 797.50	1 899.61
2.00	211.38	0.001 174 9	0.101 5	9.852	903.76	2 798.34	1 894.58

续表

绝对压力/MPa	饱和温度	水在饱和压力下的比容/（m³/kg）	蒸汽比容/（m³/kg）	蒸汽密度/（m³/kg）	热含量/（kJ/kg）		汽化热/（kJ/kg）
					液体	蒸汽	
2.05	212.63	0.001 177 1	0.099 07	10.090	909.62	2 798.76	1 889.14
2.10	213.85	0.001 179 2	0.096 76	10.340	915.06	2 799.18	1 884.12
2.15	215.05	0.001 181 3	0.094 56	10.570	920.92	2 799.60	188.68
2.20	216.23	0.001 183 3	0.092 45	10.820	925.94	2 800.02	1 874.07
2.25	217.39	0.001 185 4	0.090 42	11.060	931.39	2 800.02	1 868.63
2.30	218.53	0.001 187 4	0.088 49	11.300	936.83	2 800.43	1 863.61
2.35	219.65	0.001 189 4	0.086 63	11.540	941.95	2 800.85	1 859.00
2.40	220.75	0.001 191 4	0.084 86	11.780	946.87	1 801.27	1 854.40
2.45	221.83	0.001 193 3	0.083 16	12.030	951.90	2 801.27	1 849.37
2.50	222.90	0.001 195 3	0.081 50	12.270	958.92	2 801.69	1 844.77
2.55	223.95	0.001 197 3	0.079 91	12.510	961.94	1 801.69	1 839.75

二、管内流体常用流速范围

附表 2 管内流体常用流速范围

流体类别及情况			速度范围/（m/s）
液体：自来水	主管，3×10⁵Pa（表压）		1.5～3.5
	支管，3×10⁵Pa（表压）		1.0～1.5
工业供水<8×10⁵Pa（表压）			1.5～3.5
锅炉给水>3×10⁵Pa（表压）			>3.0
蛇管、螺旋管内冷却水			<1.0
在换热器管内水			0.2～1.5
自流回水			0.5～1.0
黏度和水相似的液体（常压）			与水相同
油及黏度较大的液体			0.5～2.0
稀酸（碱）溶液	吸入		1.0～1.5
（盐水）	排出		1.5～2.0
	自流		0.8～1.0
蒸汽冷凝水			0.5～1.5
凝结水（自流）			0.2～0.5
过热水			2.0
淀粉粉浆、预煮醪			0.6～0.8
淀粉糊化醪			0.5～0.7
曲乳			0.4～0.6
淀粉糖化醪	吸入		0.5～0.7
	压出		0.8～0.9
酒母醪			0.5～0.8
淀粉发酵醪			0.5～0.8
酒糟醪（淀粉原料）			0.5～0.8
真空蒸发器糖化醪（降液管）			0.05～0.08
喷泉淋冷却器（糖化醪）			0.8～1.0

续表

流体类别及情况			速度范围/(m/s)
精馏塔	塔底废水		0.5~0.7
	成品酒精		0.3~0.5
	杂醇油		0.1~0.2
	乙醇回流液		0.2~0.5
糖化麦芽汁			0.8~1.5
味精发酵罐进出料、补料			0.5~1.0
制冷设备中盐水			0.6~0.8
废糖蜜	吸入		0.3~0.4
	排出		0.5~0.6
稀糖蜜	吸入		0.4~0.5
	排出		0.6~0.7
往复泵	吸入管：水一类液体		0.7~1.0
	排出管：水一类液体		1.0~2.0
乙醇			0.8~1.0
离心泵	吸入管：水一类液体		1.5~2.0
	排出管：水一类液体		2.5~3.0
齿轮泵	吸入管		<1.0
	排出管		1.0~2.0
气体：一般气体（常压）			10~20
化工设备上的排气管			20~25
粗馏塔顶酒精蒸气			8~12
精馏塔顶酒精蒸气			15~20
进各冷凝器酒精蒸气			5~20
CO_2			5
压缩空气	$(1\sim2)\times10^5$Pa（表压）		10~15
	$(1\sim6)\times10^5$Pa（表压）		10~20
空气压缩机	吸入管		<10~25
	排出管		20~25
送风机	吸入管		10~15
	排出管		15~20
真空管道			<10
烟道气	烟道内		3~6
	管道内		3~4
蒸汽：饱和水蒸气	$<3\times10^5$Pa（表压）		20~40
	干管		30~40
	支管		20~30
	分配管		20~25
	$<8\times10^5$Pa（表压）		40~60
过热蒸汽	主管		40~60
	支管		35~40
排汽			25~50
二次蒸汽	利用时		15~30
	不利用时		60